21世纪全国本科院校土木建筑类创新型应用人才培养规划教材

工程爆破

主　编　段宝福
副主编　高文乐　逄焕东　付天光
毕卫国　李媛媛

内容简介

本书侧重于与爆破工程关系密切的基本概念、基本理论、基本设计以及施工方法，考虑到不同读者的需求，本书在内容上力求由浅入深、通俗易懂，理论公式推导避免过于深奥，计算实例和工程实例阐述尽量详尽。

按照循序渐进的原则，本书章节主要包括工程爆破概述、工业炸药、炸药爆炸基本理论、岩石爆破分级与凿岩机具、岩石爆破作用原理、起爆器材与起爆方法、毫秒延时爆破理论、露天爆破技术、掘进爆破技术、拆除爆破技术、爆破安全技术，共11章。

本书适合作为普通高等院校土木工程、矿井建设等专业的教材，也可作为相关专业方向研究生、教师、工程技术人员的参考书。

图书在版编目(CIP)数据

工程爆破/段宝福主编．—北京：北京大学出版社，2012.9
(21世纪全国本科院校土木建筑类创新型应用人才培养规划教材)
ISBN 978-7-301-21302-5

Ⅰ．①工… Ⅱ．①段… Ⅲ．①爆破技术—高等学校—教材 Ⅳ．①TB41

中国版本图书馆CIP数据核字(2012)第227462号

书　　名： 工程爆破
著作责任者： 段宝福 主编
策 划 编 辑： 姜晓楠 吴 迪
责 任 编 辑： 姜晓楠
标 准 书 号： ISBN 978-7-301-21302-5/TU·0288
出　版　者： 北京大学出版社
地　　址： 北京市海淀区成府路205号 100871
网　　址： http://www.pup.cn http://www.pup6.cn
电　　话： 邮购部62752015 发行部62750672 编辑部62750667 出版部62754962
电 子 邮 箱： pup_6@163.com
印　刷　者： 北京虎彩文化传播有限公司
发　行　者： 北京大学出版社
经　销　者： 新华书店
787毫米×1092毫米 16开本 21印张 486千字
2012年9月第1版 2019年8月第2次印刷
定　　价： 42.00元

前　言

本书是“21 世纪全国本科院校土木建筑类创新型应用人才培养规划教材”的重要组成部分，主要是作为普通高等院校土木工程专业的“工程爆破”课程的教材；同时也是为积极响应《国家中长期教育改革和发展规划纲要》，为适应新的高等教育改革而编写的教材。

本书内容侧重于与工程爆破相关的基本概念、基本原理以及常见的设计和施工方法，主要内容包括工业炸药、炸药爆炸基本理论、岩石爆破分级与凿岩机具、岩石爆破作用原理、起爆器材与起爆方法、露天爆破技术、掘进爆破技术等。本书的一个主要特点是将理论分析、实验研究和工程实践相结合，使整体更具完整性、科学性和实用性。各院校、各专业可结合自身情况合理选择，适当进行内容取舍。

本书的另一特点是章节的安排和内容的编排由浅入深，通俗易懂。各章节中都编排了“知识链接”等小模块，涉及相关知识的解释、最前沿的研究以及典型的工程实例，使读者能够较轻松地获取更多、更深的知识。每章后面的习题与研究生考试、从业资格考试等密切相关，具有极强的针对性。

本书内容编写分工如下：第 1～3 章由毕卫国和李媛媛编写；第 4～7 章由段宝福和付天光编写；第 8～9 章由高文乐编写；第 10～11 章由逄焕东编写，最后由段宝福负责全书的统稿和定稿。

在本书的编写过程中，山东科技大学工程爆破研究所给予了大力支持，张猛、李洪春、李磊、吴晖、翟成波、翁现合、朱应磊和吴圣智等人在校对与修改方面付出了大量的劳动。在此，对向本书编写提供帮助和支持的单位及个人表示诚挚的谢意。

由于编者水平有限、时间仓促，本书在编写的系统性、完整性等方面出现疏漏在所难免，欢迎读者批评指正。

编者

2012 年 6 月

目　　录

第1章 工程爆破概述

随着经济建设的快速发展，工程爆破技术得到了广泛的应用，已经渗透到经济建设的众多领域，特别为中国的铁路建设、矿山开采、城市拆旧等做出了重要贡献。爆破是利用炸药在空气、水、土石介质或物体中爆炸所产生的压缩、松动、破坏、抛掷及杀伤作用，达到预期目的的一门专业性很强的科技技术。其研究范围包括：炸药、爆破器材的性质和使用方法，药包在各种介质中的爆炸作用，爆破效果与危害效应的控制，各类爆破作业的组织和实施。工程爆破作为石方开挖、矿山开采等领域的一道重要工序，随着国民经济的持续发展，基础建设工程日益增多，它将会引起人们更多的关注。

教学目标

(1) 了解爆破器材的产生和发展历程。

(2) 掌握工程爆破的常用方法和技术。

(3) 熟悉工程爆破技术的应用现状。

教学要求

知识要点	能力要求	相关知识
爆破器材的发展	了解	黑火药、硝化甘油、雷管的发展过程
爆破方法	掌握	炮孔法、药室法、裸露药包法等
爆破技术	掌握	延时爆破、光面爆破等各种爆破技术的原理
爆破技术应用现状	熟悉	爆破理论、爆破技术的特点与发展趋势

引例

天下第一爆——震惊世界的珠海炮台山大爆破

1992年12月28日13时50分，在我国珠海炮台山，我国军人进行了一次非核大爆破，如图1-1所示。相当于半颗广岛原子弹能量的1.1169万吨炸药，将炮台山轻轻托起，举向海面。1085.2万立方米土石在爆破声中，有51.83%(大约500万立方米)被抛入大海。硝烟散尽，炮台山增胖了、变矮了……移山填海的当代“精卫”们填补了人类历史上无灾难大爆破的空白，在我国爆破史上也树起了一块里程碑。

图 1-1 珠海炮台山大爆破照片

1.1 爆破器材的产生与发展

爆破器材是用于爆破的各种炸药、爆破装置、火具、起爆器等的统称，主要包括炸药、雷管、导火索、导爆索、导爆管、继爆管等。

黑火药作为中华民族的四大发明之一，为人类文明发展和进步起到了巨大的推动作用。早在公元 808 年以前，我国炼丹家就发明了以硫磺、硝石和木炭为原料配制的黑火药。10 世纪，我国开始将黑火药应用于军事，而且是世界上第一个发明爆炸性武器铁火炮的国家。大约在 13 世纪，黑火药经印度、阿拉伯国家传入欧洲。1627 年，匈牙利用黑火药开采矿石，标志着中世纪的结束和工业革命的开始，从而揭开了工程爆破的历史。然而，工程爆破技术的快速发展和推广应用，却是在 19 世纪中末期随着许多新品种工业炸药的发明之后。

知识链接

诺贝尔与硝化甘油

阿尔佛雷德·诺贝尔(Alfred Bernhard Nobel)于 1833 年 10 月 21 日出生于瑞典首都斯德哥尔摩一个发明家的家庭里，只读过一年正规小学。1852 年开始，他在老诺贝尔的工厂里工作，渐渐在技术上崭露头角。意大利化学家索布雷罗 1847 年在报告他的研究成果时曾说，用硝酸和硫酸处理甘油，得到一种黄色的油状透明液体，即硝化甘油，“这种液体可因震动而爆炸，将来能做何用途，只有将来的实验能告诉我们。”西宁教授在圣彼得堡做锤击硝化甘油发生爆炸实验给诺贝尔看，并说，如能想出切实的办法使它爆炸，它将在军事上大有用处，这引起了年轻的诺贝尔的极大兴趣。从此以后，诺贝尔对此念念不忘，决心要完成这一发明。

诺贝尔经过长期思考和实践，认识到要使硝化甘油爆炸，必须把它加热到爆炸点(170～180℃)或以重力冲击，寻求一种安全的引爆装置正是诺贝尔为自己确定的课题。1862 年 5 月，随着一声巨响，水沟水花四溅，地动山摇，他第一次发现了引爆硝化甘油的原理。用少量的一般火药导致硝化甘油猛烈爆炸就是诺贝尔发明的“引爆物”。为此，1863 年他在瑞典获得了硝化甘油的引爆装置——雷管的专利权，完成了他的第一项重大发明。在当时，大批量生产硝化甘油充满了风险。诺贝尔着手改进生产工艺，力求做到安全生产。由于多次的爆炸事故，诺贝尔极为悲伤，特别是 1864 年 9 月 3 日在瑞典首都斯德哥尔摩诺贝尔家住宅附近实验室的硝化甘油爆炸事故，使从事实验的 5 个人全部死于非命，其中包括诺贝尔的弟弟卢得卫，他的父亲也受了重伤。然而诺贝尔仍勇往直前，决不畏缩。他发明了用冷水管散热生产硝化甘油的冷却法，并设计了相应的机器，初步扫除了大批量生产的障碍，并很快地得到普遍应用。

诺贝尔一生都很勤奋，有着无穷的创造力，他把自己的全部精力献给了科学事业，创造了巨大的物质财富，促进了人类文明。他在去世前一年(1895 年)留下遗嘱，将价值瑞典币 30 余亿克朗的财产的一部分(共 920 万美元)作为基金，以利息(每年约 20 万美元)作为奖金，每年颁发给在物理、化学、生物、医学和文学方面有贡献的人，以及有效地促进国际亲善、废除或裁减常备军、对促进和平事业等方面有贡献的人。1968 年又增设经济学奖，受奖人不受国籍限制。这就是举世闻名的诺贝尔奖。

1799 年，英国人高尔瓦德制成了雷管；1831 年美国人毕克福特(Bickford)发明了导火索；1863 年 10 月，阿尔弗雷德·诺贝尔(Alfred Bernhard Nobel)获得发火件(雷管)的发明专利权；1867 年，瑞典化学家诺贝尔用硅藻土吸收硝化甘油(NG)制成稳定的黄色炸药—代纳迈特(Dynamite)。此后，瑞典的化学家奥尔森(Olsson)和诺宾(Norrbein)于 1867 年首次研制成功了以硝酸铵和各种燃料制成的混合炸药(硝铵炸药)，从此使工程爆破应用的最基本爆破器材得以完善，同时，也奠定了硝铵类炸药和硝化甘油类炸药相互竞争发展的基础。

进入 20 世纪，随着科学技术的进步和理论研究成果的应用，爆破器材和爆破技术也有了长足的发展。1919 年出现了以泰安为药芯的导爆索；1927 年，在瞬发电雷管的基础上诞生了秒延时电雷管；1946 年，科学家研制成功了毫秒电雷管；1950 年以后，铵油炸药(ANFO)由于起爆安全性得到了推广应用；1956 年，库克(Cook)发明了浆状炸药，开辟了硝铵炸药应用的新领域，解决了粒状硝铵炸药不适用于水孔爆破的难题，也就是硝铵炸药的防水问题；1967 年，瑞典诺贝尔炸药公司(Nitro Nobel AB)取得导爆管专利；1977 年，美国的阿特拉斯炸药公司(Atlas Power Co)生产出工业用小直径雷管敏感的乳化炸药。

电子雷管是一种可精确设定并准确实现延期发火时间的新型电雷管，具有雷管发火时刻能精确控制、延期时间可灵活设定两大技术特点。电子雷管技术的研究开发工作大约始于 20 世纪 80 年代初，到 20 世纪 80 年代中期，电子雷管产品开始进入起爆器材市场，但总体上还处于技术与产品研究开发和应用试验阶段。1993 年前后，瑞典 Dynamit Nobel 公司、南非 AEL 公司分别公布了他们的第一代电子雷管技术和相应的电子延期起爆系统，商标分别为 Dynatronic 和 ExEx 1000。在整个 20 世纪 90 年代，新型电子雷管及其起爆技术获得了较快发展，两家公司又分别于 1996 年、1998 年公布了他们的第二代技术。1998 年之后，两家公司先后开发生产了 Daveytronic 电子雷管系统、PBS 电子雷管系统和 Electrodet ® 的电子雷管起爆系统，与此同时，全球范围内相继出现了其他品牌的电子雷管系统，电子雷管技术逐渐趋于成熟和爆破工程实用化。

我国早在 20 世纪 30 年代的抗战时期，就发明和使用了硝酸铵和液体可燃物组成的炸药(铵油炸药的雏形)；新中国成立后，随着国民经济的迅速发展建立了炸药厂，才真正有了自己的工业炸药。1953 年，我国开始生产以硝酸铵为主要成分，含有梯恩梯(TNT)、木粉等成分的粉状硝铵类炸药(简称粉状铵梯炸药)。1957 年，长沙矿山研究院等单位对粉状铵油炸药进行了比较深入的研究，1963 年以来，铵油炸药得到了全面的推广和应用。我国从 1959 年开始研制浆状炸药，20 世纪 60 年代中期在矿山爆破工程中获得应用。20 世纪 70 年代初期，我国浆状炸药发展十分迅速，浆状炸药装药车的出现，更好地满足了露天爆破作业的需要。我国从 20 世纪 70 年代后期开始研制乳化炸药，而且还独创了国外没有的乳化粉状炸药；不仅有了露天型乳化炸药混装车，而且利用水环减阻技术，发展了地下小孔径乳化装药车；乳化炸药生产技术和装药车不仅满足了国内的需要，而且出口到瑞典、蒙古、俄罗斯、越南、赞比亚等国家。乳化炸药与乳化粉状炸药的兴起和普及，使固体防水硝铵类炸药退出爆破市场。

在起爆器材方面，新中国成立初期我国只能生产导火索、火雷管和瞬发电雷管，随后便可以生产和应用毫秒、秒延期电雷管。到 20 世纪 70 年代初期，阜新矿务局十二厂生产了导爆索—继爆管毫秒延时起爆系统。20 世纪 70 年代末期，我国自行研制、生产了塑料导爆管及其配套的非电毫秒、半秒、秒延期起爆雷管，该种起爆器材的优越性，使其在露天矿山爆破、部分地下矿山爆破、土石方爆破和城市拆除爆破等工程领域中得到了广泛的应用。20 世纪 80 年代中期，根据电磁感应原理，我国研制生产了磁电雷管，该产品在油、气井爆破作业中获得了应用。为了便于爆破后的检查，20 世纪 90 年代相继出现了变色塑料导爆管。近年来，高强度导爆管雷管的开发与应用，使逐孔起爆技术得以实现。

爆破器材与技术的发展关系表明：一方面，爆破器材的发展推动了爆破技术的进步；另一方面，爆破实践又对爆破器材的发展发明提出新要求。

1.2 工程爆破的方法与技术

爆破是利用炸药爆炸释放的能量对介质产生破坏作用，为实现不同工程目的所采取的各种药包布置和起爆方法的一种工程技术。这种技术涉及数学、力学、物理学、化学和材料动力学、工程地质学等多种学科。

1.2.1 爆破方法

爆破作业的步骤是向要爆破的介质钻出的炮孔或开挖的药室或在其表面敷设炸药，放入起爆雷管，然后引爆。所以按装药方式与装药空间形状，爆破方法主要分为三大类。

1. 炮孔法

在介质内部钻出各种孔径的炮孔，经装药、放入起爆雷管、堵塞孔口、连线等工序起爆的，统称炮孔法爆破。通常将孔径 $\Phi<50$mm、孔深 $L<3\sim5$m 称为浅孔、孔径 $\Phi=50\sim70$mm、孔深 $L<5\sim15$m 称为中深孔，孔径 $\Phi>80$mm、孔深 $L>15$m 称为深孔。炮孔法是岩土爆破技术的基本形式。

2. 药室法

在山体内开挖坑道、药室，装入大量炸药的爆破方法有集中药室法和条形药室法。每个药室内可装入多达千吨以上的炸药，一次爆破土石方量几乎是不受限制的。药室法爆破广泛应用于露天堑壕、基坑开挖、填港筑坝等工程，特别是在露天矿的剥离工程中，由于爆破规模大、效率高，不需要大型设备，且不受季节条件的限制，故能有效地缩短工期、降低成本。

小知识

我国四川攀枝花市狮子山大爆破(1971 年)总装药量 10162.2t，爆破 1140 万立方米，是继白银厂露天矿大爆破、珠海机场大爆破之后，世界上最大规模的大爆破之一。

3. 裸露药包法

裸露药包法是一种不需钻孔，直接将炸药包贴放在被爆物体表面进行爆破的方法。在破碎孤石和对爆后大块岩石作二次爆破等方面具有独特作用，仍然是常用的有效方法。

1.2.2 爆破技术

在上述 3 种爆破方法的基础上，根据各种工程目的和要求，采取不同的药包布置形式和起爆方法，可以形成许多各具特色的现代爆破技术，主要有以下几种。

1. 毫秒延时爆破

毫秒延时爆破，是 20 世纪 40 年代出现的爆破新技术。这种爆破技术利用雷管内装入适当的缓燃剂，或连接在起爆网路上的延期装置，以实现延期的时间间隔。通过不同时差组成的爆破网路，一次起爆后，可以按设计要求顺序使各炮孔内的药包依次起爆，获得良好的爆破效果。

毫秒延时爆破的特点是各药包的起爆时间相差微小，被爆破的岩块在移动过程中互相撞击，形成极其复杂的能量再分配，使岩石破碎均匀，缩短抛掷距离，减弱地震波和空气冲击波的强度，既可改善爆破质量，又能减少爆破危害。长期以来，在国民经济建设中微差爆破广泛应用于矿山、道路、水利水电、建材、城乡建设和建筑拆除工程等，具有良好的技术经济效益。

2. 光面爆破和预裂爆破

20 世纪 50 年代末期，随着钻孔机械的发展，一种密集钻孔小装药量的爆破新技术出现了，其又称为密集钻孔爆破法、龟裂爆破法和缓冲爆破法等，光面爆破和预裂爆破是在此基础上发展起来的。采用光面爆破和预裂爆破，都可以沿设计轮廓线爆破出规整的断面轮廓，同时对周围岩体损伤很小，保护了岩体的完整性。这是由于两者的爆破作用机理相同。这种爆破技术是隧道和地下结构以及路堑和基坑开挖工程中常用的爆破技术。

在开挖区内炮孔爆破之前，首先起爆沿设计轮廓线布置的一排炮孔，爆破后将开挖区与保留区岩体切断，即在预裂炮孔之间形成一条有一定宽度的贯穿裂缝，以减弱开挖区内钻孔爆破时地震波向边坡岩体的传播并阻断向边坡外发展的裂缝，这种爆破法称为预裂爆破。

光面爆破与预裂爆破最根本的区别就在于，预裂爆破是在主爆区开挖前，在完整的岩体内预先爆破，使沿着开挖部分和不需要开挖的保留部分的边界线爆开一条裂缝，用以隔断爆破作用对保留岩体的破坏，并在工程完毕后露出这一断裂面。光面爆破则是当爆破接近开挖边界线时，预留一圈保护层(又叫光面层)，然后对此保护层进行密集钻孔和弱装药，通过同时或稍微延迟起爆各炮孔的爆破法，在孔间产生剪切作用形成光面，减少超挖，以求得到光滑平整的坡面或巷道壁面。光面爆破又称为轮廓爆破或周边爆破。

3. 定向爆破

定向爆破是利用最小抵抗线在爆破作用中的方向性这个特点，设计时利用天然地形或人工改造后的地形，使最小抵抗线指向需要填筑的目标。这种技术已广泛地应用在水利筑坝、矿山尾矿坝和填筑路堤等工程上。它的突出优点是在极短时期内，通过一次爆破完成土石方工程挖、装、运、填等多道工序，节约大量的机械和人力，费用省、工效高；缺点是后续工程难于跟上，而且受到某些地形条件的限制。

小知识

新中国成立初期，我国采用定向爆破技术，3年时间筑成了20多座水坝，技术上达到了国际先进水平。

4. 控制爆破

控制爆破不同于一般的工程爆破，多用于人口稠密的城乡和周围建筑物群集的地区拆除房屋、烟囱、水塔、桥梁以及厂房内部各种构筑物基座的爆破，对由爆破作用引起的各种危害效应有更加严格的要求，因此，又称拆除爆破或城市爆破。

控制爆破所要求控制的内容是：①控制爆破破坏的范围，只爆破建筑物需要拆除的部位，保留其余部分的完整性；②控制爆破后建筑物的倾倒方向和坍塌范围；③控制爆破所引起的地震动强度和对附近建筑物及其结构的震动影响，也称爆破地震效应；④控制爆破产生的碎块飞出距离、空气冲击波强度和噪声污染等。

5. 水下爆破

水下爆破是将炸药装填于海底或水下进行工程爆破的技术。如开挖港坞，疏通航道，炸除礁石，拆毁水下沉船、建筑物，以及海底排淤和码头堤坝的软基处理等类爆破，都属于水下爆破的范畴。

水下爆破方法亦类似露天爆破，也要采用裸露、钻孔和药室装药等方法实现爆破目的，一般由专业潜水员在水下进行钻孔和装药等作业，或者采用大型钻船进行水上作业。水下爆破工作范围既受水深限制，又受潮汐水流的影响，所以水下爆破施工作业比较复杂、困难。

6. 地下爆破

地下爆破不同于露天和水下爆破，通常是在一个相对狭窄的工作面上进行钻爆作业，其特点是：多打炮眼，少装药或使用低威力炸药，分散装药量，使爆破作用均匀分布其中，按设计断面有效破碎被爆岩石，最大限度地减少对围岩的破坏程度。因此，水下爆破在技术上要求比较严格。

地下爆破从技术上可分为两种：一是起掘进先导作用的掏槽爆破。其目的是在只有一个临空面的条件下，首先在工作面中央形成较小但有足够深度的槽腔，这个槽腔是整个断面掘进开挖施工中的先导。掏槽爆破的炮孔布置方法很多，必须根据地质构造、断面大小和施工机械等条件，确定良好的掏槽孔布置形式。二是起修边成形作用的周边爆破，也称刷帮爆破。除要求崩落岩块均匀、抛渣近、爆堆集中、便于清渣、不崩坏支撑等以外，还应保证坑道开挖限界外的围岩受到最小的破坏，以减少超欠挖的数量。

地下工程的开发，需要开挖很多大空间地下结构工程，使地下爆破技术在传统矿山地下爆破的基础上迅速发展。光面、预裂爆破技术应用于地下工程，促进了锚喷网支护原理与技术的发展，爆破后的超欠挖量减少到了最低量，围岩的稳定性大为增加，使地下工程获得很大的经济效益。

1.3 工程爆破技术应用现状

现代工程爆破技术是一门发展迅速的跨学科的实用性专业技术，主要研究爆破理论及其岩石介质破碎、开挖和城市拆除工程等领域的应用。随着我国经济建设的发展，爆破技术在国民经济建设和国防工程中得到了广泛的应用。各种爆破新器材新技术层出不穷，极大地促进了爆破理论和技术实践的发展。

1.3.1 现代爆破技术的主要内容

现代爆破技术的主要内容有 4 大部分。炸药及爆炸的基本理论和岩石爆破机理是现代爆破技术发展的基本理论；工业炸药和安全实用的各种起爆器材，以及现代化施工机械，是现代爆破技术应用的物质条件；岩石爆破、建筑物拆除爆破和形形色色的特种爆破等，共同组成了现代爆破技术的丰富内容；而爆破危害监测与控制技术的进步是现代爆破技术推广应用的安全保障。

1. 爆破理论

爆破理论包括炸药及爆炸基本理论和岩石爆破机理等内容。炸药及爆炸作用的基本理论阐述了与爆破技术密切相关的炸药爆炸特性、感度及起爆传爆原理、氧平衡、爆炸功及其炸药的主要性能等。岩石爆破机理则通过研究爆破作用下岩石破坏过程、爆破漏斗形成和成组药包爆破作用等，推出装药量计算原理，并深入分析包括工程地质在内的影响爆破作用的诸因素。爆破理论模型研究成果也为爆破过程数值模拟奠定了基础。

2. 爆破的物质基础

爆破的物质基础包括爆破器材和施工机械等内容。常用工业炸药、起爆器材及其起爆系统装置，都是实施各种爆破方法的物质条件；工程爆破施工工序中，钻孔、装药、挖运及其破碎等设备机械化自动化程度的提高对改进施工条件、降低作业强度、提高工程效率和综合效益具有重要影响。

3. 爆破技术

爆破技术包括岩石爆破技术、拆除爆破技术和特种爆破技术等内容。岩石爆破技术以露天台阶爆破和地下掘进爆破为主，毫秒延时爆破、光面爆破和预裂爆破等技术是其研究的主要内容；拆除爆破技术应用日益广泛，包括各类高大高耸建(构)筑物拆除爆破、水压爆破和静态破碎等技术；异形药包爆破、爆炸加工与合成、高温高压爆破、油气井爆破、软基处理爆破等特种爆破技术，进一步拓广了爆破技术的应用范围。

1）掘进爆破

掘进爆破是地下矿山开拓、水电、交通和地下工程中岩石开挖的主要施工手段，是整个掘进工程的首要部分，爆破效果直接关系着工程质量和使用年限。

在单自由面条件下进行巷道掘进，岩石的夹制作用很大，掏槽爆破是关键。为了保护围岩，在推广新奥法施工中，光面爆破技术得到了广泛应用，实现沿着巷道轮廓线切断岩石，以求得到光滑平整的巷道壁面。

2）台阶爆破

台阶爆破是现代爆破工程应用最广的爆破技术。露天矿山开采、铁路和公路路堑工程、水电工程及基坑开挖等大规模岩石开挖工程都大量采用台阶爆破方法。台阶爆破与装运机械配合施工，机械化水平高，施工速度快、作业效率高、安全性好。随着深孔钻机等凿岩设备的不断改进和发展，深孔爆破技术越来越成熟。在边坡围岩控制技术上，毫秒延时爆破和预裂爆破等技术在台阶爆破中得到成功应用。

3）拆除爆破

拆除爆破是最近50年来迅速发展起来的一种控制爆破技术。拆除爆破具有爆区附近的环境十分复杂、爆破拆除的对象及材质各不相同、爆破堆积范围受到限制、对爆破危害的控制要求更高等特点，因此，针对不同的拆除对象必须采用不同的爆破方式。

4）水下爆破技术

水下爆破技术在水库岩塞爆破、挡水围堰拆除、港湾航道疏浚工程，以及淤泥与饱和沙土软地基爆炸处理等方面发展非常迅速，尤其是淤泥软基爆炸处理技术具有投资少、工效高和施工简便等优势，在沿海开发区建设中得到了广泛的应用。

5）特种爆破技术

特种爆破是指爆破介质和对象、爆破方法及药包结构、爆破环境或爆破目的等不同于普通爆破的特殊爆破技术。近年来金属爆炸成形、爆炸焊接、爆炸复合和切割、爆炸合成新材料等技术的应用领域越来越广。

6）爆破安全技术

爆破安全技术包括爆破施工作业中使用火工品的安全问题和爆破对周围建筑设施与环境安全影响两部分。一部分涉及爆破器材性能、适用条件、检验方法和起爆技术等问题，另一部分为爆破安全准则、爆破引起的公害及控制标准，以及防护技术和减灾技术等问题。

随着爆破技术的进步，爆破引起的包括地震、空气冲击波、飞石、噪声、毒气和粉尘等有害效应的控制技术措施，已经成为爆破设计和施工的必要部分；只要在爆破设计中采取有效的控制和防范措施，严格执行《爆破安全规程》，加强安全监测管理，即可使各种爆破有害效应降低到最低程度。

1.3.2 现代爆破技术特点

钻孔爆破法是现代爆破的基本方法，爆破工程的高风险性及其社会影响使得从业技术人员不仅应掌握一般的爆破方法进行爆破设计和施工，还应具备较强的安全意识、良好的心理素质和全面的管理能力。因此，现代爆破技术除具有应用涉及范围广、社会影响力大等特点外，还具有以下重要特点。

1. 强调爆破安全的重要性

全国各种爆炸事故总数占伤亡事故总数的40%。为此国家制定了相应的安全规程，如：《爆破安全规程》(GB 6722—1986)、《民用爆炸物品管理条例》、《爆破作业人员安全技术考核标准》、《大爆破安全规程》、《拆除爆破安全规程》、《乡镇露天矿爆破安全规程》等。

2003年，公安部和行业相关部门委托中国工程爆破协会重新修订了《爆破安全规程》并正式颁发执行，即《爆破安全规程》(GB 6722—2003)，同时取消了大爆破、拆除爆破、乡镇爆破相应的规程。后来又颁布了新的《爆破安全规程》(GB 6722—2011)，补充和明确了必要的术语和定义，删除了被淘汰的爆破器材品种、爆破方法和爆破工艺。

2. 要求爆破人员的素质高

我国目前从事工程爆破人员已超过120万人，其中仅有6万多人为爆破技术人员，整体素质较差、人为因素事故较多，需要加强培训和提高。

1.3.3 爆破技术的发展趋势

爆破工程是在保证施工过程安全的条件下完成具体爆破任务。爆破方案的可靠性必须确保万无一失，否则将会造成极其严重的后果和影响。为了适应社会发展和技术进步的要求，爆破技术正向着精确化、科学化和数字化的方向发展。

1. 爆破控制的精确化

爆破装药量计算的精确化使得药包在空间的分布上更为合理，这不仅有利于提高破碎岩石的质量，还能有效地控制爆破效应，也为后续工作创造有利条件。同时，爆破器材的发展进一步促进了起爆技术精确化。高精度雷管可使毫秒延时爆破时间间隔的控制提高到1ms数量级以内，这对于改善爆破质量和控制爆破地震效应都具有重要意义。电子数码雷管的推广使用将使起爆精确度和安全性提高到更高的水平。

2. 爆破技术的科学化

近年来爆破理论研究充分借鉴了岩石损伤理论的研究成果，甚至开始考虑岩体中天然节理裂隙对爆破效果的影响。在破岩机理研究中，除考虑爆炸冲击波和爆生气体作用外，更加关注自由面对爆破作用的影响。在爆破实践中，宽孔距小抵抗毫秒延时爆破技术，充分利用了自由面作用，通过改变起爆顺序，尽可能产生多个自由面，从而极大地改善了爆破质量，同时加大了对固体力学、工程力学等学科的引进，以及计算机模拟、数值计算、设计智能化技术和安全与量测技术等研究工作的进步，为研究岩石爆破复杂过程提供了新的技术支持。

爆破安全技术的发展和完善对于推广爆破技术的应用范围具有重要意义。非电导爆管起爆系统、高精度雷管、安全抗水炸药和乳化炸药等新型爆破器材的使用极大地提高了爆破作业的安全性；同时，降低爆破地震波、空气冲击波、飞石、粉尘及气体污染等有害效应的研究和工程实践，也有力地提高了爆破安全技术水平。

3. 爆破技术的数字化

数值计算方法的发展，经历了连续介质材料模型和非连续介质材料模型等发展阶段。

岩石爆破损伤模型因考虑了岩石内部客观存在的微裂纹及其在爆炸载荷下的损伤演化对岩石断裂和破碎的影响，能较真实地反映了岩石爆破破碎过程。但是目前的岩石爆破损伤模型普遍没有考虑爆生气体在岩石破碎中的作用。为了反应岩石中的天然节理裂隙和初始损伤等不连续影响和爆破后碎块飞散状况，人们尝试用离散元和不连续变形分析方法建立爆破数值计算模型。

计算机辅助设计(CAD)在矿山工程爆破中的应用较为普遍。露天矿生产爆破专家系统，利用模糊数学理论帮助用户进行爆破对策的选择和最优台阶高度的确定，对于某些决策系统可以给出置信水平。整个系统具有爆破对策选择、设备选择、方案选择、矿石块度尺寸分布预测、参数的敏感性研究及参数最优选择等多项输出功能，可方便地用于露天台阶爆破设计和咨询，进行爆破方案设计和爆破震动分析。

电子雷管具有数码延时控制精度高与可灵活设定两大技术特点。电子雷管的延期发火时间由微型电子芯片控制，延时控制误差达到微秒级，延期时间可在爆破现场由爆破员设定，并在现场对整个爆破系统实施编程，操作简单快捷。电子雷管除了有利于改善爆破效果，还能提高生产、储存和使用等方面的安全性。

本章小结

本章讲述了爆破器材的产生与发展，介绍了目前广泛使用的各种爆破方法和爆破技术，阐述了现代工程爆破技术的主要内容和特点，并对爆破技术的发展趋势作了分析。

习　　题

一、名词解释

爆破，爆破器材，炮孔法爆破，裸露药包法爆破，药室法爆破，光面爆破，预裂爆破

二、填空题

1. 按装药方式与装药空间形状，爆破方法主要分为________、________和________。
2. 爆破安全技术包括________安全问题和________安全影响两部分。
3. 地下爆破从技术上可分为两种：一是________，二是________。
4. 定向爆破设计时利用天然地形或人工改造后的地形，使________指向需要填筑的目标。

三、简答题

1. 工程爆破方法主要分为哪几类？简述其各自的特点。
2. 简述光面爆破与预裂爆破的区别和联系。
3. 定向爆破的优点和缺点是什么？
4. 控制爆破所要求的控制内容是什么？
5. 现代爆破技术的主要内容包括哪些？
6. 简述现代爆破技术的特点。
7. 简述爆破技术的发展趋势。

第2章 工业炸药

18世纪前，黑火药一直都是世界上唯一的爆炸材料。18世纪以后，化学作为一门科学有了迅速的发展，从而为炸药原料的来源和合成及制备提供了条件。许多化学家致力于研制性能更好、威力更大的爆炸材料。炸药也越来越广泛的应用于各个方面，尤其是工业生产中。

工业炸药又称民用炸药，是以氧化剂和可燃剂为主体，按照氧平衡原理构成的爆炸性混合物，属于非理想炸药。工业炸药具有成本低廉、制造简单、应用可靠等特点，因而广泛应用于煤矿冶金、石油地质、交通水电、林业建筑、金属加工和控制爆破等各个领域。随着各国经济建设的不断发展，工业炸药的需求持续增长，相应地，炸药品种和产量也得到了迅速发展。

教学目标

(1) 理解并熟知炸药的几种分类方法及其各自的分类。
(2) 了解工业常用炸药和它们的分类，着重掌握硝铵类炸药的分类及其性能特征。
(3) 结合煤矿工业，了解煤矿许用炸药的特点及其分类和性能。

教学要求

知识要点	能力要求	相关知识
炸药分类	掌握	炸药的分类方法及常见分类
工业常用炸药	熟悉	炸药的三大种类；起爆药，单质猛炸药和混合猛炸药的用途、性能及各自典型的代表
硝铵类炸药	熟悉	硝铵类炸药分类及其性能
煤矿许用炸药	了解	煤炭许用炸药分类、性能及适用条件

引例

国内工业炸药现状

随着我国国民经济的持续发展，工业炸药在经济建设领域的应用更为广泛，尤其在矿山和能源开采、交通、水利、城市建设等方面，其使用量大幅提高，近年来工业炸药生产量逐步提高(表2-1)。

表 2-1 近年来我国工业炸药及乳化炸药产量一览

年份	工业炸药/万吨	乳化炸药/万吨	乳化炸药占工业炸药的比重/%
2008	291	148	53
2007	286	136	47
2006	261	109	42
2005	240	88	37
2004	216	69	32
2003	185	52	28
2002	156	39	25
2001	137	31	23

截至2009年，国内工业炸药生产点(发号)有198家，而炸药生产线有482条，总生产能力450万吨/年。从各生产点的产能来看，6000吨/年以下的52家；1万吨/年以下的95家，1万吨/年以上的51家；从工艺特点来分析，采用连续化、自动化生产技术的生产线占有50%以上。

工业炸药作为爆炸危险品，在生产、运输、使用过程中曾发生多次重大安全事故(表2-2)。近两年来，我国工业炸药领域采取了先进的生产技术和安全保障技术，以及严格的管理和积极的防范措施，安全事故大为减少。

表 2-2 近年来工业炸药生产、运输、使用过程中重大安全事故

序号	事例	死亡人数/人
1	福建某厂乳化炸药生产过程因乳化器桨叶断裂引起爆炸	7
2	湖南某厂乳化炸药生产中因人为引爆	61
3	山东平邑某厂乳化炸药因乳化器结构原因及断料引起爆炸	3
4	非洲赞比亚某乳化炸药生产线生产过程中发生爆炸	47
5	河北某厂乳化炸药乳化器检修过程断料干摩擦引起爆炸	13
6	安徽某厂乳化炸药生产过程中发生爆炸	15
7	重庆某厂乳化炸药生产过程中发生爆炸	19
8	山东招远某厂粉状炸药生产过程中发生爆炸	15
9	宁夏某爆破现场爆破过程中发生事故	22

2.1 炸药的分类

工业炸药是指用于矿山、道路、水利、建材等国民经济建设部门的民用炸药。一般来说，炸药是一种在一定外能作用下可能发生高速化学反应并释放出大量热量和生成大量气体的物质。矿山爆破中最早使用的炸药是黑火药。在19世纪中期，诺贝尔发明了以硝化甘油为主的混合炸药，从而取代了黑火药。硝化甘油炸药威力大，但成本高，安全性相对

较差。20世纪初，以硝酸铵为主的混合炸药出现后，其性能及安全性更适合于矿山生产及各类工程爆破，因此得到了广泛应用，并形成了各种品种、系列的炸药。

基础知识

工业炸药应满足以下基本要求。

(1) 具有足够的爆炸能量。

(2) 具有合适的感度，保证使用引爆体直接引爆。

(3) 具有一定的化学安定性。

(4) 爆炸生成的有毒气体少。

(5) 原材料来源广，成本低廉，便于生产加工。

工业炸药一般有按化学成分、组成成分、作用特性与用途、使用条件和物理状态5种分类法。

1. 工业炸药按主要化学成分分类

(1) 硝铵类炸药。以硝酸铵为主要成分，加上适量的可燃剂、敏化剂及其他附加剂的炸药。

(2) 硝化甘油类炸药。以硝化甘油或硝化甘油与硝化乙二醇混合物为主要爆炸成分的混合炸药均属此类。

(3) 芳香族硝基化合物类炸药。凡是苯及其同系物，如甲苯、二甲苯的硝基化合物以及苯胺、苯酚和萘的硝基化合物均属此类。例如：梯恩梯、二硝基甲苯磺酸钠等。

(4) 液氧炸药。它是由液态氧和固态可燃性吸收剂组成的爆炸混合物。

2. 工业炸药按组成成分分类

(1) 单质炸药。化学成分为单一化合物的炸药。

(2) 混合炸药。由多种爆炸成分和非爆炸成分混合而成的炸药。

3. 工业炸药按作用特性与用途分类

(1) 起爆药。起爆药是一种对外能作用特别敏感的炸药。当其受到较小的外能(如机械、热、火焰)作用时，均易激发而产生爆轰，且反应速度极快，故工业上常用它来制造雷管，最常用的有二硝基重氟酚和氮化铅。

(2) 猛炸药。与起爆药相比，猛炸药的敏感度较低，通常要在一定的起爆源(如雷管)作用下才会发生爆轰。猛炸药具有爆炸威力大、爆炸性能好的特点，因此是用于爆破作业的主要炸药种类。根据猛炸药的组成，又可分为单质猛炸药和混合炸药。

(3) 发射药。如常用的黑火药，其特点是对火焰极敏感，可在敞开的环境中燃烧，而在密闭条件下则会发生爆炸，但爆炸威力较弱，工业上主要用于制造导火索和矿用火箭弹。黑火药吸湿性强，吸水后敏感度会大大降低。

4. 工业炸药按使用条件分类

(1) 第一类——安全炸药，准许在一切地下和露天爆破工程中使用的炸药，包括含瓦斯和矿尘爆炸危险的工作面，又叫煤矿许用炸药。

(2) 第二类——非安全炸药，准许在地下和露天爆破工程中使用的炸药，但不包括有瓦斯和矿尘爆炸危险的工作面，又叫岩石炸药。

(3) 第三类——非安全炸药，只准许在露天爆破工程中使用的炸药，又叫露天炸药。

第一类和第二类炸药每千克炸药爆炸时所产生的有毒气体不能超过安全规程所允许的量。同时，第一类炸药爆炸时还必须保证不会引起瓦斯或矿尘爆炸。

5. 工业炸药按物理状态分类

工业炸药按物理状态有固态、塑性、液态、气体炸药之分。

2.2 工业常用炸药

1. 起爆药

起爆药的特点是，敏感度一般都很高，在很小的外界能量(如火焰、摩擦、撞击等)激发下就能发生爆炸，主要用于制作雷管。雷管中的起爆药用量很少。

工业雷管中的起爆药有雷汞($Hg(CNO)_2$)、叠氮化铅($Pb(N_3)_2$)和二硝基重氮酚(DDNP)等，都是单质炸药。

2. 单质猛炸药

单质猛炸药是指化学成分为单一化合物的高威力炸药。这类炸药对外能的敏感度比起爆药低，需要起爆药的爆炸能来起爆，且爆炸威力大，爆炸性能好，常用于做雷管的加强药、导爆索和导爆管的芯药、起爆弹等起爆器材，以及混合炸药的敏化剂等。

单质猛炸药按化合物成分有以下种类。

(1) 硝基化合物类：分子结构中含硝基($-NO_2$)与碳(C)相连，如梯恩梯(三硝基甲苯)、苦味酸。

(2) 硝酸酯类：分子结构中含硝酰基($-O-NO_2$)与碳(C)相连，如硝化甘油(三硝基丙三酯)、泰安(四硝化戊四醇)。

(3) 硝胺类：分子结构中含($=N-NO_2$)与C相连，如黑索金(环三次甲基三硝胺)。

(4) 硝酸盐类：如硝酸铵(NH_4NO_3)。

知识链接

工业常用单质猛炸药有梯恩梯、黑索金(RDX)、太安(PETN)、硝化甘油(NG)。

(1) 梯恩梯(TNT)，即三硝基甲苯$CH_3C_6H_2(NO_2)_3$，纯净的TNT为无色针状结晶，熔点为80.75℃，工业生产的粉状TNT为浅黄色鳞片状晶体，其液态密度为1.465g/cm^3，铸装密度为1.55～1.56g/cm^3，即熔融时体积约膨胀12%；吸湿性弱，几乎不溶于水；热安定性好，常温下不分解，遇火能燃烧，密闭条件下燃烧或大量燃烧时，很快转为爆炸。梯恩梯的机械感度较低，但若混入细砂类硬质掺合物则容易引爆。梯恩梯的做功能力为285～300ml，猛度为19.9mm，爆速为6850m/s，密度为1.595g/cm^3。

用途：工业上多用梯恩梯作为硝铵类炸药的敏化剂。

(2) 黑索金(RDX)，即环三次甲基三硝胺$(CH_2)_3(NNO_2)_3$，白色晶体，熔点为204.5℃，爆发点230℃，不吸湿，几乎不溶于水，热安定性好，其机械感度比TNT高。黑索金的做功能力为550mL，猛度为16mm，爆速为8300m/s，爆热值为5350kJ/kg。

用途：由于其爆炸威力大、爆速大，工业上多用作雷管的加强药和导爆索药芯等。

(3) 太安(PETN)，即四硝化戊四醇 $C(CH_2NO_3)_4$，白色晶体，熔点 140.5 ℃，爆发点 225 ℃。太安的做功能力为 500mL，猛度为 15mm，爆速为 8400m/s。

用途：太安的爆炸性能与黑索金相似，用途也相同。

(4) 硝化甘油(NG)，即三硝基丙三酯 $C_3H_5(ONO_2)_3$，系无色或微带黄色的油状液体，不溶于水，在水中不失去爆炸性。做功能力 500ml，猛度 23mm。硝化甘油有毒，应避免皮肤接触，机械感度高，爆发点 200℃，在 50 ℃时开始挥发，13.2℃时冻结，此时极为敏感。

3. 混合猛炸药

混合猛炸药是工程爆破中用量最大的炸药，它由爆炸性物质和非爆炸性物质按一定配比混制而成。大多数工业炸药都属于混合炸药。

1) 黑火药

黑火药是由硝酸钾、硫黄和木炭组成的混合物，是在适当的外界能量作用下，自身能进行迅速而有规律的燃烧，同时生成大量高温燃气的物质。黑火药燃烧时，发生如下化学反应。

$$2KNO_3+S+3C=K_2S+N_2\uparrow+3CO_2\uparrow$$

硝酸钾分解放出的氧气使木炭和硫磺剧烈燃烧，瞬间产生大量的热和氮气、二氧化碳等气体。由于体积急剧膨胀，压力猛烈增大，于是将发生爆炸。

2) 硝化甘油类炸药(Dynamite)

硝化甘油发明以后，诺贝尔(Nobel)在一个偶然的机会把硝化甘油溅到包装用的硅藻土里，发现硅藻土能吸收大约 3 倍于自身质量的硝化甘油。于是他将 75%硝化甘油和 25%硅藻土混合物作为爆炸剂投放市场，这就是第一代 Dynamite，后来用活性吸附剂硝化棉取代硅藻土制得爆胶，并掺入硝酸铵等氧化剂及其他添加剂，发展成沿用至今的胶质炸药。由于胶质 Dynamite 容易起爆、传爆稳定和爆炸威力高等特点，它迅速取代了黑火药而获得广泛应用。

3) 铵油炸药

铵油炸药属于一种无梯炸药，主要由硝酸铵和燃料组成的一种粉状或粒状爆炸性混合物，主要适用于露天及无沼气和矿尘爆炸危险的爆破工程。产品包括：粉状铵油炸药、多孔粒状铵油炸药、重铵油炸药等。

粉状铵油炸药指以粉状硝酸铵为主要成分，与柴油和木粉(或不加木粉)制成的铵油炸药。多孔粒状铵油炸药指由多孔粒状硝酸铵和柴油制成的铵油炸药。重铵油炸药指在铵油炸药中加入乳胶体的铵油炸药，具有密度大，体积威力大和抗水性好等优点，适用于含水炮孔中使用，又称乳化铵油炸药。

4) 铵松蜡、铵沥蜡炸药

铵松蜡、铵沥蜡炸药的主要成分有硝酸铵、松香、石蜡、沥青。爆炸性能接近 2 号岩石硝铵炸药，防潮抗水性能好，但有毒气体生成量高，适用于中硬岩石爆破。

5) 含水硝铵炸药

水是这种炸药的重要组成成分之一，从观念上、理论上都可以说是一次重大突破，实现了以水抗水的功能。1956 年，其同铵油炸药同时发展起来，共有 3 代产品：浆状炸药、水胶炸药、乳化炸药。

(1) 浆状炸药。基本组成有3部分：氧化剂水溶液、敏化剂和可燃剂、胶凝剂。其特点有抗水性强、适用于水孔爆破、炸药密度大、感度低，使用安全、储存期短。

(2) 水胶炸药。属第二代含水炸药，与浆状炸药的不同点包括：①使用了水溶性的敏化剂(硝酸甲胺)取代或部分取代了猛炸药；②采用了化学交联技术，呈凝胶状态。

(3) 乳化炸药。是借助乳化剂的作用，使氧化剂盐类水溶液的微滴，均匀分散在含有分散气泡或空心玻璃微珠等多孔物质的油相连续介质中，形成一种油包水型(W/O)的乳胶状含水炸药，是20世纪70年代末产生的第三代新型含水工业炸药。其组成中包含3种物相、4种基本成分(氧化剂水溶液、燃料油、乳化剂、敏化剂)。

乳化炸药的主要性能及优缺点：①爆炸性能好，爆速高；②抗水性能好；③安全性能好，机械感度低，爆轰感度高；④密度可调范围较宽；⑤猛度高；⑥环境污染小，不含TNT。

6) 煤矿许用炸药

煤炭生产过程中，工作面不断揭露煤岩层，空气中会不同程度地存在瓦斯和煤尘。在这种工作面从事爆破作业时，必须使用经主管部门批准，符合国家安全规程规定、允许在有瓦斯和(或)煤尘爆炸危险的煤矿井下工作面或工作地点使用的炸药。

炸药爆炸可能会引起瓦斯、煤尘的燃烧或爆炸，其主要原因有爆生气体产物直接作用、灼热固体颗粒作用、形成的空气冲击波作用。

煤矿许用炸药的主要种类有硝铵系列煤矿炸药(包括粉状的、含水类的)、离子交换炸药、被筒炸药、当量炸药。

小知识

离子交换炸药是由氯化铵和硝酸钾(或硝酸钠)的等效混合物组成，以3%左右的硝化甘油凝胶为敏化剂的一种炸药；被筒炸药是用爆轰性能较好的煤矿硝铵炸药做药芯，外面包裹一个消焰剂做的安全被筒的一种复合炸药；当量炸药是盐量分布均匀，安全性与被筒炸药相当的一种炸药。

2.3 硝铵类炸药

在隧道开挖、矿床开采和土石方工程中，矿石和岩石强度高一般都比较坚硬，且整体性强，直接依靠人力或机械开挖是很难进行的，使用爆破则是一种行之有效的方法。硝铵炸药是当前工程爆破领域使用的主要材料，存在两大类别：粉状硝铵炸药和含水硝铵炸药。

1. 粉状硝铵炸药

常用的粉状硝铵炸药有铵油炸药、铵松蜡炸药等，由于其组成成分不同，性能指标和适用条件也各不相同。

1) 铵油炸药

(1) 铵油炸药成分。铵油炸药是一种无梯炸药。最广泛使用的一种铵油炸药是含粒状硝酸铵94%和轻柴油6%的氧平衡混合物。为了减少炸药的结块现象，也可适量加入木粉作为疏松剂。最适合做铵油炸药用的粒状硝酸铵，密度范围为1.40～1.50g/cm^3。人们常使用两个品种的硝酸铵，一种是细粉状结晶的硝酸铵，另一种是多孔粒状硝酸铵。后者表面充满空穴，吸油率较高，松散性和流动性都比较好，不易结块，适用于机械化装药，多用于露天深孔爆破；前者则多用于地下矿山。

(2) 铵油炸药主要特点。

① 成分简单，原料来源充足，成本低，制造使用安全，一般矿山均可自己制造，甚至可在露天爆破工地现场拌制，适合于综合机械化钻爆作业。

② 感度低，起爆比较困难。采用轮辗机热加工且加工细致、颗粒较细、拌合均匀的细粉状铵油炸药可由普通雷管直接起爆。采用冷加工，且加工粗糙、颗粒较粗、拌合较差的粗粉状铵油炸药，普通雷管不能直接起爆，需辅助以普通炸药制成的起爆药包起爆，在爆炸威力方面也低于铵梯炸药。

③ 吸潮及固结性较强。由于硝酸铵的多晶性，在温度变化和吸潮的过程中，变晶成块，其爆炸性能严重恶化，感度更低，故最好现拌现用，不宜长期储存。容许的储存期一般为15d(潮湿天气为7d)。

铵油炸药在炮孔中的散装密度取决于混合物中粒状硝酸铵自身的密度和粒度大小，一般约为0.78～0.85g/cm^3。

(3) 铵油炸药加工工艺流程。铵油炸药的性能不仅取决于它的配比，而且也取决于生产工艺。生产铵油炸药应力求做到"干、细、匀"，即炸药的水分含量要低、粒度要细、混合要均匀，以保证质量。根据所用原料以及加工条件的不同，铵油炸药生产工艺流程亦不同。细粉状铵油炸药生产工艺流程如图2-1所示。

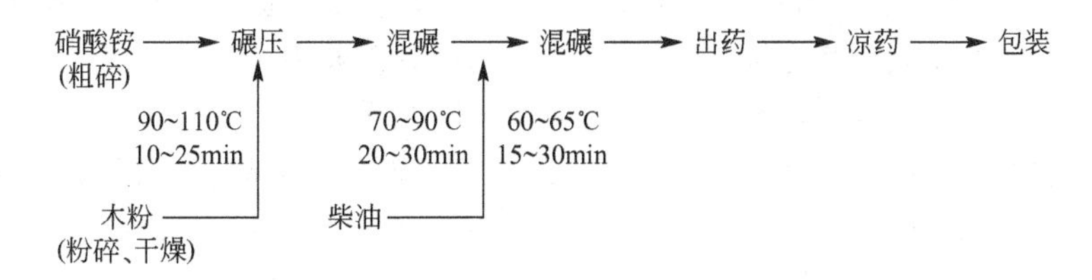

图2-1 铵油炸药生产工艺流程图

在生产铵油炸药过程中，不论采用哪种工艺，都必须特别注意防火。这是因为铵油炸药易燃，且燃着后不易扑灭。铵油炸药燃烧时产生大量有毒气体，密闭条件下还可转变为爆炸。

铵梯炸药和铵油炸药的优点虽然非常突出，然而所含硝酸铵易溶于水或从空气中吸潮而失效，因此限制了这两类炸药的使用范围。在研制抗水硝铵类炸药方面，当前国内外主要采取两个不同的途径。其一是用憎水性物质包裹硝酸铵颗粒，其二是用溶于水的胶凝物来制造抗水性强的含水炸药。

2) 铵松蜡、铵沥蜡炸药

铵松蜡炸药由硝酸铵、木粉、松香和石蜡混制而成。它有利于克服铵梯和铵油炸药吸湿性强、保存期短的不足，其原料来源也较符合我国资源特点。总之，它除了保持铵油炸药的优点外，还具有抗水性能良好、保存期长，性能指标也达到了2号岩石炸药标准等优点。铵松蜡炸药之所以具有良好的防水性能，主要是因为以下几个原因。

(1) 松香、石蜡都是憎水物质，可形成粉末状防水网，防止硝酸铵吸水。

(2) 石蜡还可形成一层憎水薄膜，阻止水分进入。

(3) 含有柴油的铵松蜡炸药中，松香与柴油可以共同组成油膜，也能防止水分进入。

除铵松蜡炸药外，还有铵沥炸药、铵沥蜡炸药等。这些炸药的缺点是，由于石蜡和松香的燃点低，不能用于有瓦斯和矿尘爆炸危险的地下矿山；另外，这类炸药的毒气生成量也较大。

2. 含水硝铵炸药

含水硝铵炸药包括浆状炸药、水胶炸药、乳化炸药等。它们的共同特点是将硝酸铵或硝酸钾、硝酸钠溶解于水后，成为硝酸盐的水溶液，当其达到饱和时便不再吸收水分。依据这一原理制成的防水炸药，其防水机理可简单理解为“以水抗水”。

1）浆状炸药

浆状炸药是美国的库克和加拿大的法曼于1956年合作发明，并由埃列克化学公司正式投产的一种新型抗水炸药，在世界炸药史上被誉为“第三代炸药”。简单地说，浆状炸药是由氧化剂水溶液、敏化剂和胶凝剂等基本成分组成的悬浮状的饱和水胶混合物，其外观呈半流动胶浆体，故称为浆状炸药。其成分一般为以下几种。

(1) 氧化剂水溶液。浆状炸药的氧化剂水溶液主要是硝酸铵或硝酸钾、硝酸钠的混合物，它的含量占炸药总量的65%～85%，含水量占10%～20%。水作为连续相而存在，其主要作用是有以下几个。

① 使硝酸铵等固体成分成为饱和溶液，不再吸水。

② 使硝酸铵等固体成分溶解或悬浮，以增加炸药的可塑性和增大炸药的密度。

③ 使炸药成为细、密、匀的连续相，各成分紧密接触，提高炸药的威力。但是，必须注意的是水为钝感物质，由于水分增加，炸药的敏感度将有所降低。

(2) 敏化剂。浆状炸药敏化剂按成分不同可分为以下4类。

① 猛炸药的敏化剂，常用的有梯恩梯、黑索金、硝化甘油等，含量为6%～20%。

② 金属粉末敏化剂，如铝粉、镁粉、硅铁粉等，含量为2%～15%。

③ 气泡敏化剂，如亚硝酸钠，加入量为0.1%～0.5%。

④ 燃料性敏化剂，如柴油、硫磺等、含量为1%～5%。

(3) 胶凝剂。它是浆状炸药的关键成分，可使氧化剂水溶液变为胶体液，并使各物态不同的成分胶结在一起，使其中未溶解的硝酸盐类颗粒、敏化剂颗粒等悬浮于其中，又可使浆状炸药胶凝、稠化，提高其抗水性能。胶凝剂有两类，一类是植物胶，主要是白笈、玉竹、田菁胶、槐豆胶、皂胶和胡里仁粉等；另一类是工业胶，主要为聚丙烯酰胺，俗称“三号剂”：植物胶用量约为2%～2.4%，聚丙烯酰胺用量约为1%～3%。

(4) 交联剂。其又称助胶剂，交联剂的作用是使浆状炸药进一步稠化以提高抗水性能，常用硼砂、重铬酸钾等，含量为1%～3%。使用交联剂，可以相对减少胶凝剂的用量。

(5) 表面活性剂。常用十二烷基苯磺酸钠或十二烷基磺酸钠，它的作用是增加塑性，提高其耐冻能力；其次是能吸附铝粉等金属颗粒，防止与水反应生成氢而逸出。

(6) 起泡剂。常用亚硝酸钠，其作用是加入后能产生氮气化物和二氧化碳，形成气泡，以便在起爆时产生绝热压缩，增加炸药爆轰感度。这种气泡又叫敏化气泡。采用起泡剂可以相对减少敏化剂梯恩梯的用量。另外，泡沫、多孔含碳材料等也可用作起泡剂。

(7) 安定剂。加入适量的尿素等，可提高胶凝剂的粘附性和炸药的柔软性，以防止炸药变质。

(8) 防冻剂。加入乙二醇等可使冰点降低，增加炸药耐冻性。

浆状炸药敏感度较低，不能用普通8号雷管起爆，而需要用起爆药包来起爆。

几种国产浆状炸药的组分、性能见表2－3。

表2－3 国产浆状炸药的组成和性能

炸药品种		4# 浆状炸药	5# 浆状炸药	槐1# 浆状炸药	槐2# 浆状炸药	皂1#抗冻 浆状炸药	田菁10# 浆状炸药
成分/%	硝酸铵	60.2	70.2～71.5	67.9	54.0	45.0	57.5
	硝酸钾	—	—	—	10.0	—	—
	硝酸钠	—	—	10.0	—	10.0	10.0
	梯恩梯	17.5	5.0	—	10.0	17.3	10.0
	水	16	15.0	9	14.0	15	11.2
	柴油	—	4.0	3.5	2.5	—	2.0
	凝胶剂①	(白)2.0	(白)2.4	(槐)0.6	(槐)0.5	(皂)0.7	田菁胶0.7
	亚硝酸钠	—	1.0	0.5	0.5	—	—
	交联剂	硼砂1.3	硼砂1.4	2.0	2.0	2.0	1.0发泡溶液
	表面活性剂	—	1.0	2.5	2.5	1.0	3.0
	硫磺粉	—	—	4.0	4.0	—	2.0
	乙二醇	—	—	—	—	3.0	—
	尿素	3	—	—	—	3.0	3.0
性能	密度/($g \cdot cm^{-3}$)	1.4～1.5	1.15～1.24	1.1～1.2	1.1～1.2	1.17～1.27	1.25～1.31
	爆速/($km \cdot s^{-1}$)	4.4～5.6	4.5～5.6	3.2～3.5	3.9～4.6	5.6	4.5～5.0
	临界直径/mm	96	≤45	—	96	≤78	70～80

注：① 白芨粉、槐豆胶、皂角粉、田菁胶。

浆状炸药的优点是炸药密度高、可塑性较好、抗水性强，适于有水炮孔爆破，使用安全。其缺点是感度低，不能用普通雷管起爆，需采用专门起爆体(弹)加强起爆，理化安定性较差，在严寒冬季露天使用受到影响。

2）水胶炸药

水胶炸药实际上是浆状炸药改进后的新品种，故在国外将其列为浆状炸药。它与浆状炸药的不同之处在于其主要使用的是水溶性敏化剂，这样就使得氧化剂的耦合状况大为改善，从而获得更好的爆炸性能。水胶炸药的成分如下。

(1) 氧化剂，主要是硝酸铵和硝酸钠。硝酸铵可用粉状也可用粒状。在生产水胶炸药时，将部分硝酸铵溶解成75%的水溶液，另一部分可直接加入固体硝酸铵。

(2) 敏化剂，常用甲基胺硝酸盐(简称MANN)的水溶液。甲基胺硝酸盐比硝酸铵更易吸湿，易溶于水，本身又是一种单质炸药。在水胶炸药中，它既是敏化剂又是可燃剂。甲基胺硝酸盐不含水时可直接用雷管起爆，但当其为温度小于95℃、浓度低于86%的水溶液时，不能用8号雷管起爆。因此，可用不同含量的甲基胺硝酸盐制成不同感度的水胶炸药。其原料来源广泛，应用较广。

(3) 粘胶剂。水胶炸药具有良好的粘胶效果，因而比浆状炸药具有更好的抗水性能和爆炸威力。国内多用田菁胶、槐豆胶，国外多用古尔胶作粘胶剂。

几种国产水胶炸药的组成及性能见表 2-4。

表 2-4 几种国产水胶炸药的组成及性能

炸药系列或型号		SHJ—K 型	W—20 型	1 号	3 号
组成/%	硝酸铵(钠)	53～58	71～75	55～75	48～63
	水	11～12	5～6.5	8～12	8～12
	硝酸甲胺	25～30	12.9～13.5	30～40	25～30
	铝粉或柴油	铝粉 4～2	柴油 2.5～3	—	—
	凝胶剂	2	0.6～0.7	—	0.8～1.2
	交联剂	2	0.03～0.09	—	0.05～1.1
	密度控制剂	—	0.3～0.5	0.4～0.8	—
	氯酸钾	—	3～4	—	0.1～1.2
	延时剂	—	—	—	0.02～0.06
	稳定剂	—	—	—	0.1～0.4
性能	爆速/(km·s^{-1})	3.5～3.9	4.1～4.6	3.5～4.6	3.6～4.4
	猛度/mm	>15	16～18	14～15	12～20
	殉爆距离/cm	>8	6～9	7	12～25
	临界直径/mm	—	12～16	12	—
	爆力/ml	>340	350	—	330
	爆热/(J·g^{-1})	1100	1192	1121	—
	储存期/月	6	3	12	12

水胶炸药的优点是：抗水性强、感度较高，可用 8 号雷管起爆，并且有较好的爆炸性能，可塑件好，使用安全；缺点是成本较高，爆炸后生成的有毒气体比 2 号岩石炸药多。

3）乳化炸药

乳化炸药是美国于 20 世纪 70 年代发展起来的一种新型炸药，我国在 20 世纪 70 年代末期开始生产。它具有威力高、感度高、抗水性良好的特点，被誉为“第四代”炸药。它不同于水包油型的浆状炸药和水胶炸药，是以油为连续相的油包水型的乳胶体。它不含爆炸性的敏化剂，也不含胶凝剂。此种炸药中的乳化剂可使氧化剂水溶液(水相或内相)微细的液滴均匀地分散在含有气泡的近似油状物质的连续介质(油相或外相)中，使炸药形成一灰白色或浅黄色的油包水型特殊内部结构的乳胶体，故称乳化炸药。

(1) 乳化炸药的成分如下所示。

① 氧化剂水溶液，即硝酸盐水溶液，呈细小水滴的形式存在，其含量占 55%～80%，含水量为 10%～20%

② 可燃剂，一般由柴油和石蜡组成，其含量约为 1%～8%，水相分散在油相之中，形成不能流动的稳定的油包水型乳胶体。

③ 发泡剂，可用亚硝酸钠、空心微玻璃球、珍珠岩粉或其他多孔性材料。发泡剂可提高炸药的感度，加入量约为0.05%～0.1%。

④ 乳化剂。这是乳化炸药生产工艺中的关键成分，其含量约为0.5%～0.6%。本来油与水是不相溶的，但乳化剂是一种表面活性剂，可用来降低油和水的表面张力，使它们互相紧密吸附，形成油包水型乳化物。这种油包水型微粒的粒径约为2μm左右，因而极为有利于爆轰反应。

乳化剂多为脂肪族化合物，它可以是一种化合物，也可以是多种物质的混合物，常用山梨糖醇单月桂酸酯、山梨糖醇酐单油酸盐等。国产乳化炸药大多采用斯本－80作乳化剂，此外还可加入一些其他物质，如铝粉、硫磺等。

(2) 乳化炸药的性能。乳化炸药的性能不但同它的组成配比有关，而且也同它的生产工艺特别是乳化技术有关。乳化炸药的主要性能特点如下。

① 抗水性强。在常温下浸泡在水中7天后，炸药的性能不会产生明显变化，仍可用8号雷管起爆，故可代替硝化甘油炸药在水下使用。

② 爆速高，一般可达4000～5500m/s，故威力大。

③ 感度高。由于加入了发泡剂，加上乳化、搅拌加工，使氧化剂水溶液变成微滴，敏化气泡均匀地吸留在其中，故爆轰感度较高，可达到雷管的感度。

④ 密度可调范围宽。由于加入了充气成分，可通过控制其含量来调节炸药密度；炸药的可调密度一般在0.8～1.45g/cm^{3}之间。

⑤ 安全性能好。乳化炸药对于冲击、摩擦、枪击的感度都较低，而且爆炸后有毒气体生成量也少，使用安全，储存期较长。

为了实现乳化炸药在现场连续化混装，我国于1982年前后研究乳化炸药混装车及现场连续混装工艺，取得了成功，并已在某些矿山开始使用。

我国生产的乳化炸药有RL、CLH、EL、RJ等系列，表2-5列出了部分乳化炸药的成分配比和性能指标。

表2-5 部分国产乳化炸药的成分与性能

炸药系列或型号		EL系列	CLH系列	SB系列	RJ系列	WR系列	岩石型	煤矿许用型
组成/%	硝酸(钠)	65～75	63～80	67～80	58～85	78～80	65～86	65～80
	硝酸甲胺	—	—	—	8～10	—	—	—
	水	8～12	5～11	8～13	8～15	10～13	8～13	8～13
	乳化剂	1～2	1～2	1～2	1～3	0.5～2	0.8～1.2	0.8～1.2
	油相材料	3～5	3～5	3.5～6	3～5	3～5	4～6	3～5
	铝粉	2～4	2	—	—	—	—	1～5
	添加剂	2.1～2.2	10～15	6～9	0.5～2	5～6.5	1～3	5～10
	密度调整剂	0.3～0.5	—	1.5～3	0.2～1	—	—	另加消焰剂
性能	爆速/(km·s^{-1})	4～5	4.5～5	4～4.5	4.5～5.4	4.7～5.8	3.9	3.9
	猛度/mm	16～19	—	15～18	16～18	18～20	12～17	12～17
	殉爆距离/cm	8～12	2	7～12	>8	5～10	6～8	6～8

（续）

炸药系列或型号		EL系列	CLH系列	SB系列	RJ系列	WR系列	岩石型	煤矿许用型
性能	临界直径/mm	12～16	40	12～16	13	12～18	20～25	20～25
	抗水性	极好	极好	极好	极好	极好	极好	极好
	储存期/月	6	>8	>6	3	3	3～4	3～4

2.4 煤矿许用炸药

众所周知，煤矿均有煤尘，而且一般还有瓦斯涌出。我国的大多数煤矿都是瓦斯矿井，尤以高瓦斯矿井和煤与瓦斯突出矿井居多。矿井瓦斯等级是按照平均日（一昼夜）产一吨煤的瓦斯涌出量和涌出形式来分组的。据此，我国的煤矿划分为以下几种。

(1) 低瓦斯矿井：瓦斯涌出量为 $10m^3/t$ 及其以下。

(2) 高瓦斯矿井：瓦斯涌出量为 $10m^3/t$ 以上。

(3) 煤与瓦斯突出矿井，也称“双突”矿井。

矿井的瓦斯等级越高，发生爆炸等灾害的危险性就越大。一般地说，井下空气中的瓦斯浓度为4%～5%时，就有发生爆炸的危险。我国《煤矿安全规程》规定，当矿井瓦斯浓度达到1%时，就应停止爆破作业，加强通风，以防止局部瓦斯浓度升高。

煤尘系指在热能的作用下能够发生爆炸的细煤粉。我国通常把粒径在0.75～1.0mm以下的煤粉叫做煤尘。煤尘不仅可以单独爆炸，而且可参与瓦斯一起爆炸，其危害更大。

1. 煤矿许用炸药特点

一般地说，允许用于有瓦斯和煤尘爆炸危险的炸药应该具有如下特点。

(1) 能量要有一定的限制，其爆热、爆温、爆压和爆速都要求低一些，爆炸后不致引起矿井的局部高温，这样可使瓦斯、煤尘的发火率降低。

(2) 应有较高的起爆敏感度和较好的传爆能力，以保证其爆炸的完全性和传爆的稳定性，这样可使爆炸产物中未反应的炽热固体颗粒量大大减少，从而提高其安全性。

(3) 有毒气体生成量应符合国家规定，其氧平衡应接近于零。一般地说，正氧平衡的炸药在爆炸时易生成氮氧化合物等易引起瓦斯发火的物质。而负氧平衡的炸药，爆炸反应本完全，会增加未反应的炽热固体颗粒，容易引起二次火焰，不利于防止瓦斯发火。

(4) 组分中不能含有金属粉末，以防爆炸后生成炽热固体颗粒。

为使炸药具有上述特性，煤矿许用炸药组合中添加了一定量的消焰剂——食盐、氯化铵或其他物质。

2. 煤矿许用炸药的分级与检验方法

(1) 煤矿许用炸药的分级。我国煤矿许用炸药按瓦斯安全性进行分组，其分级规定见原煤炭工业部部颁标准MT－61－82。煤矿许用炸药的瓦斯安全性分为5级，各个级别许用炸药瓦斯安全性（巷道试验）的合格标准如下。

(1) 一级煤矿许用炸药：100g发射臼炮检定合格，可用于低瓦斯矿井。

(2) 二级煤矿许用炸药：150g 发射臼炮检定合格，一般可用于高瓦斯矿井。

(3) 三级煤矿许用炸药：试验法 1：450g 发射臼炮检定合格；试验法 2：150g 悬吊检定合格，可用于瓦斯与煤尘突出矿井。

(4) 四级煤矿许用炸药：250g 悬吊检定合格。

(5) 五级煤矿许用炸药：450g 悬吊检定合格。

3. 煤矿许用炸药的常用种类

根据炸药的组成和性质，煤矿许用炸药可分为 5 类。

(1) 粉状硝酸铵类许用炸药。其通常以梯恩梯为敏化剂，多为粉状，表 2-6 中叙述的各品种均属此类。

表 2-6 煤矿许用硝铵类炸药的组成及性能

组成性能与爆炸参数设计值		1 号煤矿硝铵炸药	2 号煤矿硝铵炸药	3 号煤矿硝铵炸药	1 号抗水煤矿硝铵炸药	2 号抗水煤矿硝铵炸药	3 号抗水煤矿硝铵炸药	2 号煤矿铵油炸药	1 号抗水煤矿铵沥蜡炸药
组成/%	硝酸铵	68±1.5	71±1.5	67±1.5	68.6±1.5	72±1.5	67±1.5	78.2±1.5	81±1.5
	梯恩梯	15±0.5	10±0.5	10±0.5	15±0.5	10±0.5	10±0.5	—	—
	木粉	2±0.5	4±0.5	3±0.5	1±0.5	2.2±0.5	2.6±0.5	3.4±0.5	7.2±0.5
	食盐	15±1.0	15±1.0	20±1.0	15±1.0	15±1.0	20±1.0	15±1.0	10±0.5
	沥青	—	—	—	0.2±0.05	0.4±0.1	0.2±0.05	—	0.9±0.1
	石蜡	—	—	—	0.2±0.05	0.4±0.1	0.2±0.05	—	0.9±0.1
	轻柴油	—	—	—	—	—	—	—	—
性能	水分/%	0.3	0.3	0.3	0.3	0.3	0.3	0.3	0.3
	密度/$(g \cdot cm^{-3})$	0.95～1.10	0.95～1.10	0.95～1.10	0.95～1.10	0.95～1.10	0.95～1.10	0.85～0.95	0.85～0.95
	猛度/mm	12	10	10	12	10	10	8	8
	爆力/ml	290	250	240	290	250	240	230	240
	殉爆/mm	6	5	4	6	4	4	3	3
	爆速/$(m \cdot s^{-1})$	3509	3600	3262	3675	3600	3397	3269	2800

(2) 许用含水炸药。这类炸药包括许用乳化炸药和许用水胶炸药。前者在我国尚处于发展阶段，多数是二、三级品，少数可达四级煤矿许用炸药的标准。后者只有淮北矿务局某厂生产，是从美国杜邦公司正式引进的。

这类炸药是近十几年来发展起来的新型许用炸药。由于它们组分中含有较大量的水，爆温较低，有利于安全，同时调节余地较大，因此有极好的发展前景。

(3) 离子交换炸药。含有硝酸钠和氯化铵的混合物称为交换盐或等效混合物。在通常情况下，交换盐比较安定，不发生化学变化，但在炸药爆炸的高温高压条件下，交换盐就会发生反应，进行离子交换，生成氯化钠和硝酸铵。

$$NH_4Cl + NaNO_3 = NaCl + NH_4NO_3 + 125kJ/mol \quad (2-1)$$

爆炸瞬间生成的氯化钠可作为消焰剂高度弥散在爆炸点周围，有效地降低爆温和抑制瓦斯燃烧。与此同时生成的硝酸铵，则作为氧化剂加入爆炸反应。

离子交换炸药还具有一种“选择爆轰”的独特性质，在不同的爆破条件下，它会自动调节消焰剂的有效数量和作用。例如，在密封状态下，炸药爆炸强烈，交换盐的反应更完全，生成的氯化钠更多，其消焰降温的作用更强；反之，在裸露状态下，爆炸反应进行得较弱，交换盐的反应也不完全，生成的硝酸铵减少，使爆炸释放的能量保持在较低的程度，甚至有可能造成爆轰中断，因而避免了裸露药包爆炸时引起瓦斯爆炸的事故。

(4) 被筒炸药。用含消焰剂较少，爆轰性能较好的煤矿硝铵炸药做药芯，其外再包裹一个用消焰剂做成的“安全被筒”，这样的复合炸药就是通常所说的被筒炸药。

当被筒炸药的药芯爆炸时，安全被筒的食盐被爆碎，并在高温下形成一层食盐薄雾，笼罩着爆炸点，更好地发挥消焰作用。因而这种炸药可用在瓦斯与煤尘突出矿井。被筒炸药的消焰剂含量可高达5%。

(5) 当量炸药。盐量分布均匀，而且安全性与被筒炸药相当的炸药称为当量炸药。当量炸药的含盐量要比被筒炸药高，爆力、猛度和爆热远比被筒炸药低。

本章小结

本章主要讲述了工业炸药的概念及其不同的分类方式，接着介绍了常用的工业炸药——起爆药、单质猛炸药和混合猛炸药，并对其进行了详细的阐述；随后着重介绍了常见的硝铵类炸药——粉状硝铵炸药和含水硝铵炸药；最后提到了煤矿许用炸药的条件、分类及常用的煤矿许用炸药。

习　题

1. 说明工业炸药常用的分类及分类方法。
2. 说明几种常用的工业炸药及性能。
3. 说明硝铵类炸药可分为哪几类，及各自特征。
4. 说明煤矿许用炸药的条件，并举例分析。

第3章 炸药爆炸基本理论

爆炸是物质系统一种极其迅速的物理或化学变化，在变化过程中，瞬间放出其内含能量，并借助系统内原有气体或爆炸生成气体的膨胀，对系统周围介质做功，使之产生巨大的破坏效应，并伴随有强烈的发光和声响。爆轰是炸药稳定爆炸的表现形式。自19世纪末期以来，炸药和起爆器材有了很大的突破和发展。人们对爆轰过程也进行了深入的研究，并建立了以流体动力学为基础的爆轰理论。

教学目标

(1) 掌握炸药爆炸的基本理论，主要包括炸药和爆炸的基本概念、炸药的起爆和感度、炸药的传爆、炸药的氧平衡以及炸药的爆破性能。

(2) 利用炸药爆炸的基本理论，解释一些常见的爆炸现象和设计简单常规的爆破方案。

教学要求

知识要点	能力要求	相关知识
基本概念	掌握	爆炸；爆炸的三要素
起爆机理、感度	掌握	起爆能；起爆机理；感度
冲击波、爆轰理论	掌握	波；冲击波；爆轰理论
氧平衡、爆炸反应方程式	掌握	氧平衡的概念及意义；爆炸反应方程式的书写
炸药性能参数、爆破性能	熟悉	爆热；爆温；爆压；爆容；爆力；猛度；爆速

引例

世界最大爆破工程——宁夏大峰煤矿硐室爆破工程

2007年12月20日上午11时30分，随着一声沉闷的巨响，神华宁煤集团大峰煤矿羊齿采区的一座相对高度230m的山峰被削平约40m，在不到1s时间内滚滚弥漫的尘烟袅袅升起，5500t炸药不费吹灰之力，便将600多万立方米的山体“捏”个粉碎。爆炸当量相当于日本广岛核爆炸的1/4，相当于2006年朝鲜核试验的6倍，能量释放相当于一次5.0级左右的地震，规模世界罕见，是我国继白银铜矿、攀钢狮子山、珠海炮台山万吨级硐室爆破后，全国第4大硐室爆破，也是近17年以来世界第一大爆破工程。

3.1 爆炸和炸药的基本概念

1. 爆炸的定义及分类

从广义的角度看，爆炸是指在有限的体积内能量发生急剧转化的物理、化学过程。在该变化过程中，伴随着能量的快速转化，物质某种形式的内能转化为机械压缩能、光、热辐射等，且使原来的物质或其变化产物、周围介质产生机械运动。按爆炸的性质不同，爆炸可分为物理爆炸、核爆炸和化学爆炸3类。

(1) 物理爆炸：仅仅是物质形态发生变化，而化学成分和性质没有改变的爆炸现象。例如，锅炉爆炸、氧气瓶爆炸和自行车爆胎。

(2) 核爆炸：由核裂变或核聚变释放出巨大能量所引起的爆炸现象。例如，原子弹爆炸和氢弹爆炸。

(3) 化学爆炸：在爆炸前后，不仅发生物态的急剧变化，而且物质的化学成分也发生改变的反应。例如，炸药爆炸、瓦斯或煤尘爆炸、汽油与空气混合物的爆炸等都是化学爆炸。

炸药是一种相对安定的物质系统，在一定条件下能够发生快速化学反应，放出能量，生成气体产物，并显示爆炸效应的化合物或混合物。从组成元素来看，炸药主要是由碳、氢、氧、氮4种元素组成的化合物或混合物。需要指出的是，炸药爆炸通常是从局部分子被活化、分解开始的，其反应热又使周围炸药分子被活化、分解，如此循环下去，直至全部炸药反应完全。

2. 炸药爆炸的三要素

1) 反应的放热性

放出热量是爆炸得以进行的首要条件，使反应独立地、高速地进行的必需能源。下面以硝酸铵的不同化学反应为例。

常温下分解

$$NH_4NO_3 \rightarrow NH_3 + HNO_3 - 170.7kJ$$

加热至200℃左右

$$NH_4NO_3 \rightarrow 0.5N_2 + NO + 2H_2O + 36.1kJ$$

或

$$NH_4NO_3 \rightarrow N_2O + 2H_2O + 52.4kJ$$

起爆药柱引爆

$$NH_4NO_3 \rightarrow N_2 + 2H_2O + 0.5O_2 + 126.4kJ$$

常温下，硝酸铵的分解是一个吸热反应，不能发生爆炸；但加热到200℃左右时，分解反应为放热反应，如果放出的热量不能及时散失，炸药温度就会不断升高，促使反应速度不断加快和放出更多的热量，最终就会引起炸药的燃烧和爆炸；如果用起爆药柱(Primer Cartridge)引爆，硝酸铵发生剧烈的放热反应，即刻爆炸。可见，只有放热反应才可能具有爆炸性。

2）生成大量气体产物

炸药爆炸放出的热量必须借助气体介质才能转化为机械功。因此，生成气体产物是炸药做功不可缺少的条件。炸药能量转化的过程是如果物质的反应热很大，但没有气体产物形成，就不会具有爆炸性。

例如，铝热剂反应

$$2Al + Fe_2O_3 \rightarrow Al_2O_3 + 2Fe + 828kJ$$

尽管反应非常迅速，且放出很多的热量，反应放出的热量足以把反应产物加热到3000K，但终究由于没有气体产物生成，没有把热能转变为机械能的媒介，无法对外做功，所以不具有爆炸性。只是高温产物逐渐地将热量传导到周围介质中去，慢慢冷却凝固。

炸药爆炸放出的热量不可能全部转化为机械功，但生成气体数量越多，热量利用率也越高。

3）反应的高速度

反应的高速度是爆炸过程区别于一般化学反应过程的重要标志。化学反应具备了放热性并不一定能够发生爆炸，例如，1kg 煤完全燃烧时放出的热量为 8912kJ，但因燃烧速度太低，燃烧产生的能量通过热传导和热辐射不断散失，所以不可能形成爆炸。1kg 梯恩梯炸药爆炸时放出的热量虽然只有 4226kJ，但其爆炸反应的时间只需十几到几十毫秒，因而会形成爆炸反应。

由于爆炸反应的速度极高，反应结束瞬间，其能量几乎全部聚集在炸药爆炸前所占据的体积内，因而能够达到很高的能量密度。炸药发生爆炸变化所达到的能量密度比一般燃料燃烧时达到的能量密度要高数百至数千倍。正是由于这个原因，爆炸过程才具有巨大的做功能力和强烈的破坏效应。

可见，放出热量、生成气体产物和反应的高速度是形成爆炸反应的 3 个基本条件。

3. 炸药化学变化的形式

爆炸并非炸药唯一的化学变化形式。由于环境和引起化学反应的条件不同，使反应的传播速度和性质有着很大差别。按照反应的速度及传播性质，炸药化学变化的基本形式可以分为缓慢分解、燃烧和爆轰。三者在性质上虽各不相同，但它们之间在一定条件下都是能够互相转化的：缓慢分解可发展为燃烧、爆炸；反之，爆炸也可转化为燃烧、缓慢分解。

1）缓慢分解

炸药的缓慢分解主要取决于环境的温度，温度越高则分解越显著。当温度升高到一定程度时，炸药缓慢的化学变化会自动转变为快速的化学变化，发生燃烧或爆轰。炸药缓慢分解与炸药燃烧和爆轰的主要区别在于，炸药热分解是在整个物质内部展开的，而炸药的燃烧和爆轰是在物质的某一局部，以化学反应波的形式一层一层地自动进行传播。

炸药的缓慢分解是一个很复杂的反应过程，其主要特点是：炸药内的各点温度相同；在全部炸药内反应同时进行，没有集中的反应区；分解时，既可以吸热，也可以放热，决定于炸药的类型和环境温度。但当温度较高时，所有炸药的分解反应都伴随有热量放出。

分解反应若为放热反应，如果放热量不能及时散失，炸药温度就会不断升高，促使反应速度不断加快和放出更多的热量，最终引起炸药的燃烧和爆炸。因此，在储存、加工和使用炸药时，要采取加强通风等措施，防止由于炸药分解产生热积累而导致意外爆炸事故的发生。

分解时一般要放出热量，失去重量，生成气体、固体或液体的产物。因此可以用测热、测气体压力、测凝聚相失重等方法来确定炸药的热分解情况，这也是测定炸药安定性的一个途径。

2）炸药的燃烧

炸药的燃烧与其他可燃物燃烧有着本质的区别，不需要外界供氧或其他助燃气体的供给，依靠自身所含的氧进行反应，几乎不受环境影响。因此，炸药的燃烧被广泛地应用于各种军用弹药、火箭、火工品、导火索等技术中。

炸药的燃烧可以分为稳定燃烧和不稳定燃烧，这主要取决于燃烧过程中燃烧速度的变化，若燃烧速度保持定值就称为稳定燃烧，否则就称为不稳定燃烧。稳定燃烧速度一般为每秒几毫米至每秒几米，最高只能达每秒几百米，低于炸药的声速，因为炸药的燃烧主要靠热传导来传递能量。炸药的燃烧不是在全部物质内同时展开的，而只是在局部区域内进行并在物质内传播。进行燃烧的区域称为燃烧区或反应区，反应区沿物质向前传播，其传播的速度称为燃烧速度，通常有两种表示方法，一是燃烧的线速度，指火焰阵面沿炸药法线方向传播的线速度(cm/s)；二是燃烧的质量速度，即火焰阵面上单位面积及单位时间反应了的炸药量($g/cm^2\cdot s$)。燃烧的质量速度等于燃烧的线速度乘以炸药的密度。

一般情况，凝聚炸药的燃烧速度随压力增大而加快，当压力高于某一上限时，燃烧转为爆轰，低于某一下限时，燃烧熄灭。

3）炸药的爆轰

炸药爆炸的过程与燃烧过程相类似，化学反应也只在局部区域内进行并在炸药中传播，反应区的传播速度称为爆炸速度。若爆速保持定值，就称为稳定爆炸，稳定爆炸又称为爆轰，否则称为不稳定爆炸。爆轰速度可达 2000～9000m/s;，产生的压力可达数千至数万兆帕。

炸药燃烧与爆轰的主要特征及区别见表 3-1。

表 3-1　燃烧与爆轰的特征比较

项目＼变化过程	燃烧	爆轰
传播速度	每秒几毫米至几米(低于炸药中音速)，受外界压力影响大	每秒几百米至几千米(高于炸药中音速)受外界压力影响小
传播的性质	热传导、扩散、辐射	冲击波
对外界的作用	燃烧点压力升高不大，在一定条件下才对周围介质产生爆破作用	爆炸点有剧烈的压力突跃，无需封闭系统便能对周围介质产生强烈的爆破作用
产物运动方向	与波阵面的运动方向相反	与波阵面的运动方向一致

3.2 炸药的起爆和感度

3.2.1 炸药的起爆机理

1. 起爆和起爆能

炸药是具有一定稳定性的物质，如果没有任何外部能量的作用，炸药可以保持它的平衡状态。为了使炸药爆炸变为现实，还必须给炸药以一定的外作用。从外部提供足够能量，激发炸药开始发生爆炸反应的过程称为起爆；足以引起炸药爆炸的外加能量，叫做起爆能或初始冲能。通常，工业炸药起爆能主要有热能、机械能、爆炸冲能，此外还有利用激光、电磁感应进行起爆的。

(1) 热能。利用加热作用使炸药起爆。能够引起炸药爆炸的加热温度称为起爆温度，热能的来源有直接加热、火焰、电火花或电线灼热等。工业雷管多利用这种形式的起爆能。

(2) 机械能。通过撞击、摩擦、针刺等机械作用使炸药起爆，实质上是将机械能转化为热能。这种形式多用于武器。

(3) 爆炸冲能。利用起爆药爆轰产生的爆轰冲击波及高温、高压气体产物流动的动能，可以使猛炸药起爆。利用雷管或起爆药柱等产生的爆炸冲能可使一般炸药起爆。

各种炸药起爆的难易程度相差很大，如叠氮化铅、DDNP炸药，受轻微摩擦冲击即可爆炸；而矿用炸药的主要成分硝酸铵却要用高威力起爆药包才能起爆。不同炸药起爆时所需要的某种形式的外能是不同的。外能作用能否引起炸药爆炸，这不仅和炸药的物理、化学性质、炸药的物理状态、装药结构等有关，而且还取决于所加能量大小以及能量集中程度等条件。所有这些因素对炸药的起爆都有重要影响。

2. 炸药的起爆机理

炸药起爆必须有足够的外能使部分炸药分子变为活化分子。活化分子数量越多，其能量同分子平均能量相比越大。则爆炸反应速度也越高。

图3-1表示炸药爆炸反应过程中能量的变化。能量级 E_1 是炸药的分子平均能量，能量级 E_2 则是炸药分子碰撞发生化学反应后所具有的最低能量能量级，E_3 是爆炸产物的分子平均能量。显然，为了使炸药分子的能量 E_1 从状态1提高到 E_2 以达到活化状态2，就必须使能量增加 $E_{1,2}$。$E_{1,2}$ 就是活化能。起爆时，外能转化为炸药分子活化能，造成足够数量的活化分子，并因它们的互相接触、碰撞而发生爆炸反应。

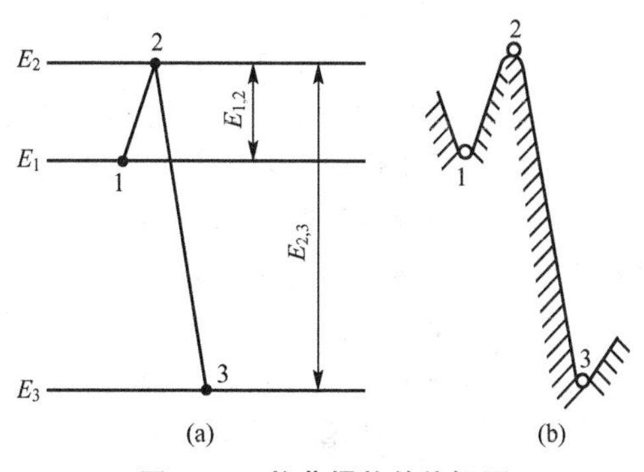

图3-1 炸药爆炸的能栅图

图3-1中 $E_{2,3}-E_{1,2}$，即 ΔE 表示反应过程终了释放出的热量，说明该过程为放热反

应。许多炸药的活化能约为125～250kJ/mol。相应地，爆炸反应释放出的热能约为840～1250kJ/mol，远大于所需活化能量，完全足以生成更多的新的活化分子，保证自动加速反应的进行。因此，外能越大越集中，炸药局部温度越高，形成的活化分子越多，则引起炸药爆炸的可能性越大。反之，如果外能均匀地作用于炸药整体，则需要更多的能量才能引起爆炸。这一点对丁热点起爆过程尤为重要。

形象地讲，从状态1激发到状态2所需的能量$E_{1,2}$越小，炸药的感度越高；反之，若$E_{1,2}$越大，则感度越低。

1）热能起爆机理

在一定条件下(温度、压力等)若炸药因热分解的作用下，反应放出的热量大于热传导(向外)所散失的热量，就能使炸药的内部发生热积累，从而使反应自动加速，温度升高，反应更快，温度更高，如此循环发展最后导致爆炸。这就是H. H. 谢苗诺夫建立的混合气体热自动点火热能爆炸理论的基本观点。

因此，炸药发生爆炸的条件有两个：一是放热量大于散热量，即炸药中能产生热积累；二是炸药受热分解反应的放热速度大于环境介质的散热速度。只有这样，才能使炸药内的温度不断上升，引起炸药的自动加速反应和导致爆炸。

炸药在热作用下发生爆炸的过程是一个从缓慢变化到突然升温爆炸的过程，即炸药的温度随时间的变化开始是缓慢上升的，其分解的反应速度也是逐渐增加的，只有经过一定的时间后温度才会突然上升，从而出现爆炸。因此，在炸药爆炸前，还存在一段反应加速期，称为爆炸延时期或延迟时间。炸药爆炸反应时间主要决定于延迟时间，其本身反应时间很短。使炸药发生爆炸的温度称为爆发点，爆发点并不是指爆发瞬间的炸药温度，而是指炸药分解自行加速时的环境温度。爆发点越高，延迟时间越短。其间存在以下关系

$$\tau=c\mathrm{e}^{\frac{E}{RT}} \tag{3-1}$$

式中，τ——延迟时间；

c——与炸药成分有关的常数；

E——炸药的活化能；

R——通用气体常数；

T——爆发点。

2）机械能起爆机理

长期以来，人们对炸药的起爆及其机理作了大量的实验和理论研究。最早提出的是贝尔特罗假设(即所谓的“热学说”)：机械能变为热能，使整个受试验的炸药温度升高到爆发点，因而使炸药发生爆炸。这个论点后来引起人们的怀疑。因为计算表明，即使起爆冲击能全部转化为热能被它吸收，像雷汞这样的炸药的温度也只能提高20℃左右，而此温度根本不可能使雷汞爆炸；对其他一些炸药进行计算后也表明，假设炸药在受撞击时所吸收的能量被均匀地分散到整个炸药中，则由于撞击的时间很短，即使炸药的体积很小，温度的上升也不可能使炸药发生爆炸反应，何况实际情况是炸药在撞击过程中所吸收的能量远小于它的临界撞击能。因此，热假设的理论受到了人们的怀疑。

以后乂出现了“摩擦化学假说”：炸药受冲击时，炸药的个别质点(晶粒)一方面与其他质点互相接近，即增大其紧密性，而另一方面彼此相互移动，亦在相邻表面上互相滑动，此时在表面上产生两种力(法向力和切向剪力)，法向力使一个质点分子上的原子可能

落到第二个质点表面上分子引力作用范围之内，而切向剪力的作用可引起表面破坏的原子间键的破坏，最后使化学反应的分子变形并发生爆炸。这种摩擦化学假说既没考虑热的作用，又没考虑有些炸药分子的键能非常大，在一般的机械作用下要直接破坏这种分子是相当困难的。因此摩擦化学假设理论具有很大的局限性。

目前，较为公认的是“热点学说”，它是由英国的布登在研究摩擦学的基础上于20世纪50年代提出来的，由于热点学说能较好地解释炸药在机械能作用下发生爆炸的原因，因此得到了人们的普遍认可。

热点学说认为，当炸药受到撞击或摩擦时，机械能首先转化成热能，由于产生的热来不及均匀地分布到全部试样上，故在小的局部范围内聚集形成小点，在小点处发生热分解，又因为分解的放热性，分解速度迅速增加，小点内形成强烈反应，结果引起部分炸药或全部炸药爆炸。这些温度很高的局部小点称为热点或灼热核。在机械作用下，爆炸首先从这些热点处开始，而后扩展到整个炸药的爆炸。

热点学说认为，热点的形成和发展大致经过以下几个阶段。

(1) 热点的形成阶段。

(2) 热点的成长阶段，即以热点为中心向周围扩展的阶段，其主要表现形式是速燃。

(3) 低爆轰阶段，即由燃烧转变为低爆轰的过渡阶段。

(4) 稳定爆轰阶段。

热点或灼热核的形成主要有3种原因。

(1) 炸药中的微小气泡受冲击绝热压缩，骤然加热，温度上升很高，成为引起炸药爆炸的灼热核。

(2) 炸药颗粒之间或炸药与夹杂物或炸药与容器之间发生强烈摩擦而形成灼热核。

(3) 高速粘滞流动产生灼热核，是液体炸药或低熔点炸药(无气泡存在时)发生爆炸的原因之一。

如果冲击能足够大，冲击区内部分炸药熔化形成少量液体，并迅速地在固体炸药微粒间流过发生黏性流动而产生灼热核。炸药的塑性流变和黏性流变过程及粒子的摩擦效应对起爆起着决定性作用。

当灼热核满足一定的条件，即灼热核半径 $r=10^{-3}\sim10^{-5}$ cm，灼热核的温度对起爆炸药为350～600℃、对工业炸药为500～800℃，作用时间在 10^{-7} s以上，才能形成爆炸。

3) 爆炸冲击波起爆机理

冲击波是一种强烈的压缩波，炸药受到冲击波的强烈压缩要产生热，因此冲击波起爆是属于热起爆范畴的。在弹药或爆破技术中经常有这种情况：一种炸药爆炸后产生的冲击波通过某一介质去起爆另一种炸药。例如，引信的传爆药柱爆炸后往往经过金属管壳、纸垫或空气再引爆另一种炸药；聚能装药中用隔板来调整波形，也是利用冲击波通过隔板传爆的方式；在爆破工程中，如何使相邻炸药殉爆完全，也是个强冲击波起爆的问题。若是均相炸药(即不含气泡、杂质的液体炸药或单晶体炸药)受冲击波作用，其冲击波面上一薄层炸药均匀受热升温，此温度如达到爆发点，则经过一定延滞期后发生爆炸。若是非均相炸药受到冲击，则由于炸药受热的不均匀性，使在局部率先产生热点，爆炸首先在热点开始并扩展，然后引起整个炸药的爆炸。

4）光起爆机理

炸药在光作用下的起爆机理，目前得到公认的仍然是光能转变为热能而起作用的热机理。其有3种基本情况：一种是光起爆是热作用，即炸药受到阳光照射时，很薄的表面层吸收了光能，并在很短的时间内转变为热，然后发生爆轰；另一种为光化学分解起作用，当炸药受阳光照射时，其表面物吸收光能而导致电子的激发，引起了光化学反应，反应放出的热量传给下一层炸药，在适当的条件下(得热→失热)以热爆炸的形式扩展；三是对于敏感的猛炸药(PETN，RDX)可用激光引爆。

5）电能起爆机理

炸药在电能作用下激起爆炸的机理，分为电能转化为其他能量起爆和电击穿起爆两类。如桥丝式电火工品的起爆是电能转化为热能引起的起爆，属于热起爆机理范畴。又如炸药在外界强电场作用下，可引发其爆炸，属于电击穿起爆作用，不同于一般的热起爆机理。电能起爆广泛应用于压电引信、无线电引信及导弹引信等，还用作航天飞行器解脱金属件的动力能源，如爆炸螺栓、切割索、火箭级间分离器等。另外在外界电能，如静电、射频、杂散电流等作用下，电火工品也容易引起爆炸。

小知识

弗兰克-卡曼涅斯基发展了定常热爆炸理论，这一理论进一步考虑了温度在反应混合气体中的空间分布。

莱第尔、罗伯逊将热爆炸理论应用于凝聚炸药的起爆研究中，提出了热点学说。这一学说揭示了撞击、摩擦、发射惯性力等机械作用下炸药激发爆炸的机理和物理本质。

布登、约夫等把热爆炸理论进一步扩展到起爆药的起爆研究中，并对热爆炸的临界条件的某些参数进行了计算。

3.2.2 炸药的感度

炸药在外界作用下发生爆炸反应与否以及发生爆炸反应的难易程度称为炸药的感度或敏感度。炸药感度的高低以激起炸药爆炸反应所需起爆能的多少来衡量。感度与所需起爆能成反比。炸药对某种形式起爆能的感度过高，就会在炸药生产、运输、储存、使用过程中造成危险。而使用炸药时，感度过低，就会给使用炸药造成困难。

炸药对不同形式的起爆能具有不同的感度。例如，梯恩梯对机械作用的感度较低。但对电火花的感度则较高；特屈拉辛的机械感度比斯蒂芬酸铅的高，但火焰感度则相反。为研究不同形式的起爆能起爆作用的难易程度，将炸药感度区分为热感度、机械感度、起爆冲能感度、冲击波感度和殉爆、静电火花感度、激光感度和枪击感度等。

1. 热感度

炸药的热感度是指炸药在热作用下发生爆炸的难易程度。热作用的方式主要有两种：均匀加热和火焰点火，习惯上把均匀加热时炸药的感度称为热感度，而把火焰点火时的炸药感度称为火焰感度。

1）加热感度

加热感度用来表示炸药在均匀加热的条件下发生爆炸的难易程度，通常采用炸药在一定条件确定出的爆发点来表示。爆发点低的炸药容易因受热而发生爆炸，其加热感度高。

表 3-2 列出了一些常用炸药的爆发点。

表 3-2 常用炸药的爆发点

炸药名称	爆发点/℃	炸药名称	爆发点/℃
EL 系列乳化炸药	330	硝酸铵	300
2 号岩石铵梯炸药	186～230	黑火药	290～310
3 号露天铵梯炸药	171～179	黑索今	215～235
2 号煤矿铵梯炸药	180～188	特屈儿	195～200
3 号煤矿铵梯炸药	184～189	梯恩梯	290～295
硝化甘油炸药	200 ～205	二硝基重氮酚	170～175

爆发点一般采用测定炸药在规定时间(5min)内起爆所需加热的最低温度来表示。爆发点测定仪如图 3-2 所示。测定时，用电热丝加热使温度上升(到预计爆发点)，然后将装有 0.05g 炸药试样的铜管迅速插入合金浴(低熔点的伍德合金，熔点 65℃)中，插入深度要超过管体的 2/3。如在 5min 内不爆炸，则需要将温度升高 5℃再试。如此反复试验，直到求出被试炸药的爆发点。

2) 火焰感度

炸药在明火(火焰、火星)作用下，发生爆炸的难易程度称为火焰感度。常用火焰感度测定装置来测定火焰感度。火焰感度用上下限表示。上限即使炸药 100%发火的最大距离，下限即使炸药 100%不发火的最小距离。一般采用 6 次平行测试的平均值。下限表示炸药对火焰的安全程度，因此上线大则炸药感度大，下限大则炸药的危险性大。下面给出黑火药和几种起爆药的火焰感度，见表 3-3。

表 3-3 黑火药和几种起爆药的火焰感度

炸药名称	雷汞	叠氮化铅	斯蒂酚酸铅	特屈拉辛	二硝基重氮酚	黑火药
100%发火的最大距离/cm	20	<8	54	15	17	2

2. 机械感度

炸药在机械作用(如撞击、摩擦、针刺、惯性等)发生爆炸变化的难易程度称为机械感度。

1) 冲击感度

冲击感度是指炸药在机械撞击下发生爆炸的难易程度。常用的测定仪器是立式落锤仪。冲击感度一般用 25 次试验中爆炸次数的百分数表示

$$P=\frac{25\text{ 次试验中发生爆炸的次数}}{25} \tag{3-2}$$

常用的锤质量有 10kg、5kg、2kg。测定时，炸药样品放到撞击装置的两个击柱中间，使重锤自由下落，撞在击柱上。受撞击的炸药凡是发生声响、发火、冒烟等现象之一均为爆炸。几种常用炸药的撞击感度见表 3-4。

2) 摩擦感度

摩擦感度是指在摩擦作用下，炸药发生爆炸的难易程度。以摩擦作用作为初始冲能来

引爆炸药的并不多，手榴弹中的拉火管是靠摩擦发火的。从安全的观点看，炸药在生产、运输和使用过程中经常会遇到摩擦作用，或是撞击和摩擦都有。因此研究炸药的摩擦感度是很重要的。

我国普遍采用摆式摩擦仪来测定炸药的摩擦感度。测定装置示意图如图 3-2 所示。测定时，将摆锤臂悬挂成所需的摆角(一般悬挂成 90°)，打击在击杆 1 上，使上击柱 4 滑动 1.5～2mm 的水平距离，以摩擦炸药试样观察爆炸与否。平行试验 25 次，计算爆炸百分数。爆炸百分数越高，摩擦感度越大。表 3-4 列出了几种炸药的摩擦感度的数据。

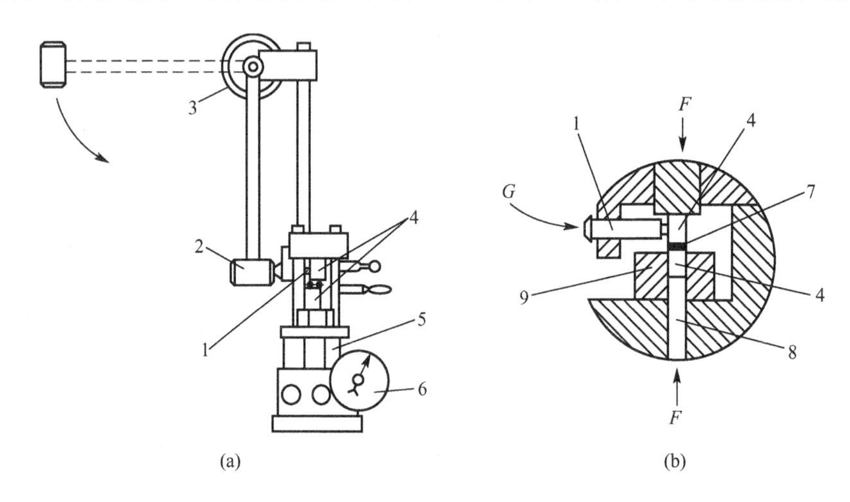

图 3-2 摩擦摆

1—击杆；2—摆锤；3—角度标盘；4—上、下滑柱；5—油压机；6—压力计；7—炸药试样；8—顶杆；9—滑柱套；F—压力（施加方向）；G—摆锤击打方向

表 3-4 几种炸药的撞击感度和摩擦感度

项目 \ 炸药名称	乳化炸药	2 号岩石铵梯炸药	硝化甘油炸药	黑索今	特屈儿	黑火药	梯恩梯
撞击感度/%	≤8	20	100	70～75	50～60	50	4～8
摩擦感度/%	0	16～20	—	90	24	—	0

3. 起爆冲能感度

炸药的起爆感度是指猛炸药在其他炸药(起爆药或猛炸药)的爆炸作用下发生爆炸变化的能力，也称为爆轰感度。引爆炸药并保证其稳定爆轰所应采取的起爆装置(雷管、起爆药柱等)决定于炸药的起爆感度。引爆炸药时，炸药受到起爆装置爆炸产生的冲击波(即激发冲击波)和高温爆炸产物的作用。因此，炸药的起爆感度与热感度、冲击感度有关。

引爆炸药并使之达到稳定爆轰所需要的最低起爆冲能即临界冲能，并可用它来表示炸药的起爆感度。凡是用雷管能够直接引爆的炸药(称具有雷管感度的炸药)，临界冲能可以采用引爆炸药所需要的最小起爆药量(又称为极限起爆药量)来表示，并用它来比较各种炸药的相对起爆感度。

猛炸药的极限起爆药量的试验方法为：将 1g 被测猛炸药试样用 50MPa 的压力压入

8号铜质雷管壳中，以30MPa的压力将一定质量的起爆药压入雷管壳中，扣上加强帽，最后用100mm长的导火索装在雷管的上口。将装好的雷管放在$\Phi 40\times 4$mm的铅板上，点燃导火索引爆雷管。观察爆炸后的铅板，如果铅板被击穿且孔径大于雷管的外径，则表明猛炸药完全爆轰，否则，说明猛炸药没有完全爆轰。改变药量，重复上述实验，经过一系列的试验，可测定猛炸药的最小起爆药量。几种猛炸药的最小起爆药量见表3－5。

表3－5 几种猛炸药的最小起爆药量(g)

起爆药	猛炸药			
	太安	梯恩梯	特屈儿	黑索今
雷汞	0.36	0.165	0.19	0.17
叠氮化铅	0.16	0.03	0.05	0.03
二硝基重氮酚	0.163	0.075	—	0.09
雷酸银	0.095	0.02	—	—

从表3－5可以看出：同一起爆药对不同猛炸药的最小起爆药量不同，这说明不同的猛炸药对起爆药爆炸具有不同的爆轰感度，此外，不同的起爆药对同一猛炸药的起爆能力也不相同。

对一些起爆感度较低的工业炸药，如铵油炸药、浆状炸药等，用少量的起爆药是难以使其爆轰的，这类炸药的起爆感度不能用最小起爆药量来表示，而只能用威力较大的中继传爆药柱的最小质量来表示。

应该指出，起爆药的起爆能力与被起爆平面的大小有很大的关系，随着被起爆面积的增加，起爆药的起爆能力可以在一定的范围内增大，最合适的起爆条件是：起爆药的直径d与被起爆装药的直径D相同，即$d/D=1$，否则，由于侧向膨胀能力损失过大，起爆能力将明显降低。

4. 冲击波感度和殉爆

1）冲击波感度

炸药在冲击波作用下发生爆炸的难易程度，称为炸药的冲击波感度。

炸药对冲击波感度的试验方法和表示方法常用的为隔板试验(图3－3)。该法是在主发炸药(用以产生冲击波)和被发炸药(被冲击波引爆)间放置惰性隔板(金属板或塑料片)，常用升降法测定使被发炸药发生50%爆炸的临界隔板厚度，作为评价冲击波感度的指标。主发炸药被雷管引爆后，输出的冲击波压力为隔板所衰减后再作用于被发炸药上，观察后者是否仍能被引爆。改变隔板厚度试验，即可求得起爆被发炸药的最大隔板厚度或被发炸药50%爆炸的隔板临界厚度。隔板厚度与隔板材料及其大小(大隔板及小隔板)有关。隔板材料可以是空气、水、纸板、石蜡、有机玻璃、金属或其他惰性材料，隔板尺寸也有多种。

2）殉爆

如图3－4所示，装药A爆炸时，引起与其相距一定距离的被惰性介质(空气、水、土壤、岩石、金属或非金属材料等)隔离的B装药爆炸，这一现象称作殉爆。

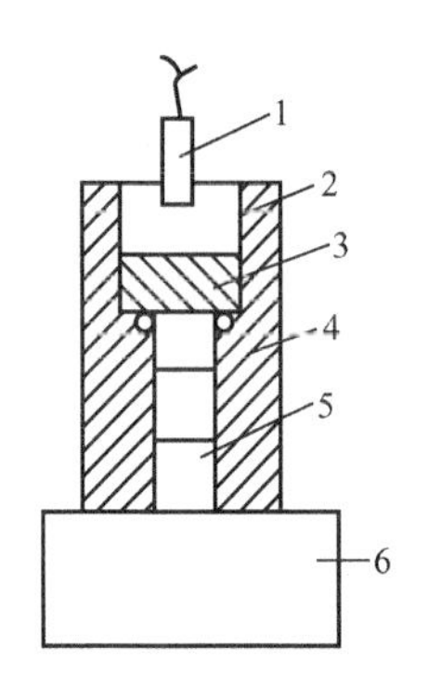

图 3-3 隔板试验

1—雷管；2—主发装药；3—隔板；

4—固定器；5—被发装药；6—验证板

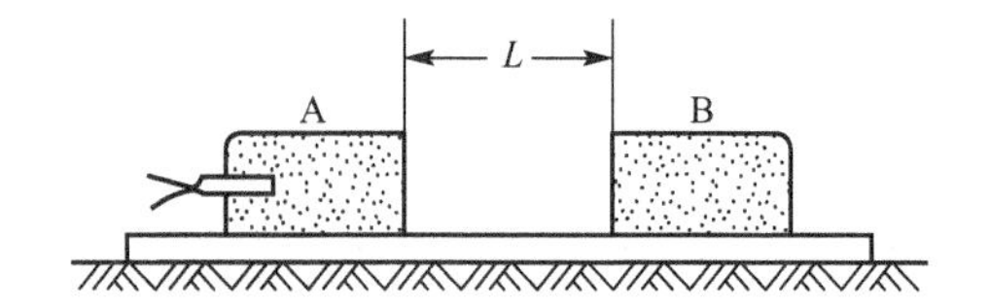

图 3-4 炸药殉爆试验

A—主动装药；

B—被动装药；L—殉爆距离

在一定程度上，殉爆反映了炸药对冲击波的感度。炸药的殉爆能力用殉爆距离表示，引起殉爆时两装药间的最大距离称为殉爆距离。凡是影响起爆能力的诸因素，都可以影响殉爆距离。

要使被动炸药发生爆炸，在炸药内产生冲击波的压力和冲能必须大于其临界值。殉爆距离可根据其临界值和起爆冲能来计算。

根据透入到被动装药内的冲击波压力应等于临界压力的原则，确定的殉爆距离计算公式为

$$R_c = KG^{\frac{1}{3}} \tag{3-3}$$

式中，R_c——殉爆距离，m；

G——药量，kg；

K——决定于主、被装药性质，介质性质和被动装药对冲击波感度的系数，可通过模拟试验来确定。

根据透入到被动装药内的起爆冲能应等于临界起爆能的原则，确定的殉爆距离计算公式为

$$R_c = KG^{\frac{2}{3}} \tag{3-4}$$

实际上，很难判断是压力、还是冲能起决定性作用，故需根据要解决的具体任务来选择以上公式中的指数：为安全起见，应取较大的指数，同时还要考虑必要的安全系数；为可靠殉爆起见，应取较小指数。

保证绝对不发生殉爆的距离称为殉爆安全距离。计算空气中的殉爆安全距离时，K 值可按表 3-6 选取。

表 3-6 计算殉爆安全距离的系数 K

主动装药炸药类型	被动装药						
	装药类型	铵梯炸药	梯恩梯		黑索今、特屈儿、泰安		
		A	B	A	B	A	B
铵梯炸药	A	0.25	0.15	0.40	0.30	0.70	0.55
	B	0.15	0.10	0.30	0.20	0.55	0.40

（续）

主动装药炸药类型	被动装药						
	装药类型	铵梯炸药	梯恩梯		黑索今、特屈儿、泰安		
		A	B	A	B	A	B
梯恩梯	A	0.80	0.60	1.20	0.90	2.10	1.60
	B	0.60	0.40	0.90	0.50	1.60	1.20
黑索今、特屈儿、泰安	A	2.00	1.20	3.20	2.40	5.50	4.40
	B	1.20	0.80	2.40	1.60	4.40	3.20

注：A——敞露式装药；B——半掩埋或有土堤的装药。

雷管的殉爆安全距离，可按式(3-5)计算

$$R_d = K'\sqrt{N} \tag{3-5}$$

式中，N——雷管的个数；

K'——系数，若考虑炸药和雷管之间发生殉爆，取$K'=0.06$；考虑雷管和雷管之间发生殉爆，取$K'=0.1$。

【例题 1】 地面铵梯炸药库房容量为8t，梯恩梯库房容量为5t，雷管库房容量为50000发，计算各库房间的安全距离(库房均为敞露式)。

【解答】 将梯恩梯看作是主动装药，铵梯炸药看作被动装药，有表3-6查得$K=0.8$，代入式(3-4)得

$$R_c = KG^{\frac{2}{3}} = 0.8\times5000^{\frac{2}{3}} = 233.9(\text{m})$$

将铵梯炸药看作主动装药，梯恩梯看作被动装药，由表3-6查得$K=0.40$，代入式(3-4)得

$$R_c = KG^{\frac{2}{3}} = 0.4\times8000^{\frac{2}{3}} = 160(\text{m})$$

因此，两库房的距离不能小于234m。

雷管库房距炸药库房的距离按式(3-5)计算得

$$R_d = K'\sqrt{N} = 0.06\sqrt{50000} = 13.4(\text{m})$$

因此，研究炸药的殉爆现象有重要意义。一方面在实际应用中要利用炸药的殉爆现象，如引信中雷管或中间传爆药需要通过隔板来起爆或隔爆传爆药，它也是工业炸药生产中检验产品质量的主要方法之一，用殉爆距离可反映被发装药的冲击波感度，也可以反映主发装药的引爆能力。另一方面，研究殉爆现象可为火炸药生产和储存的厂房、库房确定安全距离提供基本依据。

最常用的殉爆距离测试方法，通常采用炸药产品的原装药规格，将砂土地面铺平，用与药卷直径相同的金属或木质圆棒在砂土地面压出一个半圆形凹槽，长约60cm，将两药卷放入槽内，中心对正，精确测量两药卷之间的距离，在主爆药卷的引爆端插入雷管，每次插入深度应一致，约占雷管长度的2/3。引爆主发药卷后，如果被发药卷完全爆炸，则增大两药卷之间的距离，重复试验，反之，则减小两药卷之间的距离，重复试验；增大或减小的步长为10mm。取连续3次发生殉爆的最大距离为该炸药的殉爆距离。

在工业炸药的技术要求中，一般规定一个殉爆距离的标准，因此在生产性检验时，可直

接按标准取值，若连续3次均殉爆，即认为合格，一般不再测试该炸药确切的殉爆距离。

5. 静电火花感度

炸药的静电火花感度指在静电火花的作用下炸药发生爆炸的难易程度。炸药大多是绝缘物质，其比电阻在1012Ω/cm以上，炸药颗粒间及与物体摩擦时都能产生静电。在炸药生产和加工过程中，不可避免地会发生摩擦，如球磨粉碎、混药、筛药、压药、螺旋输送、气流干燥等工艺过程都发生炸药之间的摩擦或炸药与其他物体之间的摩擦，因摩擦而产生的静电往往可达102～104V的高压，尤其是在干燥季节更甚。在一定条件下(如电荷积累起来又遇到间隙)，就会迅速放电，产生电火花，可能引起炸药的燃烧和爆炸。如果在火花附近有可燃性气体和炸药粉尘，就更容易引燃。因此静电是火炸药工厂、火工厂及弹药装药厂发生事故的重要因素之一。

防止静电产生事故，主要在于防止静电的产生和静电产生后的及时消除，使静电不致过多地积累。防止静电危害的方法从机理上说大致可分为两类：第一类是泄漏法。这种方法实质上是让静电荷比较容易地从带电体上泄漏散失，从而避免静电积累。接地、增湿、加入抗静电添加剂，以及铺设导电橡胶或喷涂导电涂料等措施，都属于这一类。第二类是中和法。这种方法实质上是给带电体加一定量的反电荷，使其与带电体上的电荷中和，从而避免静电的积累，消除静电的危害。防止静电的具体措施有：设备接地；增加工房的潮度；在工作台或地面铺设导电橡胶；在炸药颗粒和容器壁上加上导电物质；使用压气装药时，应采用敷有良好导电层的抗静电聚乙烯软管做输药管等。

6. 激光感度

炸药的激光感度是指在激光能量作用下，炸药发生爆炸的难易程度，常用50%发火能量来表示。此值与激光波长、激光输出方式及激光器其他工作参数有关。目前一般认为，自由振荡激光器引爆炸药基本上按照热起爆机理进行，激光引爆炸药则可能除热作用外，还存在光化学反应和激光冲击反应。测定激光感度时，先根据试样将激光能量调到合适范围，再以升降法改变激光能量，观察试样是否燃烧或爆炸，并找出50%发火的激光能量。

小知识

我国从1967年开始激光点火的研究。早期的工作主要侧重于激光引爆炸药的实验研究，之后在激光点燃烟火药、激光感度实验、激光点火机理与过程、激光点火的数值模拟、激光点火的安全可靠性分析等方面进行了不同层次、不同方向的研究。

7. 枪击感度

炸药的枪击感度又称为抛射体撞击感度，是指用枪弹等高速抛射体撞击下，炸药发生爆炸的难易程度。落锤撞击炸药是低速撞击，抛射体撞击炸药是高速撞击，后者比前者更加准确评价炸药在使用过程中的安全性和起爆感度。中国规定采用7.62mm步枪普通枪弹，以25m的射击距离射击裸露的药柱或药包，观察其是否发生燃烧或爆炸。以不小于10发试验中发生燃烧或爆炸的概率表示试样的枪击感度。也可采用12.7mm机枪法测定固体炸药的枪击感度，此法是根据试验现象、回收试样残骸及破片和实测空气冲击波超压综合评定试样的感度。美国军用标准规定用12.7mm×12.7mm铜柱射击裸露的压装或铸装药柱，通过增减发射药量调节弹速，用升降法测定50%爆炸所需要的弹丸速度。欧洲标准是以直径为 15mm、长度不小于 10mm 的黄铜弹丸射击直径 30mm 试样，找出引起炸药爆炸的最低速度。当用低于该速度 10%范围内的弹丸速度进行四发射击，如都能不引起药柱反应，则确认该速度为极限速度。

3.3 炸药的传爆

工程爆破中通常都用雷管来起爆炸药。雷管的爆炸能量比起爆药包的爆炸能量要小得多，雷管的作用仅在于激起与它邻近的局部炸药分子爆炸，至于整个药包能否完全爆炸，则取决于炸药爆炸的稳定传爆。因此，研究炸药爆轰反应过程保证整个药包的完全爆轰，具有重要意义。

炸药的爆轰是爆轰波沿炸药(爆炸物)一层层地进行传播的过程，这种爆轰波实际是沿爆炸物传播的一种强冲击波；炸药爆炸对周围介质的作用与爆轰气体产物的高速流动及在介质中形成的压力突跃的传播是紧密相关的。通常将炸药由起爆开始到爆炸终了所经历的过程称为炸药的传爆。目前一般公认的爆轰理论为爆轰流体动力学理论。该理论的基本观点如下。

(1) 炸药的爆轰是冲击波在炸药中传播而引起的。

(2) 炸药在冲击波作用下的快速化学反应所释放出的能量又支持了冲击波的传播，使其波速保持恒定而不衰减。

(3) 爆轰参数是以流体动力学为基础计算的。

3.3.1 波的基本概念

1. 波的分类和形成

波可分为有两大类，即机械波与电磁波。水波、声波等是机械波，也称为力学波，冲击波、爆轰波是机械波；光波、无线电波、X 射线等是电磁波。

机械波必须在介质中传播，没有介质无法传播，在真空中不能传播任何机械波，但对电磁波的传播，介质不是必要的，如光波可以在真空中进行传播。机械波在介质中传播时，介质可产生塑性或弹性变形，相应地产生了弹性波和塑性波两类。按波内质点运动方向和波传播方向之间的关系，波可以分为纵波和横波，纵波使介质受到压缩或膨胀，横波在介质中引起切变。按波阵面的形状不同，波可以分为平面波、柱面波和球面波。

一般地说，波的形成是与扰动分不开的。所谓扰动，就是在受到外界作用(如振动、敲打、冲击等)时，介质状态(压力、温度、密度等)发生的局部变化。而波就是扰动的传播，换句话说，介质状态变化的传播即称为波。

介质的某个部位受到扰动后，便立即有波由近及远地逐层传播开去。因此，在扰动或波传播过程中，总存在着已受扰动区与未受扰动区的分界面，此分界面称为波阵面。波阵面的传播方向就是波的传播方向，波阵面的传播速度就是波的传播速度，简称为波速，单位为 m/s 或 km/s。绝不可把波的传播与受扰动介质质点的运动混同起来。扰动前后状态参数变化量很微小的扰动称为弱扰动，如声波就是一种弱扰动。弱扰动的特点是，状态变化是微小的、逐渐的和连续的，其波形如图 3-5(a)所示。与此相反，状态参数变化很剧

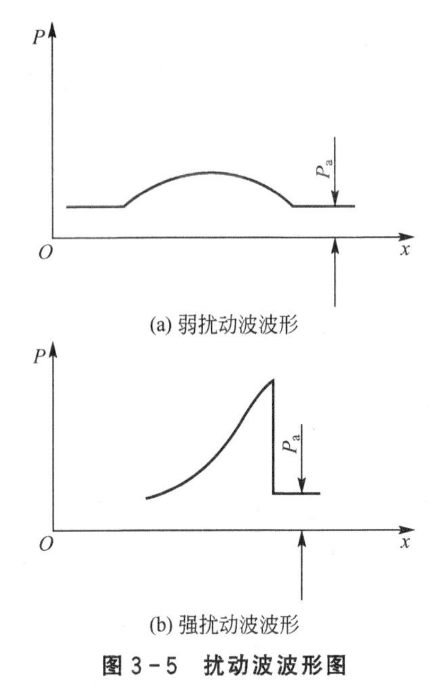

(a) 弱扰动波波形

(b) 强扰动波波形

图 3-5 扰动波波形图

烈，或介质状态是突跃变化的扰动称为强扰动，其波形如图 3-5(b)所示，冲击波就是一种强扰动波。

2. 音波

音波即声波，其传播速度称为音速。在这里不能把音波只理解为听觉范围内的波动，音波在研究波动现象时具有重要意义，它是介质的重要特性之一。

音波是介质的质点在其平衡位置上做往复式弹性振动所形成的，因此，音波是典型的弱扰动。音波是压缩波和膨胀波交替的波，在传播过程中，介质状态参数的变化是连续的和有节奏的；介质的质点只在其平衡位置上振动，不发生位移，音波经过后，介质便又回复到它原来的位置；音波是由弱扰动而产生的无限振幅波，其波阵面上介质的状态参数变化无限小，即音波对介质的压缩极小；音速的大小只取决于介质的状态，而与波的强度无关。

3. 压缩波和稀疏波

压缩波是指扰动波传播过后，压力 P、密度 ρ、温度 T 等状态参数增加的波。其特点是压力 P、密度 ρ、温度 T 增加，介质质点运动方向与波的传播方向一致。稀疏波是指介质状态参数压力 P、密度 ρ、温度 T 均为下降的波，特点是质点的移动方向与波的传播方向相反，且为弱扰动。

在这里要注意介质质点运动与波的传播有着本质的区别。所谓质点的运动，是指物质的分子或质子所发生的位移，而波的传播是弱扰动状态的传播，即波的传播是由介质的移动而引起的。这两个概念是必须区分的，例如，声带振动形成音波，音波在空气中以音速传至耳膜处，但绝不是声带附近的空气分子也移动到耳膜处了。

3.3.2 冲击波的基本知识

1. 冲击波的形成

冲击波是指在介质中以超声速传播并能引起介质的状态参数(如压力、密度和温度)发生突跃升高的一种特殊形式的压缩波。

为了形象地说明冲击波的形成过程和有关特性，下面以一维管道中的活塞运动来说明冲击波形成的物理过程，如图 3-6 所示。

设有无限长管子，左侧有一活塞。在 $t=0$ 时，活塞静止，位于管道的 0—0 处，管中气体未受扰动，初始状态参数为 P_0，ρ_0，T_0。假定从 $t=0$ 到 $t=\tau$ 时刻，活塞速度由 0 加速到 ω 时出现冲击波，状态参数为 P_1，ρ_1，T_1。

对每个小的 $d\tau$ 时刻时，介质状态参数只发生 dP、$d\rho$、dT 变化，当 $t=d\tau$ 时，活塞以 $d\omega$ 推进到 1—1 处，活塞前气体受到弱压缩，产生第一道弱压缩波，波后状态为 P_0+dP，$\rho_0+d\rho$，T_0+dT，声波传播速度为 C_0。

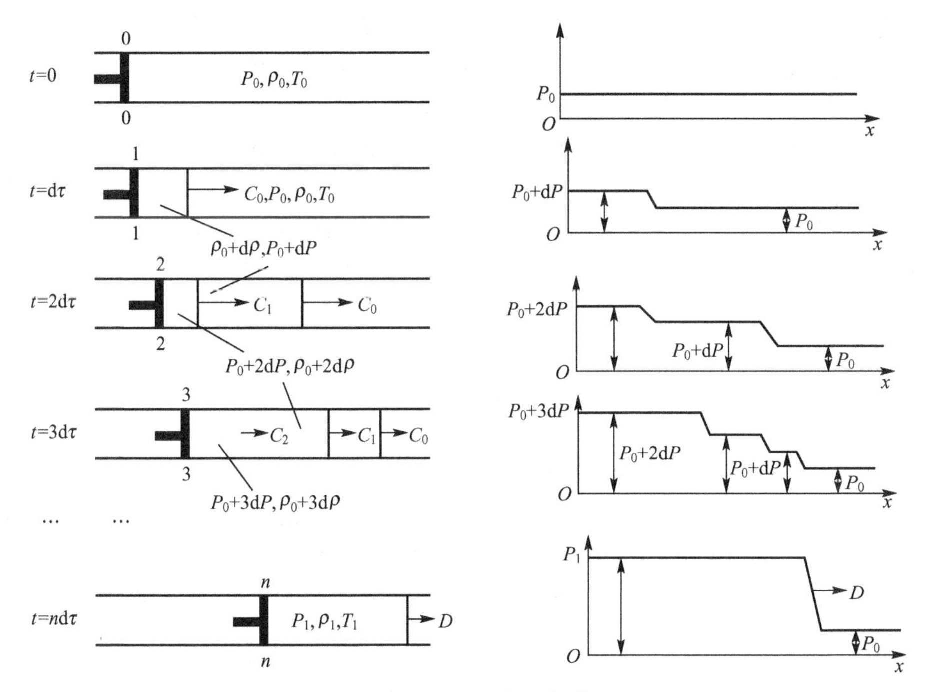

图 3－6 冲击波的形成过程

当 $t=2\mathrm{d}\tau$，活塞运动道 2—2 处，产生第二道压缩波，该波在已压缩过的气体($P_0+\mathrm{d}P$，$\rho_0+\mathrm{d}\rho$)中传播，波速为 C_1，显然，$C_1>C_0$，即第二道压缩波比第一道波快，终就会赶上第一道波，从而叠加成更强的压缩波。

当 $t=n\mathrm{d}\tau$ 时，活塞前气体将产生一系列弱压缩波，而后一道波总是比前一道波传播的快，从而叠加形成强的压缩波——即形成了冲击波。

以上过程说明，在空气中运动的物体要形成冲击波，其运动速度必须超过(或接近)空气中的音速。这是因为在封闭的管道中，介质状态参数的变化很容易积累起来而形成冲击波(因为活塞将活塞后的膨胀区与活塞前的压缩区隔离开了)，而物体在(例如弹丸)在三维的空间运动时，若其速度低于空气中的音速，则前面的压缩波以空气中的音速传播，物体向前运动的同时，周围空气则向其后的真空地带膨胀，形成膨胀波，使得运动物体前方空气的压缩状态不能叠加起来，所形成的压缩不总是以未扰动空气中的音速传播，故不能形成冲击波。当物体的运动速度超过当地空气中的音速时前面的空气来不及“让开”，即空气的状态参数来不及均匀化(膨胀波以音速传播)，突然受到运动物体的压缩，能形成冲击波。

总之，冲击波是由压缩波叠加而成的，压缩波叠加形成冲击波是一个由量变到质变的过程，二者的性质有根本的区别。弱压缩波通过时，介质的状态发生连续变化，而冲击波通过时，介质状态参数发生突跃变化。

2. 冲击波的基本关系式

设冲击波传播速度为 D，下标为 0 的表示波前参数，下标为 1 的表示波后参数，P、T、e、u、ρ 为介质的压力、温度、内能、质点速度或气流速度和密度，将坐标系建立在波阵面上，令波阵面右侧的未扰动介质以速度 $U_0=D-u_0$ 向左流入波阵面，而波后已扰

动介质以速度 $U_1=D-u_1$ 由波阵面向左流出。波阵面面积取一单位，按质量守恒原理，单位时间内从波面右侧流入的介质量等于从左侧流出的量，由此得

$$\rho_0(D-u_0)=\rho_1(D-u_1) \tag{3-6}$$

此即质量守恒方程或称为连续方程。在 $u_0=0$ 的条件下，式(3-6)简化为

$$\rho_0 D=\rho_1(D-u_1) \tag{3-7}$$

按照动量守恒定律，冲击波传播过程中，单位时间内作用于介质的冲量等于其动量的改变。其中，单位时间内的冲量为(P_1-P_0)，而介质动量的变化为 $\rho_0(D-u_0)(u_1-u_0)$。因此得到

$$P_1-P_0=\rho_0(D-u_0)(u_1-u_0) \tag{3-8}$$

在 $u_0=0$ 的条件下，式(3-8)可简化为

$$P_1-P_0=\rho_0 Du_1 \tag{3-9}$$

式(3-9)即为波的动量守恒方程或运动方程。

将式(3-7)和式(3-9)联立求解，并利用 $\rho=1/V$(V 为比容)的关系，可导出下面两个用扰动前与后的状态参量 P_1、V_1、P_0、V_0 来表示的 D 和 u_1 的方程

$$D=V_0\sqrt{\frac{P_1-P_0}{V_0-V_1}} \tag{3-10}$$

$$u_1=(V_0-V_1)\sqrt{\frac{P_1-P_0}{V_0-V_1}} \tag{3-11}$$

式(3-10)、式(3-11)称为李曼方程，是扰动传播的基本方程。

根据能量守恒定律，可建立另外一个基本方程。因在波的传播过程中，单位时间从波面右侧流入的能量应等于从波左侧流出的能量，能量包括介质所具有的内能、压力位能和介质流动动能。因此，能量守恒方程为

$$P_1(D-u_1)+\rho_1(D-u_1)\left[E_1+\frac{(D-u_1)^2}{2}\right]=P_0(D-u_0)+\rho_0(D-u_0)\left[E_0+\frac{(D-u_0)^2}{2}\right] \tag{3-12}$$

在 $u_0=0$ 的条件下，并将李曼方程式(3-10)、(3-11)代入并整理后可导出波后的内能变化为

$$E_1-E_0=\frac{1}{2}(P_1+P_0)(V_0-V_1) \tag{3-13}$$

式(3-13)称为冲击绝热方程或雨果尼奥方程。

以上3个基本方程：连续方程、运动方程和能量方程，为冲击波的基本关系式方程。

如果介质为理想气体，由热力学的基本知识有以下关系：$E=c_vT$，$PV=nRT$，$K=c_p/c_v$，其中 K 称为等熵指数，其值为定压比热 c_p 与定容比热 c_v 之比。由此可导出 $E=\frac{PV}{(K-1)}$，并代入式(3-13)有

$$\frac{P_1V_1}{K_1-1}-\frac{P_0V_0}{K_0-1}=\frac{1}{2}(P_1+P_0)(V_0-V_1) \tag{3-14}$$

一般情况下，$K=K_0$，变换上式得理想气体的雨果尼奥方程为

$$\frac{P_1}{P_0}=\frac{(K+1)\rho_1-(K-1)\rho_0}{(K+1)\rho_0-(K-1)\rho_1} \tag{3-15}$$

或

$$\frac{P_1}{P_0}=\frac{(K+1)\rho_1+(K-1)\rho_0}{(K+1)\rho_0+(K-1)\rho_1} \tag{3-16}$$

若已知状态函数 $E=E(P,V)$，就能将冲击绝热线方程表示为 P、V 间关系的方程。该方程在 $P-V$ 坐标面内为一条通过 P_0、V_0 点的曲线(图3-7)。对于理想气体的冲击绝热线可由式(3-15)在 $P-V$ 坐标面上画出。

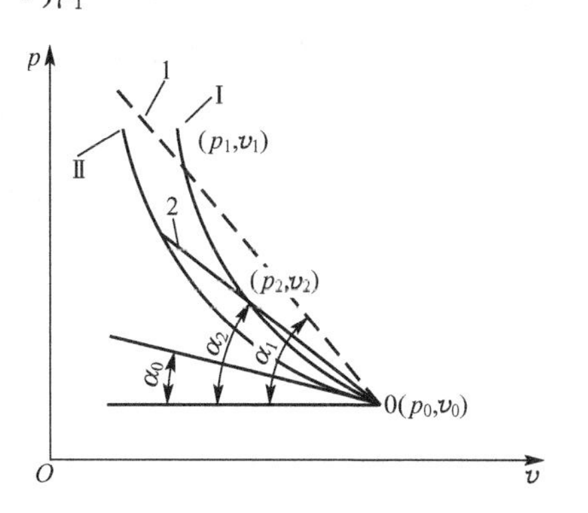

图3-7 冲击绝热和波速关系曲线

Ⅰ—冲击绝热曲线；

Ⅱ—等熵绝热曲线；1、2—波速线

若介质的初始状态为 P_0、V_0，则经过冲击波压缩后的介质状态 P_1、V_1 必然落在通过 P_0 和 V_0 点的冲击绝热曲线上。但必须指出，冲击压缩时，由 P_0、V_0 点变化到 P_1 和 V_1 并不沿着冲击绝热曲线进行，而是突变的。因此，冲击绝热曲线只代表冲击压缩后可能达到的那些状态，而不反映状态变化的过程。其物理意义为：冲击波的冲击绝热曲线不是过程线，而是不同波速的冲击波传过具有同一初态(P_0，V_0)的介质后达到的终点状态的连线。

将式(3-10)画在同样的 $P-V$ 坐标上，得到一条直线，称为波速线。又称为冲击波的米海尔松直线，其角度系数为

$$\tan\alpha=\frac{D^2}{V_0{}^2}=\frac{P-P_0}{V_0-V} \tag{3-17}$$

冲击波的冲击绝热线是不同波速的冲击波传过同一初始状态 $0(P_0,V_0)$ 的同一种介质后所到达的终点状态的连线，而不是过程线。冲击波的波速线乃是相同的冲击波传过具有同一初始状态的不同介质所达到的终点状态的连线。因冲击波压缩后的介质既要满足冲击绝热曲线方程又要满足波速线方程，因此其介质状态由冲击绝热线和波速线交点坐标确定。

冲击波衰减成音波后，波速线将在介质初始状态点(P_0，V_0)与冲击绝热线相切，($\alpha=\alpha_0$)，同时也与通过该点的等熵绝热曲线相切。这条切线代表未扰动介质中的音速。

3. 气体中的空气冲击波参数

由冲击波的3个基本方程组，若已知 $E=E(P,V)$，则有4个基本未知参数 D、u、ρ、P。因此，若能给出其中一个参数(通常为波速或压力，因其值容易测定)，就能将其他参数求出。

若近似将气体看成是理想气体，则由李曼方程(3-10)、(3-11)和理想气体中的冲击绝热方程式(3-15)，经代数变换可得到

$$u_1=\frac{2}{K+1}D\left(1-\frac{1}{M^2}\right) \tag{3-18}$$

$$P_1-P_0=\frac{2}{K+1}\rho_0 D^2\left(1-\frac{1}{M^2}\right) \tag{3-19}$$

$$\frac{\rho_0}{\rho_1}=\frac{K-1}{K+1}+\frac{2}{(K+1)M^2} \tag{3-20}$$

式中，$M=D/c_0$——以未扰动气体中的音速为单位的冲击波波速，称为马赫数。

绝热指数 $K=\frac{c_p}{c_v}=1+\frac{R}{c_v}$，其值为：单原子气体 $K=5/3$；双原子气体 $K=1.4$；三原

子气体 $K=1.25$；对于强冲击波 $P<5\text{MPa}$，$K=1.4$；对于空气，当温度 T 在 273～3000K 范围内时，$c_v=4.78+0.45\times10^{-3}\text{T}$。

利用理想气体的状态方程 $PV=nRT$，得冲击波压缩后气体的温度

$$\frac{T_1}{T_0}=\frac{P_1}{P_0}\frac{(K+1)P_0+(K-1)P_1}{(K+1)P_1+(K-1)P_0} \tag{3-21}$$

对于强冲击波($P_1\gg P_0$)，$1/M^2$ 和 P_0 均可忽略不计。因此，冲击波参数计算公式可简化为下列形式

$$u_1=\frac{2}{K+1}D \tag{3-22}$$

$$P_1=\frac{2}{K+1}\rho_0 D^2 \tag{3-23}$$

$$\frac{\rho_0}{\rho_1}=\frac{K-1}{K+1} \tag{3-24}$$

$$\frac{T_1}{T_0}=\frac{P_1}{P_0}\frac{(K-1)}{(K+1)} \tag{3-25}$$

4. 冲击波的特性

分析冲击波的基本关系式，可概括出击波的基本特性有以下几个。

(1) 冲击波的波速对未扰动介质是超声速，对已扰动介质而言则是亚音速的。

(2) 冲击波的速度同波的强度有关，波的强度越大，波速越大。

(3) 介质受到冲击波压缩时，波阵面上的介质状态参数突跃变化。

(4) 波阵面上质点运动方向与波传播方向一致，但其速度小于波速，因此在冲击波后伴随有稀疏波。

(5) 波在介质中传播强度逐渐衰减，最终衰减成为音波。

(6) 冲击波是一种脉冲波，不具有周期性。

3.3.3 炸药的爆轰理论

1. 爆轰波及其结构

1) 爆轰波的定义

通常把这种在炸药中传播并伴随有高速化学反应的冲击波叫做爆轰波，也称为反应性冲击波或自持性冲击波。这个过程叫做爆轰过程。爆轰波具有冲击波的一般特性，但由于伴随有炸药的化学反应，反应释放出的能量支持冲击波的传播，补偿冲击波再传播中的能量衰减，因此，爆轰波具有传播速度稳定的特点。爆轰波传播的速度称为爆速。爆速是炸药爆轰的一个重要参数。

2) 爆轰波的 C－J 模型

该模型由查普曼(Chapman)与朱格(Jouguet)提出，后称为 C－J 理论。C－J 理论的基本假定：冲击波与化学反应区作为一维间断面处理，反应在瞬间完成，化学反应速度无穷大，反应的初态和终态重合(图 3－8)。流动或爆轰波的传播是定常的。C－J假设把爆轰过

程和爆燃过程简化为一个含化学反应的一维定常传播的强间断面，对于爆轰过程，该强间断面为爆轰波，对于爆燃过程则叫做爆燃波。将爆轰波或爆燃波简化为含化学反应的强间断面的理论通常称为Chapman－Jouguet 理论，简称 C－J 理论。

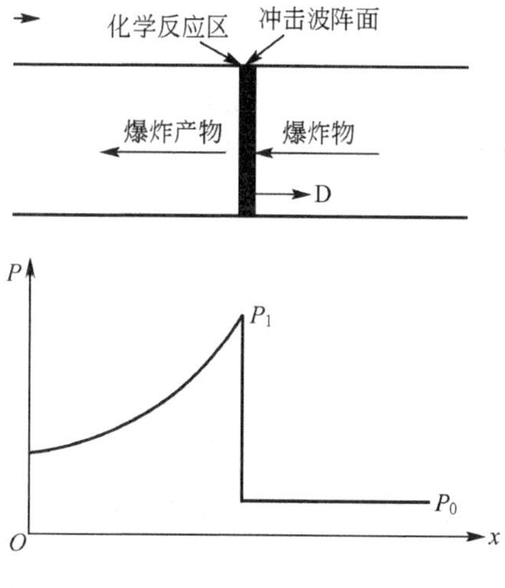

图 3－8 爆轰波的 G－J 模型

3）爆轰波的 Z－N－D 模型

C－J 理论将爆轰波当作一个包含化学反应的强间断面，实际上就是不考虑爆轰波中化学反应区的结构，这个理论模型不仅使一个极为复杂的爆轰过程得到大大简化，而且实验证明，在处理一些具体爆轰问题时也常常得到满意的结果。但爆轰毕竟是有化学反应的过程，化学反应不可能瞬间完成，在一定的化学反应速度下，必然有一个原始炸药变成爆轰反应产物的化学反应区，对一般高效炸药，反应区宽度几毫米数量级。鉴于这种实际情况，科学工作者对 C－J 理论进行了修正，提出了新的爆轰波结构的理论，即所谓的Z－N－D模型。

Z－N－D 模型把爆轰波看作由一个前沿冲击波和一个化学反应区构成，未反应的炸药先在冲击作用下变得高温、高密度，然后以有限速率的化学反应，经过一个连续的化学反应区变成终态的爆轰产物。在化学反应区内，由于化学反应和放出热量，介质的状态参数将发生相应的变化，与冲击波头相比较，压力逐渐下降，比容和温度逐渐增加，当反应结束时，因放热量减少，温度开始下降。因此化学反应区内不同截面上的状态参数是不同的。对于冲击波，由于波阵面很窄，在其间炸药来不及发生化学反应，仍然作为一个强间断面。从前沿冲击波强间断面到化学反应终了处的整个区间，构成了爆轰波的完整结构，并以同一速度沿爆炸物传播，如图 3－9 所示，图中爆轰波最前端的压力为冲击波压力 P_z，炸药在受到 P_z 作用下，开始进行化学反应。化学反应结束时爆轰波的压力为 P_H。

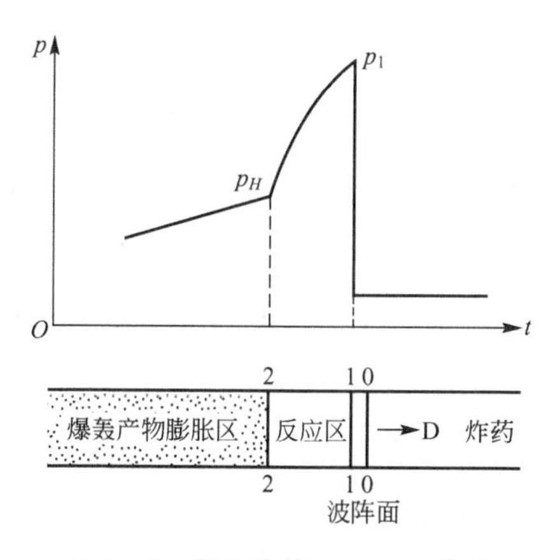

图 3－9 爆轰波的 Z－N－D 模型

Z－N－D 模型在物理上是合理的，比 C－J 模型前进了一步。但是它仍然假定流动是一维的，忽略黏性和热传导等耗散效应；并认为反应区内只有一个反应。即 A→B 的单一的不可逆反应形式，这个反应以单一向前的有限速率进行，一直进行到底，直到炸药全部变成爆轰产物为止；而且还认为，反应区内除了化学反应外，各处均处于局部热力学平衡状态。

2. 爆轰过程

在冲击波的高压作用下，相邻于冲击波的炸药层出现一个压缩区 0－1(图 3－10)，其厚度约 5～10cm，在这里，压力、密度、温度都呈突跃升高状态，实际上，就是冲击波的波阵面。随着冲击波的传播，新压缩区的产生，原压缩区成为化学反应区，反应在 1－1

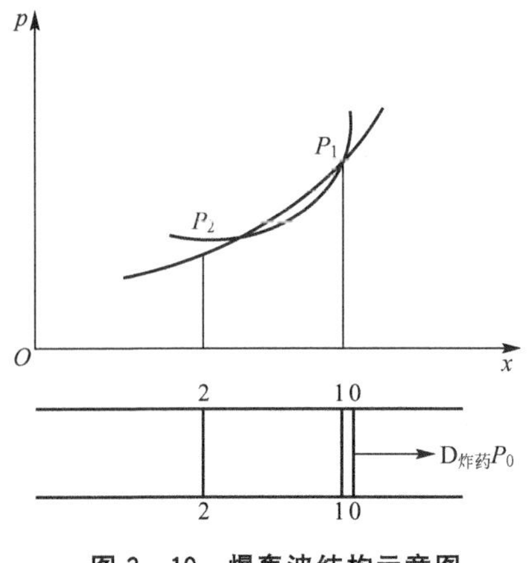

图 3-10 爆轰波结构示意图

面开始发生，在 2-2 面完毕；再随着冲击波的前进，新的化学反应区的形成，原化学反应区又成为反应产物膨胀区。化学反应放出的能量，不断维持着波阵面上参数的稳定，其余在膨胀区消耗掉，因而达到能量平衡，冲击波即以稳定速度向前传播。这就是爆轰过程的实质。由此可见以下几点。

(1) 爆轰波只存在于炸药的爆轰过程中。爆轰波的传播随着炸药爆轰结束而中止。

(2) 爆轰波总带着一个化学反应区，它是爆轰波得以稳定传播的基本保证。习惯上把 0-2 区间称为爆轰波波阵面的宽度，其数值约 0.1～1.0cm，视炸药的种类而异。通常把 2-2 面的参数作为爆轰波的参数。

(3) 爆轰波具有稳定性，即波阵面上的参数及其宽度不随时间而变化，直至爆轰终了。

(4) 0-0 面之前，炸药未受扰动。0-0 面和 1-1 面之间，炸药被压缩，但尚未开始反应，因其厚度和一个分子的自由路程同数量级，故忽略称 0-1 面。1-1 面和 2-2 面之间是化学反应区，化学反应区的宽度单质炸药为 0.1～1mm，混合炸药在 2～3mm 以上。2-2 面后是爆轰产物区，2-2 面为化学反应结束面，称为爆轰波波阵面。

3. 爆轰波的方程及传播的稳定性条件

以流体动力学为基础，同样可以建立起爆轰波参数的关系式。假定爆轰波的传播过程是绝热的，则爆轰波内的物质应符合质量守恒、动量守恒和能量守恒定律，这样可以得出与冲击波相同的基本方程

$$D_H = V_0\sqrt{\frac{P_H - P_0}{V_0 - V_H}} \tag{3-26}$$

$$u_H = \sqrt{(P_H - P_0)(V_0 - V_H)} \tag{3-27}$$

只是能量方程有些差别，因为在 C-J 面上的炸药已反应完毕变为爆轰产物，其内能已减少，有一部分已变成化学反应方程的热量，即爆热 Q_v，因此能量方程变为

$$E_H - E_0 = \frac{1}{2}(P_H + P_0)(V_0 - V_H) + Q_v \tag{3-28}$$

在冲击波头上，炸药受到冲击压缩，但尚未发生化学反应，没有热量放出，故冲击波头的能量方程为

$$E_z - E_0 = \frac{1}{2}(P_z + P_0)(V_0 - V_z) \tag{3-29}$$

式(3-28)称为雨果尼奥方程，将雨果尼奥方程画在 $p-v$ 坐标中，得到爆轰波的雨果尼奥曲线，如图 3-11 所示。

在同一坐标中，画出前沿冲击波的曲线。从 $A(p_0, v_0)$ 做爆轰波波速线，如图 3-11 所示，查普曼和朱格认为：当爆轰波定型传播时，在爆轰波雨果尼奥曲线上只有一点与爆轰过程相对应，这一点就是与之相切的点

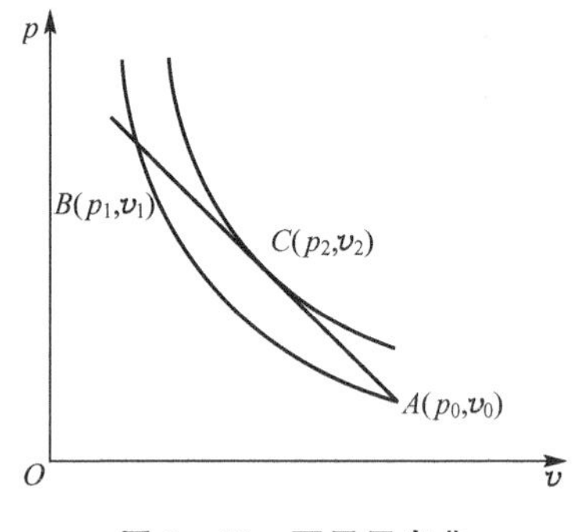

图 3-11 雨果尼奥曲线与波速线的关系

$C(p_2, v_2)$，C点就是C-J面上的状态参数，而与冲击波曲线的交点$B(p_1, v_1)$即是前沿冲击波的波阵面参数。以上这个条件就是爆轰波稳定传播的条件，又叫C-J条件 。C-J条件也可以用下式来表示：$D=c_H+u_H$。在化学反应区后面，炸药爆炸后，气体质点膨胀，压力下降，说明有一个稀疏波跟在反应区的后面。

由于稀疏波和化学反应区都以当地音速$(u+c)$的速度跟随在冲击波头后传播，如果$u+c>D$，稀疏波就会侵入反应区，减少对冲击波的能量补充，使爆轰波不能稳定传播而降低爆速；如果$u+c<D$，由于连续性原因，反应区内也有部分区域存在$u+c<D$的情况，这部分区域释放的化学能不可能传到冲击波头上，故从支持冲击波头能量的观点来看，它是无效的，结果使爆轰波不能稳定传播而降低爆速；因此只有$D=c_H+u_H$才是爆轰波稳定传播的条件，即满足C-J条件。

4. 爆轰参数计算

1）气体炸药的爆轰波参数计算

根据C-J理论，得到气体炸药的爆轰波参数公式如下

$$D_H=\sqrt{2(K^2-1)Q_v} \tag{3-30}$$

$$P_H=\frac{1}{K+1}\rho_0 D_H^2 \tag{3-31}$$

$$\rho_H=\frac{K+1}{K}\rho_0 \tag{3-32}$$

$$u_H=\frac{1}{K+1}D_H \tag{3-33}$$

$$c_H=\frac{K}{K+1}D_H \tag{3-34}$$

式中，D_H——爆速，m/s；

K——气体的等熵指数；

Q_v——爆热，kJ/kg；

ρ_0——炸药初始密度，g/cm^3；

P_H——C-J面处爆轰波压；

ρ_H——炸药在C-J面的密度；

u_H——爆轰产物在C-J面的质点速度；

c_H——爆轰产物的C-J面的音速。

2）凝聚炸药爆轰波参数计算

凝聚炸药的密度比气体炸药大，其爆轰产物的密度也大得多，此时理想气体的状态方程已不适应。为此许多研究者提出了许多凝聚体炸药爆轰产物的状态方程式，对其爆轰参数进行理论计算。通常的近似计算采用式(3-35)作为凝聚炸药爆轰产物的近似状态方程：

$$PV^r=A \tag{3-35}$$

式中，A——与炸药性质有关的常数；

r——凝聚体炸药的多方指数。

经推导得到凝聚炸药爆轰波参数的计算公式如下

$$D_H=\sqrt{2(r^2-1)Q_v} \tag{3-36}$$

$$P_H=\frac{1}{r+1}\rho_0 D_H^2 \tag{3-37}$$

$$\rho_H=\frac{r+1}{r}\rho_0 \tag{3-38}$$

$$u_H-\frac{1}{r+1}D_H \tag{3-39}$$

$$c_H=\frac{r}{r+1}D_H \tag{3-40}$$

式中，各参数的意义与气体炸药爆轰波的参数相同。

凝聚炸药爆轰产物的多方指数 r 可近似地按式(3-41)确定，即

$$\frac{1}{r}=\sum\frac{x_i}{r_i} \tag{3-41}$$

式中，x_i——爆轰产物中第 i 种成分的克分子数；

r_i——爆轰产物第 i 种成分的多方指数。

凝聚炸药各主要产物成分的多方指数分别为

$$r_{H_2O}=1.9，r_{CO_2}=4.5，r_{CO}=2.85，r_{O_2}=2.45，r_{N_2}=3.7，r_C=3.35$$

也有人提出了如下的经验公式

$$r=1.9+0.6\rho_0 \tag{3-42}$$

式中，ρ_0——炸药的初始密度。

对于许多高密度的凝聚炸药而言，取 $r=3$，可以说是一个很好的近似。这样可以得到如下简明的结果

$$D_H=4\sqrt{Q_v} \tag{3-43}$$

$$P_H=\frac{1}{4}\rho_0 {D_H}^2 \tag{3-44}$$

$$\rho_H=\frac{4}{3}\rho_0 \tag{3-45}$$

$$u_H=\frac{1}{4}D_H \tag{3-46}$$

$$c_H=\frac{3}{4}D_H \tag{3-47}$$

3）瞬态爆轰参数速计算

瞬时爆轰是一种假设的极限情况，即假设爆速无穷大，炸药爆轰完了瞬间，产物来不及膨胀($u=0$，$\rho=\rho_0$)，因此，瞬时爆轰也叫定容爆轰，而且产物中 P、ρ、c、u 等都是均匀分布的。其爆轰参数为

$$\overline{P}=\frac{1}{2}P_H=\frac{1}{2(K+1)}\rho D_H \tag{3-48}$$

$$\overline{\rho}=\rho_0，\quad \overline{u}=0 \tag{3-49}$$

$$\overline{c}=D_H\sqrt{\frac{K}{2(K+1)}} \tag{3-50}$$

式中，$\overline{p}$、$\overline{\rho}$、$\overline{u}$、$\overline{C}$——瞬时爆轰参数。

4）计算爆速的经验公式

根据炸药爆热估算爆速

$$D_H = D_{H.\text{TNT}}\ \sqrt{Q_v/Q_{v.\text{TNT}}} \tag{3-51}$$

式中，D_H——任何一种炸药的密度为 ξ_0 时的爆速；

Q_v——该炸药的爆热；

$D_{H.\text{TNT}}$——在同样密度条件下，TNT 的爆速；

$Q_{H.\text{TNT}}$——在同样密度条件下，TNT 的爆热。

TNT 炸药在任意密度时的爆速和爆热可按下列经验式估算

$$D_{H.\text{TNT}} = 1800 + 3230\rho_0 \quad (\text{m/s}) \tag{3-52}$$

$$D_{H.\text{TNT}} = 4202 + 1034(\rho_0 - 1) \quad (\text{kJ/kg}) \tag{3-53}$$

【例题 2】 已知 2 号岩石炸药的实测爆速 D=3600m/s，炸药密度 $\rho_0=1\text{g/cm}^3$。计算炸药爆轰参数。

【解答】

$$P_H = \frac{1}{4}\rho_0 D^2 = \frac{1}{4}\times 1\times 3600^2\times 10^3 = 3240(\text{MPa})$$

$$\rho_H = \frac{4}{3}\rho_0 = \frac{4}{3}\times 1 = 1.33(\text{g/cm}^3)$$

$$u_H = \frac{1}{4}D = \frac{1}{4}\times 3600 = 900(\text{m/s})$$

$$c_H = D - u_H = 3600 - 900 = 2700(\text{m/s})$$

5. 爆速及其影响因素

爆速是一个重要的爆轰参数，它是计算其他爆轰参数的依据，也可以说爆速间接地表示出其他爆轰参数值，反映了炸药爆轰的性能。因此研究爆速有着重要的意义。

炸药理想爆速主要取决于炸药密度、爆轰产物组成和爆热。从理论上讲，仅当药柱为理想封闭、爆破产物不发生径向流动、炸药在冲击波波阵面后反应区释放出的能量全部都用来支持冲击波的传播、爆轰波以最大速度传播时，才能达到理想爆速。实际上炸药是很难达到理想爆速的，炸药的实际爆速都低于理想爆速。爆速除了与炸药本身的化学性质如爆热、化学反应速度有关外，还受装药直径、装药密度和粒度、装药外壳、起爆冲能及传爆条件等影响。

1) 装药直径的影响

炸药的装药直径对爆轰传播过程有很大的影响，只有当炸药的装药直径达到某一临界值时，爆轰才有可能稳定传播。习惯上称能够稳定传播爆轰的最小装药直径为临界直径，用 d_{cr} 来表示；对应于临界直径的爆速为临界爆速，用 D_{cr} 来表示。若装药直径小于其临界直径时，则无论起爆冲量多强，炸药均不能达到稳定爆轰。习惯上称炸药装药的爆速达到最大值时的最小装药直径为极限直径，用 d_m 来表示；对应于极限直径的爆速极大值称为极限爆速，用 D_m 来表示。炸药的爆速与装药直径的关系如图 3-12 所示。

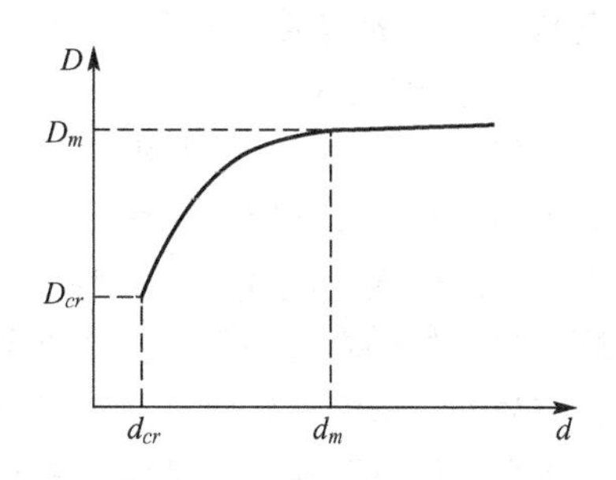

图 3-12 爆速与装药直径的关系图

从图中可以看出，随着直径的增加，爆速增加较快，但超过某一界限时，达到稳定爆轰状态，爆速为一常数。为了保证炸药能稳定爆轰，实际应用中的装药直径必须大于炸药的临界直径。临界直径与炸药化学本质有很大关系：起爆药的临界直径最小，一般为 10^{-2}mm 量级；其次为高猛单质炸药，一般为几个毫米；硝酸铵和硝铵类混合炸药的临界直径则较大，硝酸铵可达 100mm，而铵梯炸药一般为 12～15mm。

对于工业炸药而言，由于它们的极限直径很大，临界直径较小(如 $\rho_0=1.0g/cm^{-3}$ 的 2 号岩石炸药的 d_m 约为 100mm 左右，d_{cr} 约为 20mm)，而实际使用过程中的装药直径一般处于临界直径以上和极限直径以下，此时，炸药发生稳定爆轰的爆速是难以达到极限爆速的，因此爆轰是非理想的。于是非理想爆轰即指装药直径在 d_{cr} 与 d_m 之间的稳定爆轰，而处于 d_m 以上的爆轰可以看成是理想爆轰。

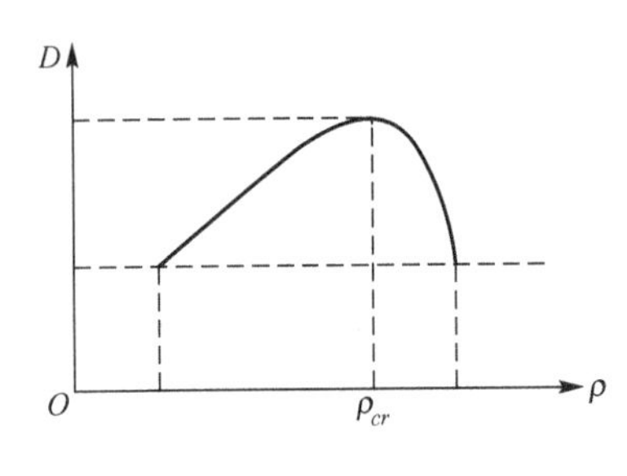

图 3－13　炸药密度对爆速的影响

2）装药密度的影响

炸药的密度越大，某些炸药的爆速和爆压随密度增大而增大，使临界直径和极限直径减小。对于其他一些炸药，由于随着装药密度的增加，使炸药各组分或其他分解产物之间的渗透和扩散作用更加困难，结果反应速度降低，临界直径增大。图 3－13 表明，当装药密度达到最佳密度后，再继续增大装药密度，就会导致爆速下降，当爆速下降到临界爆速，或临界直径增大到药柱直径时，爆轰波就不能稳定传播，最终导致熄爆。

3）炸药粒度的影响

一般情况下，对于单质炸药，炸药粒度越细，临界直径和极限直径就越小，爆速越大；对于混合炸药，其敏感成分的粒度越细，临界直径越小，爆速越高；而对于钝感成分的粒度越细，临界直径增大，爆速也相应减小，但粒度细到一定程度后，临界直径又随粒度减小而减小，爆速也相应增大。

4）装药外壳的影响

有外壳或在炮孔内的装药比无外壳的或不在炮孔内的装药，临界直径和极限直径均减小。这是因为装药外壳或炮孔可以限制炸药爆轰时反应区爆轰产物的侧向飞散，从而减小炸药的临界直径。

5）起爆冲能的影响

起爆冲能不会影响炸药的理想爆速，但要使炸药达到稳定爆轰，必须供给足够的起爆能，且激发冲击波波速必须大于炸药的临界爆速。

试验研究表明：起爆能量的强弱能够使炸药形成差别很大的高爆速或低爆速稳定的传播，其中高爆速即是炸药的正常爆轰速度。低爆速现象形成的原因是炸药起爆能较低时，不能产生爆轰反应，而其中的空隙和气泡受到绝热压缩形成热点，使部分炸药进行反应并支持冲击波的传播，从而形成炸药的低爆速。

6）间隙效应

对于细长连续装药的混合炸药(如硝铵类)，通常在空气中都能正常传爆，但在炮孔中，如果药包与炮孔孔壁之间存在间隙，常出现爆轰中断或转变为燃烧的现象，这种现象称为间隙效应或管道效应或沟槽效应。这种现象出现的条件为：浅孔，间隙为 10～15mm 时易出现，炸药的外壳越坚固、质量越大，效应越明显。产生的影响有：沟槽效应造成爆后残眼内留有残药，影响爆破效果。对于在瓦斯隧道内进行的爆破作业，若炸药由爆轰转变为燃烧，就有可能引发瓦斯爆炸事故。关于沟槽效应产生的原因，目前有以下两种比较流行的解释。

(1) 空气冲击波作用机理。通过超高速扫描摄影机对聚乙烯塑料管内药柱(35％硝化甘油胶质硝铵炸药，药柱直径为 25mm，管内径 27mm)爆轰过程的研究表明：当药柱爆轰时，在空气间隙内产生超前于爆轰波传播的空气冲击波。空气冲击波作用机理认为：在空气冲击波压力作用下，炸药内产生自药柱表面向内部传播的压缩波，使药柱发生变形，压缩药柱表面形成锥形压缩区。炮孔内超前于爆轰波的空气冲击波存在有最大波长，因此在达到最大波长后，空气冲击波波头和爆轰波波头将以相同的速度传播，并保持速度不变，达到稳定状态。但是，如果在未达到稳定状态之前，药柱的有效直径已减小到炸药的临界直径，爆轰就会中断，如图 3－14 所示。

(2) 等离子体作用机理。美国埃列克化学公司的 M·A·库克和 L·L·尤迪等人采用等离子体探针试验装置，对沟槽效应进行了一系列研究。他们认为，沟槽效应是由炸药爆轰产生的等离子体引起的。炸药起爆后，在爆轰波阵面的前方有一等离子层(离子光波)，对爆轰波前方未反应的药卷表层产生压缩作用，妨碍该层炸药的完全反应。

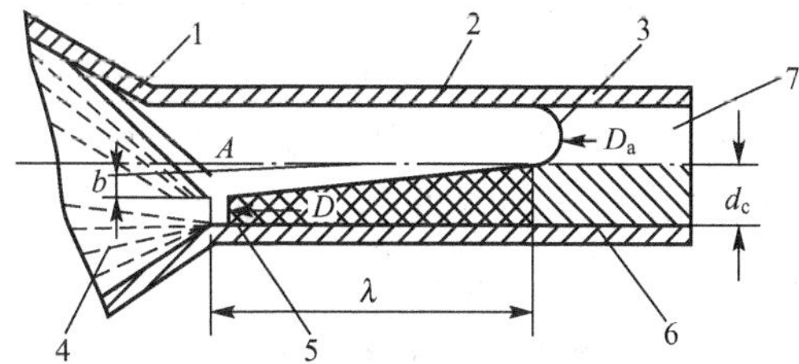

图 3－14　间隙效应使药柱发生的变形

1—产物前沿阵面；2—管壁；3—空气冲击波；4—爆轰产物；5—爆轰波头；6—未压缩炸药；7—间隙

等离子波阵面和爆轰波阵面分开的越大，或者等离子波越强烈，炸药表层被穿透的就越深，能量衰减的就越大。随着等离子波的进一步增强，就会引起药包爆轰的熄灭。

7) 消除沟槽效应和防止爆轰中断的措施

(1) 采用耦合散装炸药消除径向间隙，可以从根本上克服沟槽效应。

(2) 沿药卷全长布设导爆索，可以有效地起爆炮眼内的细长排列的所有药卷。

(3) 每装数个药包后，装 1 个能填实炮孔的大直径药包，以阻止空气冲击波或等离子体的超前传播。

(4) 给药卷套上由硬纸板或其他材料做成的隔环，其外径稍小于炮眼直径，将间隙隔断，以阻止间隙内空气冲击波的传播或削弱其强度。

(5) 选用不同的包装涂覆物，如柏油沥青、石蜡、蜂蜡等，可以削弱或消除沟槽效应。

(6) 采用临界直径小，对沟槽效应抵抗能力大的炸药。与混合炸药不同，多数单质炸药在增大炸药密度后，能够提高爆速并减小临界直径，所以沟槽效应对多数单质炸药起着有利于爆轰传播的作用。实践证明，水胶炸药和乳化炸药对沟槽效应有较强的抵抗能力。

关于沟槽效应产生的理论解释，目前还不很成熟，还在进一步的研究中；但如何防止这种效应的产生则是爆破工程中重要的实际问题，进一步的试验研究也是极为必要的课题。

3.4 炸药的氧平衡

3.4.1 炸药的氧平衡概述

1. 炸药的氧平衡及氧系数

炸药的氧平衡是指炸药内含氧量与可燃元素充分氧化所需氧量之间的关系。氧平衡用每克炸药中剩余或不足氧量的克数或百分数来表示。氧系数是指炸药中含氧量与可燃元素充分氧化所需氧量之比，用它也可以表示氧平衡关系。含氧量有多余时称为正氧平衡，不足时称为负氧平衡，相等时称为零氧平衡。

炸药主要是由C、H、O、N这4种元素组成的，其分子式可以写成通式$C_aH_bN_cO_d$。单质炸药的通式通常按1mol写出，混合炸药则按1kg写出。

炸药爆炸过程，实质上是炸药的可燃元素C、H和氧元素之间的氧化生成新的稳定化合物，并且放出大量热的化学转化过程。所以，所谓氧平衡，是指炸药爆炸时，单位质量炸药中所含的氧将C、H元素完全氧化为CO_2，H_2O和其他元素的高级氧化物，氮和多余的游离氧。若氧量不足，在生成产物中，除CO_2、H_2O、N_2外，还有H_2、CO、固体碳和其他氧化不完全的产物。

2. 氧平衡及氧系数的计算

若炸药的通式为$C_aH_bN_cO_d$，单质炸药的氧平衡的计算公式为

$$K_b=\frac{d-\left(2a+\frac{b}{2}\right)}{M}\times 16\times 100\% \tag{3-54}$$

式中，16——氧原子的摩尔质量；

M——炸药分子的摩尔质量；

K_b——炸药的氧平衡值。

若混合炸药的通式按1kg写出，则氧平衡计算公式为

$$K_b=\frac{d-\left(2a+\frac{b}{2}\right)}{1000}\times 16\times 100\% \tag{3-55}$$

混合炸药的氧平衡还可以通过炸药中各组分的氧平衡值与该组分的重量百分比乘积的代数和来计算，即

$$K=\sum K_iX_i \tag{3-56}$$

式中，K_i——某组分炸药的氧平衡值；

X_i——相应炸药组分的重量百分比。

一些炸药及常用组分的氧平衡见表3-7。

炸药的氧系数A按式(3-57)计算

$$A=\frac{d}{\left(2a+\frac{b}{2}\right)}\times 100\% \tag{3-57}$$

【例题3】 计算硝酸铵(NH_4NO_3)的氧平衡值。

【解答】 硝酸铵的炸药通式为$C_0H_4N_2O_3$，$M=80$。

$$K_b=\frac{\left[3-\left(0+\frac{4}{2}\right)\right]\times 16}{80}=+0.2(g/g)$$

【例题4】 已知2号岩石铵梯炸药的配方为硝酸铵85%，梯恩梯11%，木粉4%，计算2号岩石铵梯炸药的氧平衡值。

【解答】 由表3-7查得，硝酸铵、梯恩梯和木粉的氧平衡分别为0.2、-0.74和-1.37，由式(3-55)得

$$K_b = 0.2 \times 0.85 - 0.74 \times 0.11 - 1.37 \times 0.04 = 0.0338(g/g)$$

表 3-7 一些炸药或炸药组分的分子式及氧平衡

名称	分子式(或试验式)	氧平衡(克/克炸药)
硝基甲烷	CH_3NO_2	−0.395
三硝基萘	$C_{10}H_6(NO_2)_3$	−1.394
三硝基苯酚 PA(苦味酸)	$C_6H_2OH(NO_2)_3$	−0.559
三硝基甲苯甲硝胺(特屈儿)	$C_6H_2(NO_2)_4NCH_3$	−0.474
二硝基甲苯 DNT	$C_6H_3(NO_2)_2CH_3$	−1.144
三硝基甲苯 TNT(梯恩梯)	$C_6H_2(NO_2)_3CH_3$	−0.740
环三次三硝胺 RDX(黑索金)	$C_3H_6N_3(NO_2)_3$	−0.216
环四次甲基四硝胺 HMX(奥托今)	$C_4H_8O_8N_8$	−0.216
三硝酸丙三酯 NG(硝化甘油)	$C_3H_5(ONO_2)$	+0.035
乙二醇	$C_2H_4(OH)_2$	−1.29
二硝化乙二醇	$C_2H_4(ONO_2)_2$	0.000
硝化二乙二醇	$C_4H_8O_7N_2$	−0.408
四硝化戊四醇 PETN(泰安)	$C_5H_8(ONO_2)_4$	−0.101
硝化棉 NC	$C_{24}H_{31}(ONO_2)_9O_{11}$	−0.385
甲胺硝酸盐	$CH_3NH_2HNO_3$	−0.340
三甲胺硝酸盐	$C_3H_{10}N_2O_3$	−1.048
雷汞 MP	$Hg(ONC)_2$	−11.84
叠氮化铅 LA	$Pb(N_3)_2$	—
三硝基碱苯二酚铅 T. H. C(斯蒂酚酸铅)	$C_6H(NO_2)_3O_2pb$	−0.560
二甲基重氮酚 DDNP	$C_6H_2(NO2)_2NON$	−0.580
硝酸肼	$N_2H_5NO_3$	+0.084
硝酸钾	KNO_3	+0.396
硝酸钠	$NaNO_3$	+0.470
亚硝酸钠	$NaNO_2$	+0.348
硝酸钡	$Ba(NO_3)_2$	+0.306
硝酸铵	NH_4NO_3	+0.200
抗水硝酸铵	—	+0.185
过氯酸铵	NH_4ClO_4	+0.340
过氯酸钾	$KClO_4$	+0.460
过滤酸钠	$NaClO_4$	+0.532
重铬酸钾	$K_2Cr_2O_7$	+0.082

（续）

名称	分子式(或试验式)	氧平衡(克/克炸药)
氯酸钾	$KClO_3$	+0.392
煤(含碳86%)	—	−2.599
尿素	$CO(NH_2)_2$	0.80
木粉	$C_{15}H_{22}O_{11}$	−1.370
石蜡、凡士林	$C_{18}H_{38}$	−3.460
沥青	$C_{30}H_{18}O$	−2.760
轻柴油	$C_{16}H_{32}$	−3.420
矿物油(重油)	$C_{12}H_{26}$	−3.500
植物油	$C_{23}H_{36}O_7$	−2.150
淀粉	$(C_6H_{20}O_5)_n$	−1.185
萘	$C_{10}H_8$	−3.000
硫	S	−1.000
铝粉	Al	−0.890
硅粉(含硅90%)	—	−1.070
纸	—	−1.300
硬钙酸钙	$C_{36}H_{70}O_4Ca$	−2.750
纤维素	$(C_6H_{10}O_5)_n$	−1.185
豆饼粉	—	−1.520
棉籽饼粉	$C_{44}H_{72}O_{17}N_9$	−1.520
碳酸钙	$CaCO_3$	0.000
氯化钠	NaCl	0.000
氯化钾	KCl	0.000
十二烷基苯磺酸钠	$C_{18}H_{20}O_3SNa$	−2.30
硼砂	$Na_2B_4O_7H_2O$	0.0
蔗糖	$C_{12}H_{22}O_{11}$	−1.122
白芨胶	—	−1.066
槐豆胶	$[C_6H_7O_2(OH)_3]_n$	−1.185
田菁胶	$C_{3.32}H_{5.9}O_{3.25}N_{0.084}$	−1.014(含少量灰分)
古尔胶(巴基斯坦)	$C_{3.18}H_{5.9}O_{3.27}N_{0.059}$	−0.966(含少量灰分)
古尔胶(加拿大)	$C_{3.21}H_{6.2}O_{3.38}N_{0.043}$	−0.982(含少量灰分)
糊精	$(C_6H_{10}O_5)_n$	−1.185
聚丙烯酰胺	$(CH_2CHCONH_2)_2$	−1.69
硬脂酸	$C_{18}H_{36}O_2$	−2.925

3. 氧平衡的分类及炸药配比计算

根据氧平衡值的大小，可将氧平衡分为正氧、负氧和零氧平衡3种类型。

(1) 正氧平衡($K_b>0$)。炸药中可燃元素完全氧化后氧还有剩余，这类炸药为正氧平衡炸药。正氧平衡炸药未能充分利用其中的氧量，且剩余的氧和游离氮化合时，将生成氮氧化物有毒气体，并吸收热量。

(2) 负氧平衡($K_b<0$)。若炸药中的氧不足以完全氧化可燃元素，这类炸药为负氧平衡炸药。这类炸药因含氧不足，未能充分利用可燃元素，放热量不充分，并且生成可燃性CO等有毒气体。

(3) 零氧平衡($K_b=0$)。若正好使可燃元素完全氧化的，这类炸药为零氧平衡炸药。零氧平衡炸药因氧和可燃性元素都能得到充分的利用，故在理想的条件下，能放出最大热量，而且不会生成有毒气体。

因此，在配制混合炸药时，通过调节其组成和配比，应使炸药的氧平衡接近于零氧平衡，这样可以充分利用炸药的能量和避免或减少有毒气体的产生。

确定含两种成分的混合炸药配比的方法如下：设炸药中氧化剂和可燃剂的配比分别为x、y，令a、b、c分别为这两种成分和混合后的氧平衡值，则有

$$\left.\begin{aligned} x+y&=100\% \\ ax+by&=c \end{aligned}\right\} \tag{3-58}$$

若按零氧平衡配制，则取$c=0$，可联立求解x、y。

若要配制3种成分的零氧平衡炸药时，若其配比分别为x，y，z，3种成分的氧平衡值分别为a、b、c，有

$$\left.\begin{aligned} x+y+z&=1 \\ ax+by+cz&=0 \end{aligned}\right\} \tag{3-59}$$

解以上方程组即可求各成分的配比。

3.4.2 炸药的爆炸反应方程式及爆轰产物

1. 炸药的爆炸反应方程式

由于爆炸反应本身是在高温高压条件下进行的，很难测定在瞬间的爆炸产物的组成，且产物受炸药本身的组分和配比、炸药密度、起爆条件、可逆二次反应等影响，因此很难精确确定爆炸产物组分，只能近似建立炸药的爆炸反应方程式。

为建立炸药的爆炸反应方程式，根据炸药内含氧量的多少，通常把通式为$C_aH_bN_cO_d$炸药分为3类：一类炸药为零氧或正氧平衡炸药$d\geqslant 2a+\frac{b}{2}$，第二类炸药为只生成气体产物的负氧平衡炸药$a+\frac{b}{2}\leqslant d<2a+\frac{b}{2}$，第三类炸药为可能生成固体碳的负氧平衡炸药$d<a+\frac{b}{2}$。下面介绍两种近似确定炸药爆炸反应方程式的方法。

(1) 按吕·查德里(Le Chatelier)方法确定爆炸反应方程式。该法的确定原则为：最大爆炸产物体积原则，并且在体积相同时，偏重于放热多的反应。这个原则及计算方法对于自

由膨胀的爆炸产物的最终状态比较适合，方法如下。

① 对第一类炸药，即零氧平衡和正氧平衡的炸药：$d \geqslant 2a+0.5b$，将 H 全部氧化为 H_2O，C 全部被氧化成 CO_2，并生成分子状态的 N_2，正氧平衡的炸药还剩分子状态的 O_2。

例如，硝化甘油炸药：$C_3H_5(ONO_2)_3 \rightarrow 2.5H_2O+3CO_2+1.5N_2+0.25O_2$。

② 对第二类炸药：其氧含量不足以氧化可燃元素，但能使产物完全气化，即爆炸产物中不含有固体 C，满足 $a+0.5b \leqslant d \leqslant 2a+0.5b$，即首先考虑对生成气体产物有利的反应，$C \rightarrow CO$，余下的氧将平均分配用于氧化 $CO \rightarrow CO_2$，$H_2 \rightarrow H_2O$，因此产物中的 H_2O 与 CO_2 的摩尔数是相同的。

例如，RDX：$C_3H_6O_6N_6 \rightarrow 1.5H_2O+1.5CO_2+1.5CO+3N_2$。

③ 对第三类炸药：这是严重负氧平衡的炸药，产物中有固体碳生成，满足 $d<a+0.5b$，此时 Le-Chatelier 规则已不适用，否则产物可能无 H_2O 生成，这是不合理的。

改进方法为：先将 3/4H 氧化为 H_2O，剩余的氧平均分配用于氧化 C，使之生成 CO_2 和 CO。显然 CO 的摩尔数是 CO_2 的二倍，并有固体碳生成。

例如，TNT：$C_7H_5O_6N_3 \rightarrow 1.88H_2O+2.06CO+1.03CO_2+3.91C+0.62H_2+1.5N_2$。

(2) 按最大放热原则确定爆炸反应方程式。

① 对第一类炸药：与 Le-Chatelier 方法相同。

② 对第二类炸药：其含氧量不足以充分氧化可燃元素，但生成产物均为气体，无固体 C。建立这类炸药近似爆炸反应方程式的原则为：首先将 H 氧化成 H_2O，剩余的 O 再将 C 氧化成 CO，若还剩余 O，则再将 CO 氧化成 CO_2，而 N 以分子状态 N_2 存在。

例如，泰安炸药 $C_5H_8(ONO_2)_4$ 的爆炸反应方程式为：第一步 $C_5H_8N_4O_{12}=4H_2O+5CO+1.5O_2+2N_2$；第二步 $C_5H_8N_4O_{12}=4H_2O+3CO_2+2CO+2N_2$。

③ 对于第三类炸药：由于严重缺氧，产物中有固体碳生成。该类炸药爆炸反应方程式的原则是：首先 H 全部氧化为 H_2O，多余的氧使一部分 C 氧化为 CO，剩余的 C 游离出来。

例如，TNT：$C_7H_5O_6N_3 \rightarrow 2.5H_2O+3.5CO+3.5C+1.5N_2$。

2. 爆轰产物与有毒气体

爆轰产物是指炸药爆轰时，化学反应区反应终了瞬间的化学反应物。爆轰产物组成成分很复杂，炸药爆炸瞬间生成的产物主要有 H_2O、CO_2、CO、氮氧化物等气体，如炸药内含硫、氯和金属等时，产物中还会有硫化氢、氯化氢和金属氯化物等。

在爆轰产物生成的气体产物中，有毒气体有 CO、NO_2 及其他氮氧化合物，少数炸药还会有 H_2S、SO_2 等，危害人体健康，致人死亡，有些有毒气体是井下瓦斯爆炸的催化剂，或引起二次火焰(如 CO)。为了确保井下工作人员的健康和安全，《煤矿安全规程》规定：1kg 炸药爆生气体(以 CO 为标准)不得超过 100L/kg。井下爆破时：CO 不得超过 0.0024%，NO_2 不得超过 0.00025%。

影响毒气生成量的主要因素有以下几种。

(1) 炸药的氧平衡。正氧平衡内剩余氧量会生成氮氧化物，负氧平衡会生成 CO，零氧平衡生成的有毒气体量最少。

(2) 化学反应的安全程度。即使是零氧平衡炸药，如果反应不完全，也会增加有毒气体的含量。

(3) 若炸药外壳为涂蜡纸壳，由于纸和蜡均为可燃物，能夺取炸药中的氧，在氧量不充裕的情况下，将形成较多的CO。若爆破岩石内含硫时，爆轰产物与岩石中的硫作用，生成 H_2S、SO_2 有毒气体。

3.5 炸药的爆破性能

3.5.1 炸药的爆炸性能参数

1. 爆热

1）爆热的定义

单位质量炸药在定容条件下爆炸所释放出的热量称为爆热，其单位是 kJ/kg 或 kJ/mol。爆热是爆轰气体产物膨胀做功的能源，是炸药的一个重要参数。提高炸药的爆热对于工程爆破具有重要的实际意义。表 3－8 列出了一些炸药的爆热值。

表 3－8 几种常见炸药的爆热实验值

炸药名称	装药密度 /(g·cm^{-3})	爆热 /(kJ/kg)	炸药名称	装药密度 /(g·cm^{-3})	爆热 /(kJ/kg)
梯恩梯	0.85	3389.0	特屈儿	1.0	3849.3
梯恩梯	1.50	4225.8	特屈儿	1.55	4560.6
黑索金	0.95	5313.7	硝酸铵/梯恩梯(80/20)	0.9	4100.3
黑索金	1.50	5397.4	硝酸铵/梯恩梯(80/20)	1.30	4142.2
太安	0.85	5690.2	硝酸铵/梯恩梯(40/60)	1.55	4184.0
太安	1.65	5690.2	硝化甘油	1.60	6192.3

2）爆热的计算

爆热的计算有理论计算和经验计算两种，理论计算主要依据是盖斯定律，计算时需要写出爆炸反应方程式或者说需要知道爆炸时爆炸产物的组成，显然不同的产物组成其计算结果是不同的。经验计算有各种方法，计算时应注意计算式的来历及其适用范围和条件。

（1）爆热的理论计算。爆热的理论计算的基础是爆炸反应方程式的确立和盖斯定律的应用。盖斯定律认为：化学反应的热效应同反应进行的途径无关，当热力过程一定时，热效应只取决于反应的初态和终态。盖斯三角形如图 3－15 所示，1、2、3 分别表示在标准状态下的元素、炸药和爆轰产物。根据盖斯定律，从状态 1 到状态 3，同状态 1 经状态 2 再到状态 3 的热效应相等，即爆热值为

$$Q_{2-3}=Q_{1-3}-Q_{1-2} \qquad (3-60)$$

式中，Q_{2-3}——炸药的爆热；

Q_{1-2}——炸药生成热；

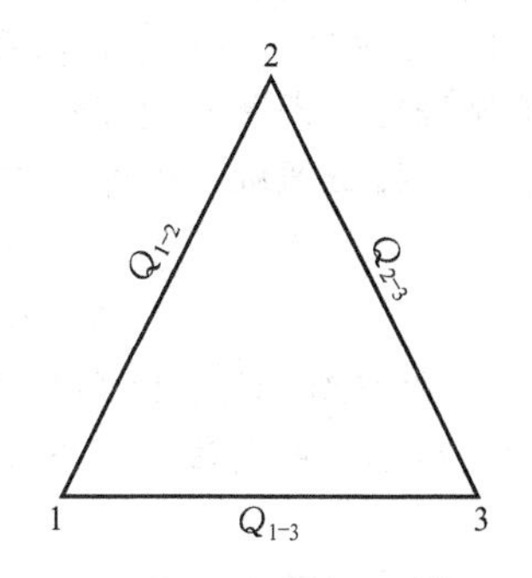

图 3－15 盖斯三角形图解

1—元素；2—炸药；3—爆轰产物

Q_{1-3}——爆炸产物生成热总和。

炸药的爆轰是在定容绝热压缩条件下进行的，故其爆热通常是指定容爆热，则爆轰产物的定压热和定容热的转换可根据式(3-61)确定

$$Q_v = Q_p + \Delta nRT \tag{3-61}$$

式中，Q_v——定容热，kJ/mol；

Q_p——定压热，kJ/mol；

Δn——产物与反应产物中气体摩尔数的差值；

R——气体常数(理想的气体常数为8.314J/mol·K)；

T——温度；K。

【例题5】 写出铵油炸药(94.3：5.7)的爆炸反应方程式(按1kg写)，并求出其爆热。

【解答】 组分为：$NH_4NO_3 + C_{13}H_{26}$。

首先求NH_4NO_3和柴油的摩尔数，分子量：NH_4NO_3，80；柴油，182。

1kg炸药中含NH_4NO_3共943g，换算成摩尔数为$x=943/80=11.79$；1kg炸药中含柴油57g，换算成摩尔数为$x=57/182=0.31$。

1kg铵油炸药

$$\text{C 为 } a = 0.31 \times 13 = 4.03$$

$$\text{H 为 } b = 11.79 \times 4 + 26 \times 0.31 = 55.22$$

$$\text{O 为 } c = 11.79 \times 3 = 35.37$$

$$\text{N 为 } d = 11.79 \times 2 = 23.58$$

$11.79NH_4NO_3 + 0.31C_{13}H_{26} \rightarrow 27.61H_2O + 4.03CO_2 + 11.79N_2$ (爆炸反应方程式)

生成热查表4-9知：NH_4NO_3为365.51kJ/mol；$C_{13}H_{26}$为219.9kJ/mol；H_2O为241.75kJ/mol；CO_2为395.43kJ/mol。

$$Q_{1-2} = 11.79 \times 365.51 + 0.31 \times 219.9 = 4377.53(\text{kJ})$$

$$Q_{1-3} = 27.61 \times 241.75 + 4.03 \times 395.43 = 8268.3(\text{kJ})$$

$$Q_{2-3} = Q_{1-3} - Q_{1-2} = 8268.3 - 4377.53 = 3890.77(\text{kJ})$$

则爆热为：$Q_v = Q_{2-3} = 3890.77\text{kJ/kg}$。

(2) 爆热的经验计算。

① 单体炸药爆热的经验计算法。该法又称阿瓦克尼亚法，此法不需要写出爆炸反应方程式，其步骤如下。

a. 爆炸产物的组成及其总生成热为炸药氧系数的函数。

b. 对应每一氧系数，爆炸产物的总生成热有其最大值$Q_{1-3\max}$，该极限值由放热量最大原则确定，即首先使炸药中的氢全部氧化成水，多余的氧再使一部分或全部碳氧化成二氧化碳。按该原则，爆炸产物的最大总生成热为

$$A \geqslant 100\% \text{ 时，} \quad Q_{1-3\max} = 120.35b + 395.7a \tag{3-62}$$

$$A < 100\% \text{ 时，} \quad Q_{1-3\max} = 197.85d + 21.425b \tag{3-63}$$

c. 考虑到CO_2、H_2O的离解和爆炸反应不完全遵循最大放热原则，爆炸产物实际的总生成热小于最大值，但与最大值成正比，即

$$Q_{1-3} = KQ_{1-3\max} \tag{3-64}$$

式中，K——爆炸产物生成热的“真实系数”。它与氧系数之间的经验关系为

$$K = 0.32A^{0.24} \tag{3-65}$$

d. 确定出爆炸产物实际的总生成热后，便可应用盖斯定律计算爆热

$$A \geqslant 100\% \text{ 时}, \quad Q_v = 0.32A^{0.24}(120.35b + 395.7a) - Q_{1-2} \tag{3-66}$$

$$A < 100\% \text{ 时}, \quad Q_v = 0.32A^{0.24}(197.85d + 21.425b) - Q_{1-2} \tag{3-67}$$

② 混合炸药爆热的经验计算。其爆热可按式(3-68)计算

$$Q_v = \sum W_i Q_{vi} \tag{3-68}$$

式中，W_i——混合炸药中第 i 种炸药的重量百分数；

Q_{vi}——混合炸药中第 i 种炸药的爆热。

若已知第 i 组分的定容生成热 Q_{Vfi}（$kJ \cdot mol^{-1}$），则

$$Q_{vf} = \sum n_i Q_{Vf_i} \tag{3-69}$$

式中，n_i——第 i 组分的摩尔数。

Q_{vf}——炸药的定容生成热；$kJ \cdot mol^{-1}$。

【例题 6】 试估算 RDX（$C_3H_6O_6N_6$）的爆热。已知 $Q_{1-2} = -93.3kJ \cdot mol^{-1}$。

【解答】 首先计算 RDX 的氧系数

$$A = \frac{6}{3 \times 2 + \frac{1}{2} \times 6} = \frac{6}{9} = 66.7\% < 100\%$$

由(3-67)式知：1mol 炸药的爆热为 $Q_v = 0.32(66.7)^{0.24}(197.85 \times 6 + 21.42 \times 6) + 93.3 = 1246.9(kJ \cdot mol^{-1})$ 或 1kg 炸药的爆热为 $Q_v = \frac{1246.9}{222} \times 1000 = 5616.7(kJ/kg)$。

表 3-9 就列举了一些常用炸药和爆炸产物的生成热(单质炸药的生成热为零，不考虑相变)，某些物质的生成热还可以通过燃烧热或有关计算(如键能加和法)求得。

表 3-9 某些物质和炸药的生成热(定压，291K 时)

物质	分子式	相对分子质量 M	生成热	
			kJ·mol⁻¹	kJ·kg⁻¹
梯恩梯	$C_7H_5O_6N_3$	227	73.22	322.56
2，4-二硝基甲苯	$C_7H_6O_4N_2$	182	78.24	429.89
特屈儿	$C_7H_5O_8N_5$	287	−19.66	−68.52
太安	$C_5H_8O_{12}N_4$	316	541.28	1712.92
黑索今	$C_3H_6O_6N_6$	222	−65.44	−294.76
奥克托今	$C_4H_8O_8N_8$	296	−74.89	−253.02
硝酸肼	$N_2H_5NO_3$	95	250.20	2633.83
硝基胍	$CH_4O_2N_4$	104	94.46	879.4
硝基甲烷	CH_3NO_2	61	91.42	1498.70
硝化棉(含 N12.2%)	$C_{22.5}H_{28.8}O_{35.1}N_{8.7}$	998.2	2689.00	2702.86
硝化乙二醇	$C_2H_4O_6N_2$	152	247.90	1630.93
硝基脲	$CH_3O_3N_3$	105	283.05	2695.69
硝化甘油	$C_3H_5O_9N_3$	227	370.83	1633.60

（续）

物质	分子式	相对分子质量 M	生成热	
			kJ·mol^{-1}	kJ·kg^{-1}
硝酸脲	$CH_5N_3O_4$	123	564.17	4586.75
1，5-二硝基萘	$C_{10}H_6O_4N_2$	218	−14.64	−67.17
1，8-二硝基萘	$C_{10}H_6O_4N_2$	218	−27.61	−126.67
硝酸铵	NH_4NO_3	80	365.51	4568.93
硝酸钠	$NaNO_3$	85	467.44	5499.25
硝酸钾	KNO_3	101	494.09	4891.97
高氯酸铵	NH_4ClO_4	117.5	293.72	2499.72
高氯酸钾	$KClO_4$	138.5	437.23	3156.88
水(气)	H_2O	18	241.75	13430.64
水(液)	H_2O	18	286.06	15892.23
一氧化碳	CO	28	112.47	4016.64
二氧化碳	CO_2	44	395.43	8987.04
一氧化氮	NO	30	−90.37	−3012.48
二氧化氮(气)	NO_2	46	−51.04	−1109.67
二氧化氮(液)	NO_2	46	−12.97	−281.97
氨	NH_3	17	46.02	2707.29
甲烷	CH_4	16	76.57	4785.45
石蜡①	$C_{18}H_{38}$	254	558.56	2199.07
木粉①	$C_{39}H_{70}O_{28}$	986	5690.24	5771.03
柴油	$C_{13}H_{26}$	182	219.9	1208.24
轻柴油①	$C_{16}H_{32}$	224	661.07	2951.21
沥青①	$C_{30}H_{18}O$	394	594.13	1507.94

注：①为定容条件下的生成热。

3）爆热的测定

爆热的测定通常用量热弹测量，其装置如图3-16所示。测定的基本操作是：一般取100g炸药卷并插入两只电雷管，将其悬吊于弹盖上，接出雷管脚线，安好弹盖后，随即将弹内空气抽出，并用氮气置换剩余的气体，再抽成真空，然后把弹体放入量热桶中，桶内注入一定数量蒸馏水，使其全部淹没弹体。恒温一小时后，记录水温 T_0，接着引爆炸药，水温随即上升，记下最高温度 T。

被测炸药的爆热 Q_v 可按式(3-70)求出

$$Q_v=\frac{(C_{水}+C_{仪})\cdot(T-T_0)-q}{m} \tag{3-70}$$

式中，Q_v——被测炸药的爆热，kJ/kg；

$C_水$——采用蒸馏水的总热容，kJ/℃；

$C_仪$——试验装置的热容，以当量的水的热容表示，kJ/℃；

q——雷管爆热，kJ；

m——被测的炸药量，kg。

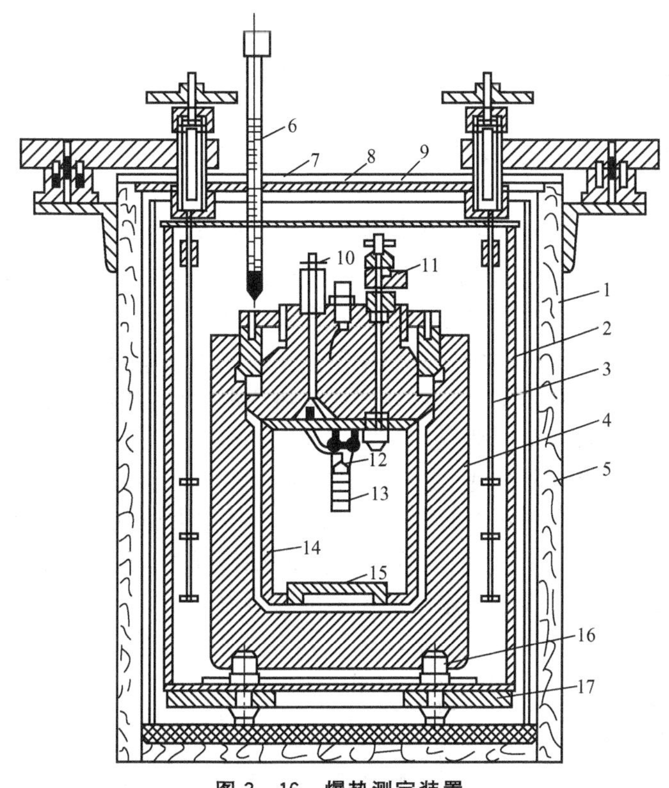

图 3-16 爆热测定装置

1—水桶；2—量热桶；3—搅拌浆；4—量热弹体；5—保温桶；6—贝克曼温度计；7、8、9—盖；10—电极接线柱；11—抽气口；12—电雷管；13—药柱；14—内衬桶；15—垫块；16—支撑螺栓；17—底托

应该指出，由于各种条件的影响，用上述方法测出的爆热只是一个近似值。

4）影响爆热的因素

提高炸药的爆热对于提高炸药的作功能力具有重要的意义。通常用来提高炸药爆热的途径主要有以下几个。

(1) 炸药的氧平衡。零氧平衡时，炸药内可燃元素或可燃剂完全氧化放出最大热量。但零氧平衡的炸药所放出的能量也不相同，炸药中含氧量越多，单位质量放出的热量也越大。此外，由盖斯定律知，炸药的生成热越小，爆热就越高。

(2) 装药密度。对缺氧较多的负氧平衡炸药，增加炸药密度可以增加爆热，这是因为炸药密度增加，爆压增大，使二次可逆反应向增加爆热的方向发展。增加炸药密度对其他炸药影响不大。

(3) 附加物影响。在炸药中加入的细金属粉末不仅能与氧生成金属氧化物，而且能与氮反应生成氮化物，这些反应都是剧烈的放热反应，从而增加爆热。例如，在黑索金中加入适量的镁粉，爆热可提高50%。在混合炸药中加入铝粉、镁粉等是获得高爆热炸药常用的方法。

(4) 装药外壳影响。增加外壳强度或重量，能阻止气体产物的膨胀、提高爆压，从而提高爆热。特别对缺氧严重的炸药影响较大。

(5) 炸药化学反应的完全程度。炸药反应越完全，放热越充分，则爆热越高。

2. 爆温

爆温是炸药的重要参数之一，一般来说，所提到的“爆温”概念为以下3种情形之一。

(1) 炸药爆炸所释放的热量将爆炸产物所能加热到的最高温度(实际为绝热火焰温度)。

(2) 爆轰的C-J温度(由流体力学理论与状态方程得出的温度)。

(3) 反应的平均温度(如北京理工大学许更光院士用光谱法测量得出的温度)。

在工程爆破中，要提高炸药的作功能力，则要求爆温高一些；相反在煤矿井下有瓦斯与煤尘爆炸危险的工作面爆破，则要限制爆温，一般限制在2000℃以内。

爆温的计算方法常采用卡斯特法，即利用爆热和爆炸产物的平均热容来计算爆温。为使计算简化，首先建立如下3个假设。

(1) 爆炸过程近似视为定容过程。

(2) 爆炸过程是绝热的，爆炸反应放出的能量全部用来加热爆炸产物。

(3)爆炸产物的热容只是温度的函数，与爆炸时所处的的压力等其他条件无关。

根据上述假定，炸药的爆热与爆温的关系可以写为

$$Q_v = \bar{c}_v t = t\sum c_{jv} n_j \tag{3-71}$$

式中，Q_v——爆热，kJ/mol或kJ/kg；

t——所求的爆温，℃；

$\bar{c}_v$——0～t℃范围内全部爆炸产物的平均热容，kJ/(mol·℃)或kJ/(kg·℃)；

c_{jv}、n_j——爆炸产物中j类型产物的定容热容和摩尔数。

产物热容与温度的关系为

$$c_{jv} = a_j + b_j t \tag{3-72}$$

各种产物的a_j、b_j值见表3-10。

令$\sum n_j a_j = A$，$\sum n_j b_j = B$，并将式(3-72)代入式(3-71)可得

$$t = \frac{-A + \sqrt{A^2 + 4000BQ_v}}{2B} \tag{3-73}$$

表3-10 爆炸产物的a_j、b_j值

爆炸产物	a_j	$b_j\times10^{-3}$	爆炸产物	a_j	$b_j\times10^{-3}$
双原子气体	20.1	1.88	水蒸气	16.7	9.0
三原子气体	41.0	2.43	Al_2O_3	99.9	28.18
四原子气体	41.8	1.88	NaCl	118.5	0.0
五原子气体	50.2	1.88	C	25.1	0.0

【例题 7】 计算 TNT 的爆温。已知其爆炸反应方程式如下

$C_6H_2(NO_2)_3CH_3 \rightarrow 2CO_2+CO+4C+H_2O+1.2H_2+1.4N_2+0.2NH_3+1093.6kJ \cdot mol^{-1}$

【解答】 先计算爆炸产物的热容。

对于二原子气体：$\overline{C}_V=(1+1.2+1.4)(20.08+18.83\times10^{-4}t)=72.29+67.79\times10^{-4}t$

对于 H_2O：$\overline{C}_V-16.74+89.96\times10^{-4}t$

对于 CO_2：$\overline{C}_V=2(37.66+24.27\times10^{-4}t)=75.32+48.54\times10^{-4}t$

对于 NH_3：$\overline{C}_V=0.2(41.84+18.83\times10^{-4}t)=8.37+3.77\times10^{-4}t$

对于 C：$\overline{C}_V=4\times25.11=100.44$

$\therefore \sum\overline{C}_{Vi}=273.16+210.06\times10^{-4}t$

因而，$A=273.16$，$B=0.021$。将此值代入式(3-73)，得

$$t=\frac{-273.16+\sqrt{(273.16)^2+4\times0.021\times1093.6\times1000}}{2\times0.021}=3210.9(℃)$$

或 $T=3210.9+273=3483.9(K)$。

在实际应用中，为提高爆温，一般加入高热值的金属粉末，如铝、镁等，它们的爆炸产物生成热很大，而产物的热容却增加不多。为达到降低爆温的目的，一般向炸药中加入附加物，以改变炸药中氧与可燃元素的比例，使之产生不完全氧化的产物，从而减少产物的生成热，有的附加物不参与爆炸反应，只是增加产物的总热容量。例如，可在矿用安全炸药中加入氯化物等物质。

3. 爆容

所谓炸药的爆容(或称比容)，是指 1kg 炸药爆炸生成的气体产物在标准状态下的体积。标准状态是指一个大气压和零摄氏度，其单位为 L/kg。爆轰气体产物是炸药放出热能借以做功的介质。爆容越大，炸药的作功能力越强。因此，爆容是炸药爆炸作功能力的一个重要参数。

若已知爆炸反应方程式，就可以应用阿伏加德罗定律计算炸药的爆容。若炸药通式是按 1mol 写出的，则爆容的计算公式为

$$V_0=\frac{\sum n_i\times1000}{\sum m_iM_i}\times22.4 \qquad (3-74)$$

式中，n_i——爆炸产物气体产物的总摩尔数；

m_i——炸药某组分的摩尔数；

M_i——炸药某组分的分子量。

若炸药通式是按 1kg 写出的，则

$$V_0=22.4\sum n_i \qquad (3-75)$$

【例题 8】 计算 TNT 的爆容。已知其爆炸反应方程式为

$$C_7H_5O_6N_3 \rightarrow 2.5H_2O+3.5CO+1.5N_2+3.5C$$

【解答】 $n=2.5+3.5+1.5=7.5$，$M=0.227$，代入式(3-74)，有

$$V_0=\frac{22.4\times7.5}{0.227}=740(L\cdot kg^{-1})$$

4. 爆压

炸药在密闭容器中爆炸时，其爆炸产物对器壁所施的压力称为爆压，单位为MPa。爆炸过程中爆炸产物内的压力是不断变化的，爆压是指爆轰结束时，爆炸产物在炸药初始体积内达到热平衡时的流体静压值。爆压反映炸药爆炸瞬间的猛烈破坏程度。

计算爆压的关键在于选择产物的状态方程，一般可利用阿贝尔状态方程来计算，即

$$p=\frac{nRT}{V-\alpha}=\frac{n\rho}{1-\alpha\rho}RT \tag{3-76}$$

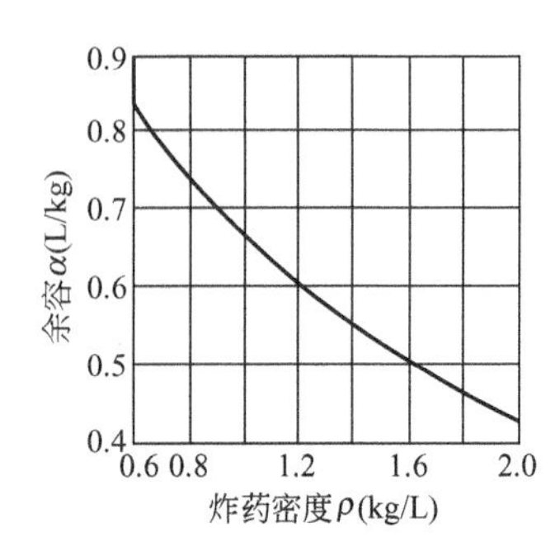

图 3-17 炸药密度和余容

式中，p——爆压，kg/cm^2；

V_0——爆容，L/kg；

T——爆温，K；

ρ——炸药密度，g/cm^3；

α——气体分子的余容，L/kg。计算时，V_0、T可由计算得到，α由图3-17查得。

乘积nR可用炸药爆容V_0来表示。因爆容是标准状态下的体积，由理想气体状态方程可知

$$nR=\frac{P_0V_0}{V-\alpha}=\frac{V_0}{273} \tag{3-77}$$

3.5.2 炸药的爆破性能概述

1. 炸药爆炸的动、静作用

炸药发生爆炸时所形成的高温高压气体产物，必然对周围的介质产生强烈的冲击和压缩作用。若物体与爆炸的炸药接触或相距较近，由于受到爆轰产物的直接作用，物体便产生运动、变形、破坏和飞散；若物体离爆炸源较远，则受爆轰产物的直接破坏作用就不明显。习惯上将炸药爆炸时对周围物体的各种机械作用称为炸药的爆炸作用。炸药的爆破作用可分为两部分：利用炸药爆炸产生冲击波或应力波形成的破坏作用称为炸药爆炸的动作用；利用爆炸气体产物的流体静压或膨胀功形成的破坏或抛掷作用称为炸药爆炸的静作用。

一般来讲，炸药都具有动和静两种作用。但不同类型的炸药，两种作用的表现程度不同。如火炸药几乎不存在动作用，铵油炸药的动作用也较弱；而猛炸药的动作用则表现很明显。此外，同一种炸药，随装药结构、爆炸条件的不同，其动和静两种爆炸作用的表现程度也不同。根据爆破工程要求合理选择炸药或装药结构，首先要了解炸药动作用和静作用特性，以及动、静作用的破坏机理及其表现形式。

炸药的动作用和静作用决定于炸药爆炸作用在炮孔壁上的压力变化。孔壁初始冲击压力越大，作用时间越短，则动作用越强；反之则静作用越强。炮孔壁上的压力决定于炸药和介质的性质、装药结构和爆破条件等。

对于耦合装药，炸药爆炸时的爆轰波直接与周围介质发生碰撞，并在介质中形成爆炸冲击波和应力波。对于大多数岩石来说，冲击波作用范围很小，若忽略不计，可近似认为爆轰波与岩石的碰撞是弹性的，在岩石中直接产生应力波，则按弹性波理论，爆轰波以爆

轰压力 $P_1=\frac{\rho_0 D^2}{4}$ 的值入射到岩石等介质中，则在介质中产生的透射压力即为孔壁上的初始压力值。按弹性碰撞和正入射条件，可得孔壁初始压力 P_2 的计算公式

$$P_2=\frac{1}{4}\rho_0 D^2\frac{2}{1+\frac{\rho_0 D}{\rho_m c_p}} \tag{3-78}$$

式中，ρ_0、D——炸药的密度和爆速；

ρ_m、c_p——介质的密度和弹性波速。

对于不耦合装药，炸药爆炸时的爆轰波首先压缩间隙内的空气，产生空气冲击波，然后再由空气冲击波冲击炮孔壁并在介质内产生爆炸应力波。若炮孔内的爆轰产物按 $PV_r=A(r=3)$ 的规律膨胀，膨胀时的初始压力按平均爆轰压 $P_1/2$ 计算。则可导出在不耦合装药条件下，作用在孔壁上的初始压力为

$$P_2=\frac{1}{8}\rho_0 D^2\left(\frac{d_c}{d_b}\right)^6 n \tag{3-79}$$

式中，d_c、d_b——药柱和炮孔直径；

n——爆轰产物碰撞炮孔壁时的压力增大系数，$n=8\sim11$，一般取 $n=10$。

为了研究和了解炸药的爆破性能和对周围介质的破坏能力，合理的利用炸药的能量，一般从两方面对炸药进行评价：一是炸药的做功能力或称爆力，二是炸药的冲击能力或称猛度。用猛度和爆力表征炸药的爆破性能。

2. 炸药的爆力

炸药爆炸对周围介质所作机械功的总和称为炸药的爆力，又称炸药的做功能力。它反映了爆生气体产物膨胀做功的能力，也是衡量炸药爆炸作用的重要指标。

与爆轰条件过程一样，炸药爆炸做功的过程也是极其迅速的，因此可以假设炸药爆轰生成的高温高压气体进行绝热膨胀做功。根据热力学第一定律：系统内能的减少等于系统放出的热能和系统对外所做的功。其数学表达式为

$$-\mathrm{d}U=\mathrm{d}Q+\mathrm{d}A \tag{3-80}$$

式中，$-\mathrm{d}U$——系统内能的减少量；

$\mathrm{d}Q$——系统放出的热量；

$\mathrm{d}A$——系统所做的功。

根据上述假设，爆轰产物的膨胀过程是绝热的，故 $-\mathrm{d}U=0$，则式(3-80)可写为

$$-\mathrm{d}U=\mathrm{d}A=-\bar{c}_v\mathrm{d}T \tag{3-81}$$

假设气体为理想气体，并引入爆热表达式 $Q_v=C_vT_1$，有

$$A=\int -\mathrm{d}U=\int_{T_1}^{T_2}-\bar{c}_v\mathrm{d}T=\bar{c}_v(T_2-T_1)=Q_v\left(1-\frac{T_2}{T_1}\right)=\eta Q_v \tag{3-82}$$

式中，T_1——爆轰产物的初始温度；

T_2——爆轰产物做功后的温度；

$\bar{c}_v$——爆轰产物的平均热容；$\eta=\left(1-\frac{T_2}{T_1}\right)$称为热效率或做功效率。

应用气体等熵绝热状态方程 $PV^K=$常数，有

$$\frac{T_2}{T_1}=\left(\frac{V_1}{V_2}\right)^{K-1}=\left(\frac{P_2}{P_1}\right)\frac{K-1}{K} \tag{3-83}$$

代入式(3－82)，可改写为

$$A=Q_v\left[1-\left(\frac{V_1}{V_2}\right)^{K-1}\right]=Q_v\left[1-\left(\frac{P_2}{P_1}\right)^{\frac{K-1}{K}}\right] \tag{3-84}$$

式中，V_1、P_1——爆炸产物的初始比容和压力；

V_2、P_2——爆炸产物膨胀后的比容和压力；

K——爆炸产物的等熵指数。

综合以上分析可见，爆热是决定炸药做功能力的最基本因素，因此提高爆热是提高炸药做功能力最有效的措施，另外做功能力还与产物的膨胀能力及等熵指数有关。很显然，炸药的爆热越大，爆炸产物膨胀比越大，则做功能力越大；当爆热和产物的膨胀程度相同时，则等熵指数越大，做功能力也越大。

试验测定爆力的方法常用的有：铅铸法、弹道臼炮法和抛掷漏斗法。

1）铅铸法

此法由澳大利亚特劳茨(Trauta)提出，后来确定为测定炸药做功能力的国际标准方法，因此又称特劳茨实验法。铅铸法是目前最简单、最常用的做功能力实验方法。其原理是以一定量的炸药在铅铸中央内孔中爆炸，爆炸产物膨胀将内孔扩张，按铸孔爆炸前后体积的增量作为判断和比较炸药做功能力的尺度。铅铸为圆柱体，用高纯度铅浇铸而成，直径 200mm、高 200mm，中央有一直径 25mm、深 125mm 的圆柱内孔。铅铸法实验如图 3－18 所示。实验时将装备好的炸药试样准确称取(10±0.01)g，放在用锡箔卷成的圆柱筒(直径 24mm)内，装上 8 号雷管后放入铅铸的内孔中，孔中剩下的空隙用一定颗粒度的干燥石英砂填满，以防止炸药产物向外飞散。炸药引爆后，圆孔扩大为梨形，清除孔内残渣注入水测量扩孔后的容积。扩孔前后的容积差减去雷管扩孔容积(8 号雷管的扩孔值为 28.5mL)作为炸药的爆力值，单位为毫升。

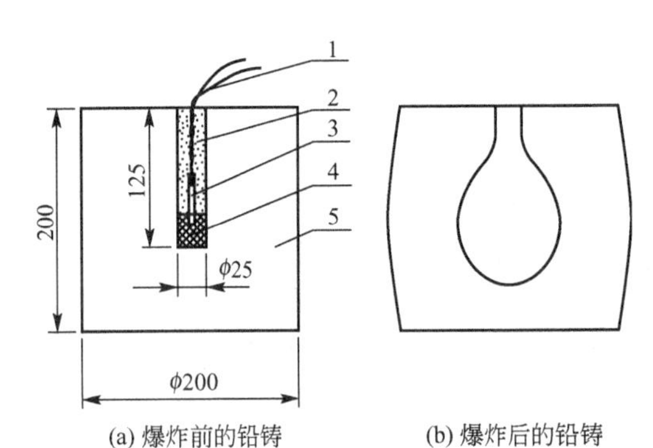

图 3－18　炸药爆力测定法的铅铸

1—雷管线；2—石英砂；
3—铜壳电雷管；4—药包；5—铅铸

因环境温度对扩孔值有影响，故标准试验温度规定为 15℃，不同温度时扩孔值的校正值见表 3－11。

表 3－11　扩孔值受温度影响的修正值

温度/℃	－20	－15	－10	－5	0	＋5	＋8	＋10	＋15	＋20	＋25	＋30
修正值/%	＋14	＋12	＋10	＋7	＋5	＋3.5	＋2.5	＋2	0	－2	－4	－6

2）弹道臼炮法

如图 3－19 所示，一个重为 W_1 的钢质臼炮，用摆杆悬挂在钢支架上，将药量 10g、Φ20mm 带雷管孔的受试药柱放在爆炸室内，然后用一圆柱形实心炮弹(重为 W_2)按松配合将臼炮孔堵住。炸药爆炸后，炮弹被推出，同时臼炮向反方向摆动一角度 α，可由角度盘读出度数。

显然，炸药所做的功 A 应等于臼炮升高的位能 A_1 与炮弹的动能 A_2 之和，即

$$A=A_1+A_2 \tag{3-85}$$

经用公式推导后得

$$A=W_1L\left(1+\frac{W_1}{W_2}\right)(1-\cos\alpha) \tag{3-86}$$

式中，W_1——臼炮重；

W_2——炮弹重；

L——摆长。

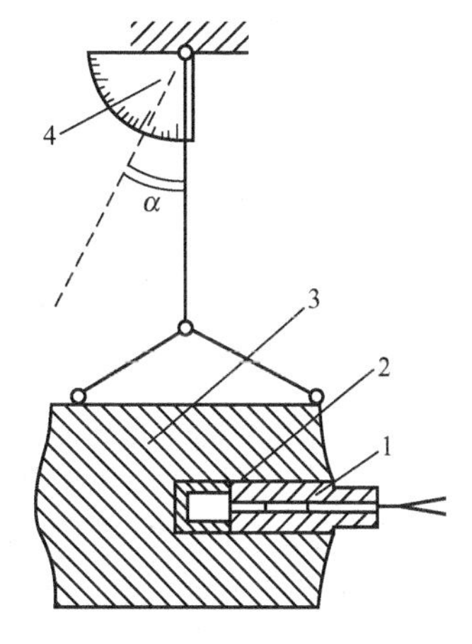

图 3-19 弹道臼炮示意图

1—炮弹；2—炸药；3—臼炮；4—角度盘

对固定设备，三者均为已知数，所以早要测量摆角 α，就可以算出单位重量的炸药所做的功。平时习惯于用梯恩梯当量表示某炸药威力的大小。若以 α_0 代表梯恩梯的摆角，以 α 代表被测炸药的摆角，则

$$\text{梯恩梯当量}=\frac{1-\cos\alpha}{1-\cos\alpha_0}\times100\% \tag{3-87}$$

弹道臼炮法测试精度较铅铸法高，并能以绝对功或梯恩梯当量定量地比较炸药的威力大小，含铝炸药由于二次反应不完全，所测值常偏低。

3）抛掷漏斗法

炸药在岩土内爆炸时，若炸药距自由面的距离(即最小抵抗线)不超过某个限度，就会在地面形成锥体抛掷漏斗。如图 3-20 所示。漏斗坑是以其半径 r 对深度 w(此值称为最小阻力线)之比值表示其特征的，即

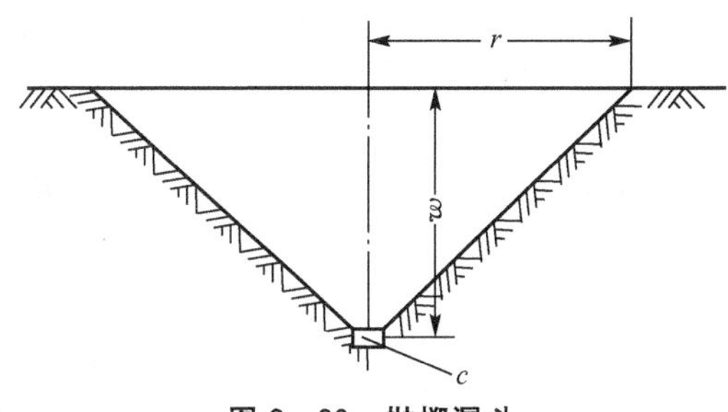

图 3-20 抛掷漏斗

r—漏斗半径；w—最小抵抗线；c—炸药

$$n=\frac{r}{w} \tag{3-88}$$

式中，n——抛掷爆破作用指数。

若 $n=1$，称为标准抛掷漏斗；$n>1$ 时，称为强抛掷漏斗；$n<1$ 时，称为弱抛掷漏斗或松动爆破。漏斗坑的特征和容积大小与炸药装药的性质、质量，土壤介质的性质以及炸药在介质中的相对位置等均有关。

因此，采用此法测定炸药的做功能力时，要考虑上述各因素，尽可能采用一致的实验条件下获得的爆破容积来判断。

对于标准抛掷漏斗坑，其体积为

$$V=\frac{1}{3}\pi w^3\approx w^3 \tag{3-89}$$

标准抛掷漏斗坑体积与炸药质量 m 的关系为

$$m=KV=Kw^3 \tag{3-90}$$

式中，m——炸药的质量；

K——形成单位体积漏斗坑所需要的炸药量。

对于强或弱抛掷漏斗坑，其体积为

$$V=\frac{1}{3}\pi r^2 w\approx r^2 w \tag{3-91}$$

抛掷爆破所需炸药质量可按式(3-92)计算(对于强抛掷爆破则更为适用)

$$m=Kw^3(0.4+0.6n^3) \tag{3-92}$$

用此方法判断炸药的做功能力时，爆炸的条件是相似的。炸药的 K 值不同，则炸药的做功能力也不同。在此情况下，一种炸药得到 K_1 值，而另一种炸药则得到 K_2 值，它们的做功能力与 K 值成反比，即 $A_1/A_2=K_2/K_1$。这种比较应尽可能在 n 值相近的情况下进行，实验应在地质结构基本相同的场地实施，所以炸药的质量、密度、形状和放置的深度应尽可能相同。一般测定被测炸药与参比药作功能力的比值。

此法的优点是实验条件与炸药工程爆破的实际情况相接近，实验药量可以较大，方法简单，不需要专门的仪器设备，便于普及；缺点是实验结果受介质条件影响较大，重复性不好，只能对炸药做功能力进行近似测定或相对比较。

3. 炸药的猛度

炸药爆炸产生冲击波和应力波的作用强度称为猛度。它表征了炸药动作用的强度，是衡量炸药爆炸特性及爆炸作用的重要指标。

炸药做功能力是决定炸药总体破坏的能力，而猛度只是决定炸药局部破坏的能力。弹丸爆炸形成破片，破甲弹的破甲作用，爆炸高速抛掷物体，爆炸切割钢板的和破坏桥梁，以及对矿体、岩体、土壤、混凝土等的猛炸作用，均是炸药局部破坏的例子。炸药的猛度对于武器设计、爆破工程具有实际意义，在爆破工程中，岩体或矿体的坚硬程度以及性质不同，为了获得一定块度的矿岩，就应根据矿岩的性质来选用不同猛度的炸药，否则就有可能造成不利于资源利用的过分粉碎，或形成不便于装载运输，甚至需要二次爆破的大块。

炸药的猛度通常用铅柱压缩法、猛度摆法和平板炸坑实验进行测定。

1) 铅柱压缩法

此法为 Hess 于 1876 年提出的，因此又称为 Hess 试验法。铅柱压缩法试验装置如图 3-21 所示。

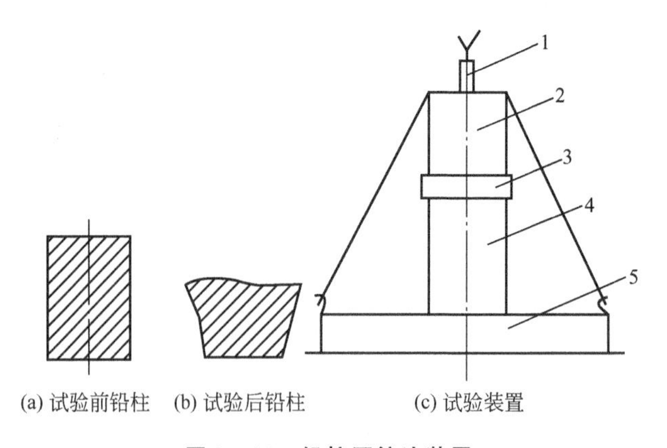

图 3-21　铅柱压缩法装置

1—雷管；2—炸药；3—钢片；4—铅柱；5—厚钢板

在一厚钢板上放置一个由纯铅制成的圆铅柱，该圆柱直径(40±0.2)mm、高(60±0.5)mm。

在铅柱上放置一块直径 41mm、厚(10±0.2)mm 的钢片，它的作用是将炸药的爆轰能量均匀地传递给铅柱，使铅柱不易碎而发生塑性变形。

在钢片上放置炸药装药试样，装药密度一般控制在 $1.0g/cm^{-3}$，质量为 50g。试样装在直径 40mm 的纸筒中，用细线将装药试样及铅柱固定在钢板上，试样纸筒、钢片和铅柱要处于同一轴线上。

试验前，铅柱的高度要经过精确测量。炸药爆炸后，铅柱被压缩成蘑菇形，高度减小，用卡尺或螺旋测微计测量压缩后铅柱的高度(从 4 个对称位置依次测量，取平均值)。用试验前后铅柱的高度差 Δh 表示炸药的猛度，也称为铅柱压缩值。

2) 猛度摆法

试验装置原理如图 3-22 所示。摆体重 W，摆长 L，受试炸药贴放在摆体的水平方向上。当炸药爆炸后，摆体受到爆轰产物的冲击而摆动，记录下摆角 α，则摆体受到的比冲量为

$$I=\frac{WT}{\pi S}\sin\frac{\alpha}{2} \tag{3-93}$$

式中，S——摆体接受冲量的面积；

T——摆的周期，$T=2\pi\sqrt{\frac{l}{g}}$；

g——重力加速度。

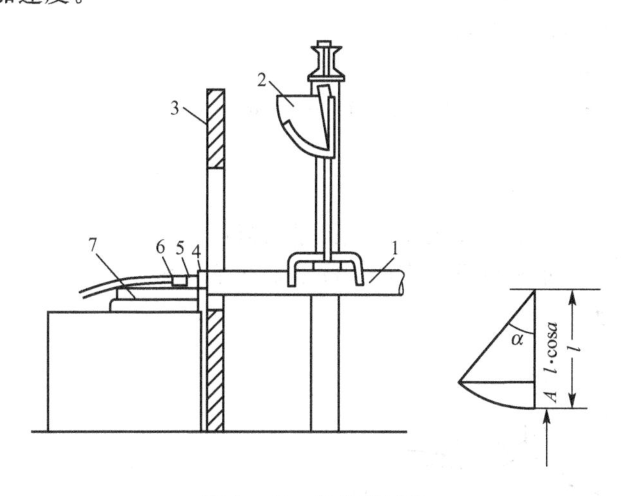

图 3-22 猛度弹道摆

1—摆体；2—量角器；3—防护板；4—钢片；5—药柱；6—雷管；7—托板

按式(3-93)计算出的比冲量，可用它作为炸药猛度的指标。爆破不同性质的岩石，应选择不同猛度的炸药。一般来说，岩石波阻抗越大，选用炸药的猛度越大；爆破波阻抗较小的岩土时，炸药的猛度不宜过高。在工程爆破中，采用空气柱间隔装药或耦合装药等措施，可减小作用在炮孔壁上的初始压力，从而降低猛度。

3) 平板炸坑实验

平板炸坑实验又称平板凹痕实验，简称板坑实验，用于测定炸药相对猛度。实验时，将受试药柱置于板的中心，用雷管和传爆药柱引爆，以板上形成的炸坑深度评价炸药猛度。通常选择某一梯恩梯药柱的炸坑深度为 100%，算出试样坑深的相对值，作为相对猛度。板坑实验也是间接测爆压的一种简便手段，此法是先标定好常用炸药的爆压与坑深值

的关系，再根据试样的坑深值由关系曲线估算试样爆压。

4. 炸药的爆速

爆轰波在炸药药柱中的传播速度称为爆轰速度，简称为爆速，通常以 m/s 或 km/s 为单位。单体炸药、猛炸药混合物炸药和某些混合炸药的爆速有较大的差异。单质炸药、猛炸药混合物炸药的极限直径较小，在一般使用条件下，其爆轰大多处于理想爆轰的状态，爆速的数值除装药密度之外，主要决定于炸药本身的结构和性质。对于混合炸药，特别是由较大比例的惰性添加剂组成的混合炸药，以及绝大部分工业炸药，它们的极限直径和临界直径都较大。在一般使用条件下，炸药装药或药包的直径大多处于极限直径以下、临界直径以上的范围。炸药的爆轰处于非理想爆轰状态，所以其爆速的影响因素比单质炸药要复杂得多。目前，爆速的实验测定方法有导爆索法、测时仪法和高速摄影法。

1）导爆索法

导爆索法又称道特里什(Dautriche)法。其原理是利用已知爆速的导爆索测定炸药的爆速。该方法的试验装置如图 3-23 所示。

当炸药由雷管引爆后，爆轰波传至 A 点时，引爆导爆索的一端，同时继续沿炸药药卷传播，当到达 B 点时，导爆索的另一端也被引爆。在某一时刻，导爆索中沿两个方向传播的爆轰波相遇于 N，在铝板或铅板记录爆轰波相遇时碰撞的痕迹。根据爆轰波相遇时所用的时间相等的原理可算得炸药的爆速 D。

$$t_1=t_2 \Rightarrow l/D+t_{BN}=t_{AN}$$
$$\Rightarrow l/D+(BM-\Delta h)/D_c=(AM+\Delta h)/D_c, \quad BM=AM$$
$$\Rightarrow D=l\times D_c/2\Delta h$$

2）电测法

该方法是利用频率计或爆速测定仪直接记录爆轰波在药柱两点间的传播时间间隔，根据记录的时间和两点间的距离可求算出两点间的炸药平均爆速。测试仪记时测量法的基本工作原理如图 3-24 所示。

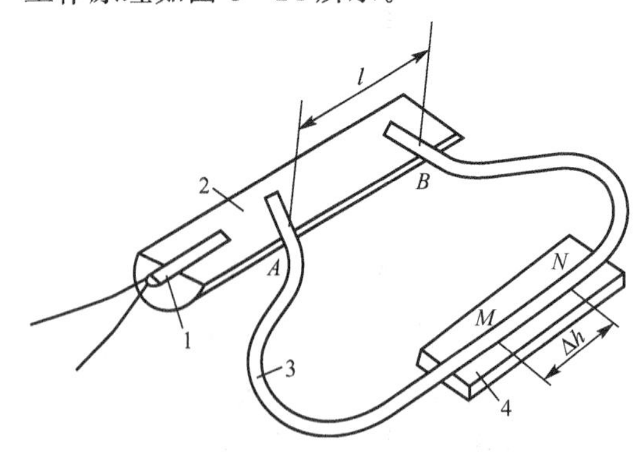

图 3-23 导爆索法测爆速的装置图

1—雷管；2—试样；

3—导爆索；4—铝板或铅板

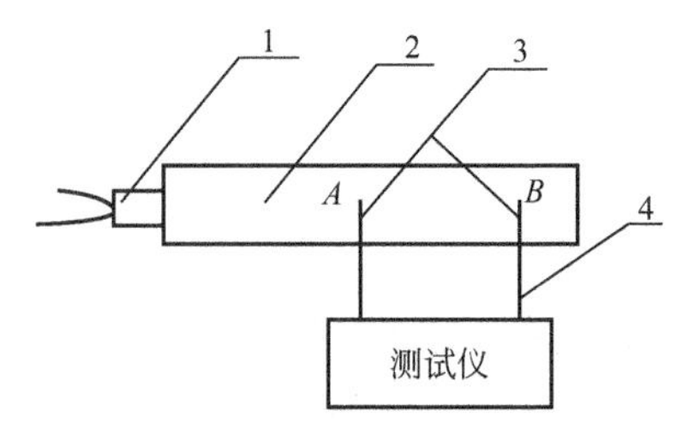

图 3-24 电测法测试系统图框

1—雷管；2—试样；

3—传感元件；4—信号传输线

实验采用的是“断—通”方式：在爆轰波未传到探针位置前，探针处于“断”的状态；在爆轰波传到探针位置 A 点的瞬间，爆轰产物被电离而使探针处于“通”的状态，爆速仪触发一个电信号，爆轰波到达 B 点再触发一个电信号，这样电子测时仪就记录了爆轰

波通过 A、B 两点的时间 t，于是可求出 AB 段的平均爆速。

3）高速摄影法

高速摄影法是利用爆轰波阵面传播时的发光现象，用转镜式高速摄影机将爆轰波阵面沿药柱移动的光迹拍摄记录在胶片上，得到爆轰波传播的时间—距离扫描曲线，然后测量曲线上各点的瞬时传播速度。图 3－25 是转镜式高速摄影机测爆速的原理图。

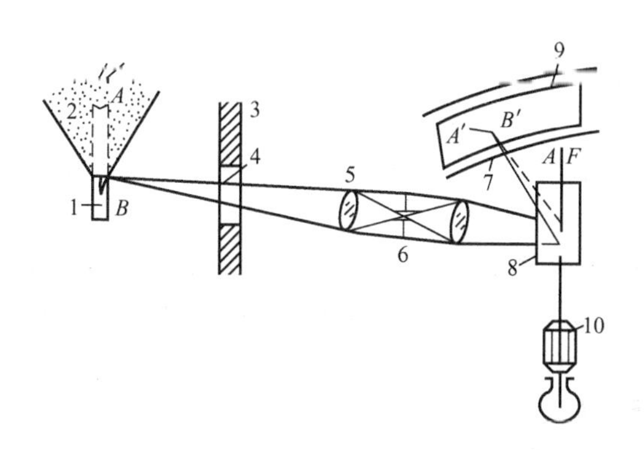

图 3－25 高速摄影法测爆速原理图

1—药柱；2—爆轰产物；3—防护墙；4—透光玻璃窗口；5—物镜；6—狭缝；7—相机框；8—转镜；9—胶片；10—高速电动机

本章小结

本章集中介绍了与炸药爆炸相关的一些基本概念，基本理论和基本实验，这些内容是后续章节的基础。现将其中的要点归纳如下。

（1）炸药发生化学变化的 3 种基本形式、炸药爆炸的三要素、炸药的分类。

（2）炸药的起爆和起爆能、炸药的起爆机理，炸药的热感度、机械感度、起爆冲能感度、冲击波感度、静电火花感度、激光感度、枪击感度等。

（3）波、横波、纵波、音波、压缩波、稀疏波、冲击波的概念，冲击波的基本特征，炸药的爆轰理论。

（4）炸药氧平衡的概念及其计算方法，爆炸反应方程式。

（5）爆热、爆温、爆容、爆压的概念，爆力、猛度、爆速的概念。

习　题

一、名词解释

爆炸，炸药，感度，氧平衡，殉爆，爆热，爆温，爆容，爆压，爆力，猛度

二、填空题

1. 炸药爆炸的三要素为______、______、______。

2. 炸药化学变化的基本形式可以分为______、______、______。

3. 炸药感度区分为____、____、____、____、____、____、____。

4. 波可分为两大类，即____、____。按波内质点运动方向和波传播方向之间的关系，波可以分为____、____。

5. 炸药理想爆速主要取决于____、____、____。

6. 根据氧平衡值的大小，可将氧平衡分为____、____、____ 3 种类型。

7. 炸药的爆炸性能参数主要有____、____、____、____。

三、简答题与计算题

1. 炸药化学变化的基本形式是什么？各有何特点？

2. 在铵油炸药中(硝酸铵与柴油的混合炸药)，加入 4%木粉作疏松剂，试按零氧平衡设计炸药配方。

3. 已知凝聚炸药的纯热指数 K 值一般取为 3，试推导计算凝聚炸药爆轰波参数的方程式。

4. 如果采用理想气体状态方程来计算爆炸压力 P，则存在关系 $P=\rho_0(K-1)Qv$。试证明：爆轰压力近似等于爆炸压力的 2 倍。

5. 解释爆炸的爆轰理论。

6. 何谓炸药的爆力和猛度？有何区别？如何测定？

第4章 岩石爆破分级与凿岩机具

爆破技术的改进和爆破效率的提高往往依赖于施工机具。在用人工打眼或绳索式冲击钻机钻孔的年代，推广深孔延时爆破就有很多困难，更不用说采用光面爆破、预裂爆破等需要密集钻孔的爆破新技术了。20世纪50年代以后，高效率潜孔钻机、牙轮钻机和高频冲击风动钻机的出现，钻孔效率成倍提高，使爆破工程中的钻孔作业变得容易多了、大大改善了爆破效果、提高了爆破效率，一些新的爆破技术也应运而生。

教学目标

(1) 掌握岩石的一般物理与力学性质，熟知岩石的坚固性和可爆性分级。

(2) 理解并掌握各种钻眼方法与破岩机理，了解常用凿岩机具的设备类型、凿岩原理及各自的适用条件。

教学要求

知识要点	能力要求	相关知识
岩石的物理与力学性质	掌握	岩石的密度指标、孔隙性、水理性质、抗风化性质以及岩石的强度特性指标
岩石的坚固性与可爆性分级	熟悉	岩石的坚固性分级方法：抗压强度法与捣碎法。可爆性分级方法：单因素分级法和双因素分级法
钻眼方法与破岩机理	掌握	钻眼方法的分类；冲击、切削、滚压和磨削4种常用的机械破岩方法及其破岩机理
常用凿岩机及各自的适用条件	了解	各种凿岩机、岩石电钻和凿岩台车的基本构造及其工作原理

引例

工具轶事

认识事物，必先识其本质，究其宗旨，观其用途。唯有如此，才能将事物之用途发挥得淋漓尽致。当然，认识事物、改造事物的过程必然要借助恰当的工具，这样才能达到事半功倍的效果。例如，英国科学家有了扫描仪，成功读取了大脑记忆；巴西科学家有了放电鱼群，检测到河水污染；英国科学家有了基因工程，培育出新型微生物。在工程施工过程中，选择合适的施工方法和作业机械，可以大大提高工作效率、缩短工期、节约资金，真正达到事半功倍、四两拨千斤的效果。本章系统全面地介绍岩石的爆破分级与凿岩机具的选择使用，首先从岩石的一般物理与力学性质出发，讲述岩石的坚固性分级和可爆性分级，继而介绍爆破作业过程中的钻眼方法和破岩机理，最后从机械构造、工作原理、使用方法等方面详细介绍几种常用凿岩机具(图 4－1)。

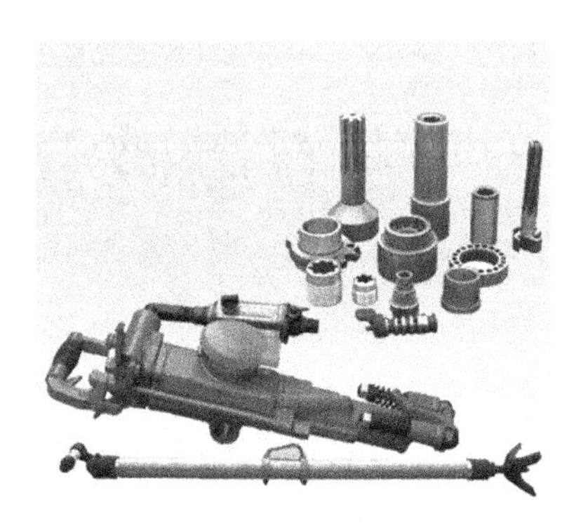

图 4－1　凿岩机及其配件示例图

4.1 岩石物理与力学性质

4.1.1 岩石的基本物理性质

各类岩石由于其成因不同、结构构造不同、成分不同，使得其物理力学性质有很大的不同。

1. 岩石的密度指标

岩石的密度指标主要有岩石的天然密度、干密度、饱和密度、重密度和颗粒密度指标，其含义，计算公式见表 4－1。

表 4－1　岩石的密度指标一览

类别	含义	计算公式	测试方法
天然密度	岩石在自然条件下，单位体积的质量	$\rho=m/V$ (g/cm³)	称重法
干密度	将岩石孔隙中的水全部蒸发掉，试件仅有固体和气体的状态下单位体积的质量	$\rho_{sa}=\dfrac{m_s+V_V\rho_w}{V}$ (g/cm³)	烘干法
饱和密度	孔隙都被水完全充满时单位体积的质量	$\rho_d=m_s/V$(g/cm³)	48h 进水法、抽真空法、煮沸法
岩石容重	单位体积岩石的重量	$\gamma=\rho g$(kN/m³)	称重法
颗粒密度	岩石中固体物质单位体积的质量	$\rho_s=m_s/V_s$(g/cm³)	比重瓶法

注：其中 m——岩石试件的总质量；V——试件的总体积；m_s——岩石中固体的质量；V_V——孔隙的体积；ρ_w——水的密度；V_s——岩石中固体的体积。

2. 岩石的孔隙性

岩石的孔隙性反映了岩石中裂隙的发育程度，描述岩石孔隙性的指标主要有岩石的孔隙比和岩石的空隙率。

(1) 岩石的孔隙比：岩石的孔隙比是指岩石孔隙的体积与固体体积的比值，其计算公式为

$$e=\frac{V_V}{V_s} \tag{4-1}$$

(2) 岩石的孔隙率：孔隙率 n 是指孔隙的体积与试件总体积的比值，用百分率表示，计算公式为

$$n=\frac{V_V}{V}\times 100(\%) \tag{4-2}$$

还可以通过密度参数分析孔隙率，即

$$n=\frac{V-V_s}{V}=1-\frac{V_s}{V}=1-\frac{m_s/\rho_s}{m_s/\rho_d}=1-\frac{\rho_d}{\rho_s} \tag{4-3}$$

(3) 孔隙率与孔隙比之间的关系：根据孔隙率和孔隙比的含义及其计算公式很容易求得其关系

$$e=\frac{V_V}{V_s}=\frac{V_V}{V-V_V}=\frac{1}{\dfrac{V}{V_V}-1}=\frac{1}{\dfrac{1}{n}-1}=\frac{n}{1-n} \tag{4-4}$$

3. *岩石的水理性质*

1) 岩石的含水性

岩石的含水率是指岩石孔隙中水的质量与固体质量之比的百分数

$$w=\frac{m_w}{m_s}\times 100\% \tag{4-5}$$

岩石的吸水率是指岩石吸入水的质量与试件固体质量的比值，据试验方法的不同分为自由吸水率和饱和吸水率，计算式为

$$W_a=\frac{m_0-m_s}{m_s}\times 100\%,\quad W_{sa}=\frac{m_p-m_s}{m_s}\times 100\% \tag{4-6}$$

式中，m_0——试件浸水 48h 的质量；

m_p——试件经煮沸或真空抽气饱和后的质量。

2) 岩石的渗透性

岩石的渗透性是指岩石在一定的水力梯度作用下，水穿透岩石的能力，岩石的渗透性间接反映了岩石中裂隙相互贯通的程度，一般用达西定律来描述

$$q_x=AK\frac{\mathrm{d}h}{\mathrm{d}x} \tag{4-7}$$

式中，q_x——沿 x 方向水的流量；

h——水头的高度；

A——垂直于 x 方向的截面面积；

K——岩石沿 x 方向的渗透系数。

4. *岩石的抗风化指标*

岩石的抗风化指标主要有岩石的软化系数、岩石的耐崩解性指数和岩石的膨胀性指标。

1）岩石的软化系数

岩石的软化系数 η 是指岩石饱和单轴抗压强度 R_{cc} 与干燥状态下的单轴抗压强度 R_{cd} 的比值，反映了岩石遇水强度降低的程度，其计算式为

$$\eta=\frac{R_{cc}}{R_{cd}} \tag{4-8}$$

软化系数 $\eta\leqslant1$，该值越小表示岩石受水的影响越大。

2）岩石的耐崩解性指数

岩石的耐崩解性指数 I_d 是通过对岩石试件进行烘干、浸水循环试验所得的指数，反映了岩石在浸水和温度变化的环境下抵抗风化作用的能力。

试验测定方法：将烘干的试块放入一个带有筛孔的圆筒内，使该圆筒在水槽中以20r/min 的速度连续旋转 100min，然后将留在圆筒内的岩块取出再次烘干称重，反复进行两次，可得计算公式为

$$I_{d2}=\frac{m_r}{m_s}\times100\% \tag{4-9}$$

式中，I_{d2}——经两次循环试验所得的耐崩解性指数；

m_r——试验前试块的烘干重量；

m_s——两次循环试验后，残留在圆筒内试块的烘干重量。

3）岩石的膨胀性

含有粘土矿物的岩石，遇水后会发生膨胀的现象。岩石的膨胀性通常以岩石的自由膨胀率、岩石的侧向约束膨胀率、膨胀压力来描述。

(1) 岩石的自由膨胀率是指岩石试件在无任何约束的条件下浸水后所产生的膨胀变形与试件原尺寸的比值，一般可用径向自由膨胀率和轴向自由膨胀率来表示

$$V_H=\frac{\Delta H}{H}\times100\%,\quad V_D=\frac{\Delta D}{D}\times100\% \tag{4-10}$$

式中，ΔH、ΔD——分别为浸水后岩石试件的轴向和径向膨胀变形量；

H、D——分别为岩石试件试验前的高度和直径。

(2) 岩石的侧向约束膨胀率是指具有侧向约束的岩石试件浸水后所得的膨胀率，其计算式如下(使岩石仅产生轴向膨胀变形)

$$V_{HP}=\frac{\Delta H_{HP}}{H}\times100\% \tag{4-11}$$

式中，ΔH_{HP}——侧向约束条件下所测得的轴向膨胀变形量。

(3) 膨胀压力是指将试件浸水后，使试件保持原有体积的最大约束力。

5. *岩石的抗冻性指标*

描述岩石在冻融条件下的力学特性指标是岩石的抗冻性系数 K_f，其计算式为

$$K_f=\frac{R_f}{R_s}\times100\% \tag{4-12}$$

式中，R_f——岩石冻融后的饱和单轴抗压强度；

R_s——岩石冻融前的饱和单轴抗压强度。

4.1.2 岩石的强度特性

岩石的强度是指岩石承载能力的大小，由于荷载作用的不同，通常描述岩石强度特性的指标有岩石的单轴抗压强度、抗拉强度、剪切强度、三轴压缩强度等。

1. *岩石的单轴抗压强度*

岩石的单轴抗压强度是指岩石试件在无侧限条件下受轴向力作用破坏时单位面积上的荷载，即

$$R_c = P/A \tag{4-13}$$

式中，P——在无侧限条件下，轴向的破坏荷载；

A——试件与轴向荷载垂直的截面面积。

单轴抗压试验是在带有上下承压板的试验机上做的，加载条件不同，破坏形态也不相同。岩石的破坏形态主要有圆锥形破坏和柱状劈裂破坏。

(1) 圆锥形破坏，这种破坏形态主要是由于试件两端面与试验机承压板之间的摩擦力增大造成的，由于接触面上摩擦力的存在，使得端面附近出现三角形区域的压应力区，起到了一个箍的作用，中间则由于拉应力的作用自由向外变形破坏。

(2) 柱状劈裂破坏，由于采取了有效方法消除了试件端面与承压板之间的摩擦力，试件呈现出劈裂破坏的特性。

2. *岩石的抗拉强度*

岩石的单轴抗拉强度是指岩石试件仅受轴向拉力作用至破坏时，单位面积所能承受的拉力。岩石试件上的拉伸荷载一般采用专制的夹具施加，夹具的力量难以控制，夹力太大，可能把试件断头夹碎，使试验终止；夹力太小，抓不住试件，夹力无法施加。另外，由于岩石试件内往往存在微裂缝，在加载过程中还可能出现随机破坏面，得不到预期的实验结果。

直接测定岩石抗拉强度的方法是将加工好的岩石试件置于专用夹具中，通过试验机对试件施加拉力至破坏，再按照下式计算岩石的单轴抗拉强度，即

$$R_t = \frac{P}{A} \tag{4-14}$$

式中，R_t——岩石的单轴抗拉强度；

P——试件受拉破坏时的极限拉力；

A——与所施加拉力相垂直的横截面面积。

3. *岩石的抗剪强度*

岩石的抗剪强度常用莫尔-库仑公式表示

$$\tau = \sigma\tan\varphi + c \tag{4-15}$$

式中，σ——作用面上的正应力；

φ——岩石的内摩擦角；

c——岩石的粘聚力。

4. 岩石的三向压缩强度

实际工程中的岩体大都处于三向应力作用下，因此研究岩体在三向应力作用下的强度、变形特性更有实际意义。假二轴试验是指两个水平方向的围压值相同，假三轴试验机结构简单、花费少，是目前比较常用的试验方法。

岩石在三向压缩状态下的破坏形态与围压的大小有很大关系，而且呈现出明显不同于单向压缩状态下的破坏形式。

(1) 在低围压的情况下，主要表现为劈裂破坏，这时围压的作用并未表现出来。

(2) 在中等围压的作用下主要表现为斜面剪切破坏，破坏面与最大主应力的夹角约为$45°+\varphi/2$。

(3) 在高围压的作用下，试件会表现出塑性流动破坏的性质，并不出现宏观上的破裂面而成腰鼓形。

围压的作用使试件的强度提高，随着围压的增大试件的破坏类型也由脆性破坏向塑性流动过渡。

4.2 岩石坚固性分级

4.2.1 岩石坚固性概述

1. M·M·普洛托奇雅可诺夫观点

普洛托奇雅可诺夫认为，岩石坚固性是一种抵抗外力的性能，反映各种采掘作业的难易程度，即在凿岩、爆破工作时，或用某种工具(像镐、铲之类)直接进行挖掘时的难易程度。假如一种岩石在某一方面(如凿岩)的坚固性和另一种岩石的坚固性的比值是$f_1:f_2$，那么在其他方面 (如爆破)坚固性也将有相同的比值；一种岩石在凿岩时比另外一种坚固若干倍，那么它在爆破、回转钻眼等情况下也都坚固同样的倍数，岩石在所有这些方面都具有一个比例系数。坚固性系数就是岩石间相对坚固性在数量上的表现，岩石坚固性在各方面的表现趋于一致。

2. A·Φ·苏哈诺夫的观点

苏哈诺夫认为，开采矿床时确定岩石坚固性，是用它来正确地决定劳动生产率、制定定额和选用机械。因此，一切抽象地进行岩石分级的方法都没有发展采矿业的实际意义。岩石相对坚固性表征着该岩石在分级中所占的地位，这种分级与生产过程中破碎岩石相联系的各种有效性相关。所有的有效性分为下列指标：①破碎进行的速度；②生产效率；③能量和材料的消耗；④马达的载荷；⑤工具的损坏和磨损。

岩石的坚固性与破碎方法相关，并随着后者的改变而改变。在决定岩石坚固性时，为了取得最现实的结果，必须建立在这样一种基础上，就是测定岩石中所引起的抵抗力，要和生产过程中破碎岩石的方法所引起的作用效果相同。在选择岩石坚固性测定方法的时候，必须注意到这一岩石的采掘方法。对有多种采掘方法的岩石，坚固性应当是不同的，决定岩石坚固性的基础是在每一特定情况下实际应用的具体采掘方法。

苏哈诺夫得到如下结论：生产过程自身充当决定岩石坚固性的方法；决定岩石坚固性的基础应当是用现实的具体采掘方法；必须沿着具体的途径去决定岩石的坚固性，也就是建立相应的等级，如凿岩性等级、爆破性等级等；岩石坚固性系数应当是有数量级的，它表征着在特定的工作条件下岩石的可采性。

3. П·И·巴隆的观点

巴隆认为，必须将岩石抵抗破碎的评定按其任务区分成几类。可以初步设想区分成以下3类。

(1) 抵抗破碎能力的总评定，或岩石在各种生产过程中的坚固性。这种评定对一般机械化方向的选择、工艺方案的确定、矿山设计中许多问题的解决、全盘规范的拟定、每班工作量的计算等方面都是需要的。上述目的所需要的正是总的评定。

(2) 每种破碎工序较准确的评定，这种评定对于各种采掘机械是必要的，确定最优工作规范和合理适用范围，以及制定技术定额，都需要有这种评定。

(3) 科学研究工作个别任务的评定，它是和研究破碎岩石理论问题及给出新的计算方法相联系着的。

巴隆认为，只能以综合性指标为基础，利用开采工艺特定的岩石坚固性系数，才能给出实际工程计算所能接受的精度要求。在确定综合性质的指标时，得出的结果要符合统计上可靠性的要求。欲增加岩石开采工艺的工程计算精度，不能只是像平常所做的那样，只给出相应的平均指标，并且一定还要有这些指标的统计分布情况。自然，这种条件下要利用计算机来进行计算，这正是实际系统工程分析时，所必须采用的方法。对于岩石这样一种不均质又多变化的介质，在采取工程计算时，给出材料性质的统计分布情况，将意味着把采矿科学的重要领域提高到崭新的、更高的水平。

在一般情况下，问题的实质是寻求一种准确的预估方法，能够在使用某种工具，在不同工作条件下，破碎各种岩石时确定所受的力和能耗指标。如果每种岩石按所研究的破碎方法，在计算公式中代入某些普遍的(综合的)抗力的特征量的数值，所得到的结果又和实际相符合，那么任务就算完成了。这样一来，问题的症结就在于寻求某种始终不变的比例关系，也即岩石按给定破碎方法下的抗力特征量数值，代入比例关系式时，对于各种岩石来说，是个不变量。这样的一种比例关系，考虑到自然界的统计规律，岩石破碎抗力指标显然具有相关性质，这就是相关比不变性原则的实质。为了实现这一原则，显然要研究作为破碎对象的岩石性质，必须把岩石性质的研究和破碎过程的研究结合起来，把研究岩石的抗力特征和这种破碎过程在科学方法意义下的指标结合起来，即作为一个综合体来研究。

4.2.2 岩石坚固性分级概述

1. 抗压强度法

将岩石切成 $5\times5\times5cm^3$ 的立方体，用材料试验机测定其抗压强度，利用抗压强度计算岩石的坚固性系数，普洛托奇雅可诺夫的计算方法如下

$$f=R_C/10^7 \tag{4-16}$$

式中，f——岩石坚固性系数，又称普氏系数；

R_C——岩石的单轴抗压强度，Pa。

根据Π·И·巴隆的研究，按式(4-16)确定的坚固性系数，对软岩偏低，对硬岩偏高，他提出的修正公式如下

$$f=R_C/(3\times10^7)+[R_C/(3\times10^6)]^{0.5} \quad (4-17)$$

2. 捣碎法

捣碎法是给岩石碎块施加一定的夯捣冲击功，用产生的粉末量计算岩石的坚固性系数 f，其计算公式如下

$$f=20n/l \quad (4-18)$$

式中，n——重锤投掷次数；

l——量筒内 0.5mm 以下岩石粉末高度，mm。

1) 不规则试块法

鉴于制作标准试块相当困难，因此，人们研究了一种利用不规则试块的抗压裂强度计算岩石坚固性系数 f 的方法；取其体积约为 100cm^3 略呈球形的岩块放在材料试验机的两平板支座间，施加压力直到岩石块开裂为止，则压裂强度 R_r 为

$$R_r=P/V^{2/3} \quad (4-19)$$

式中，R_r——不规则试件的压裂强度，Pa；

P——试件减压坏时的载荷，N；

V——试件的体积，m^3。

岩石的坚固性系数为

$$f=R_r/(19\times10^5) \quad (4-20)$$

2) 综合平均方法

规则试件的抗压强度代表岩石发生剪切破坏时的承载能力，而不规则试件的压裂强度代表岩石发生拉伸破坏时的承载能力。因此，为能够较精确地反映岩石的坚固性，可按抗压强度法和不规则试块法分别计算岩石坚固性系数，然后取其平均值，即

$$f=R_C/(6\times10^7)+[R_C/(12\times10^6)]^{0.5}+R_r/(19\times10^5) \quad (4-21)$$

普洛托奇雅可诺夫岩石坚固性分级表见表 4-2。

表 4-2 普洛托奇雅可诺夫岩石坚固性分级表

等级	坚固性程度	岩石	f
Ⅰ	最坚固	最坚固、致密和有韧性的石英岩和玄武岩，其他各种特别坚固的岩石	20
Ⅱ	很坚固	很坚固的花岗质岩石，石英斑岩，很坚固的花岗岩，矽质片岩，比上一级较不坚固的石英岩，最坚固的砂岩和石灰岩	15
Ⅲ	坚固	花岗岩(致密的)和花岗片岩石，很坚固的砂岩和石灰岩，石英质矿脉，坚固的砾岩，极坚固的铁矿	10
Ⅲa	坚固	石灰岩(坚固的)，不坚固的花岗岩，坚固的砂岩，坚固的大理石岩和白云岩、黄铁矿	8

（续）

等级	坚固性程度	岩石	f
Ⅳ	较坚固	一般的砂岩、铁矿	6
Ⅳa	较坚固	砂质页岩，页岩质砂岩	5
Ⅴ	中等	坚固的粘土质岩石，不坚固的砂岩和石灰岩	4
Ⅴa	中等	各种不坚固的页岩，致密的泥灰岩	3
Ⅵ	较软弱	较软弱的页岩，很软弱的石灰岩，白垩，岩盐，石膏，冻土，无烟煤，普通泥灰岩，破碎的砂岩，胶结砾石，石质土壤	2
Ⅵa	较软弱	碎石质土壤、破碎的页岩、凝结成块的砾石和碎石、坚固的煤、硬化的粘土	1.5
Ⅶ	软弱	粘土(致密的)、软弱的烟煤，坚固的冲积层、粘土质土壤	1.0
Ⅶa	软弱	轻砂质粘土、黄土、砾石	0.8
Ⅷ	土质岩石	腐殖土、泥煤、轻砂质土壤、湿砂	0.6
Ⅸ	松散性岩石	砂、山麓堆积、细砾石、松土、采下的煤	0.5
Ⅹ	流沙性岩石	流沙、沼泽土壤、含水黄土及其他含水土壤	0.3

小知识

岩石坚硬程度定量指标用岩石单轴饱和抗压强度表示，一般采用实测值，若无实测值，可采用实测的岩石点荷载强度指数和换算值。

4.2.3 煤系地层岩石坚固性概况

煤系地层的岩石主要是沉积岩，局部有岩浆岩侵入；煤层的顶底板岩石主要有粘土岩(泥岩)、石灰质页岩、砂质页岩 、砂岩、石灰岩，有时可见砾岩，如图 4-2 所示。

(1) 老顶：位于直接顶上方一定距离内的厚而硬的的岩层，有时也可以直接位于煤层之上，常由砂岩、石灰岩和砂砾岩组成。

(2) 直接顶：位于伪顶上的一层或层岩层，常由页岩、砂质页岩组成。

(3) 伪顶：位于煤层之上，厚度不大，常为碳质页岩。

(4) 煤层。

(5) 直接底：直接位于煤层下面的岩层，常见为各种页岩或泥岩。

(6) 老底：直接底之下，较坚硬岩层，常为砂岩、石灰岩等。

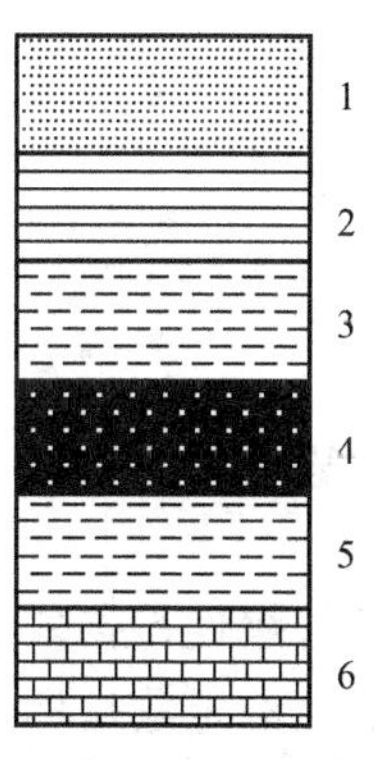

图 4-2 煤系地层柱状图

1—老顶；2—直接顶；3—伪顶；4—煤层；5—直接底；6—老底

我国若干煤田顶底板岩石强度特征见表 4-3。

表 4－3　我国若干煤田顶底板岩石的坚固性

岩石类型		抗压强度/MPa	抗拉强度/MPa	抗剪强度/MPa	坚固性系数 f
砂岩类	细砂岩	106～146	5.6～18	17.8～54.5	10～15
	中粒砂岩	87.5～136	6.1～14.3	13.6～37.2	9～14
	粗砂岩	58～126	5.5～11.9	12.6～31.0	6～12
	粉砂岩	37～56	1.4～2.5	7～11.7	4～6
砾岩类	砂砾岩	71～124	2.9～9.9	7.2～29.1	7～12
	砾岩	82～96	4.1～12	6.7～26.9	8～10
页岩类	砂质页岩	40～92	4～12.1	21～30.5	4～9
	页岩	19～40	2.8～5.5	19～23.8	2～4
灰岩类	石灰岩	51～161	7.9～14.1	19～23.8	5～16

在煤系地层中，某些岩石中含有大量的蒙脱石、伊利石和高岭石等成分，以泥岩、凝灰岩、粘土岩、页岩等为常见，掘进时遇风，见水或爆破震动后即膨胀、泥化和松动，在地应力影响下，给巷道以很大压力，使巷道变形、支护开裂甚至垮落。

在煤系地层中，同一种岩石，在不同矿区，岩石的坚固性相差很大，有些矿区比较松软，而有些矿区比较坚硬。

小知识

岩石分级的综合评判方法宜采用两步分级，并按以下顺序进行。

(1) 根据岩石的坚硬程度和岩体完整程度两个基本要素的定性特征和定量的岩体基本质量指标BQ，综合进行初步分级。

(2) 对岩石进行详细定级时，应在岩体基本质量分级基础上考虑修正因素的影响，修正岩体基本质量指标值。

(3) 按修正后的岩体基本质量指标(BQ)，结合岩体的定性特征综合评判、确定围岩的详细分级。

4.3 岩石可爆性分级

4.3.1 岩石可爆性分级概述

岩石可爆性是指岩石对爆破作用的抵抗或爆破岩石的难易性。岩石可爆性分级是根据岩石可爆性的定量指标，将岩石划分为爆破性难易的等级。它是制定爆破定额、选择爆破参数、进行爆破设计的重要依据，并为建立统一的爆破工程优化计算体系提供基础资料。岩石可爆性分级也是矿山企业管理的科学依据之一。

岩石可爆性分级与其他岩石分级一样，选择、确定分级的判据和指标是对岩石做出科学分级的关键。国内外研究者已经做了大量工作，根据岩石爆破性的主要影响因素，提出了许多不同的判据和指标以及分级方法。其中主要判据包括岩石强度、单位炸药消耗量、工程地质参数、岩石的弹性波速度、岩石波阻抗、爆破岩石质点位移、临界速度、爆破功指数、岩石弹性变形能系数等。但是，由于炸药爆炸瞬间产生巨大的能量，以及岩石结构的复杂性，加之测试手段尚未完善等，因此，一个完整的岩石分级体系以及体系的生产应用和实施，还有待进一步的研究。目前，还没有一种公认的岩石爆破性分级方法，煤矿设计和生产中仍沿用普氏分级法。

4.3.2 可爆性单因素分级

1. A·H·哈努卡耶夫按波阻抗分级

岩石的波阻抗是纵波速度和岩石密度的乘积。它意味着爆破时岩石质点产生的单位运动速度，岩石中所能衍生应力的大小。前苏联的A·H·哈努卡耶夫研究了岩石的波阻抗作为爆破性分级依据，是研究岩石爆破性的一大进展，因为这种指标是在现场岩体中测定的，并且测试仪器和测试方法比较简单。大量实验研究表明，岩体的波阻抗不仅与岩石的物理力学性质有关，而且还取决于岩石的裂隙构造特征。表4-4列出了按波阻抗岩石的可爆性分级指标。

表4-4 哈努卡耶夫的岩石可爆性分级

裂隙等级	裂隙程度	天然裂隙平均间距/m	岩体成块形程度	A/V	普氏坚固性系数f	容重/(kN/m^3)	波阻抗/(Mkg/m^2s)	岩体内诸结构体块度含量/%			炸药单耗(kg/m^3)	岩石可爆性
								+300	+700	+1000		
Ⅰ	极度裂隙	<0.1	碎块	33	<8	<25	<5	<10	0	0	<0.35	易爆岩石
Ⅱ	强烈裂隙	0.1~0.5	中块	33~9	8~12	25~26	5~8	10~70	0~30	0~5	0.35~0.45	中等可爆岩石
Ⅲ	中等裂隙	0.5~1.0	大块	9~6	12~16	26~27	8~12	70~90	30~70	5~40	0.45~0.65	难爆岩石
Ⅳ	轻微裂隙	1.0~1.5	很大块	6~2	16~18	27~30	12~15	100	70~90	40~70	0.65~0.90	很难爆岩石
Ⅴ	极少裂隙	>1.5	特别大块	2	≥18	≥30	>15	—	—	70~100	≥0.90	特难爆岩石

注：①A/V为$1m^3$岩石中自然裂隙的面积；②f为普氏坚固性系数。

2. B·K·鲁勃佐夫估计爆破块度的分级

露天爆破对爆破岩石块度有一定的要求，不同的炸药单耗会产生不同的大块率。鲁勃佐夫规定标准爆破条件如下：炮孔直径不大于0.02倍台阶高度，单排齐发爆破孔不少于5个，超深不大于0.15倍底盘抵抗线，炮孔临近系数为1，采用6号防水硝铵炸药，连续装药，填塞系数0.5，瞬时起爆。爆破块度大于500mm而未被破碎的岩石作为大块标准。为消灭大块，必须按比例增加炸药单耗，因此炸药单耗可用式(4-22)表示

$$q_0 = q_H V/(V - V_H) \tag{4-22}$$

式中，q_0——设想爆破后没有大块的炸药单耗，它可作为岩石可爆性分级指标，kg/m^3；

q_H——上述标准条件下的炸药单耗，kg/m³；

V——岩体中结构体块度大于500mm的相对含量，%；

V_H——标准条件下炸药单耗为q_H时，产生块度大于500mm的相对含量，%。

按炸药单耗q_0值，鲁勃佐夫将岩石分成5级，见表4-5。这种分级的特点是估计到了岩体中结构的块度和爆破块度。

表4-5　鲁勃佐夫岩石可爆性分级

级别	可爆性	q_0 /(kg/m³)	典型岩石	裂隙等级	普氏坚固系数f	岩石容重/(kN/m³)
Ⅰ	易爆	<0.35	花岗闪长斑岩	Ⅰ	5～8	24.5～25.5
Ⅱ	中等	0.35～0.6	变异的二长闪长岩	Ⅱ—Ⅲ	3～6	24.5～25.5
Ⅲ	难爆	0.6～0.9	花岗岩	Ⅲ—Ⅳ	10	26.5
Ⅳ	难爆	0.6～0.9	石灰岩	Ⅲ—Ⅳ	6～7	25.5
Ⅴ	很难爆	0.9～1.2	铁矿岩	Ⅳ	10～12	34.3
Ⅵ	特难爆	>1.2	角闪岩	Ⅴ	10～12	31.4
Ⅶ	特难爆	>1.2	次生石英岩	Ⅴ	6～8	27.4～31.4

3. B·B·里热夫斯基按标准炸药消耗量q分级

前苏联科学院院士里热夫斯基建议岩石的可爆性用标准炸药消耗量q来确定，而q与裂隙密切相关，裂隙性可用下列系数计算

$$K_1=1.2d+0.2 \tag{4-23}$$

式中，d——表示裂块的平均尺寸，m。

按下列关系式确定岩石爆破破碎的相对难度：

$$K=0.1K_1(R_c+R_t+R_s)+40\rho \tag{4-24}$$

式中，R_c——岩石的抗压强度；

R_t——岩石的抗拉强度；

R_s——岩石的抗剪强度；

ρ——岩石的密度。

表4-6列出了里热夫斯基的岩石可爆性分级，表中的标准炸药单耗，是指在1m³的岩块中心，装6号防水硝铵炸药，进行模拟爆破所得数值。

表4-6　里热夫斯基岩石可爆性分级

岩石可爆性等级	标准炸药单耗/(kg/m³)	岩石可爆性
Ⅰ	0.2	易爆岩石
Ⅱ	0.21～0.4	中等岩石
Ⅲ	0.41～0.6	难爆岩石
Ⅳ	0.61～0.8	很难爆岩石
Ⅴ	0.81～1.0	极难爆岩石

4. C·W·利文斯顿最优爆破漏斗指标

美国C·W·利文斯顿研究松动爆破漏斗规律时，制订了一种通过爆破漏斗实验确定岩石可爆性的方法。利文斯顿采用最小抵抗线和炸药量的立方根成正比的关系。当自由面刚产生破碎的临界状态时，用 E_b 表示其比例系数

$$W_c = E_b \sqrt[3]{Q} \tag{4-25}$$

式中，W_c——临界最小抵抗线，即自由面产生破碎时的药包最大埋藏深度，m；

Q——炸药量，kg；

E_b——比例系数。

E_b的大小取决于岩石的爆破性，它和岩石的变形耗能有关。岩石临界破碎时，炸药的爆炸能量大部分转化成岩石的变形能，当变形超过某一限度，岩石开始破碎。

爆破漏斗体积 V 和炸药量 Q 的比值为 V/Q，即单位炸药量爆破岩石的体积，它是最小抵抗 W 的函数，使得 V/Q 最大的最小抵抗称为最优抵抗

$$W_0 = \Delta_0 W_c = \Delta E_b \sqrt[3]{Q} \tag{4-26}$$

式中，W_0——最优抵抗，m，

Δ_0——最优埋值系数，$\Delta_0=(W/W_c)_0$，即 V/Q 最大时的 W/W_c。

表4-7列出了利文斯顿爆破漏斗指标。

表4-7 利文斯顿爆破漏斗指标

岩石名称	E_b	Δ_0	炸药名称
硬砂岩	1.58	0.54	硝化甘油
磁铁矿	1.72	0.45	硝化甘油
冻结的铁矿层	1.13	0.83	铵油炸药
冻土	0.77	0.93	铵油炸药
黄铁铅锌矿	1.98	0.42	乳化炸药

4.3.3 可爆性多因素分级

1. B·H·库图佐夫综合可爆性分级

这种分级方法综合了炸药单耗、岩石坚固性和岩体裂隙等多方面因素，以炸药单耗为主。炸药单耗的标准条件是：台阶高度10～15m，炮孔直径243mm，铵梯炸药，爆热4190kJ/kg。大量统计资料表明，炸药单耗的离差(均方差)和炸药单耗的2/3次方成正比

$$\sigma = 0.117q^{2/3} \tag{4-27}$$

式中，σ——炸药单耗统计值的离差，kg/m³；

q——炸药单耗，kg/m³。

在制定分级范围时，由式(4-28)和式(4-29)给出

$$q_u = q + 0.117q^{2/3} \tag{4-28}$$

$$q_d = q - 0.117q^{2/3} \tag{4-29}$$

式中，q_u、q_d——某一级的炸药单耗上下限，kg/m³；

q——这一级的炸药单耗分布中心，即平均值，kg/m³。

库图佐夫的综合岩石可爆性分级见表4-8。

表4-8 库图佐夫的综合岩石可爆性分级

爆破性分级	炸药单耗/(kg/m³)		岩体自然平均间隙/m	岩体中各种结构体含量/%		抗压强度/MPa	岩石容重/(kN/m³)	普氏分级和普氏系数
	范围	平均		+500mm	+1500mm			
Ⅰ	0.12～0.18	0.15	<0.10	0～2	0	10～30	14～18	Ⅶ～Ⅵ (1～2)
Ⅱ	0.18～0.27	0.225	0.10～0.25	2～16	0	20～45	17.5～23.5	Ⅵ～Ⅴ (2～4)
Ⅲ	0.27～0.38	0.320	0.20～0.50	10～52	0～1	30～65	22.5～25.5	Ⅴ～Ⅳ (4～6)
Ⅳ	0.38～0.52	0.450	0.45～0.75	45～80	0～4	50～90	25～28	Ⅳ～Ⅲ (6～8)
Ⅴ	0.52～0.68	0.600	0.70～1.00	75～98	2～15	70～120	27.5～29	Ⅲa～Ⅲ (8～10)
Ⅵ	0.68～0.88	0.780	0.95～1.25	96～100	10～30	11～16	28.5～30	Ⅲ～Ⅱ (10～15)
Ⅶ	0.88～1.10	0.990	1.20～1.50	100	25～47	14.5～20.5	29.5～32	Ⅱ～Ⅰ (15～20)
Ⅷ	1.10～1.37	1.235	1.45～1.70	100	43～63	19.5～25	31.5～34	Ⅰ(20)
Ⅸ	1.37～1.68	1.525	1.65～1.90	100	58～78	23.5～30	33.5～36	Ⅰ(20)
Ⅹ	1.68～2.03	1.855	≥1.85	100	75～100	≥28.5	≥35.5	Ⅰ(20)

2. 钮强等人的岩石可爆性综合分级

该分级方法主要考虑了爆破漏斗体积、爆破块度分布状况及岩石波阻抗和岩石可爆性的关系。标准条件如下：在测定分级矿山爆破现场直接选择有代表性的岩石地段，在比较完整的具有一个自由面的岩体上，垂直钻孔，炮孔直径45mm，孔深1m，孔间距2m；采用2号岩石硝铵炸药，每孔装药量0.45kg，连续装药，炮泥填塞，1支8号雷管起爆。测试方法：装药前用声波仪测定岩体弹性纵波速度。装药爆破后测定爆堆岩石的大块率(大于300mm为大块)、小块率(小于50mm为小块)、平均合格率(50～100mm，100～200mm和200～300mm的块度累计平均值)，并测定和核算爆破漏斗的体积．

经过对我国63种岩石的爆破试验，应用数理统计方法对矿山实际试验所得数据的爆破漏斗体积(V，m³)，爆破漏斗体岩石大块率(K_g，%)，小块率(K_s，%)，平均合格率(K_e，%)，岩体被阻抗($\rho c_p \times 10^6$，kg/m² · s)与岩石可爆性指数N之间的关系进行多元化回归分析，计算结果如下

$$N=\ln\left[\frac{\exp(67.22)\cdot K_g^{7.42}\cdot 1.01(\rho c_p)^{2.09}}{\exp(38.44V)\cdot K_s^{4.75}\cdot K_e^{1.89}}\right] \tag{4-30}$$

于是，按照岩石爆破性指数 N 值大小，将岩石爆破性分为5级，每级又分为两个亚级，具体分级结果见表4-9。

表4-9 钮强等人的岩石可爆性分级

爆破等级		爆破性指数 N	可爆性	代表性岩石
Ⅰ	I_1 I_2	<29 29.001～38.000	极易爆	千枚岩、破碎性砂岩、泥质板岩、破碎性白云岩
Ⅱ	$Ⅱ_1$ $Ⅱ_2$	38.001～46.000 46.001～53.000	易爆	角砾岩、泥沙岩、米黄色白云岩
Ⅲ	$Ⅲ_1$ $Ⅲ_2$	53.001～60.000 60.001～68.000	中等	阳起石石英岩、黄斑岩、大理岩、灰白色白云岩
Ⅳ	$Ⅳ_1$ $Ⅳ_2$	68.001～74.000 74.001～81.000	难爆	磁性石英岩、角闪斜长片麻岩
Ⅴ	$Ⅴ_1$ $Ⅴ_2$	81.001～86.000 >86	极难爆	矽卡岩、花岗岩、矿体浅色砂岩

3. 岩体可爆性分级的灰色系统理论简介

1）分级指标的选取

影响岩石可爆性的因素很多，以任何一个单因素进行分级都很难达到全面、合理的工程要求。将岩石的坚固性系数 f、岩石的波阻抗、炸药单耗和岩体平均裂隙间距作为岩石可爆性的评判指标，见表4-10。

表4-10 岩石可爆性的评判指标

典型类别 K	普氏系数 f	波阻抗 /(10^6·kg/m²s)	单耗 /(kg/m³)	平均裂隙距 /m	可爆性
1	≤8	≤5	≤0.35	≤0.1	易爆
2	8～12	5～8	0.35～0.45	0.1～0.5	中等
3	12～16	8～12	0.45～0.65	0.5～1.0	难爆
4	16～18	12～15	0.65～0.9	1.0～1.5	很难爆
5	≥18	≥15	≥0.9	≥1.5	极难爆

2）岩石可爆性的灰色聚类分级

设记 k=1、2、3、4、5为典型类别，i=Ⅰ、Ⅱ、Ⅲ、Ⅳ为聚类元素，j=1#、2#、3#、4#为聚类指标。灰色聚类分级法就是区分聚类元素在聚类指标下的所属类别。

首先根据对岩石可爆性分级的研究成果和习惯，把岩石按可爆性难易程度分为典型的5类，即易爆、中等、难爆、很难爆和极难爆；并按灰色系统理论将其视为典型类别 k，k{1，2，3，4，5}。把影响岩石可爆性的因素归纳为4个指标视为聚类指标 j，j{1#，2#，3#，4#}；并把要评判的岩体视为聚类元素 i，i{Ⅰ，Ⅱ，Ⅲ，Ⅳ}。

聚类分析具体步骤如下。

(1) 规定功效函数 $y_{kj}(x)$，即将聚类指标 j 按“功能效益”对典型类别 k 规定效果的白化函数。

(2) 求标准权 η_{kj}。

$$\eta_{kj} = \lambda_{kj(2)} \Big/ \sum_{j=1^{\#}}^{4^{\#}} \lambda_{kj(2)} \tag{4-31}$$

式中，$\lambda_{kj(2)}$——X 对应于 $y_{kj(2)}$ 上的某个特定值。

(3) 确定实际权。

$$\sigma_{ik} = \sum_{j=1^{\#}}^{4^{\#}} y_{kj}(x_{ij}) \cdot \eta_{kj} \tag{4-32}$$

式中，σ_{ik}——聚类系数；

σ_i——聚类向量。

(4) 岩石可爆性级别的划分。

求聚类向量 σ_i 中最大元素 $\sigma_{jk}^{\#}$

$$\sigma_{jk}^{\#} = \max\{\sigma_i\} \tag{4-33}$$

这样，聚类元素即该岩石应属于的级别。

除此之外，在进行岩石可爆性分级时，还可以采用人工神经网络方法和模糊综合评判方法。

4.4 钻眼方法与破岩机理

4.4.1 钻眼方法分类

钻眼是采矿、巷道和隧道掘进等岩土工程施工作业中的一个基本工序，是利用一定的机械工具对岩石进行局部破碎，然后清除掉被破碎的岩屑，使新的岩面暴露出来，以便不断地破碎岩石，并在岩石中形成一定直径和深度的圆柱状孔洞，即炮眼。钻凿出来的炮眼主要用于装填炸药，以便爆破破碎岩石。钻凿眼孔还有其他用途，如进行地质勘探、煤矿井下探水、煤层释放瓦斯、巷道安装锚杆、锚索等项工作。

按破岩方法，可将钻眼方法分为物理方法、化学方法和物理化学方法三大类。采用不改变岩石组成和其性质的破岩方法进行钻眼称为物理方法。物理方法又分为机械方法、热力方法和电物理方法 3 种类型。机械方法即利用机械力的作用，在岩石内产生应力使之破碎的方法。目前工业应用的破岩方法主要是普通机械方法，其他钻眼方法尽管很多，但大多数还处于试验阶段，很少能在工业实际中应用。

1. 普通机械方法

采用普通机械方法破碎岩石，按工具在钻孔底破碎岩石的机理不同，又可分为冲击、切削、滚压和磨削 4 种类型。

(1) 冲击式凿岩是机械垂直于岩石表面施加作用力，其钻头也是垂直于表面向岩石内运动，并在岩石表面下形成一个破碎漏斗坑。

(2) 切削式凿岩是机械在施加一个扭转力的同时，还向钻头施加一个固定的轴向力，钻头平行于岩石表面运动，从而破碎其前方的岩石。

(3) 滚压式凿岩是机械同时对钻头施加旋转力和冲击力，使钻头与岩石表面呈一定角度的方式向岩石内运动，从而破碎其斜下方的岩石。

(4) 磨削式凿岩一般采用金刚石钻头在轴向力和扭转力的共同作用下，在岩石表面磨削，并在岩石内形成圆环状孔洞，这种破岩方式常用于取岩芯钻。

上述4种破岩方式如图4-3所示。

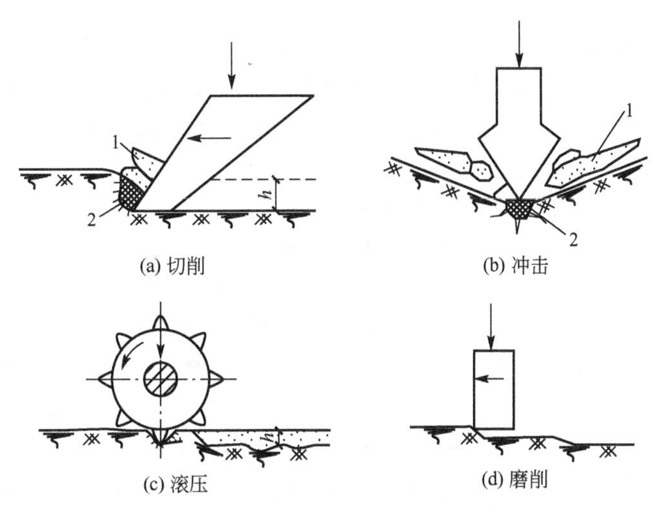

(a) 切削　(b) 冲击　(c) 滚压　(d) 磨削

图4-3　4种机械破碎岩石方法

1—崩碎体；2—密实核

2. 特殊机械方法

除了上述4种普通机械钻眼方法外，国内和国外已经制造和试验了许多新型特殊的机械钻机，如磨蚀钻机、高压水射流侵蚀钻机、挤压爆破钻机，超声波钻机等。这类钻机的钻具均能产生极高的集中应力使岩石发生破坏。在硬岩中，其钻速相对比普通机械钻机快，但这类钻机能耗高，输出功率低，限制了它们的应用。但这类钻机的破岩方式和设计理念为新型钻机的研制提供了思路。例如，高压水射流配合全断面钻机的方法可大大提高钻机在硬岩的钻进效率。

3. 热力方法

热力钻机是将岩石表面加热到数百到上千度高温，在岩石中产生热应力，进而引起岩石表面“剥落”的方法进行破岩。如火钻、强力火钻、高频电流钻机、电感应钻机等。许多岩石不具备剥落性，限制了这类钻机的应用。火钻主要应用于热传导性好的金属矿物类硬岩。这类钻机需要有很高的能耗和输出功率。(火钻主要利用氧气和柴油燃烧产生高温，因此这种钻机也属于物理化学方法。)

还有一种熔融气化钻机，(这类钻机也属于电物理方法)这类钻机产生的温度更高，可将岩石熔融气化，以达到钻孔的目的。如熔融钻机、电弧钻机、等离子钻机、激光钻机等。这类钻机的能耗极高，但钻速并不高，因此，也限制了应用。

4. 化学方法

化学方法钻机主要使用剧烈反应的化学药剂溶解岩石，以达到破岩钻孔的目的。常用的药剂主要为化学反应活泼的氟化物，这类钻机利用高压气体将氟化物吹向岩石，使岩石腐蚀、溶解，从而形成钻孔。由于在钻孔过程中控制、运输、安放大量反应活泼的化学药剂有很多困难，因此，这类钻机应用范围极为有限。

4.4.2 冲击破岩机理

冲击破岩是应用最广泛一种机械破岩方式，适用于各类中硬和坚硬的岩石。其特点是利用钻具产生的冲击力使岩石发生破碎。冲击过程一般分两步，首先使钻头侵入岩石，然后造成钻头周围岩石的块状崩落。因此，钻头或压头侵入岩石是冲击破碎岩石的一个最基本过程。

压头侵入岩石时，存在下述一些普遍的特征。

(1) 压头侵入岩石时，在压头的前方均要出现一个袋状和球状的核。它是物体在承受巨大的压力作用下，发生局部粉碎或显著变形而形成的，称为密实核。无论什么样的工具、载荷或材料，压头前方均出现密实核现象。如图 4-4 所示。

(2) 压头侵入岩石的另一个普遍特点是侵入深度不随载荷增长而均衡地增加，而是在加载初期，侵入深度按一定比例增加，当达到某一临界值时，发生突然跃进现象。这时，密实核旁侧的岩石出现崩碎，载荷暂时下跌，压头侵入到一个新的深度后，载荷再度上升，侵深和载荷又恢复到某种比例关系，如图 4-5 所示。如此循环不已，载荷—侵深曲线一般呈波浪形。

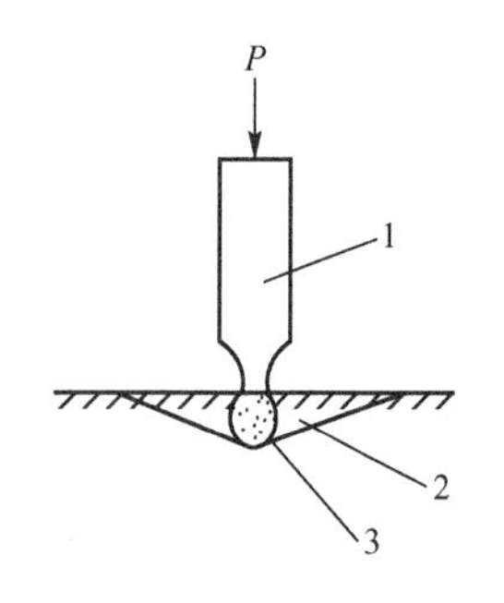

图 4-4 压头下岩石的破碎

1—压头；2—碎裂区；3—密实核

(3) 压头侵入后，形成漏斗坑的破碎角的角度变化不大，即岩石在压头作用下发生跃进式侵入之后，崩碎的岩石坑呈漏斗形状，其漏斗坑的顶角的变化不大，如图 4-6 所示。一般漏斗坑顶角保持为 120°～150°。各类岩石的破碎角见表 4-11。

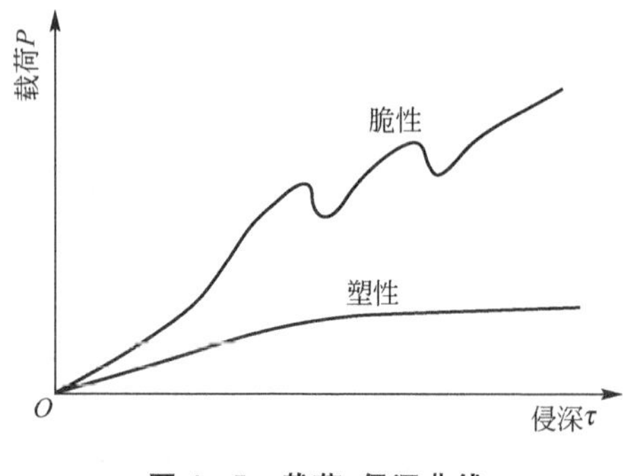

图 4-5 载荷-侵深曲线

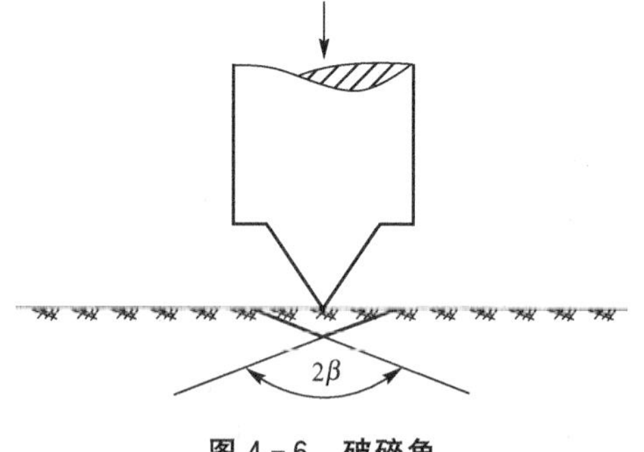

图 4-6 破碎角

表 4-11 一些岩石的自然破碎角

岩石	软粘土页岩	粘土页岩	致密石灰岩	软砂岩	硬砂岩	粗粒大理岩	玄武岩	辉绿岩	细粒花岗岩	硬石英岩
2β	116°	128°	116°	130°	144°	130°	146°	126°	140°	150°

4.4.3 切削破岩机理

切削破岩是主要用于软岩破碎的一种机械破岩方法，其特点是依靠钻具的轴压使钻头的钻刃侵入岩石，然后钻刃通过钻具旋转产生的切削力进行切削破岩。

岩石切削破碎现象相对比较复杂，每次岩石切削破碎过程都要经由小碎块到大碎块，而且切削力的大小与碎块粒度相对应。刀具切削岩石时先挖下的是小碎块，施加的切削力也比较小，而且在小碎块形成的瞬间，切削力要略微下降，随着切削力的增加，破碎下的岩石碎块也相应增大。经过两次或三次的破碎，最后崩裂出大碎块。在大碎块出现的瞬间，切削阻力降到零，如图 4-7 所示。

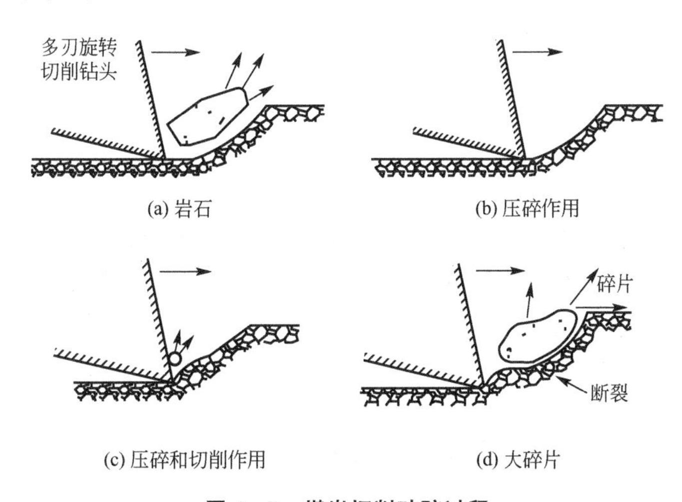

图 4-7 煤岩切削破碎过程

岩石切削破碎属于跃进式破碎，其破碎过程分为几个阶段。

1. 变形阶段

如图 4-8(a)所示。假设切削刃尖是带有一定曲率的球体(不可能做成曲率半径为零的刃尖)，按赫兹理论剪应力分布，在接触点上剪应力为零，离开该点到岩石内一定距离的剪应力达到极值，过此极值，随着离开接触点的增加而下降。最大拉应力发生在接触面边界附近的点。

2. 裂纹发生阶段

如图 4-8(b)所示。当切削力增加，E～F 两点的拉应力超过岩石抗拉强度时，该点岩石被拉开，出现赫兹裂纹；B 点剪应力超过岩石抗剪强度时，该点岩石被错开，出现剪切裂纹源。切削力所做功部分转成表面能。

3. 切削核形成阶段

如图 4－8(c)所示。切削载荷继续增加，剪切裂纹扩展到自由面与赫兹裂纹相交。岩石内已破碎的岩粉被运动的刀体挤压成密实(密度增大)的切削核，并向包围岩粉的岩壁施加压力，其中一部分岩粉以很大的速度从前刃面与岩石的间隙中射流出去。该阶段，切削力所做功除小部分转成变形能和动能外，大部分转成表面能。

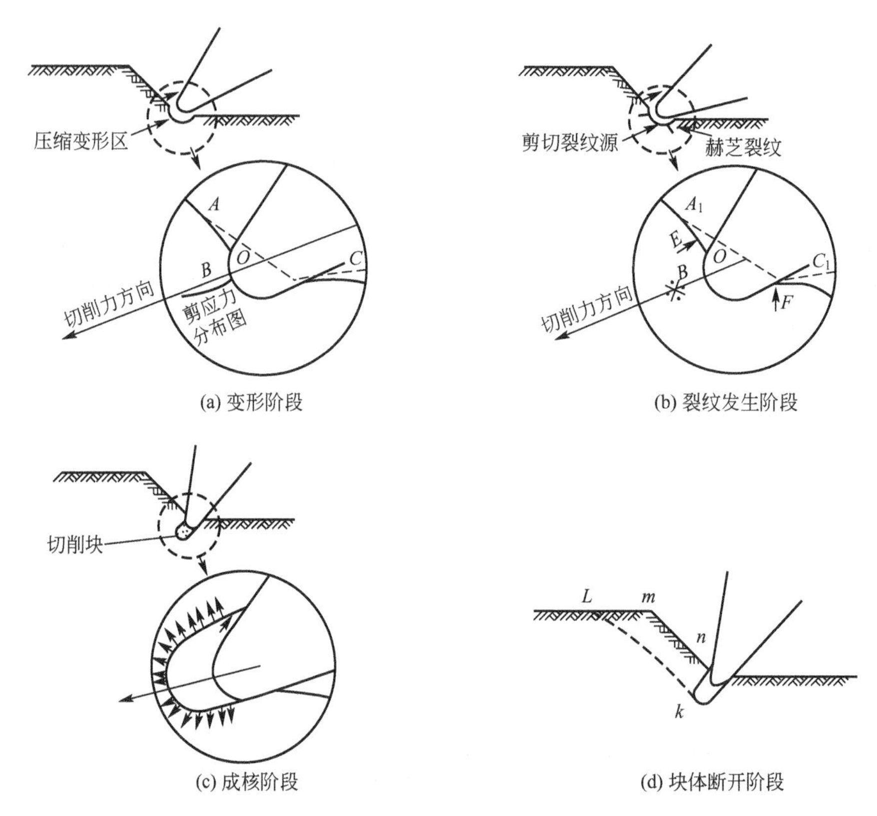

图 4－8　切削破碎过程

4. 块体崩裂阶段

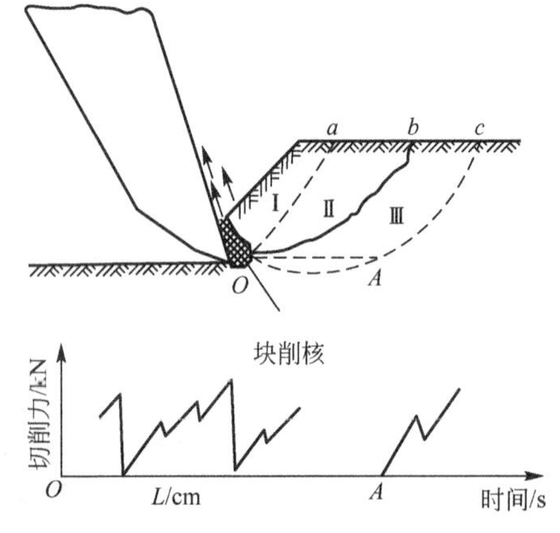

图 4－9　切削岩石块体崩落顺序

如图 4－8(d)所示。载荷继续增加，刀具继续向前运动，在封闭切削核瞬间，压力超过 LK 面的剪力时，发生块体崩裂，刀具突然切入，载荷瞬时下降，完成一次跃进式切削破碎过程。

岩石切削时一般发生多次跃进式切削破碎过程，如图 4－9 所示。在切削刃作用下块体Ⅰ是从刃尖开始按裂隙 Oa 从岩体分离下来，此时切削力并不下降到零值；如果块体Ⅱ是从刃尖开始沿 Ob 线离开岩体，则切削力的起始值为块体Ⅰ的卸载值(见图中的曲线)，块体Ⅱ的卸载值高于起始值；如果块体Ⅲ从岩体分离是按裂纹 Oc 先向岩体内部发展，然后改变方向，向自由面扩展，切削力的卸载值可降为零。刀具还须在空气中(不接触岩石)走过 OA 一段距离，才能开始进行新的切削。一般煤岩切削过程证实了上述 3 种切削崩裂过程，其中常见的是Ⅰ和Ⅱ两种崩裂过程。

4.4.4　滚压破碎岩石机理

滚压破碎岩石是破碎量大、速度快的一种机械破岩方法，其特点是靠工具滚动产生的冲击压碎和剪切碾碎作用以达到破碎岩石的目的，如图 4－10 所示。与其他几种破岩方式(冲击、切削、火钻等)相比，滚压破岩是效率较高、适应性最强的一种破岩方式，极具发展前途。滚压破岩刀具的样式较多，但基本形式为牙轮和盘刀，其他种形式可看成这两种工具的组合和发展。

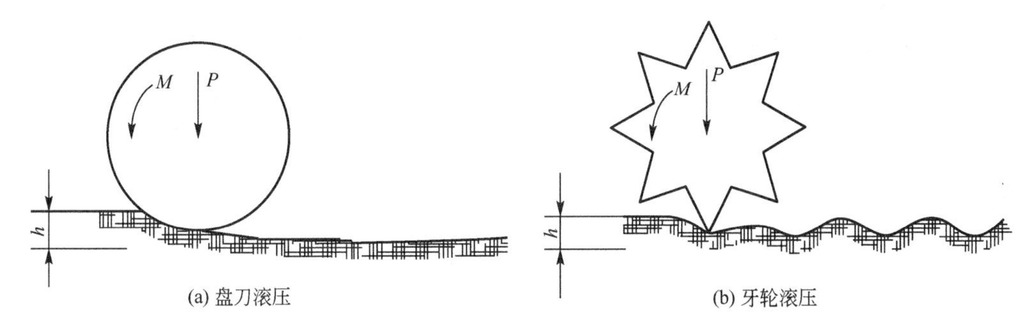

图 4－10　刀具滚压破岩示意图

岩石与钢材不同，它是由各种不同强度矿物组成的，各向异性和不均质性是它的特征，而且大多数中硬和坚硬的岩石是脆性体。滚刀在这类介质滚动时，就像大车在软硬不同的路面行使一样，软的地方压入深，硬的地方压入浅，使刀体做上下往复运动，造成对岩石的冲击。滚压破岩中剪切和碾碎作用源于如下三个方面。

(1) 滚压工具与岩石接触界面上的摩擦力，它对接触面的岩石表面产生碾碎作用。

(2) 滚压工具作圆周运动时的向心力，它对滚压工具内侧岩石产生剪切作用。

(3) 人为地造成滚刀或牙轮的滑动，从摩擦角度而言，滑动是有害的，但对塑性类的岩石，滑动有助于扩大岩石破碎面积，提高破碎效率。这种破碎岩石的过程类似切削(刮刀)，它与切削的区别是在冲击使岩石压碎成许多漏斗的条件下，工具通过滑移而使岩石破碎。

综上所述，滚压破岩既有冲击压碎、又有剪切碾碎作用的复合运动，因此给滚压破岩机理的研究造成极其复杂的困难局面。到目前为止，研究岩石破碎的学者，仅对破碎前的应力状态有明确的观点和论述，而对裂纹的发生、扩展、破碎判据、漏斗的形成等一系列问题还处于研究争论阶段。

4.4.5　金刚石钻头破碎机理

用嵌有细小金刚石的钻头或利用钻粒在岩石上钻孔，是一种较为特殊的破碎岩石方式，此外，与此方式类似的还有利用铁片带着金刚砂切割岩石，或利用磨料琢磨玉石等等。这些破碎岩石方式称为研磨破碎。

1. 单粒金刚石的破岩现象

用单粒金刚石对岩石作研磨试验，其结果是金刚石在轴压作用下达到岩石体积破碎值时，岩石研磨的破碎坑为漏斗形，如图 4－11 所示。其漏斗的开阔程度与岩石脆性相关，岩石越脆，岩石破碎角越大。在同样载荷条件下，岩石越坚固，金刚石出刃侵入岩石的深度越浅。在坚硬岩石中，如花岗岩、安山岩等，金刚石压入岩石的深度很小，一般只有几微米至十几微米，但岩粉的颗粒尺寸可达到几十微米，甚至几百微米，即岩粉尺寸为侵入深度的几倍和几十倍，说明硬岩的破碎角比较大。

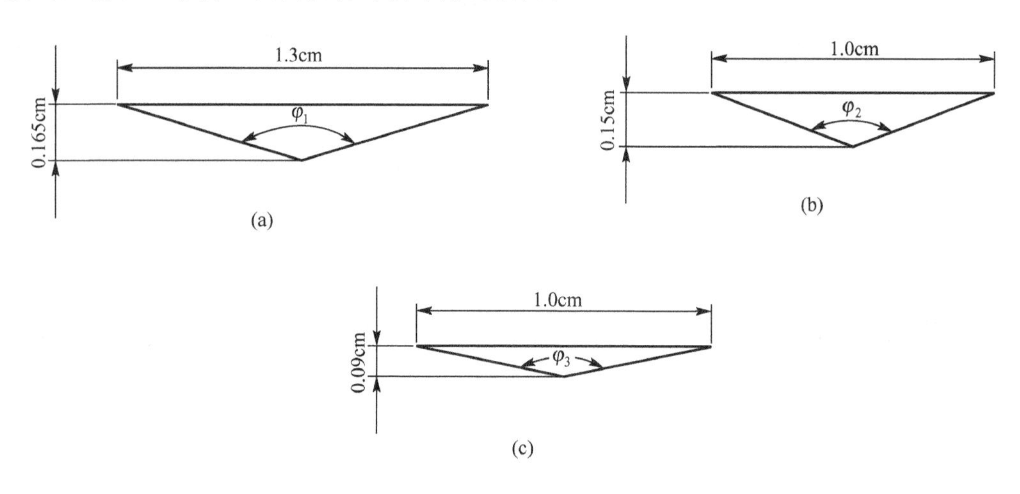

图 4－11　研磨漏斗坑形状

单粒金刚石破碎岩石时，在垂直力(轴向力)和水平力(切向力)联合作用下，岩石内部产生不是单纯的应力，在靠近金刚石移动的后部产生张应力，在张应力区产生的岩粉最多，由于张应力存在，当载荷移动后(卸载)，已破碎的岩屑呈条状向上翘起，有的条状翘起岩屑长度可达到 18～20mm，如图 4－12 所示。在实验过程中也可观察到，金刚石破碎岩石时，其刃前所产生的岩粉量不多，而大量的岩粉则产生在金刚石出刃的后侧。这是研磨破碎所特有的现象。

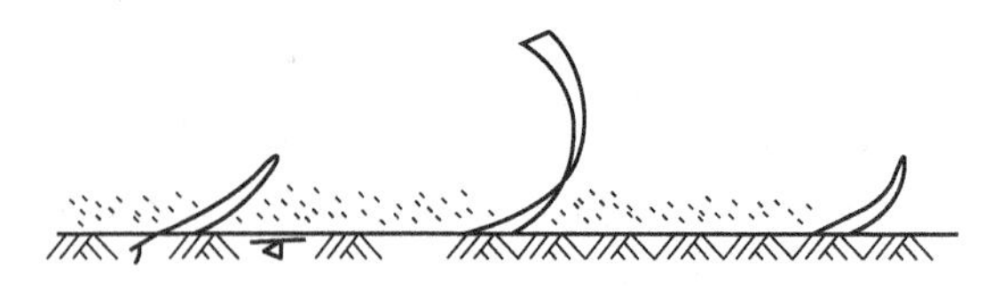

图 4－12　单粒金刚石破碎灰岩的条状岩屑

2. 金刚石破岩机理

国内外对金刚石钻头破岩机理存在着不同的观点，如研磨、磨削、刮削、剪切、切削、压皱、压入、压碎等。由于金刚石破碎岩石的作用比较复杂，目前主要有 3 种理论分析。

(1)“磨削”理论。对于孕镶钻头，目前普遍认为其钻进破岩的过程同砂轮的磨削相似。可把钻头上每一个包孕的金刚石颗粒看作是一个小刃齿，钻头看作有无数个刃的刀具。当钻头研磨岩石时，棱角比较锋利的磨料接触岩石表面后，因受钻头水平力的影响，有一个压力作用到紧靠磨料前面的岩石层上，使其受挤压并发生变形。磨料随钻头旋转而运动，加大了对岩层的挤压和变形，当磨料的作用力超过岩石颗粒之间的联结力时，一部分岩石就与岩体分离而成岩屑。由此可知，岩屑是被推压下来的，习惯上将这种破碎过程称作“磨削”。磨削破岩的特点是没有密实核(岩粉核)和跃进破碎过程，纯属表面破碎。

(2)“切削”理论。表镶钻头破碎软岩则主要靠剪切和切削作用，破碎岩石的过程与切削破岩相似，所不同的是金刚石的切削角多为负角。

(3)“压碎”理论。大多数学者认为表镶钻头钻进脆性岩石是一种压碎过程。其表现如下：岩石在金刚石压模(出刃部分)作用下，刚开始时产生的弹性变形如图 4-13(a)所示；当外力继续增大，则沿接触部位发生两组裂隙如图 4-13(b)所示；随着载荷增大，裂隙数目增多，其中有几组裂隙向深部发展并交汇形成密实核如图 4-13(c)所示的(圆锥形 aOb)；载荷继续增大，密实核对岩石产生楔压，迅速产生图中 AOB 剪切体，岩块崩离，最终完成破碎过程，如图 4-13(d)所示。如果将引起压裂变形的金刚石沿岩石表面移动(受水平力的作用)，则在金刚石出刃后的岩石将留下一条被压裂的沟。将这些被交错裂纹所破碎的岩石除去之后，便得到一条三角形的槽子。

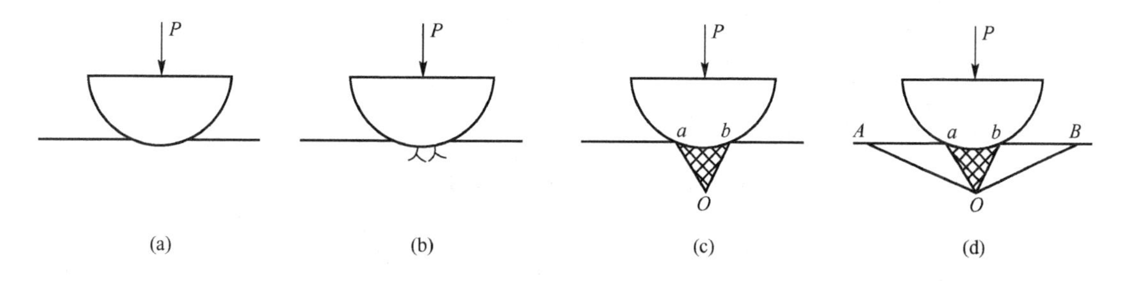

图 4-13 压碎和压裂变形模型

小知识

激光是一种单色性和方向性极好、亮度极高、相干性极强的受激辐射光源。可以通过聚焦而获得高密度能量(106～8J/cm²)，瞬间可以使任何固体材料熔化，甚至蒸发。因此，从理论上说，可以用激光来加工或破坏各种固体材料。

2006 年，中国矿业大学宋宏伟教授课题组对激光破岩技术在隧道开挖中的应用提出了初步设想。朱锋盼等对激光破岩技术在隧道开挖中的应用提出了以下观点。

(1) 目前所采用的激光技术主要是小的光束，用于代替掘进机刀具在理论上尚可，但如何用激光进行隧道这种相对较大断面的开挖，还有待进一步研究。

(2) 激光破岩时，高激光束在穿透岩心时，岩心表面肯定有不同程度的高温灼伤存在，改变岩石原有的物性参数，这将如何影响隧道围岩的稳定性。

(3) 激光掘进机在地下使用高温破岩，使得岩石温度增高，也将带来环境高温，如何对工作面采取有力的措施进行降温有待研究。

(4) 与传统方法比较，激光方法有很大不同，如何采取有效地掘进机破岩方案有待进一步研究。

(5) 激光开挖的工程适应性条件、经济性和安全性也需要进一步研究。

4.5 常用凿岩机具

4.5.1 凿岩机及其分类

凿岩机种类繁多，根据工程需要，合理地选择凿岩机是一项重要工作。一般应根据凿岩机的推进方式、动力供应、钻眼深度、钻眼直径和爆破要求等诸多因素综合考虑来选择凿岩机，其中凿岩机的类型、各种凿岩机的特点、及适用范围详见表 4-12。

表 4-12 凿岩机分类

类别	风动凿岩机	电动凿岩机	液压凿岩机	内燃凿岩机	潜孔凿岩机（潜孔钻机）
动力源	压缩空气	电动机	高压液体	汽油机	压缩空气
类型	手持式 气腿式 向上式 导轨式	手持式 支腿式 导轨式	支腿式 轻型导轨式 重型导轨式	手持式	导轨式
特点	结构简单，适应性强，应用广泛；制造容易，成本低，维修使用方便；总效率低，需要压气设备；有排气污染；噪声大	总效率高，可达 60%～70%，动力消耗少，为同级风动凿岩机的 $\frac{1}{10}$；动力单一，配套简单，噪声和振动小。回转式适应性较差、用于 $f\leqslant 10$ 的岩石。有瓦斯煤尘爆炸的矿井，配用隔爆电动机	凿岩速度快，为同级风动凿岩机的 2～3 倍；总效率较高，可达 40% 以上。动力消耗少，为同级风动凿岩机的 $\frac{1}{4}\sim\frac{1}{3}$；动力单一，无需压气设备；噪声较小；无排气污染。但结构复杂，成本高，对维修使用的要求高	重量轻，携带方便，适用于新井开工准备阶段，流动性工程和山地无风、水、电的地区作业。不隔爆，有油烟污染，不适于煤矿井下使用	结构复杂，体积大，多用于露天；井下使用的潜孔凿岩机可钻凿大直径，中、深炮眼。适于钻凿探水、探矿孔等

4.5.2 风动凿岩机

风动凿岩机是目前我国凿岩机具使用量最大的一种凿岩机械，种类繁多，可供选择范围广，适用于各类岩石的钻孔要求。一般手持式和气腿式凿岩机机构简单、维修方便、重量轻，扭矩较大、凿岩效率高；控制系统集中，操作方便；采用风水联动湿式凿岩，支撑气腿可快速缩回。适用于矿山井巷掘进、铁路、水利等石方工程，因此，在动力输送方便的地方是钻眼机械的首选。

1. 风动凿岩机分类(表 4-13)

表 4-13 风动凿岩机的类型

<table>
<tr><th colspan="3" rowspan="2">分类</th><th rowspan="2">主要型号</th><th rowspan="2">基本特点</th><th colspan="4">适用钻眼范围</th></tr>
<tr><th>方向</th><th>直径/mm</th><th>深度/m</th><th>岩性</th></tr>
<tr><td rowspan="5">按安设与推进方式分</td><td colspan="2">手持式</td><td>改进01～03</td><td>重量轻，28kg，手持操作，可打各种方向的较小直径、较浅深度炮眼，主要用于钻凿下向炮眼</td><td>任意</td><td>35～42</td><td><4</td><td>软、中、硬</td></tr>
<tr><td colspan="2">气腿式</td><td>YT23
YT24
YT26</td><td>重量轻，24～26kg，主机安设在气腿上，靠气腿推力钻进；可钻凿水平或倾斜的炮眼</td><td>水平倾斜</td><td>34～42</td><td><5</td><td>软、中、硬</td></tr>
<tr><td colspan="2">向上式（伸缩式）</td><td>YSP45</td><td>重量一般在40kg左右，气腿与主机在同一纵向轴线上联成一体。用于天井、巷道掘进等钻凿向上炮眼或锚杆眼</td><td>与水平成60～90°</td><td>35～42</td><td><5</td><td>软、中、硬</td></tr>
<tr><td colspan="2">导轨式</td><td>YG35
YG42
YGZ70</td><td>重量一般在35～90kg，安装在供凿岩机往复运动的滑动轨道上，轨道架设在柱架或钻车上，可打水平和各种方向的较深炮眼</td><td>任意</td><td>40～55</td><td>5～15</td><td>硬、坚硬</td></tr>
<tr><td colspan="2">潜孔式</td><td>KQJ100</td><td>机重大于300kg，用于大深孔钻孔作业；机械化程度高。操作方便，钻孔效率高</td><td>任意</td><td>100，130</td><td><60</td><td>硬、坚硬</td></tr>
<tr><td rowspan="3">按配气装置特点分</td><td rowspan="2">有阀</td><td>滑阀式</td><td>YT23</td><td>配气阀的换向依靠被活塞压缩了的废气膨胀功，耗气量小，易于加工</td><td>水平倾斜</td><td>34～42</td><td><5</td><td>软、中硬</td></tr>
<tr><td>控制阀式</td><td>YT24
YT26</td><td>配气阀的换向依靠进入凿岩机的压缩空气，启动灵活，气缸装有排气消音罩，降低了噪声</td><td>水平倾斜</td><td>34～43</td><td><5</td><td>软、中硬</td></tr>
<tr><td colspan="2">无阀式</td><td>YTP26</td><td>无单独的配气装置，充分利用废气的膨胀功；凿速快，扭矩大，耗气量小，结构简单，维修方便</td><td>水平倾斜</td><td>36～45</td><td><5</td><td>中硬、坚硬</td></tr>
<tr><td rowspan="4">按活塞冲击频率分</td><td colspan="2">低频</td><td>YT24</td><td>小于2000min⁻¹，噪声低，振动小，工作稳定</td><td>水平倾斜</td><td>34～42</td><td><5</td><td>中硬</td></tr>
<tr><td colspan="2">中频</td><td>YT23</td><td>2000～2500 min⁻¹，结构简单，适应性强</td><td>水平倾斜</td><td>34～42</td><td><5</td><td>软、中硬</td></tr>
<tr><td colspan="2">高频</td><td>YTP26</td><td>2500～4000min⁻¹，凿速快，振动较大，最好与台车配用</td><td>水平倾斜</td><td>36～45</td><td><5</td><td>中硬、坚硬</td></tr>
<tr><td colspan="2">超高频</td><td>英B-8</td><td>4000min⁻¹以上，凿速快，振动大，主要零件磨损快，因此对材质要求高，多用于液压导轨式凿岩机</td><td>水平倾斜</td><td>>50</td><td>—</td><td>坚硬</td></tr>
</table>

（续）

分类		主要型号	基本特点	适用钻眼范围			
				方向	直径/mm	深度/m	岩性
按回转机构分	外回转式	YGZ70 YGZ90	采用冲击与回转各自独立结构，齿轮式风动机驱动，两级正齿轮减速，冲击、转钎可分别调节，适应各种不同岩性钻眼	任意	38～80	<30	软、中、硬
	内回转式	YTP26 YT23	利用活塞回程与棘轮止逆机构的作用，迫使活塞沿螺旋槽回转一个角度，带动转动套转动，形成转钎运动，转钎速度不可调	任意	34～45	<5	软、中、硬
按重量分	轻型	01－30 YT26	小于28kg，重量轻，使用方便，多用于手持式、气腿式人工操作的凿岩机	任意	34～42	<5	软、中、硬
	中型	YG35 YG42	30～50kg，多用于导轨式，冲击功大，扭转大，宜用于钻中深孔	任意	40～55	5～15	中硬、坚硬
	重型	YGZ70 YGZ90	大于50kg，用于台车或凿岩台架，冲击有力，扭矩大，多为外回转，深孔钻眼优点易发挥	任意	38～80	<30	中硬、坚硬

2. 风动凿岩机构造

风动凿岩机的类型很多，但主机构造则大致相同。现以YT—23型或7655气腿式凿岩机为例，介绍风动凿岩的构造。YT—23型气腿式凿岩机的主机由柄体、缸体和机头3部分组成，然后用两根螺栓将它们固装在一起，如图4－14所示。

(1) 在柄体上，有把手、水针、操纵阀、水阀、换向阀、调压阀、进风管、水管接头和气腿快速退回扳机等零部件。

(2) 缸体由缸体外壳、棘轮、螺旋杆、阀柜、阀、阀套、活塞导向套、消音罩等零部件组成。

(3) 机头由钎卡、转动套、钎套和机头外壳组成。

3. 风动凿岩机工作原理

凿岩机冲击钻眼时，钻眼工具不断受到冲击作用，但每冲击一次后，钻头需转动一定角度，使钻刃移至新位置上，再进行下一次冲击。破碎下的岩石应及时清除掉。因此，风动凿岩机内设有冲击机构、旋转机构和排粉系统，来完成上述3项任务。此外凿岩机还附有润滑系统和控制凿岩机工作的操纵系统。

1) 冲击机构组成

冲击机构由气缸、活塞和配气系统组成。借助配气系统，可以自动变换压气进入汽缸的方向，使活塞完成往复运动。配气系统有下列3种类型。

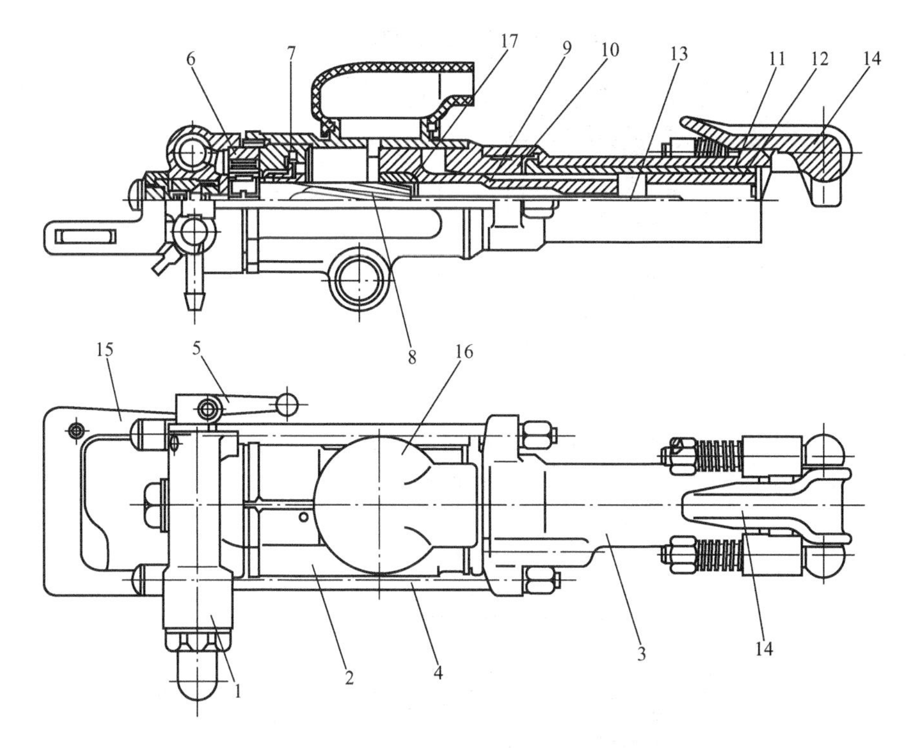

图 4-14 YT—23 型气腿式凿岩机

1—柄体；2—缸体；3—机头；4—螺栓；5—操纵阀；6—棘轮；7—配气阀；8—螺旋棒；
9—活塞；10—导向套；11—转动套；12—钎套；13—水针；14—钎卡；
15—把手；16—消音罩；17—螺旋母

(1) 装有被动阀配气装置的配气系统。配气装置由阀柜、阀套和阀组成，其中阀的移动(改变阀的位置)依靠活塞压缩气缸内的余气来完成。根据阀的形状及其运动方式不同，这类配气装置又分为滑阀式(如 TY—23、YSP—45 型凿岩机)、蝶翻式(如 YT—25、ZF—1 型凿岩机)等多种类型。

(2) 装有控制阀配气装置的配气系统。配气装置也由阀柜、阀套和阀组成，其中阀为筒状滑阀，(或碗状阀)阀的移动靠进入凿岩机内的压气来完成。YT—24 型和导轨式凿岩机采用这种配气装置。

(3) 无阀配气系统。没有专门的配气装置，而靠特殊形式的活塞，在其尾端作成配气圆杆(起着阀的作用)自行配气。高频凿岩机一般采用这种类型的配气系统(如 YTP—26、YGZ—90 型凿岩机等)。

2) 滑阀式被动阀配气装置和冲击机构的工作原理

现以 YT—23 或 7655 型凿岩机为例，说明被动阀配气装置和冲击机构的工作原理，如图 4-15 和图 4-16 所示。

(1) 冲程运动。当操纵阀转至凿岩机运转位置时，压气从操纵阀孔道 1 经柄体和气室 2、轮孔道 3、阀柜孔道 4、环形气室 5 和阀套孔 6，进入缸体后腔，推动活塞前进，开始冲击行程。当活塞前端面 A 越过排气口后，缸体前腔内的余气受活塞压缩，形成气垫，前腔压力逐渐增高。压缩余气经回程孔道进入进入配气阀后部气室 7，使配气阀后端面上

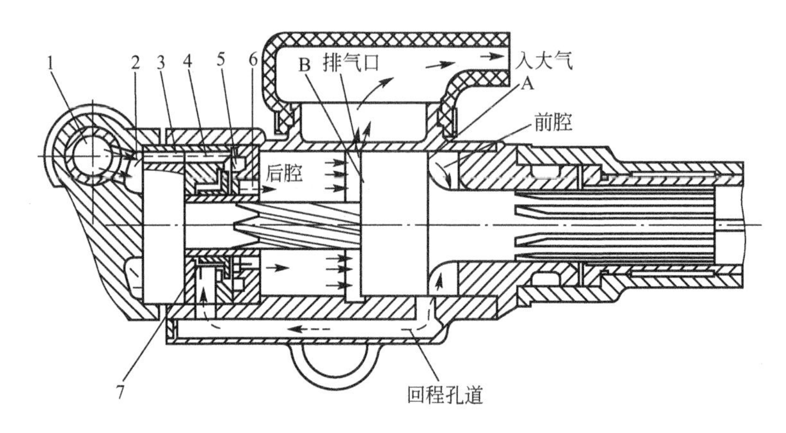

图 4-15　被动阀冲击机构的活塞冲程运动

1—操纵阀孔道；2—气室；3—轮孔道；4—阀柜孔道；5—环形气室；6—阀套孔；7—气室

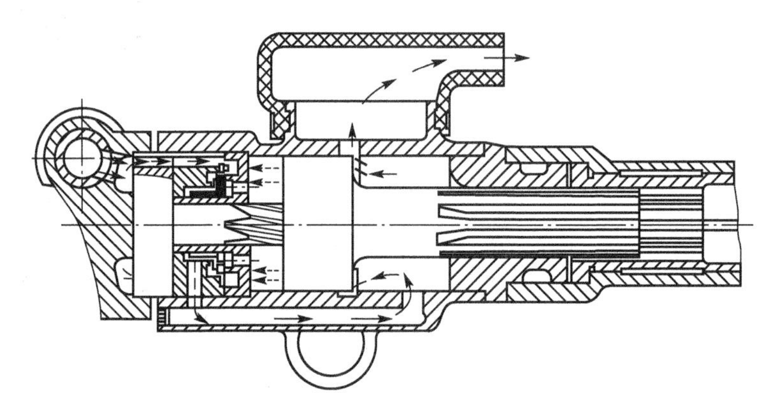

图 4-16　被动阀冲击机构的活塞回程运动

的压力逐渐增高。当活塞后端面 B 越过排气口后，气缸后腔与大气相通，压力逸出，压力骤然下降。这时，作用在配气阀后端面上的力大于作用在前端面上的力，从而推阀前移，使它与阀套盖靠合，切断通向缸体后腔的气路。同时，活塞冲击钎尾，结束冲程，开始回程。

(2) 回程运动。当配气阀前移并与阀套盖靠合后，压气经阀外缘与阀柜之间的间隙、气室 7 和回程孔道，进入缸体前腔，推动活塞返回，开始回程运动。当活塞后端面 B 越过排气口时，缸体后腔内的余气受活塞压缩，形成气垫，压力逐渐增高，相应地使作用在配气阀前端面上的压力也逐渐增高。当活塞前端面 A 越过排气口后，缸体前腔与外界大气相通，压气逸出，压力骤然下降。这时，作用在配气阀前端面上的力大于后端面上的力，从而推阀后移，使它与阀柜靠合。切断通往缸体前腔的气路，结束回程运动，并开始新的冲程。

3) 蝶翻式被动阀配气装置和冲击机构的工作原理

图 4-17 为装有蝶翻式被动阀配气装置的冲击机构，其工作原理与滑阀基本相同。

4) 控制阀配气装置和冲击机构的工作原理

图 4-18 为装有控制阀配气装置的冲击机构，其工作原理如下。

(1) 冲程运动。进入操纵阀的压气，通过气路进入气缸后腔，推动活塞向前运动。当

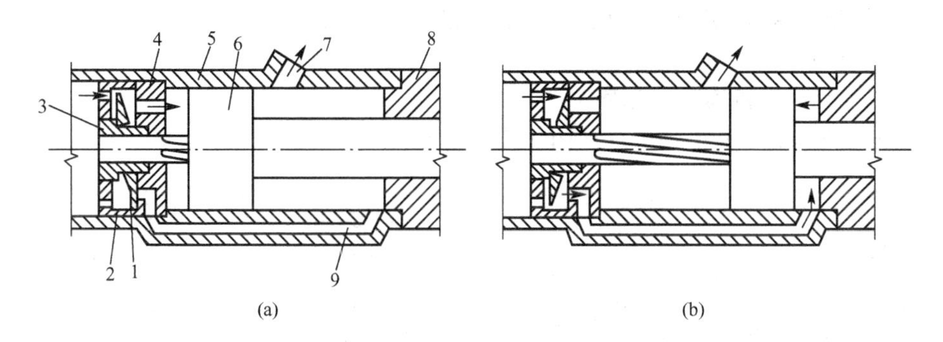

图 4-17 蝶翻式被动阀冲击机构

1—阀；2—阀柜；3—阀套；4—阀盖；5—气缸；6—活塞；7—排气口；8—导向套；9—回程气道

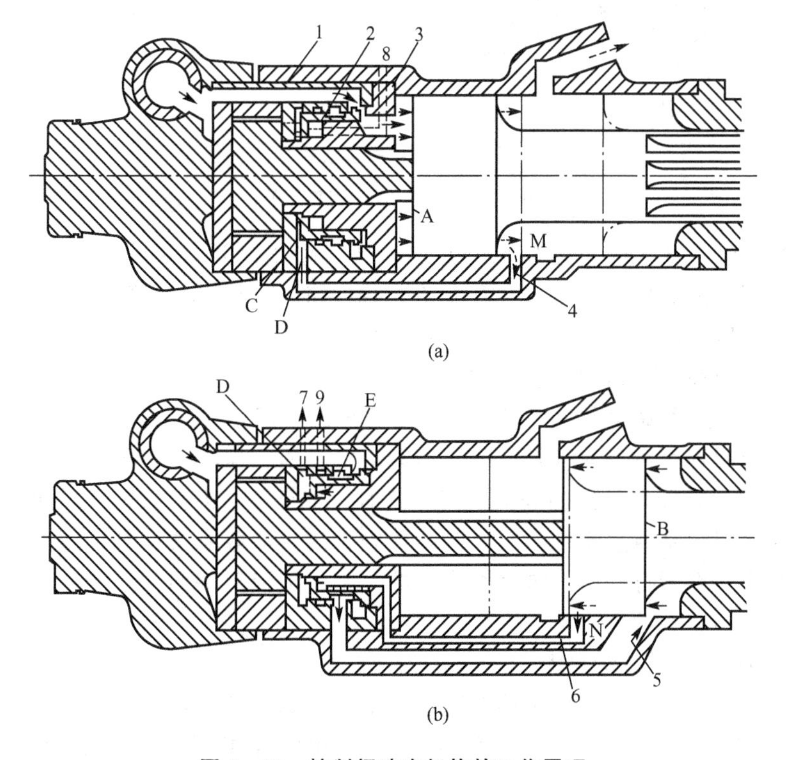

图 4-18 控制阀冲击机构的工作原理

1—阀柜；2—阀；3—阀套；4—使阀前移的控制气道；5—回程气道；
6—使阀后移的控制气道；7、8、9—通大气小孔

活塞后端面 A 越过控制气道 4 在缸体内的孔口 M 时，一部分压气经该孔道到达阀的背面空间 C，对阀施加压力，推阀前移，切断通往缸体后腔气路。阀向前移动时，空间 D 内的气体可经孔 8 排至大气。当活塞后端面越过排气口时，后腔与大气相通，这时，活塞靠惯性继续前进，打击钎尾，结束冲程运动。

(2) 回程运动。阀前移后，压气从回程气道 5 进入气缸前腔，推动活塞返回。当活塞前端面 B 越过控制气道 6 在缸体内的孔口 N 时，一部分压气经该孔道进入阀的前面空间 D，推阀后移(阀后移时，空间 C 和 E 内的气体分别由孔 7、9 排至大气)，停止向气缸前

腔供气。待活塞前端面越过排气口、使气缸前腔与大气相通，在活塞不再后退时，回程结束，又开始新的冲程。

5）无阀配气冲击机构的工作原理

无阀配气冲击机构的工作原理如图 4－19 所示。

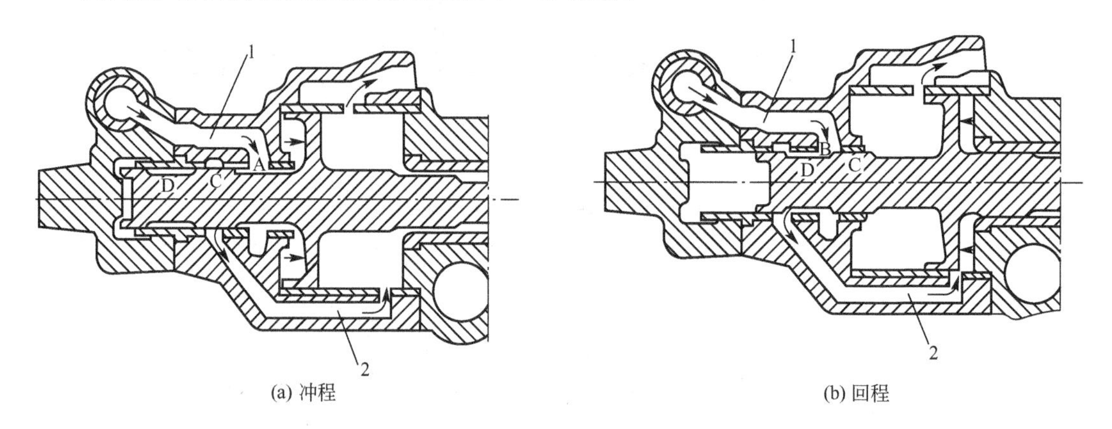

(a) 冲程　　(b) 回程

图 4－19　无阀配气的冲击机构的工作原理

1—进气气路；2—回程气道

(1) 冲程运动。压气进入操纵阀，通过进气气路 1 到达气缸后腔，推动活塞向前运动。当活塞的配气圆杆柱面 C 通过进气口右侧面 A 时，切断了向气缸后腔的供气。这时，依靠已进入气缸后腔的压气膨胀、推动活塞继续加速前进。当活塞通过排气口时，气缸后腔排气，活塞靠惯性向前运动，直至冲击钎尾。

(2) 回程运动。活塞冲击钎尾时，其配气圆杆的中间槽 D 将进气气路 1 与回程气道 2 沟通，使压气沿回程气道进入气缸前腔，推动活塞返回。当活塞的配气圆杆柱面 C 通过进气口左侧面 B 时，切断向气缸前腔的供气。这时，依靠已进入气缸前腔的压气膨胀，推动活塞继续返回。当活塞通过排气口时，气缸前腔排气，活塞靠惯性继续返回。同时，活塞的配气圆杆柱面又重新打开向气缸后腔供气的气路，抵消活塞回程动能，直至活塞达到回程终点，而后开始新的冲程。

6）旋转机构组成及工作原理

大多数凿岩机都是采用棘轮机构并利用活塞的运动来转动钎子的。棘轮机构有两种形式：内棘轮（棘齿在环形棘轮里面）和有独立螺旋棒的旋转机构；外棘轮（棘齿在环形棘轮外面）和螺旋槽刻在活塞柄上的旋转机构。国产凿岩机一般采用前一种旋转机构。高频凿岩机多采用后一种旋转机构。

内棘轮旋转机构见图 4－20 所示。棘轮 1 用键固定在柄体或缸体内。螺旋棒 3 的大头端位于棘轮内，其上有凹槽，槽内嵌有棘爪 2，借助弹簧或压气将棘爪顶在棘轮齿槽内。螺旋棒上的螺旋槽与固定在活塞头内螺旋母啮合。活塞柄 4 上的花键与转动套 5 内的花键配合。转动套前端压固有钎套 6。六角形断面的钎子 7 插在钎套内。

活塞冲程时，螺旋棒回转。活塞回程时，引导螺旋棒被棘爪卡住，迫使活塞回转，从而带动转动套、钎套和钎子转动。因此，活塞每往复一次，钎子就转动一个角度，而且，转钎是在活塞回程运动时完成的。但国外也有一些凿岩机的转钎是在活塞冲程时完成的。

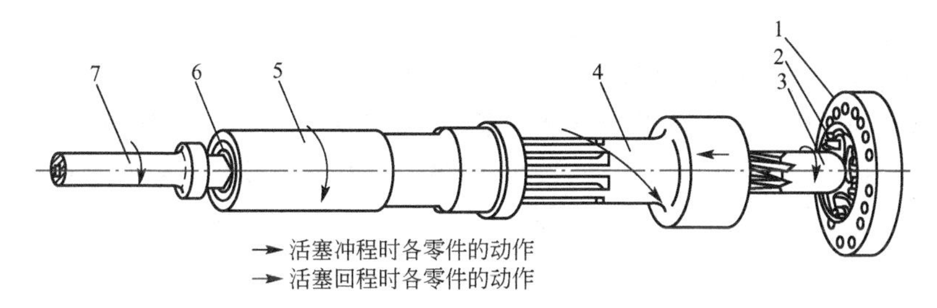

图 4-20 内棘轮和螺旋棒的旋转机构

1—棘轮；2—棘爪；3—螺旋棒；4—活塞柄；5—转动套筒；6—钎套筒；7—钎子

外棘轮旋转机构如图 4-21 所示。活塞柄 2 上刻有螺旋槽 3 和花键 6。活塞螺旋槽与棘轮内圆上的螺旋凸块咬合，活塞花键与转动套 7 内的花键配合。钎套压固在转动套内，或采用牙嵌的方式在轴线方向上与转动套啮合在一起。棘轮爪嵌在机头内的凹槽中，并借助弹簧和小顶拄将它顶在棘轮齿槽内。活塞冲程时棘轮旋转。活塞回程时，棘轮被棘爪卡住，迫使活塞回转，从而带动转动套、钎套和钎子转动。

以上两种旋转机构统称为内旋转机构。此外，还有外旋转机构，即由独立的风动马达，经减速后直接带动钎子旋转，它与冲击机构不发生联系。其优点是：扭矩大，不易夹钎；转数可调，可适应不同岩石；可以反转，便于接长和拆卸用螺扣连接的长钎杆。这种旋转机构一般用于大功率的深孔凿岩机(如 YGZ—90 型凿岩机)等。

4. *风动凿岩机其他辅助系统*

1）凿岩机的操控系统

凿岩机的操作和控制主要通过在柄体部位的把手、操纵阀、调压阀、换向阀的扳动进行操控。操作是先将把手开关打开，使压缩空气进入凿岩机的操控系统，通过扳动操纵阀、调压阀即可使凿岩机进行工作，通过扳动换向阀可以使气腿伸长或缩短，如图 4-22 所示。

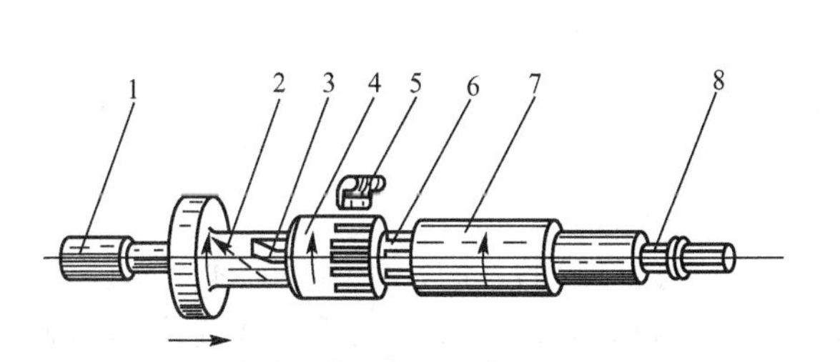

图 4-21 外棘轮和活塞螺旋槽旋转机构

1—配气圆杆；2—活塞；3—活塞螺旋槽；4—棘轮；5—棘轮爪；6—活塞花键；7—转动套；8—钎子

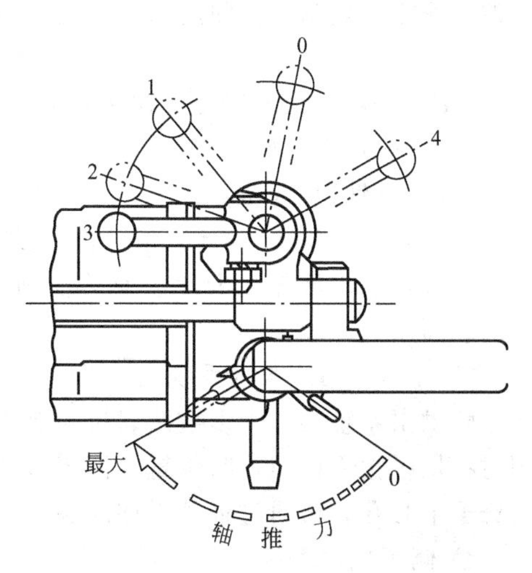

图 4-22 操纵阀和调压阀的操纵部位

0—停止工作，停风，停水；1—轻运转，注水，吹洗；2—中运转，注水，吹洗；3—全运转，注水，吹洗；4—停止工作，停风，强力冲洗

2）排粉系统

在钻眼过程中，必须及时排除眼底的岩粉，才能顺利钻进并提高钻速。此外，细粉尘尤其是含 SiO_2 的粉尘，对工人健康十分有害，长期吸入，会引起尘肺病和硅肺病。《煤矿安全规程》规定：在开凿井筒或掘进岩巷、半煤岩巷道时，都必须采用湿式凿岩，不准打干眼。因此，国产凿岩机都装备有轴向供水系统。现代凿岩机都采用气、水联动的注水机构。YT—23 或 7655 型凿岩机的气、水联动注水机构如图 4－23 所示。

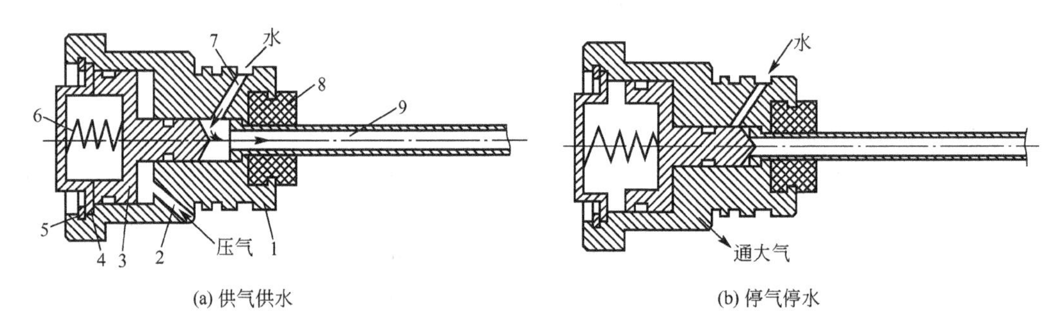

(a) 供气供水　　(b) 停气停水

图 4－23　气、水联动注水机构

1—柄体端大螺母；2—气道；3—注水阀；4—弹簧压盖；5—挡圈；
6—弹簧；7—水道；8—密封垫；9—水针

(1) 气、水联动注水机构工作原理。凿岩机开动时，压气由柄体气室经柄体端大螺母 1 上的气道 2 到达注水阀 3 的前端面，克服弹簧 6 的阻力，推阀后移，开启水路。水经水针 9 进入钎子中心孔，再由钎头出来注入眼底。水与岩粉形成的浆液经钎杆和炮眼壁之间的间隙排出。

凿岩机停止运转时，柄体气室压气消失，弹簧推动注水阀关闭水路，自动停止注水。

(2) 水压。水压应比压气压力低一个大气压左右，否则，水会渗入凿岩机内，洗掉润滑油，使零件生锈。钻眼所需平均耗水量 Q 可按式(4－34)确定

$$Q=10^{-6}aFv \qquad (4-34)$$

式中，a——水与钻出岩粉的比例系数，$a=20$；

F——炮眼断面，mm^2；

v——钻速，mm/min。

(3) 水量。水量影响钻速和润湿效果，既不能过大，也不能过小。为提高钻速和改善润湿效果，水内可加入少量表面活性剂例如环烷酸皂、12～14 烷基苯磺酸钠等，以降低水的表面张力。

3）强力吹扫炮眼的系统

除供水系统外，大多数凿岩机还有用压气强力吹扫炮眼的系统，如图 4－24 所示。使用时将操纵把手扳至强吹位置，凿岩机便停止运转。这时，压气经过气道 2 和气孔 3，进入钎子中心孔，再通过钎子送往眼底，吹出岩粉。

4）侧旁供水系统

轴向供水系统的缺点是：水易进入凿岩机内冲洗掉润滑油；部分泄漏通向凿岩机机头的压气会进入钎尾中心孔，使水内充有气泡，这样会降低润湿岩粉的效果；因水压和水针断面所限，不可能增大水量。

为克服上述缺点，对大功率、钻速高的凿岩机或具有独立回转机构的凿岩机，一般采

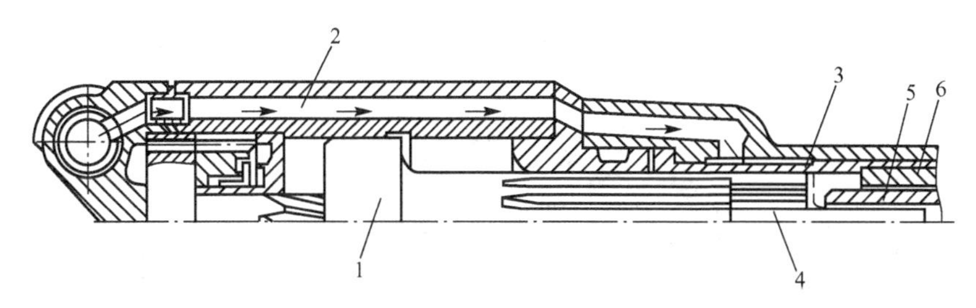

图 4-24 强力吹扫炮眼的系统

1—活塞；2—强吹气道；3—转动套筒气孔；4—水针；5—钎尾；6—钎套筒

用侧旁供水系统。在该系统中，钎尾上套有给水接头(套接头部分的钎尾断面为圆形)，堵住钎尾端中心孔，水不经凿岩机，直接由钎尾侧面进水孔进入钎子，如图 4-25 所示。

5) 润滑系统

凿岩机运转时，为提高其效率，减少机件磨损、发热，防止锈蚀延长机械寿命，必须有良好的润滑系统。

除旧凿岩机(如 01～30 型)本身带有油室和润滑道外，新型凿岩机均采用独立的自动注油器。注油器有两种类型：悬挂式和落地式。前者容量较小，直接悬挂于凿岩机进风弯管上。后者容量较大，放在地面，用软管与凿岩机进风弯管连接。

悬挂式自动注油器如图 4-26 所示。当压气通过注油器时，有少量压气经油阀上的进气孔 1 进入油室 2，给油面施加压力。润滑油则经输油管 4、油阀调节针的间隙和出油孔 3 流出，雾化后同压气一起进入凿岩机。

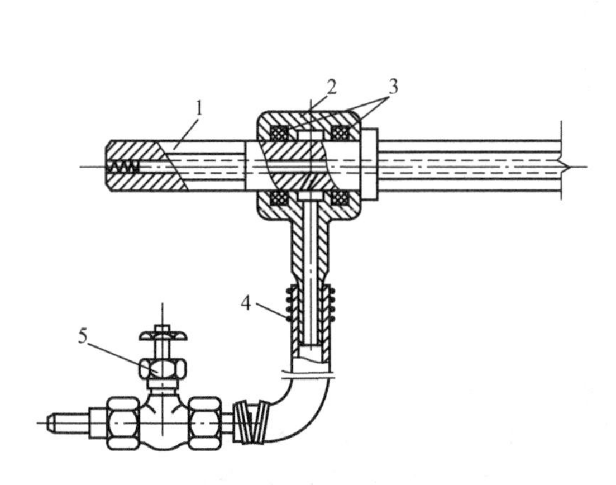

图 4-25 侧旁供水系统

1—钎尾；2—给水接头；

3—密封圈；4—软管；5—水截门

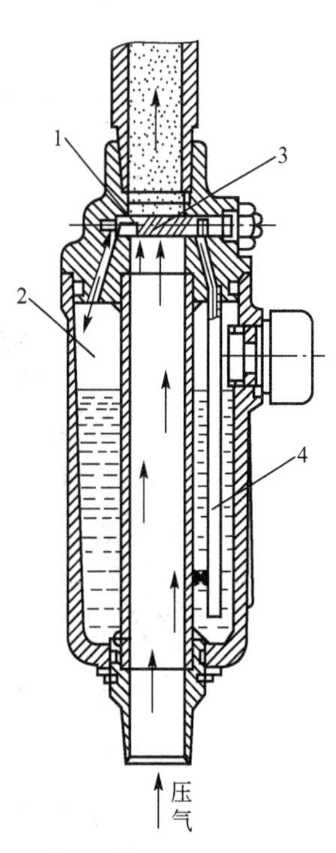

图 4-26 悬挂式自动注油器

1—进气孔；2—油室；

3—出油孔；4—输油管

落地式自动注油器如图 4－27 所示。其工作原理与悬挂式基本相同。

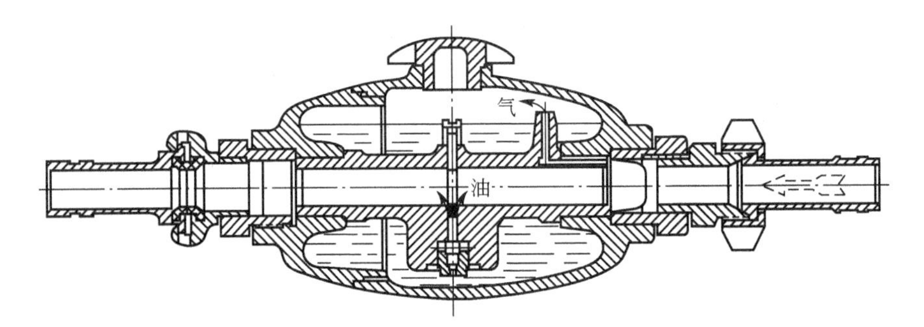

图 4－27　落地式自动注油器

凿岩机用润滑油的粘度要根据凿岩机类型和工作环境温度来选择。一般情况下，油的运动粘度以 50℃时 21～66(m^2/s)较好。最常采用的润滑油有 20 号、30 号机油，22 号、32 号透平油。为适应凿岩机的工作条件(零件的工作速度高、温度高、间隙小、易沾水、润滑油易被水冲刷等)，可选择添加剂来改进润滑油的性能。添加剂的品种很多，须根据所采用的基础油来选择。试验表明，基础油为 30 号机油时，添加 0.5％的二树丁基对甲酚和 3％～5％的烷基磷酸咪唑啉，可以提高凿岩速度，减少机体震动。减少油雾，防止零件锈蚀和过度磨损，并能降低耗油量。添加剂应先在加热至 90℃左右的适量机油内搅拌，待完全溶解和混合均匀后，再加入其余部分机油搅拌，并冷却至常温。

6）推进机构和安装设备

凿岩机的推进装置用以产生轴推力，安装设备用以支持凿岩机的重量。凿岩机主要采用的气腿装置则兼有上述两种作用。现代的气腿式凿岩机，其主机与气腿已成为一个整体，便于统一集中操作，如图 4－28 所示。

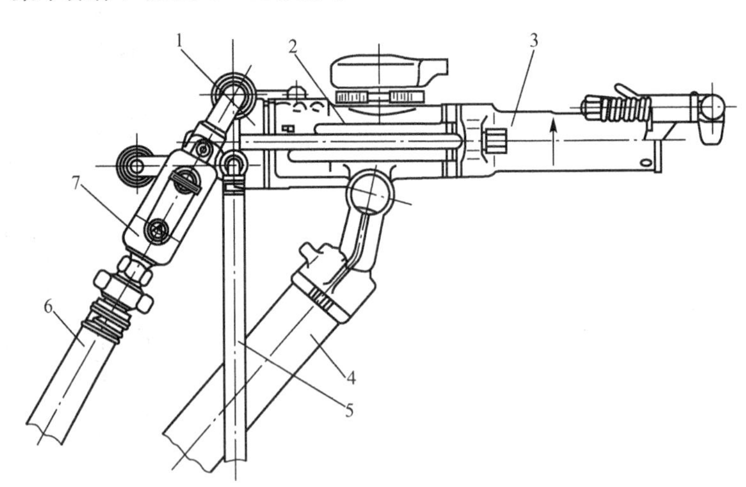

图 4－28　气腿凿岩机整体图

1—柄体(操纵机构)；2—气缸(冲击、转钎机构)；3—机头；
4—气腿(推进机构)；5—水管；6—气管；7—注油器(润滑机构)

(1) 气腿的组成。气腿由缸体、活塞和活塞杆组成，按凿岩机与气腿连接方式，分为缸体移动式和活塞移动式气腿；按动作原理，分为单向动作和双向动作气腿。单向动作的气腿只利用压气使气腿伸长，缩回时要用手拉；双向动作的气腿，伸长和缩回都利用压气。国产凿岩机气腿的技术特征见表4-14。

表4-14 国产凿岩机气腿的技术特征

型号	72-12	FT140	FT140	FT140A	FT140B	FTJ140	FT160	FT170	FT190
重量/kg	12	<14	15	12	12	17.5	<15	17.5	11
支承最大高度/mm	2200	3035	3035	2225	2930	2500	2050	2980	1620
支承最小高度/mm	900	1680	1680	1275	1680	1200	1250	1700	920
推进长度/mm	1300	1355	1355	950	—	—	800	—	700
最大轴推力/N	900	1400	1400	1400	—	—	1400	—	1900
制造厂家	—	沈阳市工矿塑料配件厂	天水燎原风动工具厂	天水燎原风动工具厂	—	—	沈阳市工矿塑料配件厂	—	沈阳市工矿塑料配件厂
备注	—	与YT25配套，玻璃钢外管	与YT30配套，铝合金外管	同左	—	—	与YT26配套，玻璃钢外管	—	与YSP45配套，玻璃钢外管

7655或YT—23型凿岩机所使用的FT—160型气腿为缸体移动双向动作气腿，如图4-29所示。

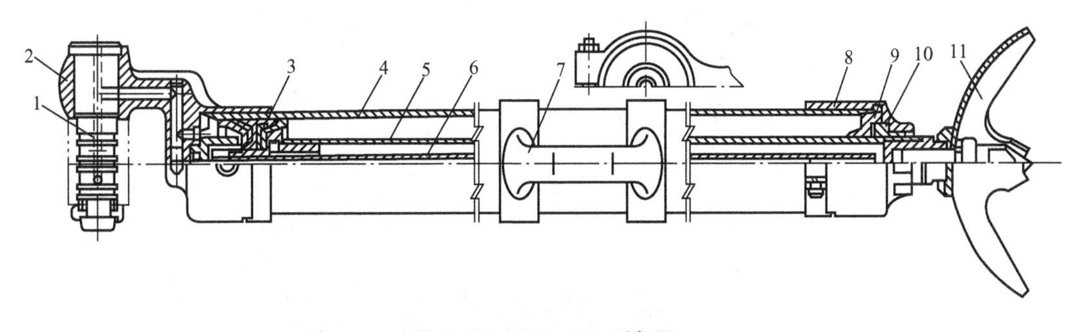

图4-29 FT—160型气腿

1—横臂；2—架体；3—胶碗；4—外管；5—内管；6—气管；7—提把；8—下管座；9—导向套；10—防尘套；11—顶叉

(2) 气腿伸长。气腿伸长时，如图4-30(a)所示。由进气孔2进来的压气，先将换气阀1推向左侧，然后经气道5进入气腿缸体上腔，而下腔通过孔7、气管10和换向阀与大气相通。这时气腿伸长。

(3) 气腿收缩。需要气腿缩回时，如图4-30(b)所示。扳动手把扳机，推换向阀右移，这时压气经气道4、气管10和孔7进入缸体下腔，而上腔则经气道5和换向阀与大气相通。

(4) 气腿力的调节。气腿力可用调压阀来控制。调压阀套在换向阀上，用小手把来转动，如图 4－30(c)所示。气腿正常工作时，压气经孔 1、进气偏心槽 2、孔道 A 进入气腿上腔。此外，有一个泄漏偏心槽 3(断面图上虚线所示)，其方向与进气偏心槽相反，通过排气口可泄露一部分压气。转动调压阀时，可调节进气和泄气偏心槽的断面，来调整进气量和排气量，从而达到控制气腿力的目的。图中，由孔 5 输出的压气用来推压密封胶圈 6，使它紧贴外壁，以达到密封的目的。

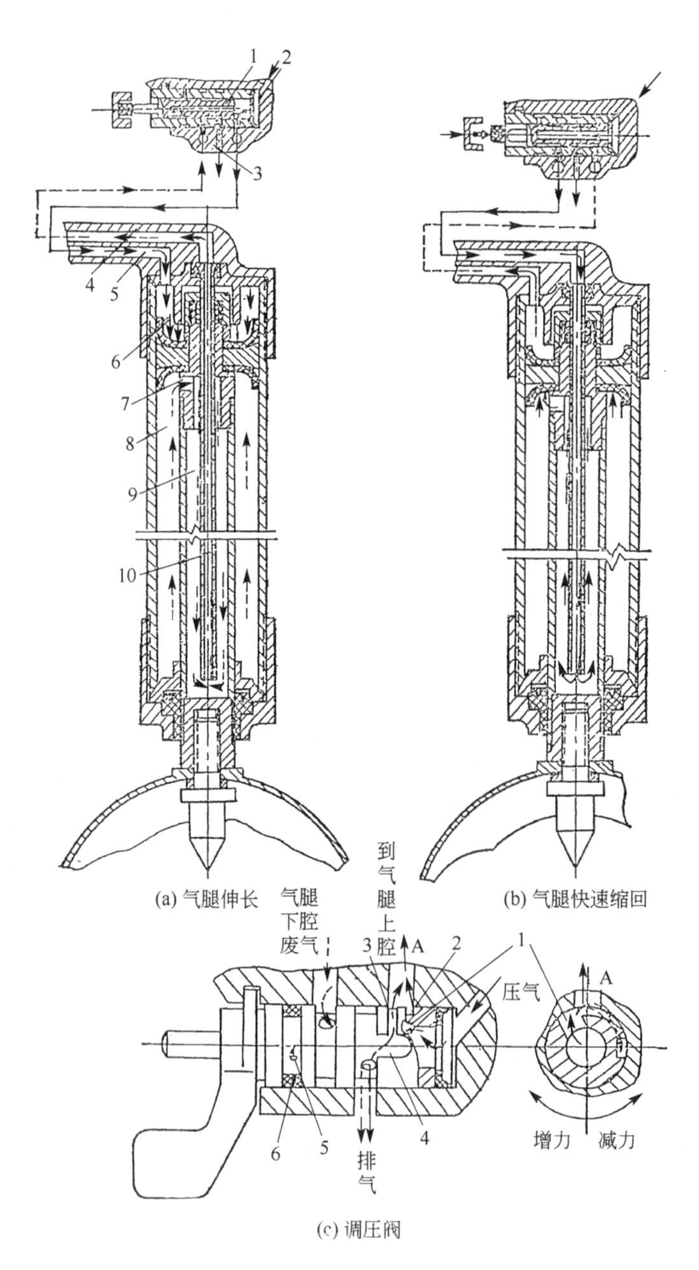

图 4－30　FT—160 型气腿动作原理

a，b：1—换气阀；2—进气孔道；3—换气阀体；4、5—横臂气道；6—气腿上腔；
7—内管气孔；8—气腿下腔；9—内管与气管间气腔；10—气管；
c：1—气孔；2—进气偏心槽；3—排气偏心槽；4—中心空腔；5—压气腔；6—密封胶圈

小知识

深部破岩方法——水介质主导破岩

在深部岩石破碎施工中，鉴于深部岩石特点，水介质破岩方法在深井环境中有着独特的优势，已经成为深部岩石破碎的重要方法。其优势主要有以下几个。

(1) 固有的高压水头。在千米深井工作面，自然水头压力可达数十兆帕，充分利用这种水力能量，再借助适当的增压设备，则可实现足以破岩的水压，这方面已有不少油气行业研究者进行了相关研究，并取得了突破性的进展。

(2) 天然的降温剂。通过工作面水介质的循环，可带走高温原岩所释放出来的大量热量，对降低工作面温度有着积极的作用。

(3) 柔性撞击、减小扰动。用水介质破岩如水射流方法破岩，岩石在液滴的冲蚀作用下产生裂纹，出现颗粒剥离。同时水体的楔入胀裂更进一步促进了微裂纹的萌生、扩展，加速了破岩效率。

4.5.3　其他动力凿岩机

1. 液压凿岩机

1) 液压凿岩机类型及技术特征

从20世纪60年代初起，国内外开始发展以液压为动力的新型凿岩机。这种凿岩机具有钻眼快、效率高、动力小、零件寿命长、振动和噪声小、不产生油雾等许多优点，是凿岩机发展的方向。

国产液压凿岩机和国外液压凿岩机的类型及技术特征，见表4-15。图4-31为国产YYG—150型导轨式液压凿岩机和YYG—120型导轨式液压凿岩机。

表4-15　液压凿岩机类型和技术特征

技术特征	单位	中国			法国			美国	
型号	—	YYG—80	YYG—90	TYYG—20	RPH—200	RPH—400	H—70	JH—2	HPR—1
机重	kg	84	89	90	135	180	123	154	147
外形尺寸(长×宽×高)	mm	790×253×205	880×225×262	916×250×310	600×200×135	822×302×180	—	—	—
冲击功	J	120～150	250～330	>200	100～200	200～360	230～310	80～120	170～280
冲击次数	min^{-1}	3000	1900～2200	2850～3000	2000～4000	1800～3300	2600～2800	12000	2500～4000
扭力矩	Nm	15	>14	>20	30	70	50	22.5	41
转速	r/min	0～300	0～230	0～200	0～250	0～300	160或240	450	0～280
凿孔直径	mm	40	43～65	50～65	32～41	43～152	—	—	38～64
回转用油量	l/min	36	38	58	40	0～170	55	—	—

（续）

技术特征	单位	中国			法国			美国	
冲击用油量	l/min	96	125	90	40	60～90	110	—	95
油压	MPa	12	12	5～10	20	20	10 或 13	—	21
功率	kW	36.5	38.5	40	25	45	29.4	55.2	50
成产厂	—	株洲矿山工具厂	湘潭风动机械厂	北京钢铁学院云锡公司	塞克马公司	蒙塔贝特	乔埃	加德纳-丹佛	—

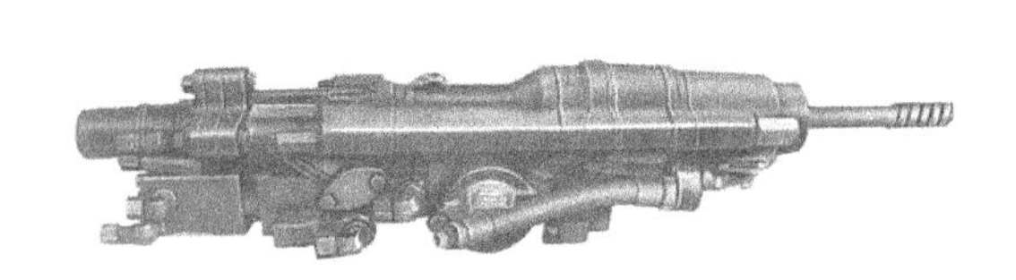

(a) YYG150型导轨式液压凿岩机

(b) YYG120型导轨式液压凿岩机

图 4－31　YYG—150 型导轨式液压凿岩机和 YYG—120 型导轨式液压凿岩机

2）液压凿岩机的结构

液压凿岩机一般由冲击机构、转钎机构、推进机构、排粉机构和操纵机构等组成，如图 4－32 所示。

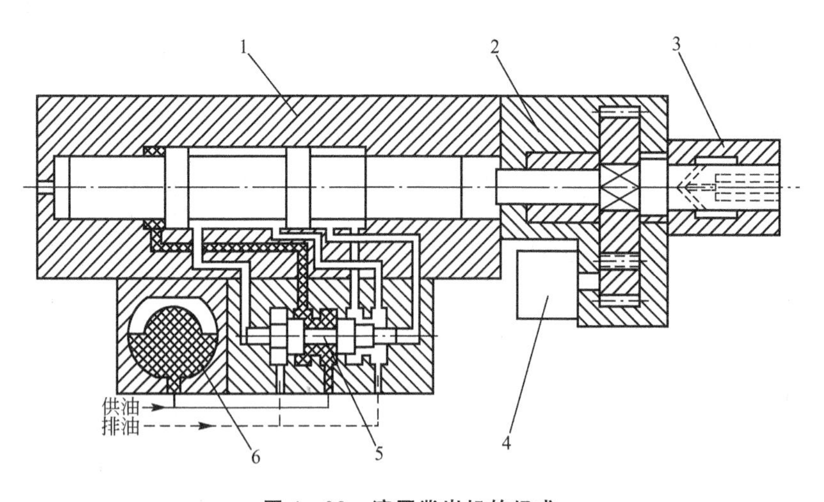

图 4－32　液压凿岩机的组成

1—冲击机构；2—转钎机构；3—供水排粉机构；4—液压马达；5—配油阀；6—蓄能器

（1）冲击机构。主要包括活塞、缸体和配油机构，工作原理与风动凿岩机相似：即通过配油机构，使高压油交替作用于活塞两端，并形成压差，迫使活塞在缸体内作往复运动，完成冲击钎子和破碎岩石的目的。活塞的冲击功可通过改变供油压力或活塞冲程进行调节。配油机构分有阀式和无阀式两类，常见的配油机构为柱状阀式。

(2) 转钎机构。转钎机构大多为外回转，很少采用内回转。外回转由液压马达驱动，经一级或二级齿轮减速后带动钎子回转。液压马达的输出扭矩可以通过改变油泵流量来实现，扭矩调节范围较大。

(3) 推进机构。液压凿岩机多为高频重型导轨式凿岩设备，要和凿岩台车配套使用，利用台车的导轨和推进器实现推进。

(4) 排粉机构。可用压气、水或气水混合物排粉，常用压力高、流量大的冲洗水。供水方式有中心供水和旁侧供水两种。中心供水时活塞中空；旁侧供水时，钎尾有径向水孔，其排粉原理与风动凿岩机湿式降尘相同。

(5) 操纵机构。由液压系统实现机器的操纵，系统包括冲击回路、推进回路和转钎回路。回路中设有蓄能器、调速阀、减压阀和手动换向阀。冲击回路的蓄能器可缓和液压冲击，吸收和补偿由于活塞往复变速运动产生的流量脉动。转钎回路的调速阀调节液压马达的转速和扭矩。推进回路的减压阀用以调节凿岩机的轴推力，液压凿岩机液压系统如图 4－33 所示。

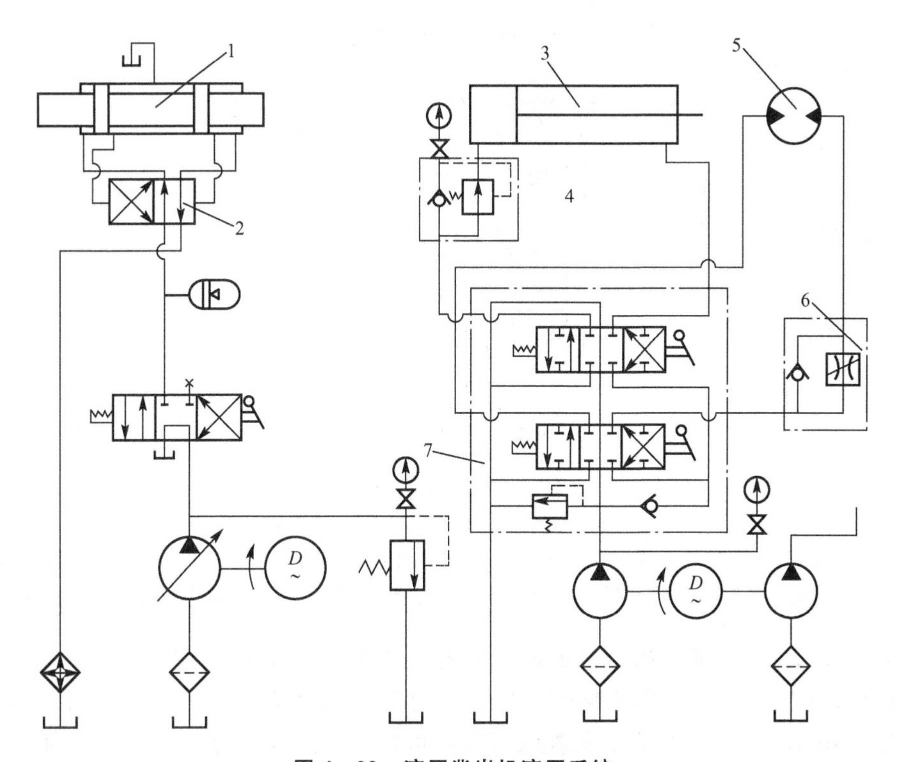

图 4－33　液压凿岩机液压系统

1—冲击活塞；2—配油阀；3—推进油缸；4—减压阀；5—转钎液压马达；6—调速阀；7—多路换向阀

3) 液压凿岩机的动作原理

液压凿岩机的结构形式很多，其主要区别在于冲击机构的配油方式；旋转机构则大多采用液压马达经齿轮减速带动钎子回转。

按冲击机构配油方式，液压凿岩机分为前后腔交替进回油式、前腔常进油式和后腔常进油式 3 种，其中又分为有阀和无阀两种。阀的结构有套筒阀、滑阀和柱状阀 3 种。

(1) YYG—90 型液压凿岩机工作原理。国产 YYG—90 型液压凿岩机的冲击机构属前后腔交替进回油式，采用滑阀。其凿岩机结构及其液压系统如图 4-34 所示。其动作原理如下。

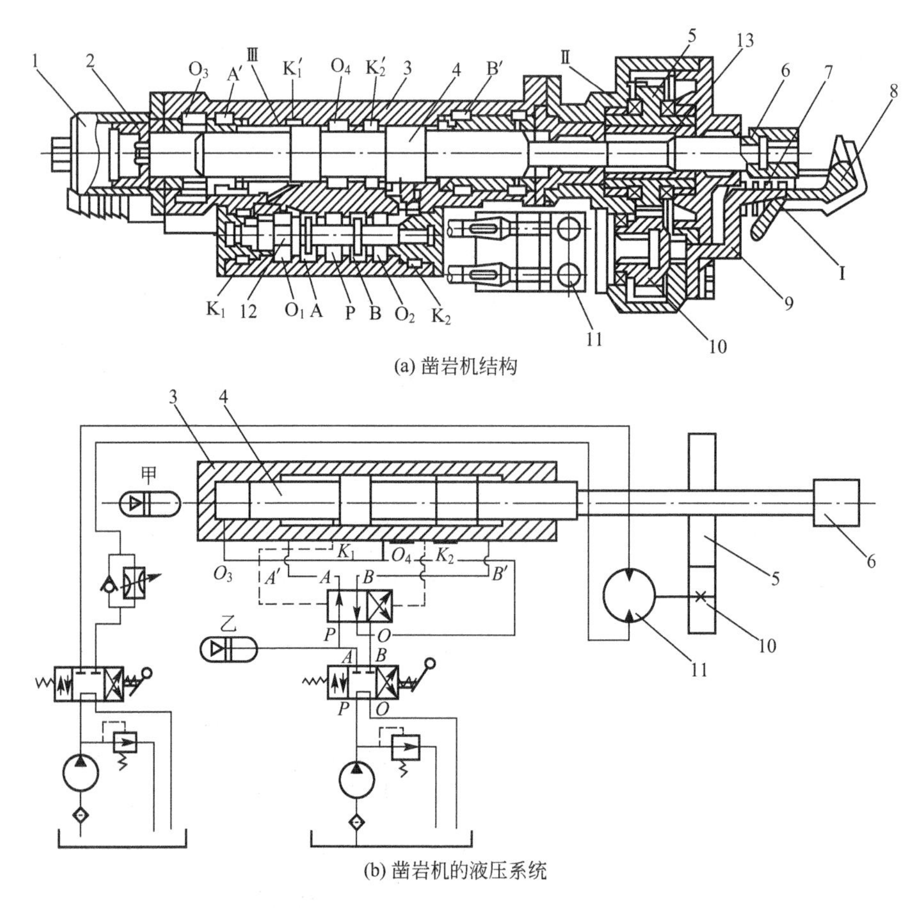

(a) 凿岩机结构

(b) 凿岩机的液压系统

图 4-34　YYG—90 型液压凿岩机和液压系统

Ⅰ—机头部；Ⅱ—回转部；Ⅲ—缸体部

1—蓄能器壳体；2—蓄能器活塞；3—缸体；4—液压室活塞；5—齿轮；6—冲击杆；7—钎卡弹簧；8—钎卡；9—机头；10—齿轮；11—摆线转子内齿轮液压马达；12—换向阀阀芯；13—花键套筒

① 冲击机构。缸体部为凿岩机的冲击机构。缸体 3 内有两个平行的镗孔，分别装有活塞 4 和配油阀芯 12。装活塞的镗孔称作油腔(相当于风动凿岩机的气缸)。配油阀(二位四通阀)的作用类似于风动凿岩机的配气装置，可自动改变油液流入油腔的方向，使活塞作往复运动。

② 活塞的冲程运动。自油泵站供来的液压油经缸体进油口进入配油阀镗孔 P 腔，配油阀芯处于使 P 腔与 A 腔连通、B 腔与 O_2 腔连通的位置。这时，压力油经 A 腔和缸体上虚线油道 a 进入缸体后腔 A′；缸体前腔 B′内的油，则经缸体上虚线油道 b、配油阀镗孔内的 B 腔和 O_2 腔，流回油箱，因此，使活塞向前冲击。同时蓄能器处于能量释放状态，其壳体 1 内的活塞 2 将向前移动，释放出能量可帮助推动缸体内活塞向前冲击作用。当活塞运动到后部大头的后端面打开推阀孔 K_1'时，后腔内一部分高压油经缸体上实线油道 C 进入配油阀镗孔 K_1 腔，推阀前移(K_2 腔经缸体上实线油道 d、推阀孔 K_2'和回油腔 O_4 连通)，

使 A 腔与 P 腔隔开，而与回油腔 O_1 连通，并使 B 腔与 O_2 腔隔开，而与 P 腔连通，从而前腔开始进油，后腔开始回油。同时活塞打击冲击杆 6 尾部的端面，经冲击杆将冲击能量传给钎子。至此，活塞冲程结束并开始回程。

③ 活塞的回程运动。活塞回程运动时，蓄能器内的油起初回至油箱，待活塞运动至关闭回油口 O_3 后，油开始被压缩，迫使蓄能器壳体内活塞后移，并储存能量。当缸体内活塞运动到前部大头的前端面打开推阀孔 K_1'时，前腔内一部分高压油经缸体上实线油道 d 进入配油阀镗孔 K_2 腔，推阀后移(K_1 腔通过油道 c、推阀孔 K_1'与回油腔 O_4 连通)，使配油阀恢复至活塞冲程开始时的位置。这时，回程结束并开始下一个循环的冲程。

④ 回转机构。由一台摆线转子内齿轮油马达 11 驱动齿轮 10，经一级减速使齿轮 5 转动。齿轮 5 的中心孔与花键套筒 13 紧配合，花键套筒与冲击杆上的花键轴配合，钎尾插入冲击杆前端的六方孔内，因此，当齿轮 5 转动时，花键套筒、冲击杆和钎杆都将跟着一起转动。

在液压系统中(图 4 - 34(b))，安设有两台齿轮油泵分别供冲击机构和回转机构工作，工作压力为 14MPa，用两个手动三位四通换向阀分别操纵这两个机构。

为了缓和冲击机构的换向阀换向时产生的液压冲击，进油口 P 处设有一个蓄能器。油马达回路中装有单向节流阀，可调节回转机构液压马达的转数。

(2) 液压凿岩机前腔常进油和套筒阀冲击机构的工作原理。在这种液压凿岩机的冲击机构中，前腔保持常进油状态(即始终保持高压油状态)只是控制后腔的进回油，并配合前、后腔有效作用面积的差值，来实现活塞的往复运动，如图 4 - 35 所示。

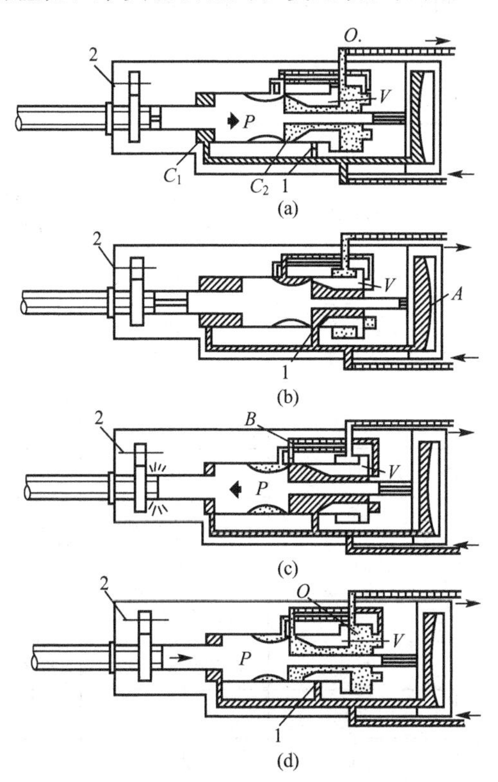

图 4 - 35 前腔常进油和套筒阀式冲击机构的工作原理

1—进油口；2—齿轮；

A—蓄能器；B—油道；C_1—前腔；C_2—后腔；O—出油口；P—活塞；V—套筒阀

当活塞P与套筒阀处于图4－35(a)位置时，后腔C_2通过出油口O与低压回油管相通，使活塞向后运动(回程)，套筒阀也跟着向后移动。当套筒阀关闭出油口O、打开进油口1时，高压油进入后腔(图4－35(a)、(b)、(c))。这时，由于活塞后端的有效作用面积大于前端，活塞向前运动，并冲击钎尾(冲程)。在活塞冲程过程中，蓄能器A处于能量释放状态(即蓄能器也向后腔供油)，可帮助推动活塞向前冲击作用。冲程结束后，活塞将油道B打开，高压油通过油道B推套筒阀向前移动，关闭进油口1，打开出油口O，放出后腔C_2内的油，使活塞返回(图4－35(d))。在活塞回程过程中，蓄油器进油储存能量。

后腔常进油冲击机构的工作原理，基本上与前腔常进油类似，区别在于保持后腔常进油状态，而只控制前腔的进回油。

液压凿岩机和电动凿岩机，由于其结构上的特点，无法采用中心供水，只能采用侧向供水清除岩粉。但如果改变蓄能器的位置，液压凿岩机也能够采用中心供水方式。

2. 电动凿岩机

1）电动凿岩机类型和技术特征

风动凿岩机在使用过程中，需将电能转换为压气能，这不仅需要装备功率较大的压气机(包括附属设备)和敷设管路，而且能量转换和传送效率较低，这就限制了风动凿岩机的发展及其凿岩能力的提高。此外，工作时振动大、排气噪声高和油雾造成的可见度差，也是风动凿岩机难以克服的缺点。从20世纪60年代初起，为了取代风动凿岩机，国内外除研制和应用了液压凿岩机，同时还研制和试用了电动凿岩机。电动凿岩机类型和技术特征见表4－16。

表4－16 电动凿岩机类型和技术特征

技术特征	单位	型号			
		YD—2	YD—25(东风—25)	YD—31(东风—31)	YDT30(YD—30)
机重	kg	30	25	31	30
凿眼直径	mm	34～43	40	40	35～38
凿眼深度	m	4	4	4	4
适用岩石	f	8～10	6～10	6～10	8～12
冲击功	J	>4	45	45	≥45
冲击次数	min^{-1}	2800	2000～2100	2000～2100	2000～2100
扭力矩	Nm	>10	10	10	≥18
凿岩速度	mm/min	—	180(f=8～10)	180	150(f=8～12)
钎杆转速	r/min	—	230～270	230～270	≥150
电动机功率	kW	2	2	2	3
频率	f	50	200	50	50
电压	V	127	220	380	380
转速	r/min	2640	1140	2840	2840

（续）

技术特征	单位	型号			
		YD—2	YD—25（东风—25）	YD—31（东风—31）	YDT30（YD—30）
隔爆性能	—	隔爆，水冷式	不隔爆，水冷	不隔爆，水冷	不隔爆，水冷
钎杆规格	mm	B22 或 B25	B22	B22	B22
水管内径	mm	13	13	13	13
冲洗钻孔用水压	MPa	0.2～0.3	0.2～0.3	0.2～0.3	0.3～0.5
外形尺寸（长×宽×高）	mm	570×320×225	600×245×200	700×270×200	683×260×170
支腿	—	水腿式 ST－140	气腿式	气腿式	气腿式
最大长度	mm	2880	2350	2350	2350
最小长度	mm	1680	1400	1400	1400
最大推动力	N	1400	—	—	—
附属设备	—	工农 36 型三缸活塞泵，电缆控制箱，六芯矿用隔爆插销	4kW200f 发电机组，0.3m^3 空气压缩机	SDK—380/2～3 漏电控制箱，0.2m^3 回转式空气压缩机	DSA—380/3 型电动凿岩机控制箱 FTJ12 型手摇支腿
制造厂	—	无锡煤矿电动凿岩机厂	浙江龙游探矿厂	浙江龙游探矿厂	江西宜春风动工具厂

2）电动凿岩机结构

电动凿岩机的结构形式有偏心块式、活塞压气式、凸轮弹簧式、离心锤式等。这些凿岩机都以电能为动力，此外，还有以电磁能为动力的电磁式凿岩机。目前使用的只有偏心块式和活塞压气式两种。

国产 YD—2 型电动机凿岩机属偏心块式，其构造如图 4－36 所示。电动机为矿用隔爆水冷式，可用于煤矿井下。

3）电动凿岩机的工作原理

(1) 偏心块式电动凿岩机。其基本工作原理如图 4－37 所示。电动机带动滑槽 1 旋转，滑槽带动滚轮 2，再通过小轴 3 带动主偏心块 4 和偏心块 5，绕活塞锤 7 的动轴 6 转动。偏心块转动时产生离心力 F，其分力 F_x 作用在活塞锤上，使它在缸套内作直线往复运动，而滚轮则在滑槽内滚动。

活塞锤向下运动时，靠偏心块的离心力和活塞锤的惯性力产生动能打击钎子；往上运动时，产生的动能压缩气室内的空气使之转变为压气能。当活塞再次向下运动时，压气能再转变成为膨胀功，用来加强活塞锤的冲击力。

当发生卡钎事故，使活塞锤停止往复运动时，偏心块仍能绕动轴旋转，从而起到自动保护电动机的作用。电动凿岩机一般采用外棘轮旋转机构转动钎子。

(2) 活塞压气式电动凿岩机。其工作原理如图 4－38 所示。电动机 2 旋转时，经减速

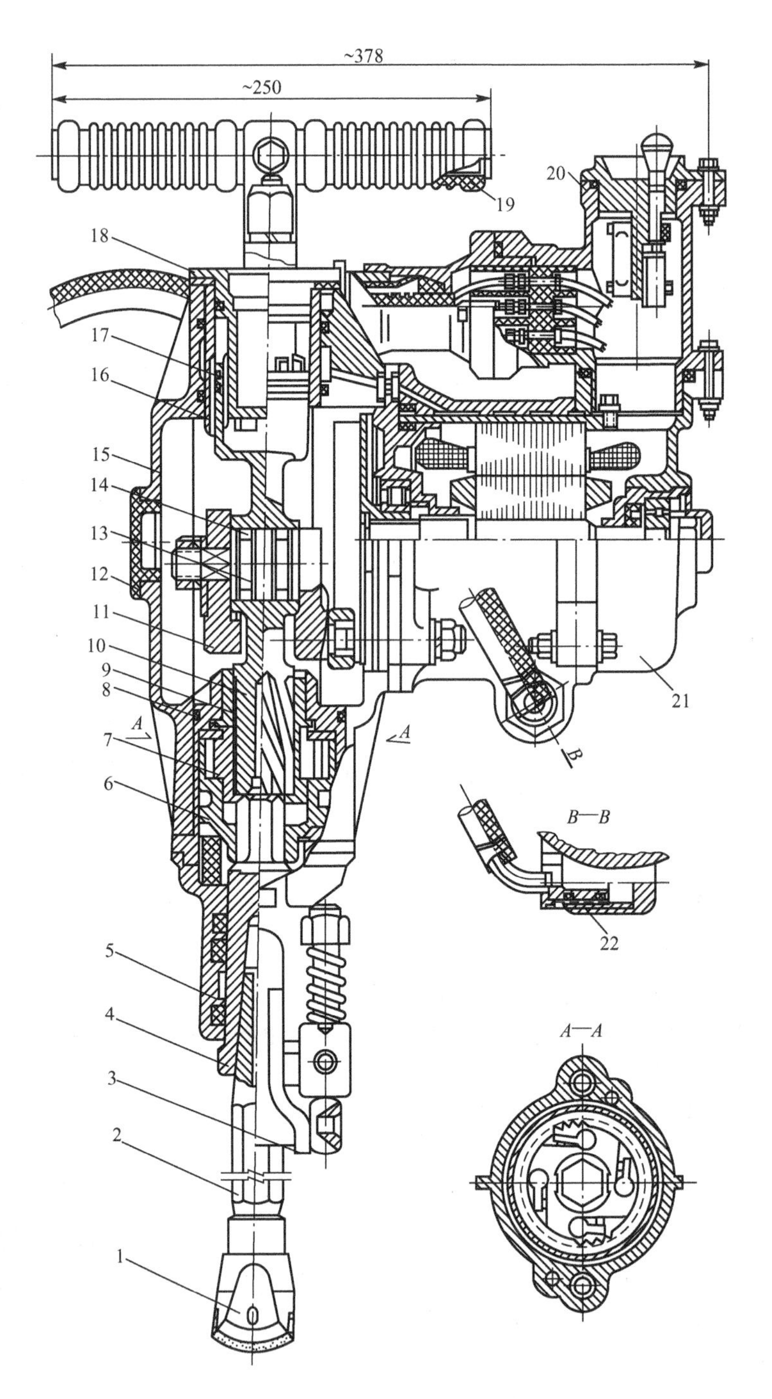

图 4-36 YD—2 型电动机凿岩机

1—钎头；2—钎杆；3—钎卡；4—钎尾套；5—机头外壳；6—棘轮；7—螺旋套；
8—导向套；9—衬套；10—冲锤；11—偏心轮；12—观察盖；13—主偏心块；14—滚针；
15—机壳；16—缸套；17—活塞环；18—气缸盖；19—手柄；
20—进线盒；21—电动机；22—进水嘴

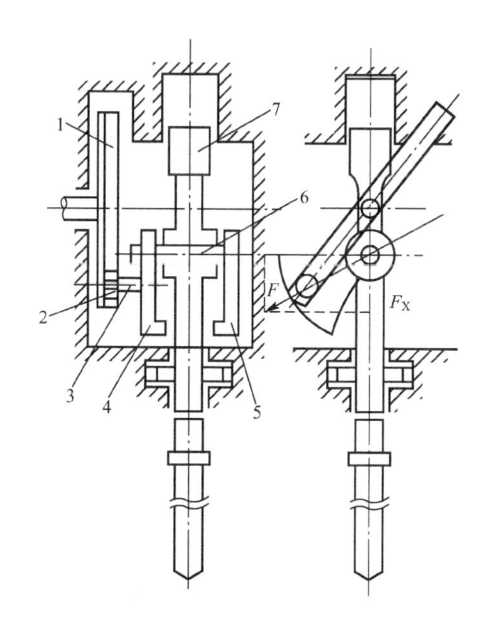

图4-37 偏心块式电动凿岩机的工作原理

1—滑槽；2—滚轮；3—小轴；4—主偏心块；5—偏心块；6—动轴；7—活塞锤

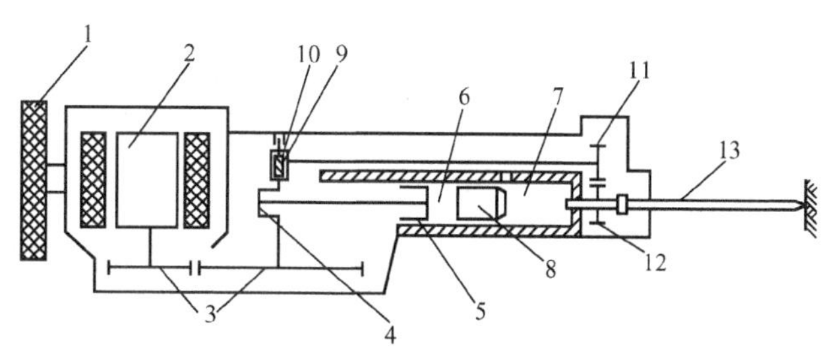

图4-38 YD—30型电动凿岩机工作原理示意图

1—手把；2—电动机；3—减速齿轮；4—曲柄连杆；5—活塞；6—后气室；7—前气室；8—冲锤；9—蜗杆；10—蜗轮；11—齿轮；12—转杆齿轮；13—钎子

齿轮3带动曲柄连杆4，使活塞5作往复运动。活塞向前运动时，压缩冲锤后气室6内的空气使其压力增大，而冲锤前气室7与外部大气相通，从而推动冲锤8向前运动并获得动能。冲锤越过排气口后靠惯性继续向前运动，压缩前气室内的空气形成缓冲气垫，同时冲击钎尾。碰撞后，冲锤弹回并超过排气口，同时活塞也开始向后运动，在后气室内造成真空，使冲锤在前、后气室压差作用下，返回原位置。

3. 内燃凿岩机

1）内燃凿岩机类型和技术特征

内燃凿岩机是由小型汽油发动机、压气机、凿岩机组合而成的一种手持式凿岩机械。内燃凿岩机外壳用轻铝合金铸造，重量轻、携带方便，因此适用于新矿井开工准备及山区无电源、无空压机设备的地区和流动性较大的临时工程。作业时，由本身产生的压缩空气吹洗炮眼里的岩粉，可钻凿垂直向下或水平方向的岩石炮眼。垂直向下钻孔深度可达6m。该机可在－40℃～＋40℃气候条件下工作。因不隔爆、有污染，不允许在煤矿井下使用。内燃凿岩机类型和技术特征见表4-17。

表4-17 内燃凿岩机类型技术特征

技术特征	单位	YN30A	YN23
机器重量	kg	28(镁合金壳体)	23
轮廓尺寸(长×宽×高)	mm	760×330×205	650×380×250
发动机型号	—	单缸风冷二冲程	单缸风冷二冲程
化油器形式	—	无浮子式	薄膜无浮子式

（续）

技术特征		单位	YN30A	YN23
发动机	活塞直径	mm	58	60
	活塞行程	mm	70	60
	活塞排量	cm^3	180	170
	负荷转速	r/min	2700～3000	3000
	怠速	r/min	≤2200	≤2200
冲击次数		min^{-1}	2700～3000	3000
冲击功		J	≥35	>35
扭力矩		Nm	≥18	16
钎杆转速		r/min	≥150	≈120
钎杆尺寸	钎杆尾部	mm	B22×108	B22×108
	冲杆尾部	mm	B25×108	—
钻孔速度(平均值)		mm/min	≥200	≥250
最大钻孔深度		m	6	6
油箱容积		l	≥1.65	≥1.8
耗油率		l/m	≤0.15	0.18
汽油与润滑油混合比例		(按容积)	12∶1	16∶1
润滑油		—	内燃式凿岩机油	10号车用机油
汽油		号	60～70	75号以上
断电器白金间隙		mm	0.4～0.5	0.3～0.5
火花塞间隙		mm	0.5～0.7	0.4～0.6
生产厂		—	洛阳、宜春、上海风动工具厂	沈阳、无锡探矿机械厂

2）内燃凿岩机的构造

如图4-39所示，主要包括以下几个部分。

(1) 发动机为单缸二冲程、回流扫气曲轴箱增压型汽油机、发动机的气缸、活塞、曲轴、连杆以及油箱、汽化器、起动器、磁电机、风扇等全部组成一体装在机器后部护罩内。

(2) 发动机采用拉绳回缩机构启动，无浮子式汽化器。

(3) 发动机气缸的延伸部分即是凿岩机气缸，凿岩机冲程活塞由3段圆柱体组成：靠机头一端为小圆柱，其上的螺旋槽与棘轮装置配合可实现转钎动作；靠发动机一端的圆柱段与发动机活塞直径相同，是直接承受燃烧室爆炸压力的部分；中间一段大圆柱体将气缸分隔为前后两腔，前腔经斜气道通燃烧室，其目的利用燃烧排气压力实现活塞回

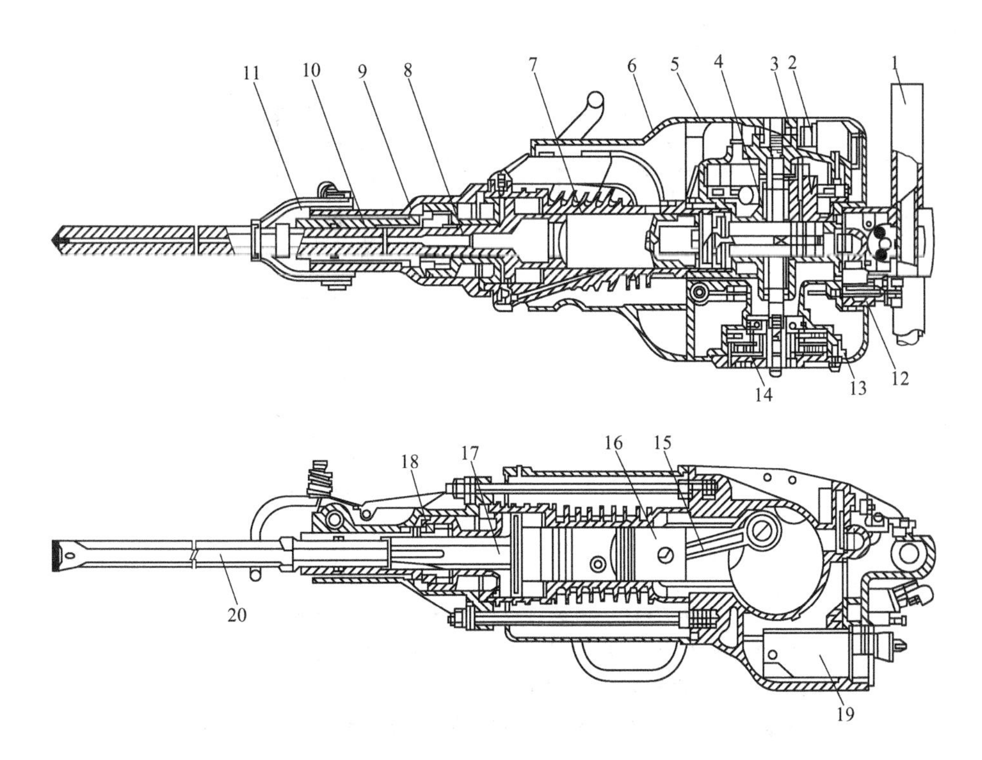

图 4-39 YN30A 内燃凿岩机

1—把手；2—飞轮；3—风扇罩；4—磁电机装置；5—曲轴箱；6—护罩；7—气缸；
8—冲击筒套；9—机头；10—转动筒套；11—钎卡；12—柄体；13—油箱；
14—起动装置；15—曲轴连杆；16—发动机活塞；17—冲击活塞；
18—活塞导承；19—空气滤清器；20—钎子

程，后腔即为压气机压缩室，通过压缩室吸气阀和排气阀的作用，实现活塞回程和排除岩粉。

(4) 发动机气缸采用风冷，润滑由化油器送入的汽油与机油雾化混合液完成。

(5) 凿岩机气缸润滑采用燃烧后的残余机油。

3) 内燃凿岩机的主要部件和作用原理

(1) 发动机。发动机是内燃凿岩机的动力装置，由发动机活塞、曲轴箱、燃烧室、化油器，气道系统等组成。发动机一般采用二冲程，曲轴箱增压小型汽油机。利用汽油机燃烧室可燃气体(汽油与空气混合物)的爆炸压力，推动发达机活塞和凿岩机冲击活塞作反方向运动，曲轴不输出功率。发动机活塞冲程时，将可燃气体从曲轴箱压入燃烧室，并给曲轴箱飞轮储能；发动机活塞回程时，曲轴箱出现负压，可燃气从化油器吸入曲轴箱，从而维持发动机活塞连续工作。为适应凿岩机任意方向作业的需要，发动机配合结构简单，工作可靠的无浮子式化油器。燃烧室采用磁电机点火系统。

(2) 凿岩机。凿岩机由冲击机构、转钎机构、排粉机构和气道系统组成。冲击机构的活塞冲程靠公共燃烧室内可燃气的爆炸压力，回程则利用废气压力。转钎机构有内回转和外回转两种，内回转为冲击活塞螺旋副棘轮机构；外回转由发动机曲轴输出回转扭矩驱动转钎机构。排粉机构采用冲击活塞回程和排气吹岩粉方式，也有曲轴箱驱动的副气缸排气吹岩粉方式。内燃凿岩机的组成和作用原理如图 4-40 所示。

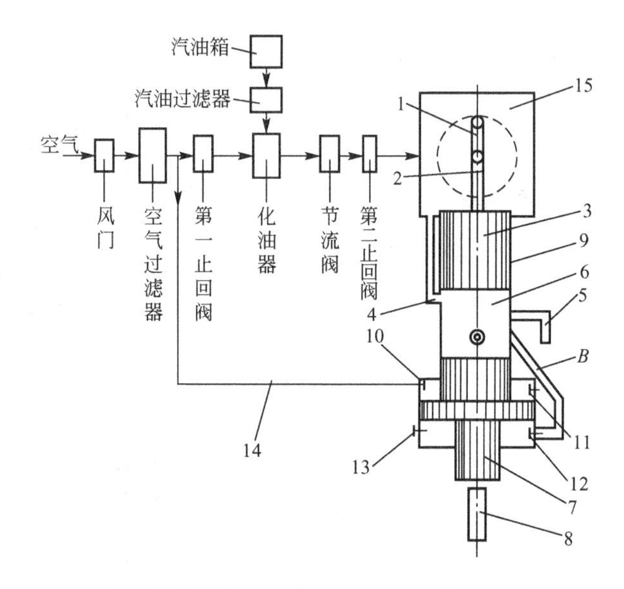

图 4-40 内燃凿岩机的组成及工作原理

1—曲轴；2—连杆；3—发动机活塞；4—可燃气进气孔；5—废气排气管；6—公共燃烧室；7—冲击活塞；8—钎杆；9—气缸；10—进风阀；11—压气排气阀；12—燃气进气阀；13—燃气排气阀；14—进风软管；15—曲轴箱

4.5.4 煤电钻和岩石电钻

与冲击式凿岩机比较，煤电钻和岩石电钻具有以下优点：利用电能作动力，不需要任何转换，能量利用效率高，设备简单，费用低；用切削方式破岩，钻出的岩粉粒度大，钻进效率和钻速较高，并能连续钻进；噪音低、无油烟、震动小。

1. 煤电钻

1）煤电钻的类型和技术特征

煤电钻是煤矿最常用的钻眼机械，煤电钻设备简单，价格低廉，重量、扭矩和功率较小，电机轴转数较高，动力单一，能量利用效率高，携带和移动方便，操作简单，适于在煤层和 $f \leqslant 4-6$ 的岩石中钻眼。在煤层和 $f<3$ 的岩石中钻眼时，可以手持推进。国内常用的煤电钻的类型和技术特征，见表 4-18。

表 4-18 煤电钻的类型和技术特征

技术特征	单位	型号								
		MZ_2—12	MZ_2—12A	MZ_2—12B	SD—12	MSZ—12	MZ—12	MZ—12A	MZ—12C	SD—12—380
重量	kg	15.3	15.5	15.5	18	13	15.5	15.5	15.5	18
功率	kW	1.2	1.2	1.2	1.2	1.2	1.2	1.2	1.2	1.2
电机效率	%	79.5	—	—	75	74	76	76	76	70

（续）

技术特征	单位	型号								
		MZ_2—12	MZ_2—12A	MZ_2—12B	SD—12	MSZ—12	MZ—12	MZ—12A	MZ—12C	SD—12—380
额定电压	V	127	127	127	127	127	127	127	127	380
额定电流	A	9	9	9	9.1	9.5	9	9	9	2.65
相数	—	3	3	3	3	3	3	3	3	3
电机转速	r/min	2850	2820	2820	2750	2800	2820	2820	2820	2800
电钻转速	r/min	640	470	550	610/430	630	640	520	640	610
电钻扭矩	J	17.6	24.9	21.2	18/26	18.5	17	21.1	17	14.4
外形尺寸长	mm	366	366	366	425	310	340	340	340	412
宽	mm	318	318	318	330	300	318	318	318	322
高	mm	218	218	218	265	200	220	220	220	260
钻孔直径	mm	38～45	38～45	38～46	38～47	38～48	38～49	38～50	38～51	38～52
钻杆尾端直径	mm	ϕ19	—	—	ϕ19	ϕ19	ϕ19	—	—	ϕ19
隔爆性能	—	隔爆	—	—	隔爆	隔爆	隔爆	隔爆	隔爆	不隔爆
制造厂	—	抚顺矿灯厂	抚顺矿灯厂	抚顺矿灯厂	上海电动工具厂	上海电动工具厂	天津煤矿专用设备厂	天津煤矿专用设备厂	温顺煤矿设备厂	成都红光电机厂
型号含义	M—煤；　Z—钻；　D—电钻；　12—额定功率 1.2kW									

2）煤电钻的结构

煤电钻主要由电动机、减速器、散热风扇、开关和手柄等部分组成。

(1) 电动机采用三相交流鼠笼式全封闭感应电动机，电压为 127V，功率为 0.9～1.6kW(一般为 1.2kW)。电机轴前端与减速箱相连，散热风扇装在机轴后端，与电动机同步运转。

(2) 减速器一般由二级外啮合圆柱齿轮构成。黄油润滑，有单速和多速两种。

(3) 外壳用铝合金铸造，并要求密封防爆、易散热。手柄须用橡胶绝缘，以防触电。手柄上设有开关扳手。煤电钻的构造见图 4-41，煤电钻的传动系统见图 4-42。

3）煤电钻的维护与检修

(1) 日常维护。每天在工作面安全地点维护，具体内容：检查各部螺丝，松动的要拧紧，缺少的要补上；检查开关是否灵活可靠；检查转动部分声音是否正常；检查风扇是否完整，有无刮碰现象；检修电缆，插销是否完好，并保证插销在使用中不得自由脱落。

(2) 短期维护。每 10 天在井下或地面修理站维护，具体内容：检查减速器中润滑油及滚珠和齿轮磨损情况，不合要求的应予调整或更换；检查各处隔油密封圈是否完好，有无油浸线圈现象；检查转子轴承磨损是否超限，定子线圈是否完好；检查导电绝缘，测定绝缘电阻如低于 0.5MΩ，应予干燥；检查各防爆零件是否有缺陷，煤电钻隔爆标准，见表 4-19。

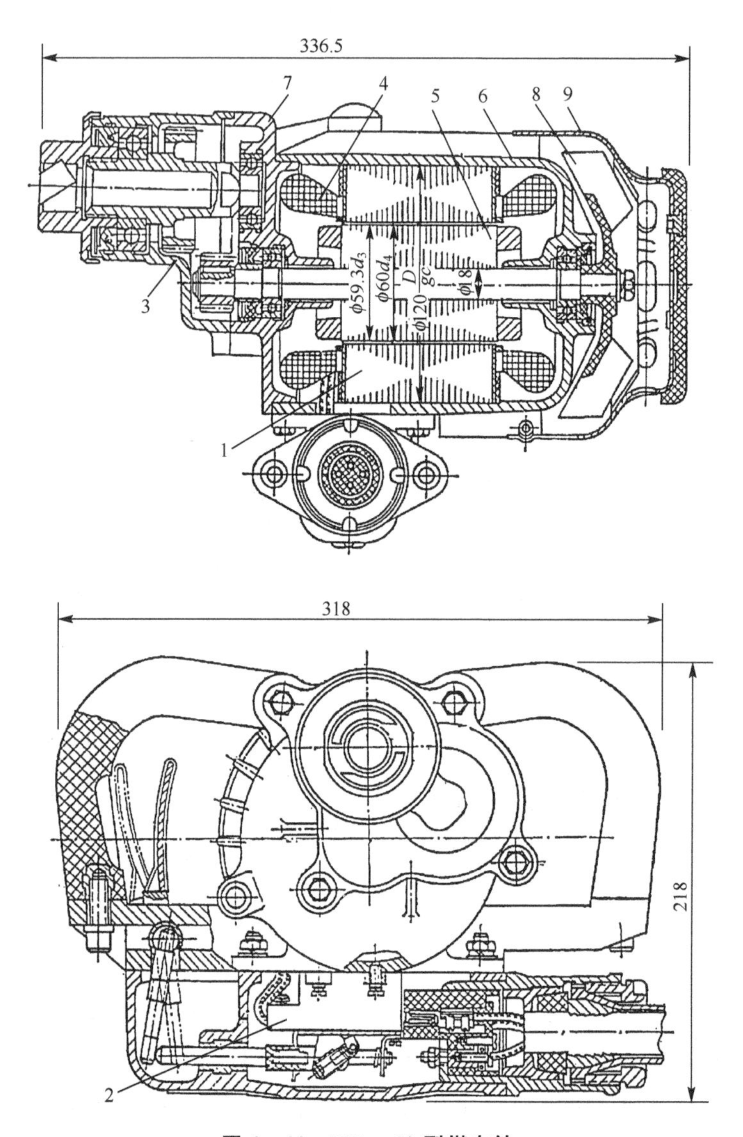

图 4-41　MZ_2—12 型煤电钻

1—电动机；2—开关；3—减速器；4—定子；

5—转子；6—外壳；7—中间盖；8—风扇；9—风扇罩

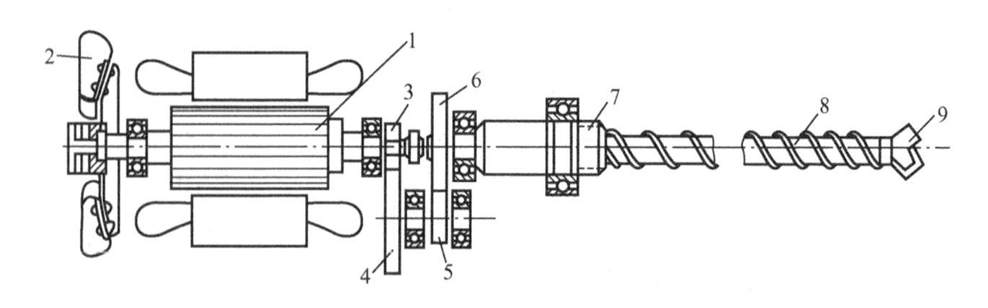

图 4-42　煤电钻的传动系统

1—电动机；2—风扇；3、4、5、6—减速器齿轮；7—电钻心轴；8—钻杆；9—钻头

表 4-19 MZ_2—12 型煤电钻接合面的隔爆标准

位置	直径接合间隙不大于/mm	接合长度不小于/mm
电动机轴与端盖的孔	0.6	25
端盖与外壳	0.4	12.5
开关盒盖与操作推开	0.4	25
接线盒外壳与开关盒盖	0.4	12.5
接线座与接线盒外壳	0.5	25
接线座与接线柱	0.4	12.5
接线座与接地线座	0.4	12.5
接线盒外壳与距离套	0.4	12.5
开关盒盖与外壳	接合面的任一点间隙不大于 0.2	

(3) 长期维护。每 3 个月在机修厂维护，具体内容：拆卸整个煤电钻，清洗油污，更换磨损超限零件；干燥定子线圈，或重新绕制已烧坏的线圈；检查转子铝条有无断裂；检修后进行电气、机械两部分的合格试验。

2. *岩石电钻*

1) 岩石电钻的类型和技术特征

岩石电钻的重量、扭矩、功率都比煤电钻大，但电机轴转数较低，要求施加较大轴压。岩石电钻可在中等坚固(f=4～8)的岩石上钻眼。

岩石电钻主机结构与煤电钻基本相同，但需配有推进装置，以便对钻头施加较大轴压，因此，其重量较大，需采用支持主机和推进装置的支撑安装设备，或与台车、钻装车配套使用。岩石电钻的推进方式有链条推进、钢丝绳推进、螺杆推进、液压推进等多种。岩石电钻如图 4-43 所示，岩石电钻的类型和技术特征见表 4-20。

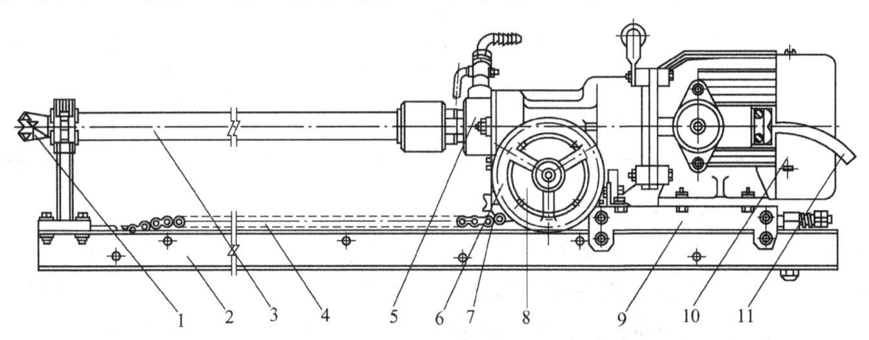

图 4-43 岩石电钻

1—钻头；2—导轨；3—钻杆；4—链条；5—供水装置；6—手轮；7—导向链轮；8—离合器；9—滑架；10—岩石电钻；11—电缆

表 4-20 岩石电钻的类型和技术特征

技术特征	单位	型号			
		EZ_2—2.0 风冷	YZ_2S 水冷式	YDX—40A	YDX—40B
功率	kW	2	2	2	2
额定电压	V	127 或 380	380	127，220，380，660	127，220，380，660

（续）

技术特征	单位	型号			
		EZ_2—2.0风冷	YZ_2S水冷式	YDX—40A	YDX—40B
额定电流	A	13或4.4	4.7	13.5，8，4.5，2.6	13.5，8，4.5，2.5
电动机频率	Hz	50	50	50	50
电动机相数		3	3	3	3
电机转速	r/min	2790	2820	2790	2790
电钻转速	转/分	230 300	240 360	240 360	240
电钻效率	%	340	78		
推进速度	mm/min	79	264 468	280 525	280
退钻速度	mm/min	368 470	7.2 10.8		
最大推力	N	545	7000	7000	7000
钻孔深度	m		1.8	5	5
供水方式		7000	侧向	侧向	侧向
隔爆性能		1.5～2	隔爆	隔爆	隔爆
推进方式		侧向	链条	链条	钢丝绳
外形尺寸（长×宽×高）	mm	隔爆链条	625×260×300	570×343×318.5	667×352×293
钻头直径	mm	650×320×320	ϕ38～42	ϕ34～45	ϕ35～45
重量	kg	ϕ36～45	40	35	40
生产厂	—	抚顺矿灯厂	天津煤矿专用设备厂	沈阳风动工具厂	沈阳风动工具厂
备注	—	配YKB—380/2型控制箱	配YZKI型控制箱，2DZC型悬臂机械台车	与DZ—1型轨轮式单机钻架配套使用	—

2）岩石电钻的结构和工作原理

岩石电钻主要由电动机、减速器、推进器、排粉装置和传动系统等组成。

(1) 电动机。各型岩石电钻均用三相交流鼠笼型隔爆自扇风冷式异步电动机驱动，功率2kW。电动机前端通过中间盖与减速器连成一体，后端装有风扇和风扇罩，电动机的开停，由接线盒内的电位开关控制。使用岩石电钻时需配备电气控制箱。

(2) 减速器。减速器由直齿轮、蜗杆蜗轮、摩擦离合器等组成，减速器的输出轴可分别实现电钻钻杆的旋转、电钻的推进和退出动作。电钻钻杆的旋转由电动机经二级直齿轮减速后驱动，其中一级齿轮可根据岩石硬度更换配对齿数。电钻的推进则经蜗轮、链轮、链条或滚筒、钢丝绳驱动。磨擦离合器由手轮操作，可实现电钻的推进和退出。

(3) 推进器。由于旋转式钻眼破岩钎刃要依靠轴压力作用才能侵入岩石，因此岩石电钻均装设有推进机构。推进机构有链轮链条式和滚筒钢丝绳式两种，前一种方式可实现自动推进和快速自动退出；后一种方式仅能实现自动推进，而退出则靠人拉。推进器由滑架、导轨、扶钎器以及链轮链条或滚筒钢丝绳组成，当磨擦离合器合上时，固定电钻的滑架在链轮(或滚筒)的驱动下，通过链轮链条的啮合(或滚筒上的钢丝绳缠绕)作用，沿导轨滑行，实现电钻的进退。推进器必须配用专用钻架，岩石电钻才能正常工作。

(4) 排粉装置。排粉装置采用侧式供水，湿式钻眼。

(5) 传动系统。国产链条推进的岩石电钻的传动系统如图 4-44 所示。主机安装在特制导轨上，电动机经齿轮、蜗杆蜗轮减速后，通过摩擦离合器带动链轮正转或反转。链轮与固定链条咬合，故链轮转动时，可使主机沿导轨前、后移动。

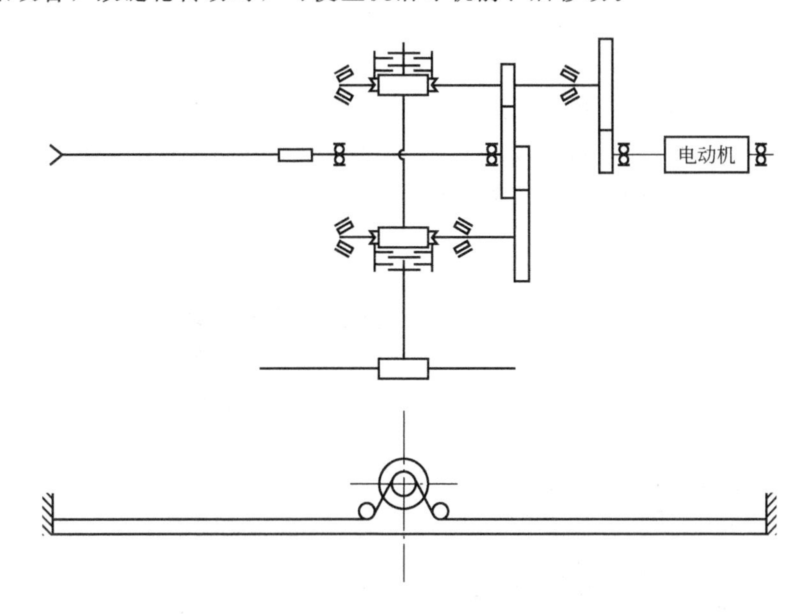

图 4-44 链条推进的岩石电钻的传动系统

3) 岩石电钻的使用

(1) 使用方法：钻孔工作必须在岩石电钻、电气控制箱、钻架及控水设备齐全的情况下，方能保证安使用；根据炮眼排列，确定钻架位置；将岩石电钻装在钻架推进架上，安装钻杆，将钻头顶紧在岩壁上。

(2) 注意事项：按要求接线，接线要牢靠；钻架要牢固，供水水路要畅通；应经常保持钻头锐利；出现钎杆卡住时，应松开离合器空转一下，再行推进；在推进进程结束前应松开离合器或停电，以免损坏机件。

发生下列情况之一者禁止使用：①漏电麻手；②钻架支柱顶板岩石脱落；③熔断器烧断；④减速器声音异常；⑤开关、插销、电气控制箱工作不可靠。

4.5.5 凿岩台车

1. 凿岩台车类型和技术特征

为提高钻眼机械化程度，与巷道掘进机械化作业线设备配套，以及随着重型高效能凿岩机的发展，从 20 世纪 60 年代初起，各国开始研制和使用各种类型的凿岩台车，凿岩台车类型见表 4-21。

表 4-21　凿岩台车类型

类型	特点	适用范围
掘进凿岩台车	双钻臂、三钻臂或多钻臂同时凿岩。轨轮、轮胎或履带行走机构。驱动动力为风动、液动或柴油机	岩石平巷、隧道涵洞和地下工程掘进时炮眼的钻凿作业
采矿台车	单钻臂或双钻臂同时凿岩。轮胎式行走机构。驱动动力主要为风动	金属矿山、井下开采矿场和大型硐室中、深炮眼的钻凿作业
锚杆台车	单钻臂凿岩。轨轮式、轮胎式行走机构。动力为风动、电动	钻凿巷道、硐室锚杆眼和安装锚杆作业

凿岩台车带有独立推进机构的推进器，可保证产生钻孔所需要的轴推力。凿岩机固定在滑架上，滑架沿推进器的导轨架移动。目前，最广泛采用的是钻臂式凿岩台车，即推进器借助钻臂支承在可自行的台车上。钻臂可上下、左右移动，以便将凿岩机安置在所需要打眼的位置上，如图 4-45 所示。

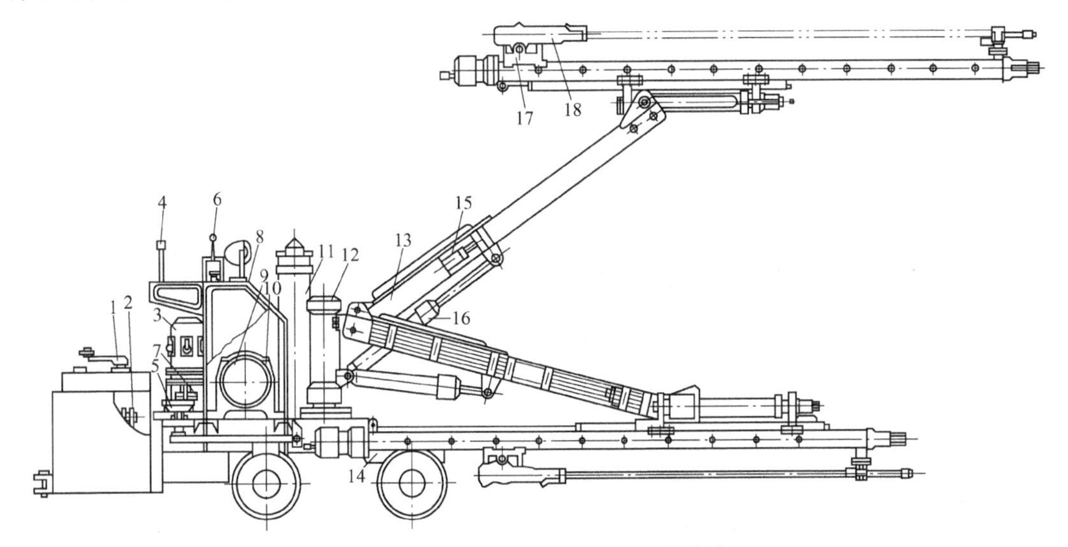

图 4-45　CGJ220—2 型掘进凿岩台车

1—行走控制器；2—电阻器；3—油泵风马达；4—多路换风阀；5—制动器；6—风阀；7—联轴器；8—操作台；9—电机；10—减速器；11—固定气缸；12—转柱油缸；13—钻臂；14—行走机构；15—俯仰角油缸；16—支撑油缸；17—推进器；18—凿岩机

2. 掘进凿岩台车的构造和原理

1）推进器

（1）推进机构。推进机构给凿岩机提供轴推力和支承力，并完成凿岩机驶向和退离岩壁的动作。推进机构的类型有风马达丝杠式、风马达链条式、油缸钢丝绳式和油缸链条式。驱动的动力有风动和液压两种，如图 4-46、图 4-47 和图 4-48 所示。

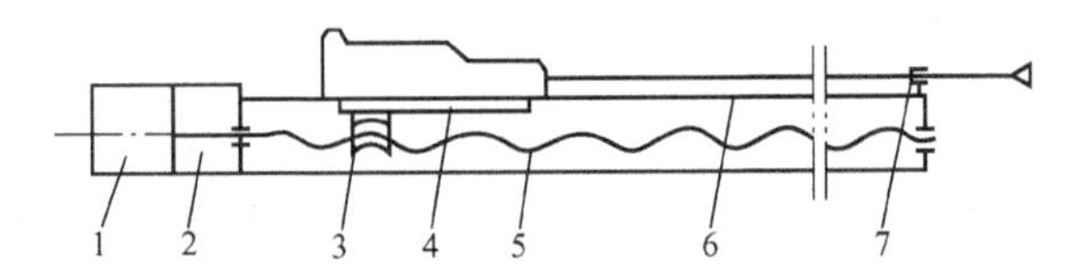

图 4-46　风马达丝杠式推进机构

1—风马达；2—形星齿轮减速器；3—推进螺母；4—托盘；5—丝杠；6—滑架；7—扶钎器

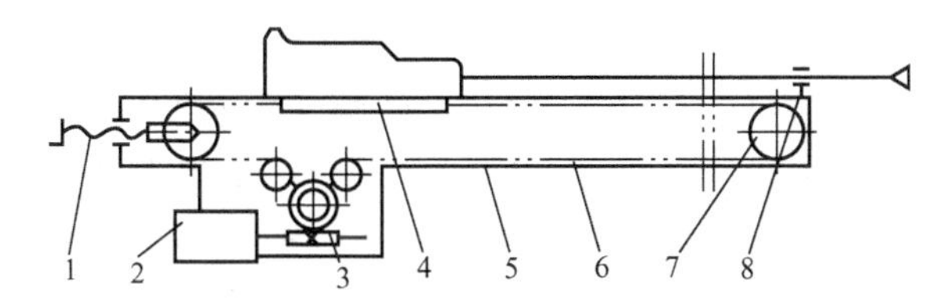

图 4-47 风马达链条式推进机构

1—链条张紧装置；2—风马达；3—蜗轮蜗杆减速器；
4—托盘；5—滑架；6—链条；7—导向链轮；8—扶钎器

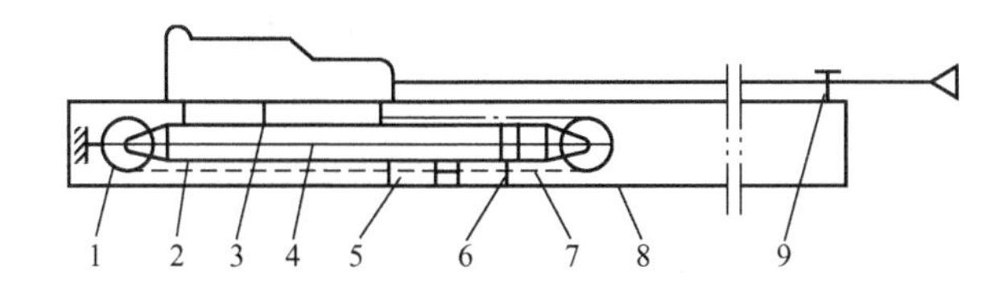

图 4-48 油缸钢丝绳式推进机构

1—导向滑轮；2—油缸；3—托盘；4—活塞杆；5—调节装置；
6—活塞；7—钢绳；8—滑架；9—扶钎器

(2) 变幅机构。变幅机构用于改变推进器的方向和位置，并与钻臂变幅机构相配合使推进器实现平动、摆动、补偿和翻转等动作，以满足凿岩机调整炮眼方向和位置的要求。推进器变幅机构的类型如图 4-49 所示。

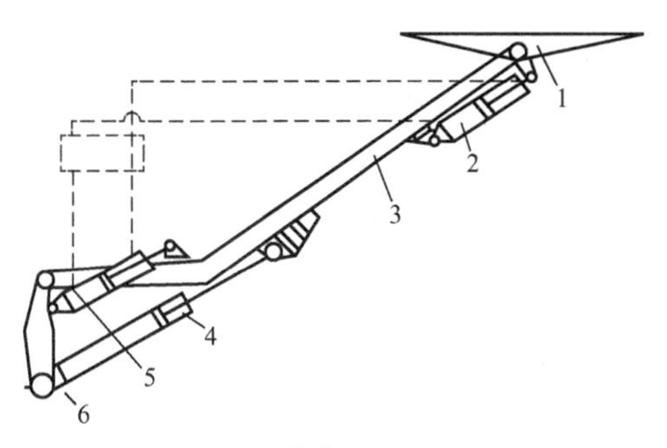

(a) 平动

1—推进器托盘；2—仰俯角油缸；3—钻臂；
4—钻臂油缸；5—平动油缸；6—钻臂座

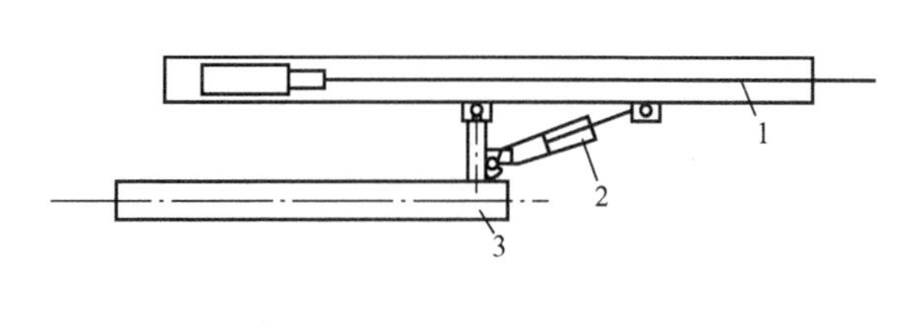

(b) 摆动

1—推进器；2—摆角油缸；3—钻臂

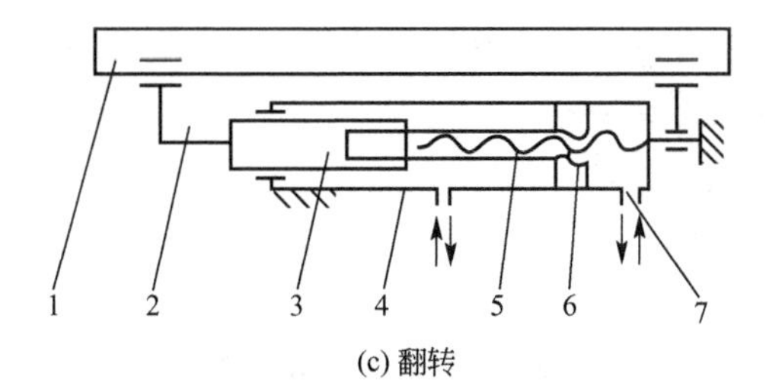

(c) 翻转

1—推进器；2—转动卡座；3—连接筒；4—油缸体；5—螺旋棒轴；
6—转动体(螺旋母)；7—进油口

图 4-49 推进器变幅机构的动作示意图

2）钻臂

（1）摆式钻臂。摆动式钻臂由钻臂、转柱、钻臂油缸和摆臂油缸等组成，如图 4－50 所示。钻臂在升降油缸和摆臂油缸作用下，可在垂直和水平方向实现升降和摆动，即按直角坐标调位，摆式钻臂按照使用条件不同，还有几种变型，如推进器可翻转式，带回转式副钻臂的和钻臂可伸缩的摆式钻臂。前两种用于钻凿小角度的底眼，后一种用于推进器补偿油缸行程不够的情况。摆式钻臂结构简单、操作直观，可钻凿各种类型的掏槽眼，但钻臂操作程序较多。

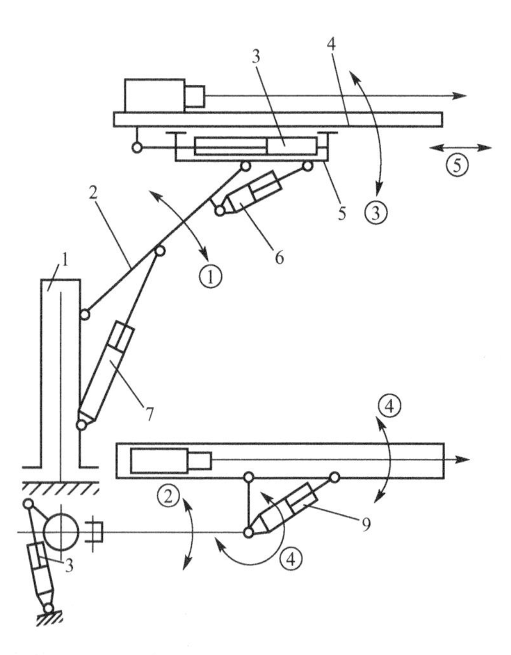

图 4－50　摆式钻臂

1—立柱(转柱)；2—钻臂；3—补偿油缸；4—推进器；5—托架；6—俯仰油缸；7—钻臂油缸；8—摆臂油缸；9—摆角油港；①—钻臂升降；②—钻臂摆动；③—推进器俯仰；④—推进器摆角(水平摆动)；⑤—推进器补偿

（2）回转式钻臂。回转式钻臂由回转支座、钻臂、钻臂升降油缸等组成，如图 4－51 所示。钻臂根部的回转机构可使整个支臂围绕回转支座的水平回转轴回转 360°，故炮眼的位置由回转半径和回转角度来确定，即钻臂按极坐标方式调位。回转机构的类型有油缸齿条式(图 4－52)、曲柄圆盘式(图 4－53)和液压马达蜗杆蜗轮式。回转式钻臂找眼操作的程序少，凿岩机贴帮、贴底性能好，但结构复杂，操作直观性差。目前掘进凿岩台车的钻臂多为此种形式。

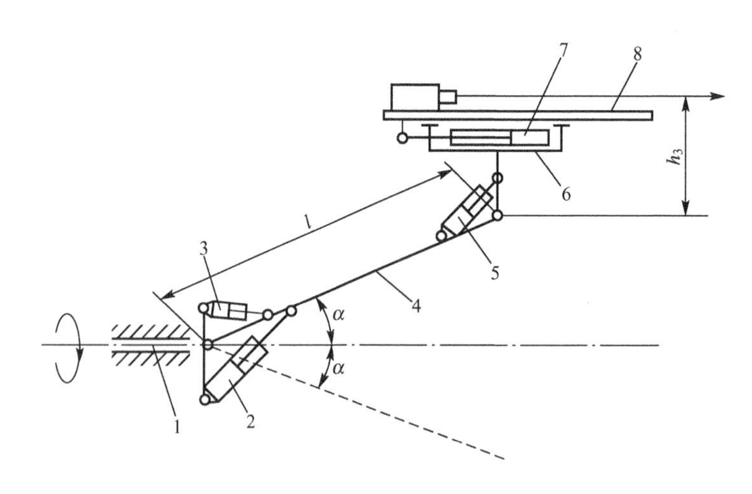

图 4－51　回转式钻臂

1—回转支柱；2—钻臂油缸；3—平动缸；4—钻臂；5—俯仰油缸；6—托架；7—补偿油缸；8—推进器

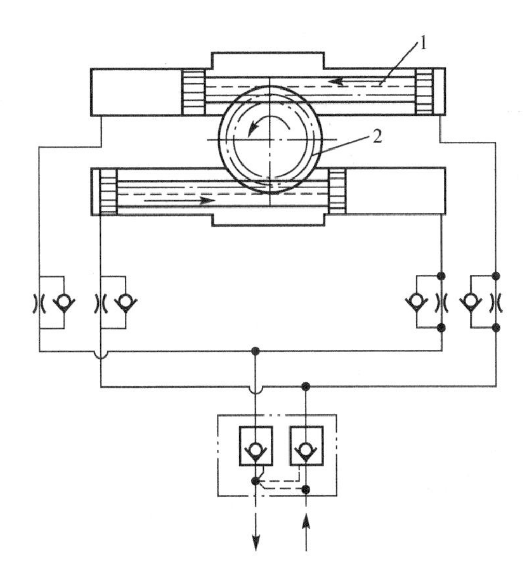

图 4-52 油缸齿条式回转钻臂的回转机构

1—齿条活塞油缸；2—回转座齿轮

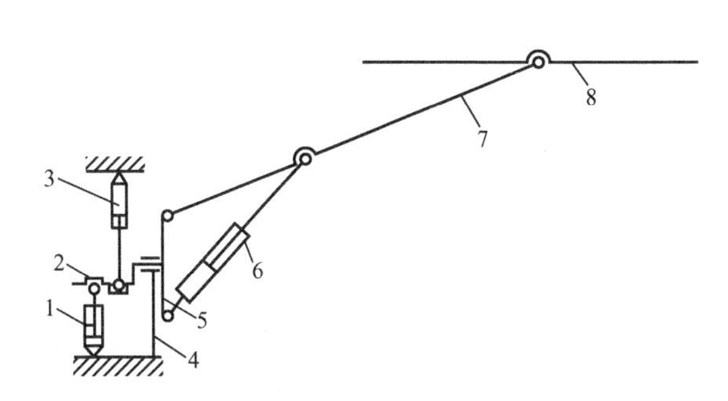

图 4-53 曲柄圆盘式回转钻臂的回转机构

1、3—油缸；2—曲柄连杆；4—支座；5—圆盘；6—钻臂油缸；7—钻臂；8—推进器

3）行走机构

(1) 轨轮式。轨轮式由直流电机或液压马达驱动，结构简单、工作可靠、使用寿命长，适应软岩巷道；但调动不灵活，错车不方便，拐弯受巷道曲率半径限制，常用于煤矿。

(2) 履带式。履带式由液压马达驱动，调动灵活、工作可靠、爬坡能力强，可用于倾角较小的巷道；结构复杂，履带易磨损，使用寿命较短，在软岩巷道中使用困难，在有轨巷道中使用，存在压轨问题。目前国外掘进凿岩台车多使用这种类型。

(3) 轮胎式。轮胎式由液压马达驱动，调动灵活、工作可靠，不易压坏胶管和电缆；结构复杂，轮胎易磨损，使用寿命较短，多用于金属矿。

4）液压系统

(1) 主回路。

① 单泵多液动机开式系统。台车的推进器、钻臂的变幅机构以及其他机构的液压回路均由一台油泵供油，油泵容量大，液压元件少，适于配用风动凿岩机的台车。

② 多泵多液动机开式系统。凿岩机、推进器、钻臂、行走部等各液压回路由几台油泵分开供油。每台油泵容量小，油泵台数多，能量利用合理。各机构间的动作干扰少，适用于全液压凿岩台车。目前的掘进凿岩台车大多采用这种系统。

(2) 控制回路。

① 推进机构的调速回路用以调节推进器产生的轴推力和推进速度，可以使凿岩机在最优轴推力下工作。调速回路有 5 种类型，如图 4-54 所示，其中单向减压阀调节回路系统简单，应用最多，但和低压溢流阀、调速阀调节回路一样，系统存在能量损失较多。液压伺服变量泵调速回路比较合理，它在推进器推进时输出小流量，返回时输出大流量，能量损失较少，但变量泵结构复杂、成本较高。

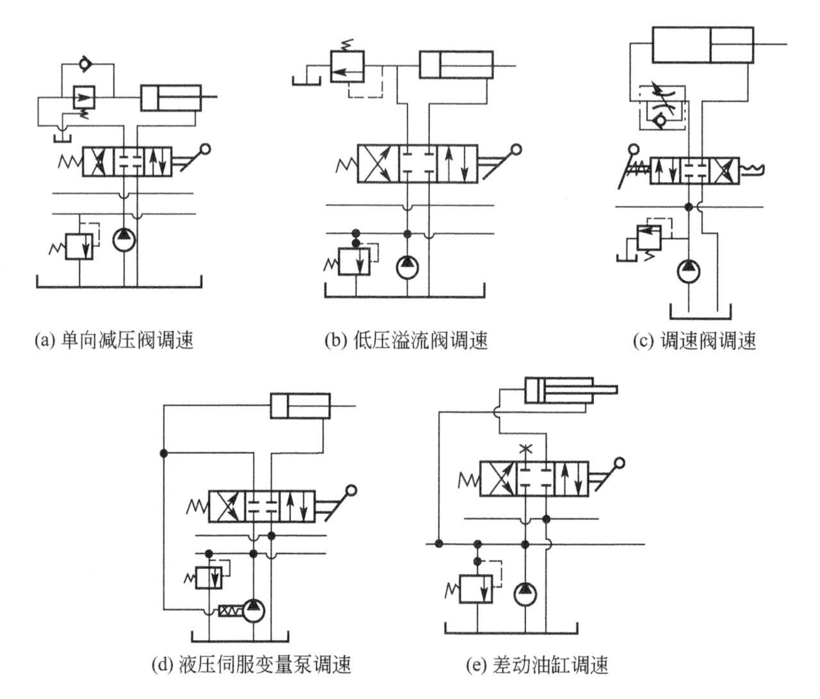
(a) 单向减压阀调速　(b) 低压溢流阀调速　(c) 调速阀调速

(d) 液压伺服变量泵调速　(e) 差动油缸调速

图 4－54　推进器液压调速回路

② 钻臂液压平动机构回路的作用是在钻臂变幅时、保持推进器平行移动、以使钻凿的炮眼间有较高的平行精度，可提高爆破效率，特别是掏槽眼的爆破效率，常见的两种液压平动机构控制回路如图 4－55 所示；在有误差的液压平动控制回路中，平动缸和俯仰缸的对应油腔油路互相连通，当钻臂升降时，两缸活塞一伸一缩，可以实现推进器基本保持平行。这种控制回路结构简单、动作可靠，构件尺寸小，其平动误差可以满足工程要求，应用较广，适用于摆式钻臂和回转式钻臂。在无误差的液压平动控制回路中，钻臂的升降油缸兼作平动油缸，钻臂升降油缸的活塞杆腔与俯仰缸的活塞腔油路连通，当钻臂升降时，两缸活塞同时伸缩，可以实现推进器理论上的平行移动。这种控制回路无平动误差，结构简单、动作可靠，但俯仰缸结构尺寸较大，适用于摆式钻臂。

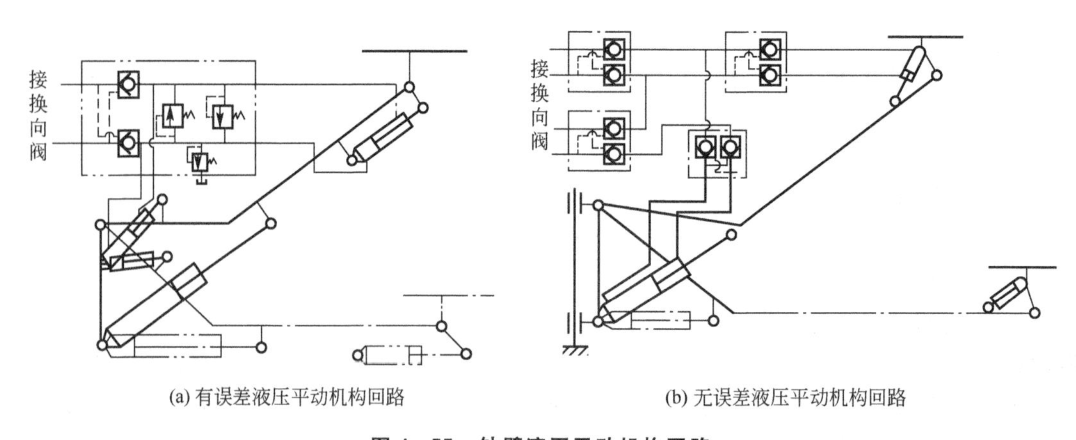

(a) 有误差液压平动机构回路　(b) 无误差液压平动机构回路

图 4－55　钻臂液压平动机构回路

本章小结

本章系统全面地介绍了岩石的爆破分级与凿岩机具的选择使用，从岩石的密度指标、孔隙性、水理性质、抗风化指标、抗冻性指标，以及岩石的强度特性等方面讲述了岩石的物理与力学性质；分别介绍了岩石的坚固性和可爆性分级的分级标准及等级的划分情况；介绍了爆破作业过程中的钻眼方法和破岩机理，阐述了冲击、切削、滚压和磨削4种常用的机械破岩方法及其破岩机理；从机械型号、结构构造、工作原理、使用方法等方面介绍了几种常用凿岩机具。

习　题

一、名词解释

岩石的密度指标，孔隙率，孔隙比，含水率，自由膨胀率，侧向约束膨胀率，膨胀压力，单轴抗压强度，单轴抗拉强度，可爆性

二、填空题

1. 岩石的密度指标主要有________、________、________、________和________。
2. 通常描述岩石强度特性的指标有岩石的________、________、________和________。
3. 按破岩方法，可将钻眼方法分为________、________和________三大类。
4. 风动凿岩机内设有________、________和________三大部分来完成凿岩任务。

三、简答题

1. 简述岩石的单轴抗压强度定义及两种主要破坏形态。
2. 试阐述冲击、切削、滚压和磨削4种常用的机械破岩方法及其破岩机理。
3. 简述凿岩机按工作动力来源的分类。
4. 简述与冲击式凿岩机比较，岩石电钻的优点。
5. 简述钻眼方法分类。

第5章 岩石爆破作用原理

炸药爆炸施加于岩石的是冲击荷载，压力峰值高、作用时间短，属于动力学范畴，研究岩石的爆破破碎必须研究岩石的动态特性。岩石的可爆性是指岩石对爆破破坏的抵抗能力和岩石爆破破坏的难易程度。岩石的可爆性是岩石自身的物理力学性质和炸药、爆破工艺的综合反映，它在岩石爆破过程中表现出来，并影响着整个爆破效果。

教学目标

(1) 熟知岩石爆破破碎机理，理解并掌握岩石中爆炸应力波的基本概念和传播规律。
(2) 理解药包的内部作用和外部作用，掌握爆破漏斗的几何要素。
(3) 学会装药量的有关计算，理解并掌握影响爆破作用效果的因素。

教学要求

知识要点	能力要求	相关知识
岩石爆破破碎机理	熟悉	关于岩石爆破破碎机理的4种假说
岩石中的爆炸应力波	掌握	爆炸冲击荷载；冲击波；应力波的基本概念与传播方程；地震波
药包的内部作用和外部作用	掌握	内部作用形成的粉碎区(压缩区)、破裂区和震动区；外部作用机理；爆破漏斗；利文斯顿爆破漏斗理论
装药量的计算原理	掌握	装药量计算的原理、炸药消耗量的确定方法
影响爆破作用效果的因素	掌握	爆轰压力、爆炸压力、炸药的波阻抗；药包与炮孔壁的耦合关系；爆破参数、堵塞质量；

引例

岩石爆破点滴

岩石的爆破破碎是一个伴随着高温、高压、高速的瞬态过程，爆破过程中的岩石呈现动态特征，并且在几十个微秒到几十个毫秒内即完成，而岩石又是一种千变万化的非均质介质。因此，单从经典力学原理出发对其进行深入研究是十分困难的。但是，通过近几十年的工程实践和科学实验，科研工作者总结出了许多关于岩石爆破破碎机理的有价值的研究成果，形成了许多新的学说和理论体系。

若将一个球形药包埋在无限深的均质岩体中，随着离药包距离的不同，爆炸会产生不同的爆破效果。

直接与药包接触的岩石将受到超高压冲击波的冲击和压缩作用，这种压力大大超过岩石的动抗压强度。若岩石具有可塑性，将受到强烈压缩而形成压缩圈。但对大多数坚硬岩石来说，可塑性很小，岩石受到强烈冲击和压缩后将被粉碎，形成粉碎圈，其半径一般为药包半径的2～4倍。粉碎圈以外的岩石，受到衰减后应力波的径向压缩作用而引起切向拉伸，当拉伸应力超过岩石的动抗拉强度时，便在粉碎圈外产生放射状的径向裂隙，而爆生的高压气体便挤入裂隙中，促使裂隙进一步扩张和延伸；应力波通过后，受压缩的岩石迅速卸载，发生向心的径向运动，而引起环状的拉伸裂隙；径向和环状裂隙相互交错，将岩石割裂破碎而形成破裂圈。通过破裂圈以外的应力波，由于急剧衰减，应力大小已低于岩石的强度，再也不能引起岩石破碎，而只能引起岩石质点作弹性震动，形成震动圈。

5.1 岩石爆破破碎机理

关于岩石爆破破碎机理的假说，可以归结为4种。

1. 爆炸应力波反射拉伸理论(动力学观点)

这种理论认为，爆破时的岩石破坏主要是由于自由面上应力波反射转变成的拉伸波造成的。具体来讲就是：爆炸产生的冲击波在岩石中传播时，由于衰减转变成应力波，当应力波传到岩石自由面时，由于波的反射作用产生拉伸应力，而岩石抗拉强度比其抗压强度小得多，当拉伸应力大于岩石抗拉强度时，岩石发生拉伸破坏。

2. 爆生气体膨胀压力破坏理论(静力学观点)

这种理论认为，岩石的爆破破坏主要是由于爆生气体的膨胀压力作用于岩石造成的。爆炸产生的大量高温高压气体，在岩石内产生压应力场，压应力使岩石质点产生径向位移，由于自由面上各质点距药包中心的距离不同，质点所受压应力也不同，自由面垂线方向阻力最小，岩石质点位移速度最大，这样相邻质点位移速度不同会在岩石中产生剪应力，当剪应力大于岩石自身抗剪强度时，岩石发生剪切破坏。

3. 爆生气体和应力波综合作用理论

该理论认为岩石的爆破破碎是应力波和爆生气体膨胀压力共同作用的结果，只是两者作用的阶段和区域有差别。工程实践及实验表明，这种理论更加符合实际，而被学术界认同。其理论的基本内容有以下几方面。

(1) 在爆破应力波作用下，岩体内形成拉伸及剪切裂隙。

(2) 应力波在自由面处产生反射拉伸波，使自由面处岩石产生片落。

(3) 爆生气体侵入应力波作用下产生的裂隙中，使之进一步延伸张开，当爆生气体膨胀压力足够大时，将破碎岩石抛出。

这种理论的实质可以总结为：岩石在冲击波或应力波作用下产生裂隙，然后爆生气体渗入裂隙中，使应力波形成的裂隙进一步扩展。冲击波或应力波的破岩过程与岩石特性和装药条件等有关。哈努卡耶夫认为，岩石波阻抗不同，破坏时所需应力波峰值不同，岩石波阻抗高时，要求高的应力波峰值，他将岩石按波阻抗值分为3类。

(1) 岩石属于高阻抗岩石，波阻抗为$10\times10^5 \sim 25\times10^5$ g/(cm^2·s)。例如，致密而完整的坚硬岩石，在爆破过程中以应力波反射拉伸破坏为主。

（2）岩石属于中等波阻抗岩石，波阻抗为$5\times10^5\sim10\times10^5$g/(cm^2·s)。这类岩石虽然坚硬，但裂隙较发育，在爆破过程中，应力波反射拉伸作用和爆生气体的压力都起作用。

（3）岩石的波阻抗较低，波阻抗为$2\times10^5\sim5\times10^5$g/(cm^2·s)。这类岩石较松软，因此爆破过程中，爆生气体的膨胀压力起主要作用。

4. *岩体爆破破碎的损伤力学观点*

长期以来，在岩石爆破机理的研究中，主要围绕爆破动力学问题展开，对于岩石破坏准则仍沿用岩体静力学方法，采用拉应力破坏理论、莫尔破坏理论等。这种简化处理可用于解决不含地质结构面的均质岩体破坏问题。然而，大量的调查统计发现，岩体爆破过程中80%以上的破坏面是沿着岩体各种原生结构面产生的，岩体破坏问题难以从岩体力学角度进行分析。考虑到岩体中的各类结构面虽然仍具有一定的强度，但相对于岩石强度而言却小得多，加之其所占空间体积又小，因而近年来人们在岩体爆破理论研究中引入损伤力学方法，提出了岩体爆破机理的损伤力学观点。

岩体由于成岩过程的复杂性以及成岩后的变动，不可避免地存在着初始损伤。冲击载荷作用于含有初始损伤的脆性岩石，将产生两种效应：一是材料强度的劣化，二是应力波能量的耗散。这反映初始损伤是影响岩石动态损伤和破坏的重要因素，同时岩石中的不连续界面，作为一种“能量屏障”使得裂纹扩展中止，只有当更多的能量提供非介质时才有可能产生新的裂纹。岩石的动态损伤及其演化是一个能量耗散过程，不同冲击载荷下岩石的损伤过程反映了断裂时损伤能量耗散的大小。

小知识

岩石爆破是一个复杂的过程，至于哪一种作用是主要作用，应根据不同的情况来确定。黑火药爆破岩石几乎不存在动作用，而猛炸药爆破时又很难说是气体膨胀起主要作用，因而往往猛炸药的炸容比硝铵类混合炸药的炸容要低。岩石性质不同，情况也不同。对松软的塑性土壤，波阻抗很低，应力波衰减很大，这类岩土的破坏主要靠爆生气体的膨胀作用。而对致密坚硬的高波阻抗岩石，应主要靠爆炸应力波的作用，才能获得较好的爆破效果。

5.2 岩石中的爆炸应力波

爆炸在岩体中所激起的应力扰动的传播称为爆炸应力波。爆炸应力波在距爆炸点不同距离处可能表现为冲击波、弹塑性应力波、弹性应力波和地震波，如图5-1所示。在爆

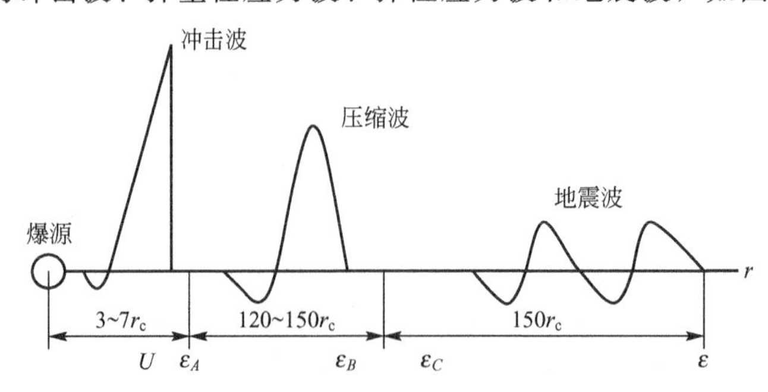

图5-1 岩石中爆炸应力波随着距离的演变

炸点的近区产生冲击波，冲击波以超声速传播并具有陡峭波头，在波头上的岩石所有参数都发生突变，传播过程中能量损失大，衰减快。冲击波随着传播衰减，变成压缩应力波，波头变缓，以声速传播，仍具有脉冲性，但传播中能量损失比冲击波小，衰减较慢。随着传播距离的增大，压缩应力波衰减为具有周期性震动的地震波，以声速传播，衰减速度很慢。

5.2.1 岩石中的爆炸冲击荷载

岩石中的炸药爆炸时，最初施加在岩石上的是冲击荷载，在很短的时间内上升到几千甚至几万兆帕，而后又迅速下降、巨大的冲击荷载会在岩石中激起爆炸应力波。

炸药在岩石中爆炸后，能否形成冲击波取决于岩石及炸药特性和装药条件。在冲击荷载下岩石的典型变形曲线如图 5－2 所示，岩石中应力波的速度可以表示为

$$c=\sqrt{d\sigma/d\rho}=\sqrt{(1/\rho)(d\sigma/d\varepsilon)} \tag{5-1}$$

式中，σ——应力，Pa；

ε——应变；

c——应力波速度，m/s；

ρ——岩石密度。

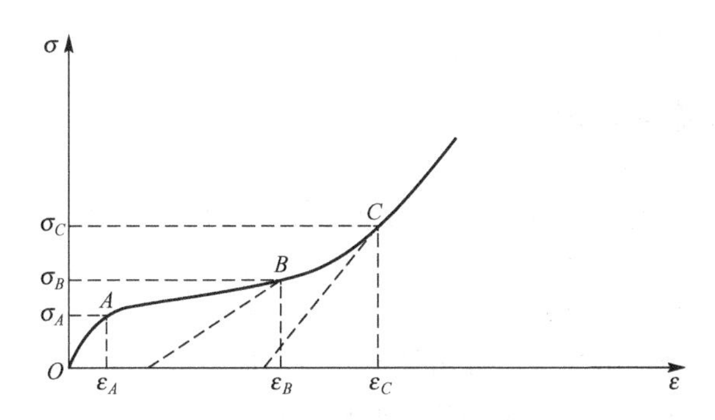

图 5－2 岩石在冲击荷载下的变形特性

如果是弹性波，则波速可表示为

$$c_p=\sqrt{E/\rho_{r0}} \tag{5-2}$$

式中，c_p——弹性纵波速度，m/s；

E——岩石的弹性模量，Pa。

根据公式可以得出：岩石中大小不同的应力将产生性质不同的爆炸应力波。

(1) 在爆炸点附近，爆炸时产生的冲击荷载最高，如果 $\sigma>\sigma_C$，如图 5－3 所示，则形成陡峭波头，传播速度超过声速，即冲击包，冲击波波阵面上的岩石的所有参数都发生突变，但是衰减最快。

(2) 随着冲击波的传播衰减，当 $\sigma_B<\sigma<\sigma_C$ 时，如图 5－3 所示，由于 $d\sigma/d\varepsilon$ 随应力的增大而增大，其波速大于图中 $A—B$ 段的塑性波波速，但小于 $O—A$ 弹性段的波速，应力幅值大的塑性应力波追赶前面的塑性波，形成塑性波追赶加载，并形成陡峭波头，但波头速度不是超声速的，称为非稳定的冲击波。

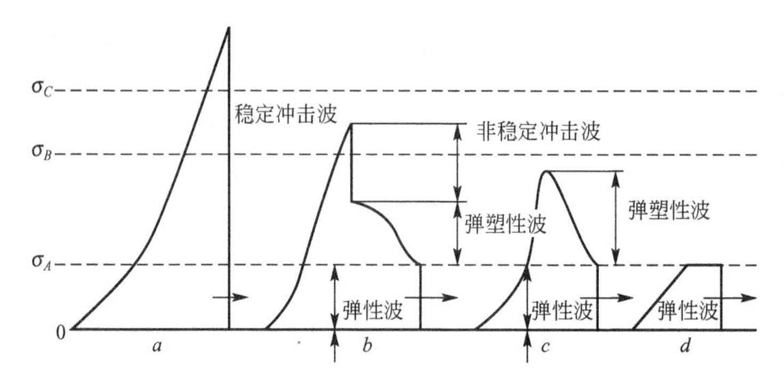

图 5-3 不同应力幅值时岩体中传播的爆炸应力波

(3) 当 $\sigma_A < \sigma < \sigma_B$ 时，如图 5-3 所示，由于 $d\sigma/d\varepsilon$ 仍然不是常数，而随着应力的增大而减小，因此应力处的应力扰动要比低应力扰动的传播速度慢，在传播过程中波阵面逐渐变缓，塑性波以亚声速传播，而低于 σ_A 的应力以弹性波速度传播。

(4) 当 $\sigma < \sigma_A$ 时，如图 5-3 所示，$d\sigma/d\varepsilon$ 为常数，即线弹性模量 E。这时应力波为弹性波，以未扰动岩石中的声速传播。

以上 4 种情况分别对应从高应力到低应力产生不同性质的应力波。当岩体内的爆炸冲击荷载超过 C 点应力时，将首先产生冲击波，随后衰减为非稳定冲击波、弹塑性波、弹性应力波和地震波。

5.2.2 岩石中的爆炸冲击波

当岩体内的爆炸冲击荷载超过图 5-2 中 C 点应力时，将在岩石中产生冲击波。在冲击波作用下，波阵面上的岩石的各种状态参数发生突变，形成陡峭波头。在药包附近的岩石受冲进波的作用将产生塑性流动，因此可以将岩石看成流体。

岩石中的爆破冲击波参数主要有冲击波压力 p、冲击波速度 D、介质质点运动速度 u 等。冲击波在传播过程中，由于能量的快速消耗，其峰值压力降低，岩石中冲击波的压力 p 衰减规律为

$$p = p_2 \bar{r}^{-\alpha} \tag{5-3}$$

式中，p——冲击波压力；

p_2——爆炸点处岩石界面上的初始冲击压力；

$\bar{r}$——比距离，$\bar{r} = r/r_0$，r 为距药室中心的距离，r_0 为药室半径；

α——压力衰减指数，对于冲击波，近似取 $\alpha = 3$。

$$D_0 \cdot V = V_o(D - u)$$

$$D \cdot u = V(p - p_o)$$

$$2(e - e_o) = (p + p_o)(V_o - V)$$

式中，V、e——分别为体积(kg/m³)和内能(J)。

利用以上 3 个式子求波阵面上的各个状态参数，必须预先知道岩石的状态方程，对于密实岩石，其中的冲击波速和质点运动速度满足式(5-4)

$$D = a + b \cdot u \tag{5-4}$$

式中，a、b 值必须通过实验确定(表 5-1)。

表 5－1 部分岩石的 a、b 值

岩石名称	密度/(kg/m³)	a/(m/s)	b	岩石名称	密度/(kg/m³)	a/(m/s)	b
花岗岩	2630	2100	1.63	大理岩	2700	4000	1.32
	2670	3600	1.0	石灰岩	2600	3500	1.43
玄武岩	2670	2600	1.6		2500	3400	1.27
辉长岩	2980	3500	1.32	泥质细砂岩	—	520	1.78
钙钠斜长岩	2750	3000	1.47	页岩	2000	3600	1.34
纯橄榄岩	3300	6300	0.65	岩盐	2160	3500	1.33
橄榄岩	3000	5000	1.44	—	—	—	—

这样可以求的冲击波阵面上的所有状态参数，冲击波传播速度和距离的经验关系式为

$$D=D_0-B(\bar{r}-1) \tag{5-5}$$

式中，D——冲击波传播的初始速度，m/s；

B——冲击波速度衰减常数，与炸药和岩石的性质有关。

从而可以求出冲击波的作用范围

$$r=r_0[1+(D_0-D)/B] \tag{5-6}$$

冲击波在岩石中传播时衰减很快，作用范围也很小，一般为装药半径的 3～7 倍，但是会消耗大部分的炸药能量，因此在实施爆破的过程中应尽量避免冲击波的产生。

小知识

岩石波阻抗越小，初始冲击波参数越小，冲击波传递给岩石的能量越小，而且大部分能量消耗在爆炸近区的塑性变形上，波的衰减很快。无论哪种岩石，如果提高炸药威力，则冲击波所有参数都相应增大。因此，岩石中的冲击波参数主要取决于岩石的波阻抗、炸药威力和装药方式。

5.2.3 岩石中的爆炸应力波概述

1．应力波特性

炸药在岩石中的爆炸产生冲击波，冲击波衰减之后形成应力波。冲击波衰减为应力波后，其瞬时性和高强度的特点都有所减弱，因此应力波波形比较平缓，不如冲击波陡峭。应力上升时间比应力下降时间短，即应力波衰减较慢，作用范围较大，一般可达装药半径的 120～150 倍。波阵面上的岩石介质状态参数不像冲击波那样突变，但仍能促使岩石的变形和破坏。冲击波以超声速传播，且波速与波幅有关，波幅越高，波速越大。而应力波以岩石中的声速传播，与波幅无关。应力波的作用范围为岩石破坏的主要区域，其破岩作用如下。

(1) 自由面产生反射拉伸波的破坏作用。

(2) 破坏中区(即紧接冲击波作用的爆破以外部分)产生径向压应力和切向拉应力的破坏作用。

2．应力波参数

随距离的增大，冲击波衰减成爆炸应力波，冲击波的瞬时性和高强度的特性均有所减

弱。与冲击波不同，应力波波头较缓，作用时间较长。岩石中爆炸应力波参数主要包括应力峰值 σ_{max}、作用时间 t_s、应力波冲量 I_o 和应力波比能 E_o 等。

1）应力峰值

应力波随其传播距离增大，应力峰值将不断减少，在对比距离 $\bar{r}$ 处得径向压应力峰值为

$$\sigma_{r\max}=\frac{p_r}{\bar{r}^{\alpha}} \tag{5-7}$$

式中，p_r——初始径向应力峰值；

α——应力波衰减指数。

对于应力波，α 的值可用下列经验公式计算

$$\alpha=-4.11\times10^{7}\rho_{r0}c_p+2.92$$

或者

$$\alpha=2-\frac{\mu}{1-\mu} \tag{5-8}$$

式中，μ——岩石的泊松比。

切向拉应力峰值可通过径向压应力峰值计算

$$\sigma_{\theta\max}=b\sigma_{r\max} \tag{5-9}$$

系数 b 与岩石的泊松比和应力波传播距离有关，爆炸近区的 b 值较大($b\approx1$)，但随距离增大 b 值迅速减小，并趋于只依赖于泊松比的固定值 $b=\frac{\mu}{1-\mu}$。因此得

$$\sigma_{\theta\max}=\frac{\mu}{1-\mu}\sigma_{r\max} \tag{5-10}$$

2）作用时间

应力上升时间与下降时间之和称为应力波的作用时间。上升时间和作用时间与岩性、装药量、应力波传播距离等的因素有关，它们之间的经验关系式为

$$t_r=\frac{12}{K}\sqrt{\bar{r}^{(2-\mu)}}Q^{0.05}，\quad t_r=\frac{84}{K}\sqrt[3]{\bar{r}^{(2-\mu)}}Q^{0.2} \tag{5-11}$$

式中，t_s——作用时间，s；

t_r——上升时间，s；

K——岩石体积压缩模量，MPa；

Q——炮孔内装药量，kg；

μ——岩石泊松比；

$\bar{r}$——比距离。

3）比冲量与比能量

应力波通过时，经单位面积传给岩石的冲量和能量称为比冲量和比能量，即

$$I_o=\int_o^{t_s}\sigma_r(t)\mathrm{d}t$$

$$e_o=\int_o^{t_s}\sigma_r(t)u_r(t)\mathrm{d}t$$

式中，I_o——比冲量，Pa·s；

e_o——比能量，N/m；

u_r——质点速度，m/s。

4）应力波应力与质点速度的关系

炸药爆炸在岩体内直接激起的应力波主要是纵波，但可以有不同的波面形状。例如，球

状装药于中心起爆时，激起球面波；柱状装药激起的则是柱面波；平面装药激起的是平面波。

在应力波的传播过程中，传播方向上的应力、质点速度和波速之间的关系可根据动量守恒定律导出

$$\left.\begin{aligned}\sigma&=\rho_{ro}c_p u_p\\ \tau&=\rho_{ro}c_s u_s\end{aligned}\right\} \tag{5-12}$$

式中，σ——纵波压应力，MPa；

τ——横波切应力，MPa；

ρ_{ro}——岩石密度，kg/m^3；

c_p——纵波速度，m/s；

c_s——横波速度，m/s；

u_p和u_s——质点在p和s方向运动速度，m/s。

5.2.4 岩石中的爆炸地震波

随着距爆炸点的距离的增大，应力波将衰减为爆炸地震波，在此区域传播的是弹性波，已不能对岩石介质造成直接的破坏作用，只能扩大岩石内原有的裂隙和威胁爆破地点附近的建筑物的安全。爆破地震波对中、远区岩体产生的震动，虽然已衰减到不足以直接造成岩石破裂，但对于内部存在节理、层理、裂隙等弱面的岩石而言，仍然有可能引起这些弱面部分松裂，裂隙扩展延伸，形成一定范围的爆破松动区，从而大大降低岩体的承载能力和稳定性。

地震波是质点作周期性震动的弹性波。爆破时，建筑物的破坏主要取决于其附近地面运动的最大幅值、周期和震动持续时间。

爆破震动图中量得的每一条波形的最大幅值，只表示测点沿着某一方向运动的最大幅值，而实际运动的最大振幅，应是同一瞬间三个运动分量矢量和的最大值。若取正交直角坐标系的每一个坐标轴为一个运动分量，则三个分量的任一瞬间的空间运动幅值可表示为$u(x, y, z, t)$，$v(x, y, z, t)$，$w(x, y, z, t)$。该点任一瞬间的空间运动的振幅为

$$R(x, y, z)=\sqrt{u^2+v^2+w^2} \tag{5-13}$$

有些国家通常采用每个运动分量最大振幅的矢量和来表示空间运动矢量的最大振幅，这样的表述结果实际上偏大。也有些国家采用各个运动分量的最大幅值来表示爆破地震强度。

在大多数的爆破震动分析中，假定爆破时介质质点按照谐和运动规律进行，则有

$$\text{位移 } u=\frac{A}{2}\sin\omega t \tag{5-14}$$

$$\text{速度 } \dot{u}=\frac{\mathrm{d}u}{\mathrm{d}t}=\frac{A}{2}\omega\cos\omega t=\frac{A}{2}\omega\sin\left(\frac{\pi}{2}+\omega t\right) \tag{5-15}$$

$$\text{加速度 } \ddot{u}=\frac{d^2u}{\mathrm{d}t^2}=\frac{A}{2}\omega^2\sin(\pi+\omega t) \tag{5-16}$$

此时的最大振幅分别为

$$\text{位移 } u_{\max}=\frac{A}{2}$$

$$\text{速度 } \dot{u}_{\max}=\frac{A}{2}\omega=\omega u_{\max}=2\pi f u_{\max}$$

$$加速度\ \ddot{u}_{max}=\frac{A}{2}\omega^2=\omega\dot{u}_{max}=\omega^2 u_{max}=4\pi^2 f^2 u_{max}$$

式中，ω——地震动的圆频率；

f——地震动的频率；

A——地震动波形的最大全振幅值。

实际上，爆破震动地面运动的波形、幅值和频率是随时间变化的，所以震动波形往往明显不对称，这时应用量取峰到谷的全幅的一半为最大幅值的方法，将会引起较大的误差。若利用量取的最大幅值，按谐和运动的假定换算其他的运动参数，将会带来更大误差。如果在波形上有明显、可靠的零线标记，则应量取从零线到峰（谷）的振幅作为幅值的最大值。

与天然地震比较，爆炸地震的特点是：震源能量小，影响范围不大，持续时间短，频率高，其强度、传播方向和持续时间能预计并加以控制。

影响地震波强度的主要因素是炸药量、爆心距。若近似地选择炸药和爆心距作为主要变量，则地震波强度的幅值可由下式表示

$$A=K\cdot Q^n\cdot R^{-m} \tag{5-17}$$

式中，K，n，m——常数；

A——地震波的最大振幅；

Q——装药量；

R——爆心距。

目前，有关爆破地震波最大震动强度的计算方法如下。

1. 日本采用地震波最大质点速度公式

$$V=K\cdot\frac{Q^{0.75}}{R^2} \tag{5-18}$$

式中，V——地震质点最大速度，cm/s；

Q——炸药量，kg；

R——爆心距，m；

K——场地系数，$K=100\sim900$。

2. 美国J・R・Derine提出地震波最大质点速度公式

美国矿务局对20个采石场和建设工地的爆破震动的观测数据进行了统计分析，这些数据是在爆心距从44.2～966m，炸药量从3.6～2095kg变化范围内得到的。岩石种类包括石灰石、闪辉岩和白云石。J. R. Derine提出地震波最大质点速度公式为

$$V=K\left[\frac{0.44R}{Q^{1/2}}\right]^{-\alpha}\times 2.54 \tag{5-19}$$

式中，K、α——场地系数，$K=0.657\sim4.04$，平均取$K=1.85$；$\alpha=1.083\sim2.346$，平均取$\alpha=1.536$；其他符号意义同前。

3. P・B・Attewell提出地震波最大质点速度公式

P・B・Attewell等人对欧洲采石场的爆破震动观测数据进行了统计分析，提出了地震波最大质点速度的公式

$$V=K\left(\frac{Q}{R^{2}}\right)^{\alpha} \tag{5-20}$$

式中，K、α——场地系数，K=0.013～0.148，平均取K=0.051；α=0.64～0.96，平均取α=0.84。

其他符号意义同前。

4. M·A·萨道夫斯基提出地震波最大质点速度公式

前苏联学者M·A·萨道夫斯基提出了地震波最大质点速度的公式

$$V=K\left(\frac{Q^{1/3}}{R}\right)^{\alpha} \tag{5-21}$$

式中，K，α——与岩石特性等因素有关的常数，介质为岩石时K=30～70；为土质时K=150～250，平均值K=200，α=1～2。

其他符号意义同前。

考虑抛掷爆破时，质点最大振动速度为

$$V=\frac{K}{\sqrt[3]{f(n)}}\left(\frac{Q^{1/3}}{R}\right)^{\alpha} \tag{5-22}$$

式中，$f(n)$——爆破作用指数函数，这一函数值可根据鲍列斯科夫的建议，由下式确定。

$$f(n)=0.4+0.6n^{3}$$

5. 中国科学院地球物理所提出地震波最大质点速度公式

$$V=K\left[\frac{Q^{0.6}}{R^{1.8}}\right] \tag{5-23}$$

式中，K——场地系数，K=158.2～398.1。其他符号意义同前。

我国许多单位对爆破地震波进行过观测，得到的公式基本一致，都是$V=K\left(\frac{Q^{1/3}}{R}\right)^{\alpha}$这种形式。$\alpha$值变化在0.5～2.8之间，平均值$\alpha$=1.51。$K$值变化在9～630之间，平均值$K$=175。$K$值变化较大。

6. 井下掘进爆破时地震波最大质点速度公式

在井下掘进巷道爆破时，计算爆炸地震波的质点最大振速可采用下列公式

$$V=\frac{K}{\sqrt{N}}\left(\frac{Q^{1/3}}{R}\right)^{\alpha} \tag{5-24}$$

式中，Q——爆破的总药量，kg；

R——爆心距，m；

N——爆破延期段数；

α——衰减指数；

K——地震作用系数。

α与K值决定于爆破方法和岩石特性，井下爆破经巷道围岩传播地震波时，一般取α=2，K=400。当延期间隔时间大于30ms时，每段都视为独立爆破，Q应代换成各段爆破中的最大药量，并取N=1。

7. 建筑物塌落引起的地震波最大质点速度公式

对于建筑物拆除爆破时建筑物塌落振动引起的地震波，其最大质点速度可由下式计算

$$V=K_B\left[\frac{(M\sqrt{2h/g})^{1/3}}{R}\right]^2 \quad (5-25)$$

式中，M——冲击地面的解体构件质量，kg；

g——重力加速度，m/s^2；

h——落高，m；

R——距下落地点的距离，m；

K_B——常数，一般取 30～40。

8. 地震波质点最大加速度公式

除了地震波的质点速度来反映振动强度以外，也有一些单位建议用地震最大加速度作为表示振动强度的指标。江苏省地震局和中国科学院工程力学研究所等单位，所采用的地震动最大加速度的公式为

$$a=K\left[\frac{\sqrt[3]{Q}}{R}\right]^\alpha \quad (5-26)$$

式中，a——地震动最大加速度，m/s^2；

Q——炸药量，kg；

R——爆心距，m。

如果是分散装药，爆心距可以用药量的加权平均值来计算。式中的 K 和 α 值，建议按下面不同条件近似采用。

场地为坚硬基岩时，$K=150$，$\alpha=1.7$；场地为基岩时，$K=220$，$\alpha=1.67$；场地为覆盖浅层表土时，$K=300$，$\alpha=1.6$。

根据观测，地面震动的垂直向速度，常常不是最大，而水平向速度比较大。地震波的水平向加速度和垂直向加速度在离爆心不远的地方是同一量级的，在远离爆心的地方，地震波强度以水平向加速度为主。而且建筑物在竖向远比水平向具有较强的抗震能力。因此，把水平向最大加速度或速度值作为地震波强度的标准比较适宜。

另外，炮孔堵塞非常严密的装药爆破，如平巷掘进中的掏槽眼爆破，峰值质点速度可以比常规堵塞条件下的标准值大 5 倍或更多，因为附近没有自由面释放能量。

在总药量相同的条件下，分散装药要比集中装药的地震波强度小。出现这种结果的原因有两个：一是各个雷管起爆时间的离散，二是药包的间隔分布。

5.3 药包的内部作用和外部作用

空气与岩石介质的分界面称为爆破自由面。装药中心(轴)距自由面的距离称为最小抵抗线(W)。在装药量一定的条件下，若最小抵抗超过某一临界值(W_e)，当装药爆炸后，在自由面上就不会看到爆破迹象，说明爆破作用只发生在岩体内部，装药的这种作用称为内部作用，如图 5-4 所示。如果装药的最小抵抗小于其临界抵抗，当装药爆炸后，除在装药下方岩体内形成压碎圈、裂隙圈和震动圈外，装药上方一部分岩石将被破碎，脱离岩体，形成爆炸漏斗，这种作用称为外部作用。

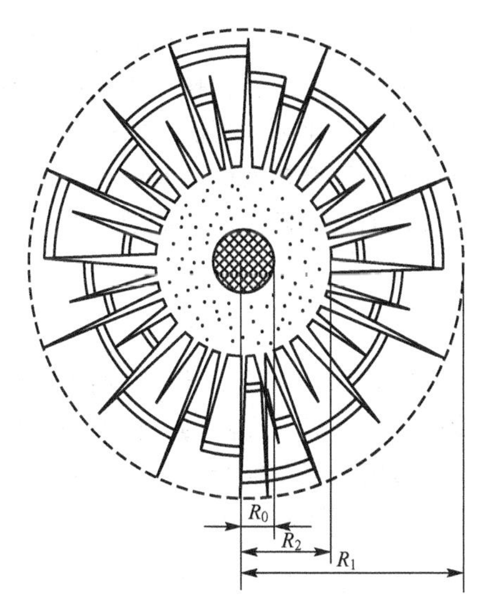

图 5-4 装药的内部作用

5.3.1 爆破的内部作用

爆破的内部作用可以认为是单个药包在无限岩石介质中的爆炸。炸药在岩体内部爆炸后，引起岩体内部不同程度的破坏，在距药包中心不同距离处，会形成 3 个区，即粉碎区(压缩区)、破裂区和震动区。

1. 粉碎区(压缩区)

炸药在无限岩石介质中爆炸时，瞬间产生巨大的冲击荷载，其强度远远超过了岩石的动态抗压强度。对于坚硬的岩石，在药包附近的岩石被高强冲击荷载压碎，因此该区称为压碎区；对于软弱岩石或者土壤则被冲击荷载压缩成空腔，并在空腔的外表层产生形成坚实的压实层，因此该区又称为压缩区。在粉碎区内，由于受到无限岩石介质的约束，冲击荷载的大部分能量用于岩石的粉碎、弹性变形及加热，导致冲击波和爆生气体的能量急剧下降，以至很快就不足以粉碎甚至压缩岩石，因此粉碎区的半径较小。有研究表明：对于球形装药，粉碎区半径一般为药包半径的 1.28～1.75 倍；对于柱形装药，粉碎区的半径一般为药包半径的 1.65～3.05 倍。但是由于岩石的动抗压强度都较高，粉碎压缩岩石会消耗冲击波和爆生气体的大部分能量，这对于爆破过程是有害的，因此在爆破过程中应尽量避免产生粉碎区。图 5-4 中 $R_0<R<R_2$ 区域即为粉碎区。

2. 破裂区

冲击波在传播到破裂区时，已衰减为应力波。在压应力波的作用下，在岩石径向会产生压应力和压缩变形，从而在切向产生拉应力和拉伸变形，岩石属于脆性材料，其抗拉强度比其抗压强度小得多，因此，当切向拉应力大于其抗拉强度时，在岩体中将产生径向贯通裂隙。图 5-4 中 $R_2<R<R_1$ 区域为破裂区。

应力波的作用首先在岩体内产生初始裂隙，随后，爆生气体进入裂隙中，爆生气体的膨胀、挤压和气楔作用下径向裂隙继续扩展延伸。

压应力波通过破裂区时，压缩破裂区内岩石，使岩石内部积蓄压缩势能，当应力波通过后，岩石内的压缩势能释放，形成与压应力波作用方向相反的径向拉应力，当此拉应力大于岩体抗拉强度时，将在岩体内部产生环向裂隙(图 5－4)。

在破裂区内，径向裂隙与环向裂隙交错产生，共同构成破裂区，破裂区内径向裂隙起主导作用，岩石的爆破破坏主要靠的就是破裂区。破裂区的作用半径一般在 70～120 倍的装药半径内。

3. 震动区

应力波通过破裂区后大大衰减，并逐渐趋于具有周期性的正弦波，这种波的应力值已经不能对岩石造成破坏，只能引起该区岩石质点的弹性振动，称为地震波。该区称为震动区。地震波会传播很远，直到地震波的能量完全被岩石吸收。图 5－4 中 $R>R_1$ 的区域为震动区，这一区域的范围要比压缩区和破坏区大得多。

5.3.2 爆破的外部作用

当药包在靠近自由面处时，药包爆炸后除了产生岩体的内部的破坏作用以外，还会在地表产生破坏作用，即爆破的外部作用。

1. 外部作用原理

外部作用是由于药包在岩体中爆炸后形成压缩波向四周传播，压应力波在自由面处一部分或全部反射形成与传播方向相反的拉应力波，拉应力波使得脆性岩石拉裂造成表面岩石与岩体分离，形成片落。当反射拉伸应力波衰减到不足以引起片落时，它还能使原先存在于径向裂隙尖端上的应力场得到加强，导致裂隙继续向前发展，于是环向和径向裂隙将岩体切割成碎块。由于爆炸作用能量分布不均，加之岩体本身存在不规则分布的节理和裂隙，使实际爆破后的岩块形大小不一、形状各异。

生产实践和科学实验表明，片落现象不是岩体破碎的主要过程，片落现象的产生主要同药包的几何形状、药包的大小、药包埋深、入射波的波长和岩石性质有关。爆破的外部作用主要还与自由面的存在有关。当炸药在距自由面较近的位置爆炸时，因爆生气体作用，在爆源近区岩体内形成的准静态应力场受到自由边界的影响，造成爆源与自由面间岩体的应力集中程度增加，使得这个区域内的岩体更易破碎，大量爆生气体沿自由面方向逸出。因此自由面方向是爆破外部作用的主导方向。

2. 爆破漏斗

爆破的外部作用除了造成岩体破碎外，还将部分破碎了的岩石抛掷一定的距离，在岩体表面形成一个漏斗形的坑，称为爆破漏斗，如图 5－5 所示。

1）爆破漏斗的几何参数

(1) 最小抵抗线 W：指药包中心距自由面的最短距离。爆破时，最小抵抗线方向的岩石最容易破坏，它是爆破作用和岩石抛掷的主导方向。

(2) 爆破漏斗半径 r：指形成倒锥形爆破漏斗的底圆半径。

(3) 爆破漏斗破裂半径 R：是指从药包中心到爆破漏斗底圆圆周上任一点的距离。

(4) 爆破漏斗深度 H：是指爆破漏斗顶点至自由面的最短距离。

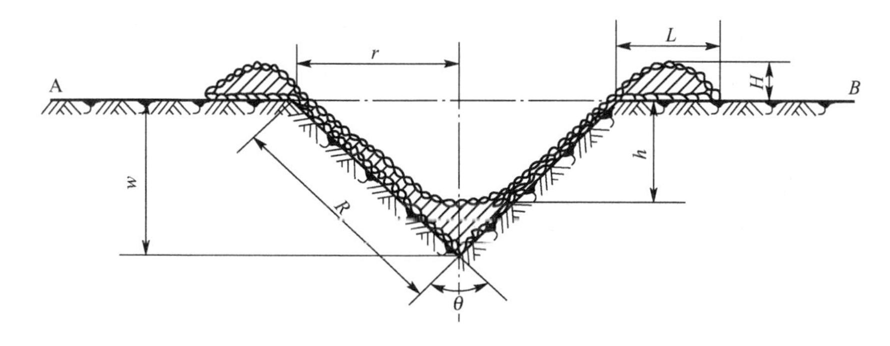

图 5-5　爆破漏斗几何参数

ω—最小抵抗线；θ—爆破漏斗张开角；r—漏斗半径；L—爆堆宽度；

R—爆破漏斗破裂半径；H—爆堆高度；h—可见漏斗深度

(5) 爆破漏斗可见深度 h：是指爆破漏斗中渣堆表面最低点到自由面的最短距离。

(6) 爆破漏斗张开角 θ：即爆破漏斗的顶角。

2) 爆破作用指数

爆破漏斗底圆半径与最小抵抗线的比值称为爆破作用指数，用 n 表示，即

$$n=r/W$$

3) 爆破漏斗的分类

根据爆破作用指数 n 的大小，爆破漏斗可分为如下 4 种基本形式。

(1) 松动爆破漏斗：当 $0<n<0.75$ 时，爆破漏斗内的岩石被破裂松动，但不抛出坑外，不形成可见的爆破漏斗坑。

(2) 减弱抛掷爆破：当 $0.75<n<1$ 时，爆破漏斗为减弱抛掷爆破漏斗，漏斗张开角 $\theta<90°$。形成减弱抛掷爆破漏斗的药包称为减弱抛掷爆破或加强松动爆破药包。

(3) 标准抛掷爆破漏斗：当 $r=W$，即 $n=1$ 时，爆破漏斗半径 r 与最小抵抗线相等，漏斗张开角 $\theta=90°$。形成标准抛掷爆破漏斗的药包叫做标准抛掷爆破漏斗药包。在确定不同种类岩石的单位炸药消耗量时，或者确定和比较不同炸药的爆炸性能时，往往用标准爆破漏斗的容积作为检查的依据。

(4) 加强抛掷爆破漏斗：当 $r>W$ 时，即 $n>1$ 时，爆破漏斗为加强抛掷爆破漏斗，漏斗张开角 $\theta>90°$，当 $n>3$ 时，爆破漏斗的有效破坏范围并不随 n 值的增加而明显增大。实际上，这时炸药的能量主要消耗在岩块的抛掷和形成空气冲击波上。因此，$n>3$ 已无实际意思。通常加强抛掷爆破漏斗的作用指数为 $1<n<3$。

3. 利文斯顿爆破漏斗理论

利文斯顿在各种岩石、不同炸药量、不同埋深的爆破漏斗实验的基础上，论证了炸药爆炸能量分配给药包周围岩石以及地表外空气的方式，他提出了以能量平衡为准则的爆破漏斗理论。他认为炸药在岩体内爆炸时传给岩石能量的多少和速度的快慢，取决于岩石性质、炸药性能、药包重量、炸药埋深和起爆方式等因素。在岩石性质一定的条件下，爆炸能量的多少取决于炸药重量，炸药能量的释放速度与炸药传爆的速度密切相关。假设一定重量的炸药埋于地表下很深的地方，它爆炸所释放的能量绝大部分被岩石吸收。当岩石吸收的能量达到饱和状态时，岩体表面开始产生位移、隆起、破坏，直至

被抛掷出去。如果没有达到饱和状态时，岩石只是弹性变形而不被破坏。从爆破能量观点来看，药包埋设深度不变而改变药包重量，或者药量不变而减小埋深，所得效果相同。

当药包由深处向自由面移动时，传给自由面附近岩石的能量随之增加，当增加到一定程度时，自由面处岩石开始破坏。如果是脆性岩石，自由面将发生“片落”现象；如果是塑性岩石，自由面将发生“隆起”现象，并伴有裂隙的产生。此时的药包埋置深度称为临界深度 W_e。

利文斯顿给出了临界深度与炸药量 Q 之间的关系为

$$W_e = E_b \sqrt[3]{Q} \tag{5-27}$$

式中，E_b——岩石变形能系数。

E_b 的物理意义是指一定量的炸药在岩石中爆炸时，岩石表面开始破裂时岩石所能吸收的最大爆炸能量。当超过此能量限值时，岩石将由弹性变形转为破裂，它是可爆性的一个指标。对相同的岩石和炸药而言，E_b 是常数。当 Q 加大时，W_e 随之加大；Q 减小时，W_e 亦随之减小，但两者比值不变。

当炸药量相同而炸药不同时，在同一种岩石中爆破，可以通过获得的 E_b 值比较炸药的爆力。利文斯顿根据岩石爆破效果与能量平衡的关系，把岩石爆破时变形和破坏形态划分成 4 个带：弹性变形带、冲击破裂带、破碎带和空爆带。炸药爆炸后，爆炸能量消耗在岩石的弹性变形、岩石的破裂和破碎、岩块的抛掷和飞散、空气冲击波以及地震等方面。药包埋置深度发生变化时，各方面的能量消耗所占比例也会发生变化。一般情况下，使岩石产生弹性变形的能量消耗是不可避免的，用在岩石抛掷飞散、声波和地震的能量应该力求减小，设计中要使爆炸能量尽可能多地消耗在岩石的破碎上。

(1) 弹性变形带。当岩石爆破条件一定时，或者炸药量很小，或者炸药埋置很深，爆破作用只限于岩体内部。爆破后地表岩石不引起破坏，炸药的全部能量被岩石所吸收，岩石质点只产生弹性变形，爆破后岩石又恢复原状。此时炸药埋深的上限称为临界深度(W_e)。

(2) 冲击破裂带。当岩石性质和炸药条件一定时，减少炸药埋深(即最小抵抗线小于临界深度 W_e 时)，地表岩石破裂、隆起、破坏、抛掷，形成爆破漏斗。在爆破漏斗体积达到最大时，炸药能量得到充分利用，此时的炸药埋深称为最佳深度(W_i)。

(3) 破碎带。当炸药埋深逐渐减少时(即最小抵抗线小于最佳深度时)，地表岩石更加破碎。爆破漏斗体积减小，炸药爆炸能量消耗于岩石破碎、抛掷和声响的能量增大。此时的炸药埋深称为过渡深度(W_g)。

(4) 空爆带。当炸药埋深很浅时(即最小抵抗线小于过渡深度时)，药包附近的岩石比较粉碎，岩块抛掷更远。此时消耗于空气的能量远远超过传给岩石的能量，形成强烈的空气冲击波。

所以说：空爆带的上限是地表，炸药埋深 $L=0$。空爆带的下限即冲击破裂带的上限，此时炸药埋深为过渡深度，即 $W=W_g$，此时炸药埋深为最佳深度，即 $W=W_i$。冲击破裂带的下限，即弹性变形的上限，此时炸药埋深为临界深度，即 $W=W_e$。弹性变形带的下限是地下深处，即 $W>W_e$。

当药包埋置在最佳深度时，形成最大的漏斗体积，此时炸药能量主要都用在岩石破碎上。根据采矿生产爆破的要求和岩石特性，合理地确定炸药埋深（最小抵抗线）和炸药量，对提高爆破产量，改善爆破效果有着重要的意义。

小知识

自由面的存在改变了岩石由爆生气体膨胀压力形成的准静态应力场中的应力分布和应力值的大小，使岩石更容易在自由面方向受到剪切破坏。由此可见，自由面在爆破破坏过程中起着重要作用，它是形成爆破漏斗的重要因素之一。自由面既可以形成片状漏斗，又可以促进径向裂缝的延伸，并且还可以大大地减少岩石的夹制性。自由面越大、越多，越有利于爆破的破坏作用。自由面与药包的相对位置对爆破效果的影响也很大。当其他条件相同时，炮孔与自由面的夹角越小，爆破效果越好。

5.4 装药量计算原理

由于受到岩石物理性质多变的影响，并且对爆破破岩机理未能彻底了解，因此精确确定爆破装药量的问题至今尚未得到合理解决。但是工程技术人员通过大量的工程实践，总结爆破过程中的经验与规律，提出了许多装药量的经验计算公式。

5.4.1 集中药包装药量计算

有人提出在确定岩体爆破装药量时，炸药爆破做功考虑3部分：第一部分，使岩体破裂面上产生拉应力与剪应力，并将岩石从岩体中分离出来，形成爆破漏斗；第二部分，使爆破漏斗内的岩石破碎，这一部分消耗的装药量与岩石体积成正比；第三部分，将破碎岩石从爆破漏斗中抛出。

归结以上3部分装药量消耗，单个药包的装药量计算公式为

$$Q=C_1W^2+C_2W^3+C_3W^4 \tag{5-28}$$

式中，C_1、C_2、C_3——系数；

W——最小抵抗线，m。

在实际工程计算中，往往忽略第一、第三项，即 $Q=C_2W^3$，也就是目前常用的体积公式。体积公式是有相似法则得出的，相似法则的内容为：在一定的炸药和岩石条件下，岩石爆破破碎的体积与所用的装药量成正比，即

$$Q=qV \tag{5-29}$$

式中，Q——单个药包的装药量，kg；

q——单位体积岩石的炸药消耗量，kg/m^3；

V——爆破漏斗体积，m^3。

对于标准抛掷爆破，爆破作用指数 $n=1$，即 $r=W$，则爆破漏斗体积为

$$V=\frac{1}{3}\pi r^2W\approx W^3 \tag{5-30}$$

所以标准抛掷爆破的装药量为

$$Q=qW^3 \tag{5-31}$$

式(5-31)称为豪赛尔公式，也是最基本的爆破装药计算公式。

当岩石性质、炸药品种和药包埋深都不变时，只改变装药量，可得到非标准抛掷爆破漏斗，适用于各类抛掷爆破漏斗的装药量计算公式

$$Q=f(n)qW^3 \tag{5-32}$$

式中，$f(n)$——爆破作用指数的函数。标准抛掷爆破时，$f(n)=1$；加强抛掷爆破时 $f(n)>1$；减弱抛掷爆破时，$f(n)<1$。

应用最广泛的爆破作用指数函数为

$$f(n)=0.4+0.6n^3 \tag{5-33}$$

即

$$Q=(0.4+0.6n^3)qW^3 \tag{5-34}$$

式(5-34)可作为非标准抛掷爆破的计算公式，在应用于加强抛掷爆破时，与实际情况符合地更好。

对于松动爆破，其装药量大约为标准抛掷装药量的0.33～0.55倍，因此松动爆破计算装药量时采用式(5-35)

$$Q=(0.33\sim0.55)qW^3 \tag{5-35}$$

计算时根据岩石可爆性高低进行取值，岩石可爆性好时取较小值，可爆性差时取较大值。

5.4.2 延长药包装药量计算

延长药包在实际爆破工程中应用最为广泛，当延长药包长度方向垂直于自由面时，其装药量的计算原理跟集中药包装药量计算相同，仍按体积公式计算

$$Q=f(n)qW^3 \tag{5-36}$$

式中，Q——装药量，kg；

W——最小抵抗线，m，取值为

$$W=h_2+\frac{1}{2}h_1$$

式中，h_2——堵塞长度，m，

h_1——装药长度，m。

式(5-36)中，$f(n)$的取值与集中装药时相同。

5.4.3 单位体积岩石的炸药消耗量值的确定

其确定方法有以下几种。

(1) 查表，参考有关定额和有关数据。q的取值见表5-2。

表 5-2 单位体积岩石耗药量

岩石名称	岩石静态单轴抗压强度/MPa	单位耗药量 $q/(kg \cdot m^{-3})$	
		松动爆破	抛掷爆破
松软的、坚实的各种土	＜10	0.3～0.5	1.0～1.2
重砂粘土、密实的土夹石	8～10	0.4～0.6	1.1～1.3
坚实粘土、硬质黄土、白垩土	10～20	0.35～0.5	1.1～1.5
石膏、泥石灰、蛋白石、页岩	20～40	0.5～0.6	1.2～1.8
贝壳石灰岩、砾石、裂隙凝灰岩	40～60	0.4～0.7	1.3～1.6
泥石灰、灰岩、沙质砂岩、层状砂岩	60～80	0.5～0.6	1.35～1.65
白云岩、钙质砂岩、镁质岩、大理石	80～100	0.5～0.65	1.5～1.95
石灰岩、砂岩	100～120	0.6～0.7	1.5～2.0
片麻岩、正长岩、闪长岩、伟晶花岗石	120～140	0.65～0.75	1.6～2.2
伟晶粗晶花岗石、完整片麻岩	140～160	0.7～0.8	1.8～2.4
花岗岩、花岗闪长石	160～200	0.7～0.85	2.0～2.55
安长岩	200～250	0.7～0.9	2.1～2.70
石灰岩	＞250	0.6～0.7	1.8～2.1
斑岩、玢岩	＞250	0.8～0.85	2.4～2.55

(2) 参照相似条件的爆破工程的炸药消耗量。

(3) 通过标准爆破漏斗试验求算。

(4) 根据经验公式确定

$$q=0.4+\left(\frac{\gamma}{2450}\right)^2 \tag{5-37}$$

式中，γ——岩石的重力密度。

5.4.4 药包群爆破时装药量的计算

实际工程爆破中，大多采用药包群进行爆破，并且常常采用多自由面爆破的方法提高爆破效果。在计算平行炮孔群的装药量时，一般先根据具体情况确定每个炮孔所能爆破的岩石体积，分别求出每个炮孔的装药量，再计算总的装药量。

小知识

装药量计算的原则是，装药量的多少取决于要求爆破的岩石体积、爆破类型等。但是爆破的质量问题的重要性随着采矿工作的发展日益突出，却都未能在计算公式中反映出来。虽然如此，但体积公式一直沿用至今，给人们提供了估算装药量的依据。在长期的生产实践中，都用体积为依据，结合各自矿山岩石性质和爆破的要求，改变不同的炸药单耗量，进行装药量的计算。

5.5 影响爆破作用效果的因素

影响爆破效果的因素很多，归结起来主要有炸药性能、装药结构、爆破条件、工程地质条件等。

5.5.1 炸药性能的影响

炸药的密度、爆热、爆速、爆炸压力和猛度等性能指标反映了炸药爆炸时的做功能力，直接影响炸药的爆炸效果。影响爆破作用的炸药性能主要有爆轰压力、爆轰气体产物的体积、炸药的波阻抗以及炸药的能量利用率等，这些因素之间又多相互关联。

1. 爆轰压力

爆轰压力是指炸药爆炸时爆轰波波阵面中C-J面所测得的压力。当爆轰波传播到炮孔壁面上时，在孔壁岩体中产生强烈的冲击波，这种冲击波在岩体中传播会引起岩石的粉碎和破裂。一般来说，爆轰压力越高，在岩体中激发的冲击波的初始峰值压力、产生的应力和应变也越大，从而越有利于岩体的破裂，尤其是在爆破坚硬致密的岩体时更是如此。但并不是对所有岩体来说爆轰压力越高越好，对某些岩体来说，爆轰压力过高将会造成炮孔周围岩体的过度粉碎，浪费能量。此外，爆轰压力越高，冲击波对岩体的作用时间越短，冲击波的能量利用率低，而且造成岩体破碎不均匀。因此，必须根据岩体性质及工程要求来合理选用炸药品种。

2. 爆炸压力

爆炸压力是指炸药在完成爆炸反应以后，爆轰气体产物膨胀作用在炮孔壁上的压力。它是对破碎效果起决定作用的因素，在爆破过程中，爆炸压力对岩体膨胀起胀裂、推移、和抛掷作用。一般来说，爆炸压力越高，对岩体的胀裂、推移和抛掷的作用越强烈。

在爆破破岩过程中，冲击波的作用超前于爆轰气体产物的膨胀作用，冲击波在岩体中造成的初始变形(或裂隙)，为爆压的胀裂作用创造了有利条件。另外，炸药的爆轰反应是一个极短暂的过程，往往在岩体尚未破碎之前就结束了。所以，爆轰压力的作用时间短于爆压作用时间，这有利于由爆炸应力波在岩体中造成的初始裂隙进一步得到延伸和发育，有利于提高爆炸能量的利用率。

爆炸压力的大小取决于炸药的爆热、爆温、爆轰气体生成量以及装药结构等，爆炸压力的作用时间除与炸药本身的性能有关外，还与装药阻塞质量有关。因此在爆破工程中除了选用与爆破介质相适宜的炸药品种外，还应注意阻塞质量。

3. 炸药的波阻抗

炸药的波阻抗是指炸药密度与其爆速的乘积。炸药爆轰时传递给岩体的能量多少、传递效率与岩石波阻抗和炸药波阻抗有着直接关系。通常认为炸药的波阻抗值与岩石的波阻抗值越接近，则炸药爆炸能量传递效率越高，在岩体中引起的应变值越大，获得的爆破效果越好。炸药与岩石波阻抗匹配这一准则的理论基础是声速的透射原理。对高阻抗岩石，因其强度较高，为使裂隙发展，应力波应具有较高的应力峰值；对中等阻抗岩石，应力波峰值不宜过高，而应增大应力波的作用时间；在低阻抗岩石中，主要靠气体静压形成破坏，应力波峰值应尽可能削掉。为提高炸药能量传递效率，炸药阻抗应尽可能与岩石阻抗相匹配。岩石阻抗越高，炸药密度和爆速应越大。若无合适性能的炸药可供选择时，可改变装药结构控制应力波参数。由于炸药爆炸在岩石首先产生的是冲击波，因此炸药与岩石冲击波阻抗匹配情况可以作为炸药透射能量的标准。

5.5.2 装药结构的影响

钻眼爆破中装药结构对爆破效果的影响很大。根据炮眼内药卷与炮眼、药卷与药卷之间的关系以及起爆位置，常见装药结构可以分为以下几种。

(1) 按药卷与炮眼的径向关系分为耦合装药和不耦合装药。耦合装药药卷与炮眼直径相等或采取散装药形式。不耦合装药药卷与炮眼在径向有间隙，间隙内可以是空气或其他缓冲材料(如水或岩粉等)。

(2) 按药卷与药卷在炮眼内的轴向关系分为连续装药和间隔装药。连续装药各药卷在炮眼轴向紧密接触，间隔装药是药卷(或药卷组)之间在炮眼轴向存在一定长度的空隙，空隙内可以是空气、炮泥、木垫或其他材料。

1. 药包与炮孔壁的耦合关系

不耦合装药是指炮孔(或药室)直径大于装药直径的装药形式。而不耦合系数是炮孔直径与药卷直径之比。

在一定的岩石和炸药条件下，采用不耦合装药可以增加炸药用于破碎和抛掷岩石能量的比例，提高炸药能量的有效利用率、改善岩石破碎的均匀度、降低大块率、提高装岩效率；还能降低炸药消耗量有效地保护围岩免遭破坏。这种装药结构在光面爆破和预裂爆破中得到广泛应用。

采用不耦合装药可以增大爆炸应力波的作用时间，减小应力波的频率。在岩体中，应力波峰值的衰减不仅取决于岩体的性质，而且取决于应力波的频率，低频波衰减较慢，而高频波衰减得较快。耦合装药爆破，孔壁处压力较高，但压力峰值随距离衰减较快，较高的压力峰值在孔壁近处，形成强烈破碎区；由于耦合装药孔壁压力高、作用时间短，因此孔壁近区的加载速率较高，而加载速率越高，岩石介质内形成的爆炸裂缝就越容易分岔。不耦合装药爆炸后，其相应的加载率较小，炮孔近区裂隙较小，破碎程度较轻。由于耦合装药在孔壁近处消耗了大量能量，甚至产生过粉碎而损失能量，因此必然影响爆破效果。

高频波衰减较大，在一定范围外，耦合装药的爆炸应力波峰将小于不耦合装药爆炸应力波的峰值。因此在爆破远区不耦合装药的爆炸效果必然优于耦合装药，能量分布比较均匀。

在裂隙发育岩体内，采用空腔不耦合爆破更有利于提高爆炸能量利用率，提高破碎效果。因为应力波通过含充填物裂隙时的应力衰减主要决定于应力波的波长或应力波的作用时间。采用不耦合装药增大了应力波作用时间，降低了应力波在裂隙性岩体内的衰减程度，从而提高了爆炸能量的利用。

在光面爆破和预裂爆破中，最优不耦合系数应保证炮孔孔壁的平均压力小于或等于岩石三向动态抗压强度。

2. 起爆点位置的影响

起爆用的雷管或起爆药柱在装药中的位置称为起爆点。起爆点放在什么位置决定药包爆轰波传播方向和应力波以及岩石破裂的发展方向。在炮眼爆破法中，根据起爆点在装药中的位置和数目，将起爆方式分为正向起爆、反向起爆和多点起爆。

单点起爆时，如果起爆点位于装药靠近炮眼口的一端，爆轰波传向炮眼底部，称为正向起爆。反之，当起爆点置于装药靠近眼底的一端，爆轰波传至眼口，就称为反向起爆。在同一炮眼内设置一个以上的起爆点称为多点起爆。沿装药全长敷设导爆索起爆，使炸药几乎同时起爆是多点起爆的一个极端形式。

试验和经验表明，起爆点位置是影响爆破效果的重要因素。在岩石性质、炸药用量和炮眼深度一定的条件下，与正向起爆相比，反向起爆可以提高炮眼的利用率、降低岩石的夹制作用、降低大块率。

与正向起爆相比，反向起爆也有其不足之处。例如，需要长脚线雷管，装药比较麻烦；在有水深孔中起爆药包容易受潮；装药操作的危险性增加，机械化装药时静电效应可能引起早爆等。

无论是正向起爆还是反向起爆，岩体内的应力分布都是很不均匀的。如果相邻炮眼分别采用正、反向起爆，就能改善这种状况。采用多点起爆，由于爆轰波发生相互碰撞，可以增大爆炸应力波参数，包括峰值应力、应力波作用时间及其冲量，从而能够提高岩石的破碎度。

在柱状长药包爆破时，传统的方法是把起爆药包布置在孔口药卷处，雷管底部朝向孔底，这样装药比较方便，而且节省导线。反向起爆则是把起爆药包布置在孔底，并使雷管底部朝向孔口。由于起爆点在孔底，有利于消灭留炮根的现象。

国内外试验研究资料表明，在较长药包中，不论雷管朝向何方，在起爆点前方和后方一定距离内爆破能力最强，距离爆源愈远，爆破效果愈差。因此在较长的条状药包爆破时，为提高爆炸能量利用率，应采用多点起爆。

5.5.3 爆破条件的影响

影响爆破作用效果的爆破条件因素较多，总体上主要受到爆破参数、自由面条件、堵塞质量和起爆顺序及其延迟时间等因素的影响。

1. 爆破参数

爆破参数主要指炸药单耗、装药量、孔径、孔深、炮孔或药包的间距以及最小抵抗线等，爆破参数的合理选取是获得预期爆破效果的基本前提，必须根据具体的工程要求与目的，在优化爆破方案的基础上，正确设计各爆破参数。

孔径大，炸药能量相对集中，爆破效率高，但破碎块度大。炮孔深度过大，装药量主要集中在炮孔下部，上部岩体不易充分破碎。孔深太小，不仅下部岩体破碎效果差，而且阻塞长度得不到保证，极易形成冲炮，产生飞石。

在炸药单耗确定后，装药间距与最小抵抗线的比值(即炮孔密集系数)对爆破有效作用的影响很大。该值过小，爆破时岩体过早沿炮孔连线方向破裂，最小抵抗线方向的岩体却得不到充分破碎，大块率增大，且容易形成后冲和超挖；该值过大，则可能在相邻炮孔之间出现岩埂。

当孔网参数(孔距，排距、抵抗线)确定后，炸药单耗、装药量的选取就十分重要。炸药耗量过大，不仅容易形成岩体过度破碎，不利于被保护岩体的稳定与支护，而且使爆堆分散，飞石量增加，难以对爆破危害进行有效控制。因此，合理确定炸药耗量是实现控制爆破的基础。

2. 堵塞质量

堵塞就是针对不同的爆破方法采用炮泥或其他堵塞材料，将装药孔填实，隔断炸药与外界的联系。堵塞的目的是保证炸药充分反应，使之产生最大热量，防止炸药不完全爆轰；防止高温高压的爆生气体过早地从炮眼中逸出，使爆炸产生的能量更多地转换成破碎岩体的机械功，提高炸药能量的利用率。在有瓦斯与煤尘爆炸危险的工作面内，除降低爆轰气体逸出自由面的温度和压力外，堵塞用的炮泥还起着阻止灼热固体颗粒(如雷管壳碎片等)从炮眼中飞出的作用。

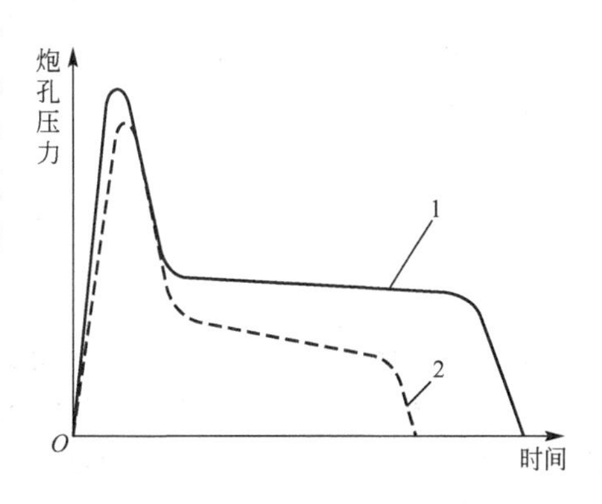

图 5-6　堵塞对爆破作用的影响

1—有堵塞；2—无堵塞

图 5-6 表示在有堵塞和无堵塞的炮孔中压力随时间的关系。从图中可以看出，在这两种条件下，爆炸作用对炮孔壁的初始冲击压力虽然没有很大的影响，但是堵塞却明显增大了爆轰气体作用在孔壁上的压力(后期压力)和压力作用的时间，从而大大提高了对岩石的破碎和抛掷作用。

5.5.4　起爆顺序及其延迟时间的影响

在采用多排炮孔或多药室爆破时，起爆顺序与排间或药室间的延迟时间对爆破作用的影响较大，尤其是在群药包抛掷爆破中，对抛掷方向可起到控制作用。

为了控制爆破的作用方向、改善爆破效果、降低爆破地震波和飞石的危害，工程爆破中常采用分段起爆法，即在同一次爆破中将群药包或炮孔划分成不同的组别按照一定的先后顺序依次起爆(甚至在同一个炮孔中有时还采用分段装药毫秒延时爆破)。起爆顺序的设计决定了爆破作用的主导方向和爆破自由面的数目。例如，在采用主、副药室的硐室抛掷爆破中，若副药室的作用是为了将主药室的最小抵抗线方向由原来指向地表面变成副药室爆破后形成的新自由面方向，那么当主、副药室起爆顺序颠倒后，就会使主抛掷方向偏离设计的预定方向，不仅达不到预期日的，而且很可能带来灾难性安全事故。一般工程爆破中起爆顺序的确定，主要以形成尽可能多的自由面、改善爆破质量(块度适当、大块率低、爆堆集中等)、控制爆破主导方向和降低爆破危害为目的。因此，爆破施工中为保证按设计的顺序起爆，各药室或炮孔内的起爆雷管和起爆网络中的传爆雷管(包括继爆管和导爆管等)都必须按设计规定的段别选用。

5.5.5 岩性及地质构造的影响

不同类型的岩石性质不同，波阻抗也不同。为了提高炸药的爆炸能量利用率，获得较好的爆破效果，应尽可能选用与岩石波阻抗相匹配的炸药品种。另一方面，由于受地质构造的影响，即便是岩性相同或相近的岩体，也会因节理、裂隙、断层等地质构造的发育程度不同而使岩体的可爆性不同，因而爆破作用效果相差很大。

构造上不均质的岩石常会使爆破作用减弱，宏观裂隙能够阻止爆破能量的传递而使破坏区范围受到限制；横穿药包的裂隙能使爆轰气体的压力急剧下降而影响爆破效果。其他地质结构面对爆破也有不同程度的影响，主要表现在：加剧应力波能量的衰减；改变抵抗线的方向，造成欠爆或超爆；引起冲炮，造成爆破事故；降低爆破威力，影响爆破效果；造成施工安全事故，如岩溶水的威胁、开挖硐室的崩塌、陷落等现象；影响被保护岩体边坡的稳定等。

本章小结

关于岩石爆破破碎机理的假说，可以归结为4种：①爆炸应力波反射拉伸理论(动力学观点)；②爆生气体膨胀压力破坏理论(静力学观点)；③爆生气体和应力波综合作用理论；④岩体爆破破碎的损伤力学观点。爆炸应力波在距爆炸点不同距离处可能表现为冲击波、弹塑性应力波、弹性应力波和地震波，药包的作用可以分为内部作用和外部作用，外部作用可以形成爆破漏斗。另外，本章还介绍了装药量的计算原理以及岩石炸药消耗量值的确定方法，阐述了影响爆破作用效果的主要因素，如炸药性能、装药结构、爆破条件、起爆顺序及其延迟时间、工程地质条件等。

习题

一、名词解释

爆炸应力波，冲击波，地震波，爆破自由面，最小抵抗线，爆破漏斗，爆轰压力，爆炸压力，炸药的波阻抗，炸药的能量利用率，不耦合装药、不耦合系数

二、填空题

1. 爆炸应力波在距爆炸点不同距离处可能表现为________、________、________和________。

2. 炸药在岩体内部爆炸后，引起岩体内部不同程度的破坏，在距药包中心不同距离处会形成3个区，即________________、________和________。

3. 影响爆破作用的炸药性能主要有：________、________、________和________。

4. 根据炮眼内药卷与炮眼、药卷与药卷之间的关系以及起爆位置，常见装药结构可以分为：按药卷与炮眼的径向关系分为________和________；按药卷与药卷在炮眼轴向的关系分为________和________。

三、简答题

1. 简述爆破内部作用和外部作用时，岩石的破坏过程。
2. 简述单位体积岩石的炸药消耗量值的确定方法。
3. 简述爆破漏斗的基本形式及其划分标准。
4. 简述岩石爆破破岩机理的3种假说。

第6章 起爆器材与起爆方法

炸药爆破时能在短时间内释放出巨大的能量，为了高效地利用这部分能量，在爆破工程中，任何装药都必须采用适当的起爆器材和相应的起爆方法，才能确保炸药安全、准确而可靠地爆炸，以达到爆破的目的。本章将对不同类型的起爆器材和起爆方法作系统地介绍，明确不同起爆器材和起爆方法的特点，针对工程实际，选择合适的起爆器材和起爆方法并设计合理的起爆网路，将大大提高爆破效率和安全系数。

教学目标

(1) 掌握各种起爆器材在爆破过程中所起的作用，并了解相关爆破器材的性能和使用条件。

(2) 学会根据不同的需要选择起爆方法，会设计起爆网路。

(3) 了解爆破作业先进的起爆方法及其进展。

教学要求

知识要点	能力要求	相关知识
起爆器材	掌握	雷管、导爆索、继爆管、继爆管、导爆管的作用及特点
电力起爆法	掌握	电力起爆器材和网路
非电起爆法	掌握	不同方法的特点
其他起爆方法	了解	气体起爆法、磁电起爆法、无线电遥控起爆系统

引例

违规违章——悲剧无可避免

用于爆破作业的民用爆破器材(雷管、炸药)，由于本身的易爆性和爆炸过程中的不确定性，在实际使用过程中，如填装炸药、起爆和爆破后处理不当、警戒不严、信号不明、安全间隔不够、违规违章或人为失误等原因，极易造成职员伤亡和设备毁坏的危险。2008年5月31日14时50分左右，某市一个采石厂在填装爆破炸药过程中发生一起爆炸事故，造成3人死亡2人重伤，其中2人当场死亡，一人因抢救无效于当晚死亡，其他2人全身炸伤面积80%致残。

该作业面共钻打炮眼(800cm×9cm)7个，每个炮眼间距为1.2m以上，炮眼呈单行排序不规则，间距不一致。爆炸时，第7个炮孔仍在钻孔作业。爆炸后经查确认，装药填塞完好的4个炮眼未炸，未作填塞的第5个炮眼为爆炸点。经有关政府部门工作人员和专家组成的事故技术组对现场勘查确认，意外事故是因严重违规违章交叉作业所致。

其一，事故肇事者爆破员朱某明知爆破预装药危险作业区域严禁任何作业和职员在场的严格规定，但仍然进行预装药危险操纵，严重违反了国家《爆破安全规程》的相关规定；其二，打眼作业负责人熊某从事打眼作业多年，对打眼与预装药同时交叉作业的违规违章行为所造成的严重后果估计不足，在爆破员预装药时仍然盲目冒险进行钻孔作业；其三，安全员兼监炮员贡某明知严重违规违章作业的事故隐患未排除，既没有强行制止，又擅离职守；其四，企业内部安全治理制度落实不到位，对打眼和预装药同时交叉作业的严重违规违章等事故隐患采取的强制措施不力，企业主要负责人和安全治理职员工作责任性不强、安全意识淡薄。

6.1 常用起爆器材

炸药在一定条件下是具有相对稳定性的物质，必须借助于一定的外界能量作用才能使炸药产生爆炸。因此，将用来激发炸药爆炸的材料统称为起爆器材。常用的起爆器材包括雷管、导爆索、继爆管、导爆管、起爆药柱(或起爆具)等。

起爆器材的品种较多，根据起爆过程中所起作用的不同，起爆器材可分为起爆材料和传爆材料两大类。各种雷管属于起爆材料，导爆管属于传爆材料，导爆索既有起爆作用又具有传爆作用。

6.1.1 雷管

雷管是管壳中装有起爆药(起初装的起爆药是雷汞，故称雷管)，通过点火装置使其爆炸，再引爆加强药，而后引爆炸药的装置。雷管是各种雷管的简称，它可以引爆炸药、导爆索和导爆管。爆破工程中常用的工业雷管有电雷管和非电雷管等。电雷管又有瞬发电雷管、秒延期电雷管、半秒延期电雷管和毫秒延期电雷管等品种。

知识链接

火 雷 管

火雷管是利用导火索传递的火焰来引爆雷管的。火雷管又称为普通雷管，它是工业雷管中结构最为简单的一个品种，也是其他各种雷管的基本组成部分，可以在地面爆破、隧道掘进、金属矿山、采石场及其他无瓦斯爆包尘爆炸危险的爆破作业中应用。

火雷管的实物如图6-1所示。火雷管的结构如图6-2所示，它由管壳、正起爆药、副起爆药和加强帽等几部分组成。

1. 管壳

火雷管的管壳通常采用金属(铝、铜、覆铜)或纸制成，呈圆管状。管壳必须具有一定的强度，以减小正、副起爆药爆炸时的侧向扩散和提高起爆能力，管壳还可以避免起爆药直接与空气接触，提高雷管的防潮能力。管壳一端为开口端，用来插入导火索；另一端做成密闭的圆锥形或半球面形的聚能穴，以提高该方向的起爆能力。

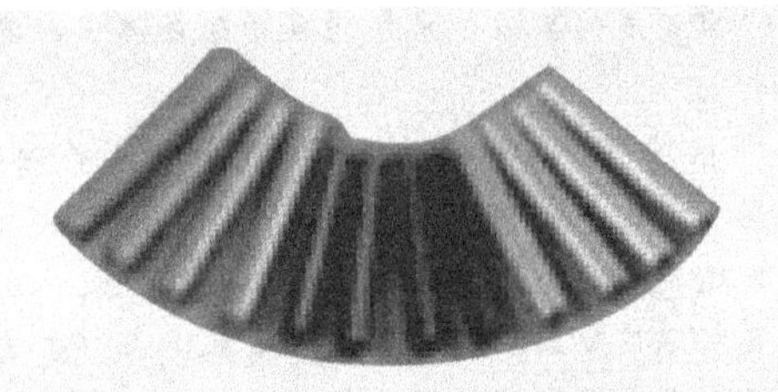

图6-1 火雷管

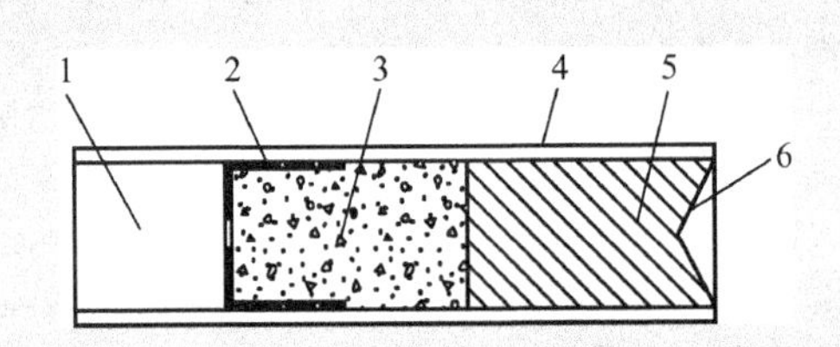

图6-2 火雷管构造

1—引爆元件插口；2—加强帽；3—正起爆药；4—管壳；5—副起爆药；6—聚能穴

2. 正起爆药

火雷管中的正起爆药(也称起爆药)在导火索火焰作用下首先起爆。其主要特点是敏感度高。它通常由雷汞、二硝基重氮酚或叠氮化铅制成。

3. 副起爆药

副起爆药也称加强药。它在正起爆药的爆轰作用下起爆，进一步加强了正起爆药的爆炸威力。它比一般正起爆药感度低，但爆炸威力大，通常由黑索金、特屈儿或黑索金-梯恩梯药柱制成。

4. 加强帽

加强帽是一个中心带小孔的金属罩。它通常用铜皮冲压制成。加强帽的作用为：减少正起爆药的暴露面积，增加雷管的安全性；在雷管内形成一个密闭室，促使正起爆药爆炸压力的增长，提高雷管的起爆能力，可以防止起爆药受潮。

工业雷管按其起爆药量的多少，分为10个等级。号数愈大，起爆药量愈多，雷管的起爆能力愈强。工业上大多使用6#和8#雷管。

1. 电雷管

电雷管（图6-3）是以电能引爆的一种起爆器材。电雷管的起爆炸药部分与普通雷管相同，区别仅在它采用了电力引火装置，并引出两根绝缘导电线——脚线。它是电力起爆系统的主要部件。常用的电雷管有瞬发电雷管、延期电雷管以及特殊电雷管等。延期电雷管又分秒延期电雷管和毫秒电雷管。

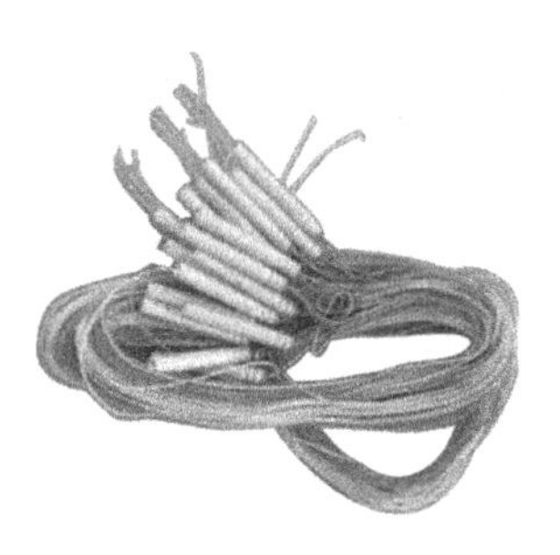

图6-3 普通电雷管

1) 瞬发电雷管

瞬发电雷管由普通雷管、电引火头(引火药、电桥丝、脚线)及密封塞等构成。当电流通过桥丝时，桥丝炽热引燃引火药，使普通雷管爆炸。

(1) 脚线。脚线是用来给电雷管内的桥丝输送电流的导线，通常采用铜和铁两种导线，外面用塑料包皮绝缘，长度一般为2m。脚线要求具有一定的绝缘性和抗拉、抗挠曲及抗折断的能力。

(2) 桥丝。桥丝在通电时能灼热，以点燃引火药或引火头。桥丝一般采用镍铬或康铜电阻丝，焊接在两根脚线的端线芯上，其直径为0.03～0.05mm，长度为4～6mm。

(3) 引火药。电雷管的引火药一般都是可然剂和氧化剂的混合物。目前，国内使用的引火药成分有3类：第一类是氯酸钾-硫氰酸铅类，第二类是氯酸钾-木炭类，第三类是在第二类的基础上再加上某些氧化剂和可燃剂。

另外，为了固定脚线和封住管口，在管口灌以硫磺或装上塑料塞。若灌以硫磺，为防止硫磺流入管内，还装有厚纸垫或橡皮圆垫。使用金属管壳时，则在管口装一塑料塞，再用卡钳卡紧，外面涂以不透水的密封胶。

根据点火装置的不同，瞬发电雷管的结构有两种。一种为直插式，其特点是取消了加强帽。点火装置的桥丝上没有引火药，桥丝直接插入松散的二硝基重氮酚(DDNP)中，DDNP既是正起爆药，又是点火药。当电流经脚线传至桥丝时，灼热的桥丝直接引燃DDNP，并使之爆轰。另一种为引火头式，桥丝周围涂有引火药，做成一个圆珠状的引火头，当桥丝通电灼热，引起引火药燃烧，火焰穿过加强帽中心孔，即引起正、副起爆药的爆炸。

2) 秒和半秒延期电雷管

秒和半秒延期电雷管的结构如图6-4所示。电点火元件与起爆药之间的延期装置是用精制导火索或在延期体壳内压入延期药构成的，延期时间由延期药的装药长度、药量和配比来调节。索式结构的秒或半秒延期雷管的管壳上钻有两个防潮作用的排气孔，排出延期装置燃烧时产生的气体。其起爆过程是：通电后引火头发火，引起延期装置燃烧，延迟一段时间后雷管爆炸。国产秒或半秒延期雷管的延期时间和标志见表6-1和表6-2，主要用于巷道掘进、采石场、土石方等爆破工程作业。在有瓦斯和煤尘爆炸危险的工作面不准使用秒延期电雷管。

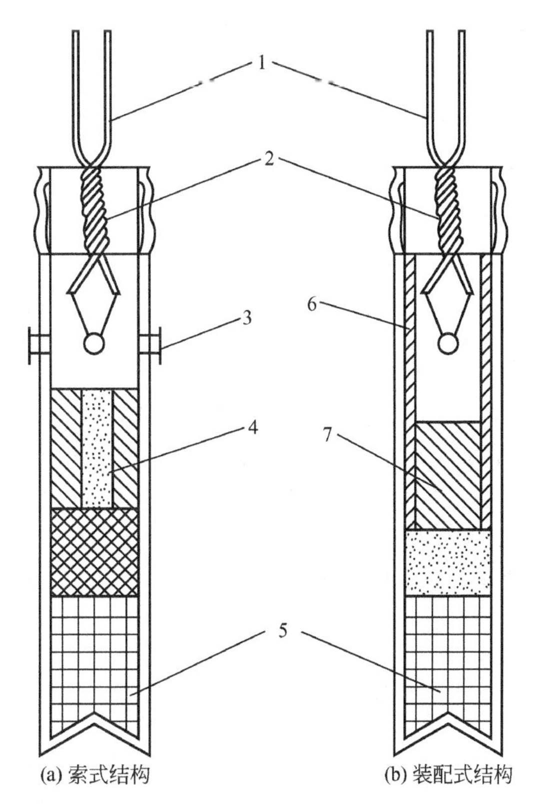

图6-4 秒和半秒延期电雷管的构造

1—脚线；2—电引火线；3—排气孔；4—精制导火索；5—火雷管；6—延期壳体；7—延期药

表6-1 秒延期电雷管的段别、秒量及脚线颜色

段别	延期时间/s	脚线标志
1	0	灰红
2	1.2	灰黄
3	2.3	灰蓝
4	3.5	灰白
5	4.8	绿红
6	6.2	绿黄
7	7.7	绿蓝

表 6-2　半秒延期电雷管的段别与秒量

段别	延期时间/s	标志
1	0	雷管壳上印有段别标志，每发雷管还有段别标签
2	0.5	
3	1.0	
4	1.5	
5	2.0	
6	2.5	
7	3.0	
8	3.5	
9	4.0	
10	4.5	

3）毫秒延期电雷管

毫秒延期电雷管简称为毫秒电雷管，它是通电后爆炸的延期时间是以毫秒量级来计量的电雷管。毫秒电雷管由普通雷管、延期药、电引火头及密封塞等构成，毫秒电雷管的结构如图 6-5 所示。毫秒电雷管的延期时间及其规格见表 6-3。

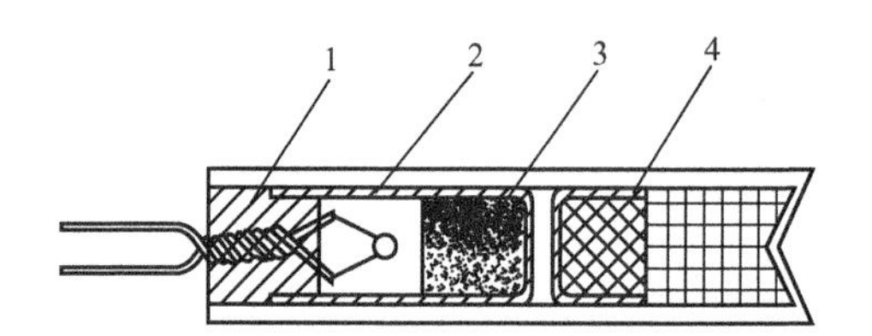

图 6-5　毫秒延期电雷管结构示意图

1—塑料塞；2—延期内管；3—延期药；4—加强帽

表 6-3　国产毫秒电雷管的规格

段别	第一系列秒量/ms	第二系列		第三系列秒量/ms	第四系列秒量/ms	第五系列秒量/ms
		秒量/ms	脚线颜色			
1	<5	<13	灰红	<13	<13	<4
2	25±5	25±10	灰黄	100±10	300±30	10±2
3	50±5	50±10	灰蓝	200±20	600±40	20±3
4	75±5	75^{+15}_{-10}	灰白	300±20	900±50	30±4
5	100±5	110±15	绿红	400±30	1200±60	45±6
6	125±7	150±20	绿黄	500±30	1500±70	60±7
7	150±7	200^{+20}_{-25}	绿白	600±40	1800±80	80±10
8	175±7	250±25	黑红	700±40	2100±90	110±15

（续）

段别	第一系列秒量/ms	第二系列		第三系列秒量/ms	第四系列秒量/ms	第五系列秒量/ms
		秒量/ms	脚线颜色			
9	200±7	310±30	黑黄	800±40	2400±100	150±20
10	225±7	380±35	黑白	900±40	2700±100	200±25
11	—	460±40	用标牌	1000±40	3000±100	—
12	—	550±45	用标牌	1100±40	3300±100	—
13	—	650±50	用标牌	—	—	—
14		760±55	用标牌			
15		880±60	用标牌			
16		1020±70	用标牌			
17		1200±90	用标牌			
18		1400±100	用标牌			
19		1700±130	用标牌			
20		2000±150	用标牌			

毫秒电雷管的构造与秒延期电雷管基本相同，其区别在于延期装置的不同。毫秒电雷管的延期装置是延期药，常采用硅铁（FeSi还原剂）和铅丹（PbO_3氧化剂）的混合物，并掺入适量的硫化锑（Sb_2S_3）以调节药剂的反应速度。为了便于装置，常用酒精、虫胶等做黏合剂造粒。通过改变延期药的成分、配比、药量及压药密度，可以控制延期时间。毫秒延期药反应时气体生成量很少，反应过程中的压力变化不大，反应速度很稳定，延期时间比较精确。

毫秒电雷管中还装有延期内管，它的作用是固定和保护延期药，并作为延期药反应时气体生成的容纳室，以保证延期时压力比较平稳。

4）油井电雷管

油井电雷管是油井射孔时不可缺少的起爆器材。它是一种耐压大、耐温性能好的特制电雷管。WY—2型油井电雷管的结构如图6-6所示。

WY—2型无枪身射孔电雷管（铁管壳），适用于井温120℃和压力34300kPa以下的油井中，用以起爆无枪身射孔导爆索。

WY—2型有枪身射孔电雷管（铜管壳），适用于井温在120℃以下使用。

5）磁电雷管

为了减少和杜绝外来电的危害，1979年英国化学工业公司（NEC）利用电磁感应原理发明了磁电起爆系统，继而该公司和诺贝尔公司生产销售了磁电雷管。

20世纪80年代中期开始，我国煤炭科学研究总院、北京矿冶研究总院和中国兵器工业第213研究所相继成功研制了不同型号的磁电雷管和专用起爆器，并已应用于我国各油田和某些特定的爆破作业。

磁电雷管系指由特定的交流信号起爆的电雷管。将一个普通电雷管的两根脚线分别绕

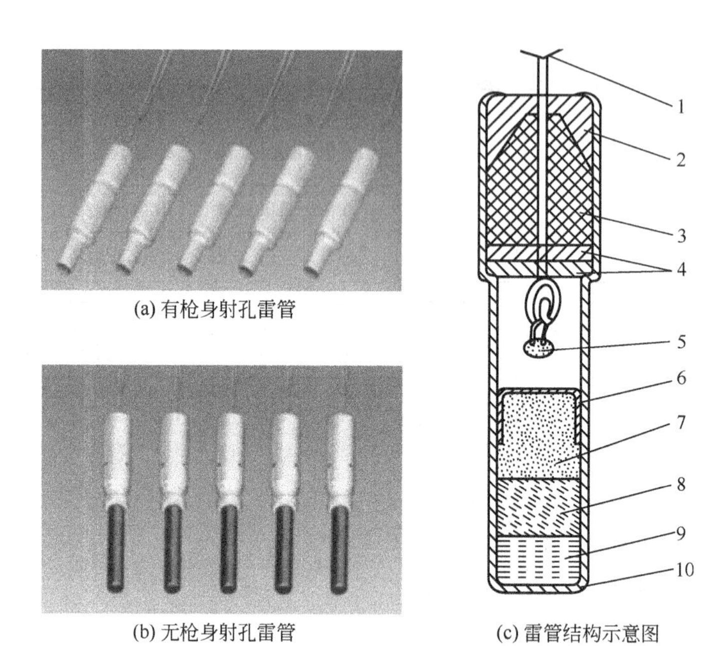

图 6-6　WY—2 型油井电雷管结构示意图

1—脚线；2—绡套；3—胶塞；4—铁垫；5—引火头；6—加强帽；
7—二硝基氮酚；8—二次黑索金；9—一次黑索金；10—管壳

在环状磁芯(磁环)上的一个线圈的两端相连便构成了一个磁电雷管。图 6-7 是磁电雷管的基本结构示意图。

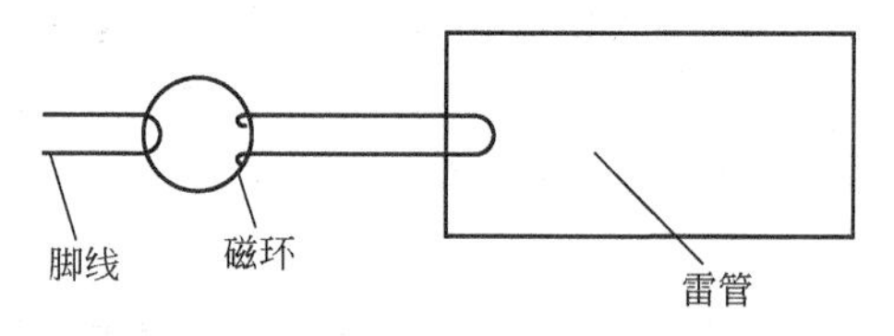

图 6-7　磁电雷管基本结构示意图

适用于油、气井射孔用的 CL—CW—180—1 型耐温、耐压磁电雷管的结构如图 6-8 所示。该雷管由一个普通电雷管、磁环、连接件和密封胶 4 部分组成。它是利用法拉第电磁感应原理设计而成的，即将电磁感应变压器安放在电雷管的电极塞内部，该线圈是一个

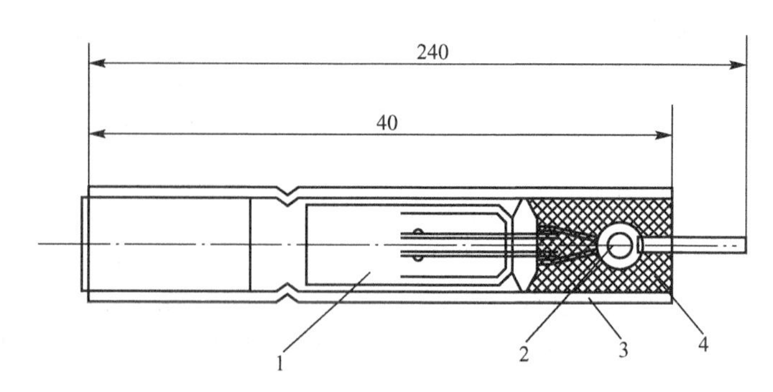

图 6-8　CL—CW—180—1 型磁电雷管结构图

1—电雷管；2—安全元件；3—连接管；4—密封胶

小型环状锰锌软磁铁氧体，电雷管的脚线构成变压器的次级线圈，初级线圈则由起爆回路中任一段起爆线在铁氧体环上绕数圈而成。因变压器次级引出线和雷管脚线相接，使电雷管发火桥丝与脚线形成闭合回路，使工频电、漏电杂散电流等不能进入发火桥丝而提高了产品对电的安全性。变压器初级采取了静电泄放通道的措施，提高了防静电的能力。该产品选用了耐温起爆药、耐温炸药及满足 180℃高温的环状锰锌软磁铁氧体材料，解决了产品的耐高温要求。

油、气井常用的磁电雷管型号有以下 2 种。

(1) CL—CW—180 耐温磁电雷管。该产品可耐温 180℃，可作为 89 枪、102 枪、127 枪等有枪身射孔弹的起爆雷管。

(2) CY 系列耐温耐压磁电雷管。该系列产品有 CY—50(耐压 50MPa)，CY—80(耐压 80MPa)和 CY—100(耐压 100MPa)等型号，可作为无枪身射孔弹的起爆雷管以及爆炸松扣等的起爆雷管。

6) 数码电子雷管

它是起爆器材领域里最为引人瞩目的进展。其本质在于用一个微型电子定时器(集成电路块)取代普通电雷管中的延期药和电点火元件，不仅使延期精度有很大提高，而且控制了通往引火头的电源，从而最大限度地减少了因引火头能量需求所引起的误差。每只雷管的延期可在 0～100ms 范围内按 ms 量级编程设定，其延期精度可控制在 0.2ms 以内。澳大利亚 Orica 公司、南非 AEL 和 Sasol 公司、瑞典 Nobel 公司和日本旭化成均相继推出了数码电子雷管产品，并在工程爆破作业中得到应用，日本已将该产品编入《爆破手册》中。

典型的数码电子雷管结构如图 6－9 所示，其性能主要表现在以下几个方面。

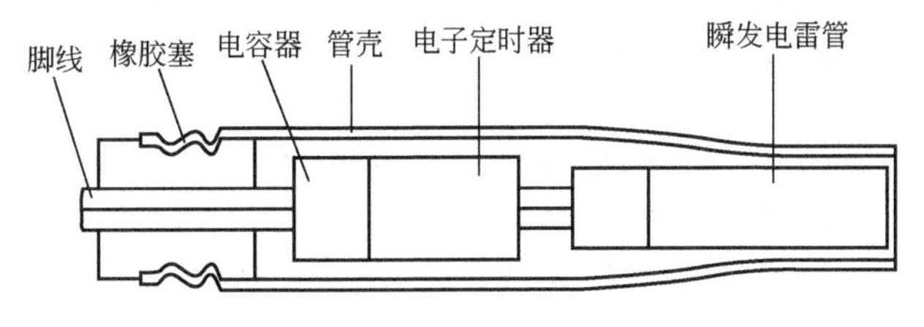

图 6－9 数码电子雷管结构示意图

(1) 延期：在 0～25ms 范围内(必要时亦可 0～100ms，甚至更宽)，可以以 1ms 的间隔根据需要任意设定。

(2) 延期精度：±0.2ms。

(3) 安全性：必须使用专用的起爆器起爆，可抵御静电、杂散电流、射频电等各种外来电。

2. 导爆管雷管

导爆管雷管又称非电雷管(图 6－10)，是专门与导爆管配套使用的一种雷管，是导爆管起爆系统的起爆元件。它与电雷管的主要区别在于：不用电雷管的电点火装置，而是用一个与塑料导爆管相连的塑料连接套，由塑料导爆管的爆轰波来点燃雷管。而导爆管本身可用电火花、火帽等引爆。

导爆管雷管由导爆管、封口塞、延期体和普通雷管组成。根据是否有延期体和延期时

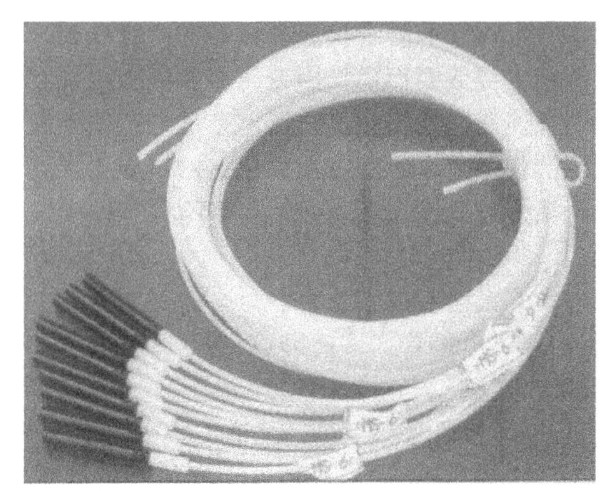

图 6－10 导爆管雷管

间的不同，现在生产的导爆管雷管主要有以下 4 种。

(1) 瞬发导爆管雷管。

(2) 毫秒(MS)导爆管雷管。

(3) 半秒(HS)导爆管雷管。

(4) 秒(S)延期导爆管雷管。

典型的导爆管雷管结构如图 6－11 所示。导爆管雷管具有抗静电、抗杂散电流的能力，使用安全可靠，简单易行，目前主要用于无沼气和粉尘爆炸危险的爆破工程。

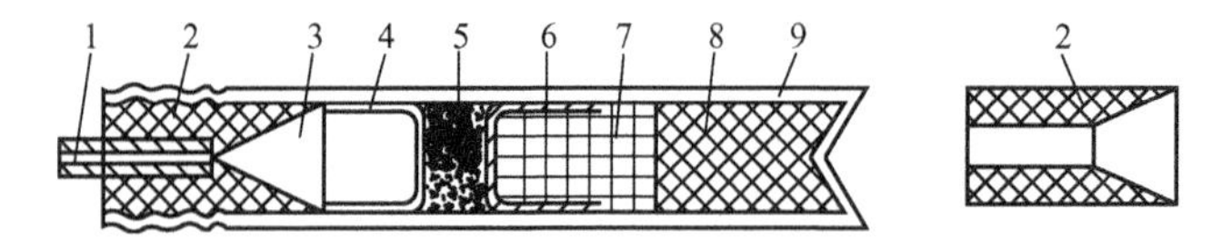

图 6－11 非电毫秒雷管结构示意图

1—塑料导爆管；2—塑料连接套；3—消爆空腔；4—空信帽；5—延期药；6—加强帽；7—正起爆药；8—副起爆药；9—管壳

导爆管雷管又分为抗水型与非抗水型两种。前者要求在 20m 水深中浸水 8h 性能合格，后者要求在 1m 水深中浸水 24h 性能合格。

表 6－4、表 6－5 分别为几种导爆管雷管的结构特征和延期时间。

表 6－4 导爆管雷管的结构特征

雷管种类	瞬发		MS(HS)		S 延期	
雷管号数	8	8	8	8	8	8
结构类型	平底	凹底	平底	凹底	平(导火索)	凹(延期体)
外径/mm	7.1	7.1	7.1	6.9～7.1	7.1	6.9
长度/mm	40	40	58～60	58～60	40	59
外壳材料	钢	其他金属	钢	其他金属	钢	其他金属

注：其他金属指铝、钢、铜、覆铜钢。

表 6-5 导爆管雷管的延期时间

段别	MS 导爆管雷管延期时间/ms	HS 导爆管雷管延期时间/s	S 延期导爆管雷管延期时间/s	
			延期体类型	导火索类型
1	0	0	0	1.5
2	25	0.5	1	2.5
3	50	1.0	2	4.0
4	75	1.5	3	6.0
5	110	2.0	4	8.0
6	150	2.5	5	10.0
7	200	3.0	6	—
8	250	2.5	7	—
9	310	4.0	8	—
10	380	4.5	—	—
11	460	—	—	—
12	550	—	—	—
13	650	—	—	—
14	760	—	—	—
15	880	—	—	—
16	1020	—	—	—
17	1200	—	—	—
18	1400	—	—	—
19	1700	—	—	—
20	200	—	—	—

6.1.2 导爆索

导爆索是以单质猛炸药黑索金或泰安作为药芯，用棉、麻、纤维及防潮材料包缠成索状的起爆器材(图 6-12)。导爆索用雷管起爆后，可直接引爆炸药，也可以作为独立的爆破能源。

根据使用条件和用途的不同，目前国产导爆索主要有以下 7 种类型。

1. 普通导爆索

普通导爆索能直接起爆炸药，但是这种导爆索在爆轰过程中，会产生强烈的火焰，所以只能用于露天爆破和无瓦斯或矿尘爆炸危险的井下作业。其结构如图 6-13 所示。

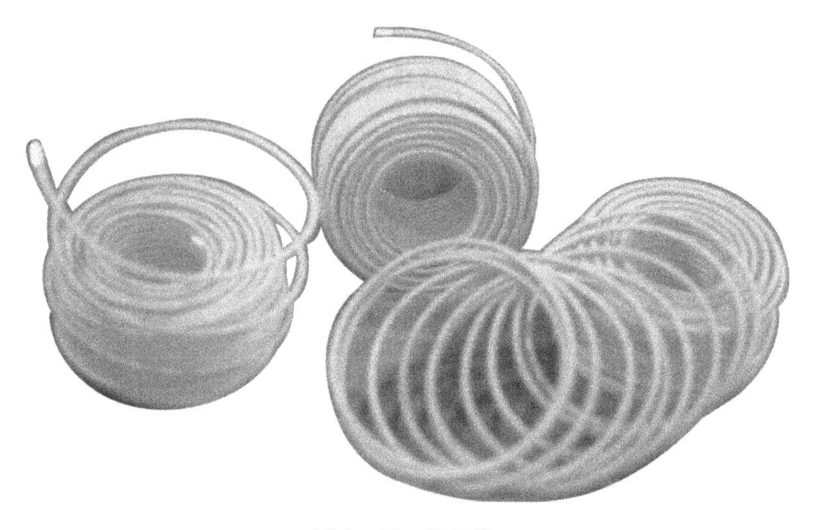

图 6-12 导爆索

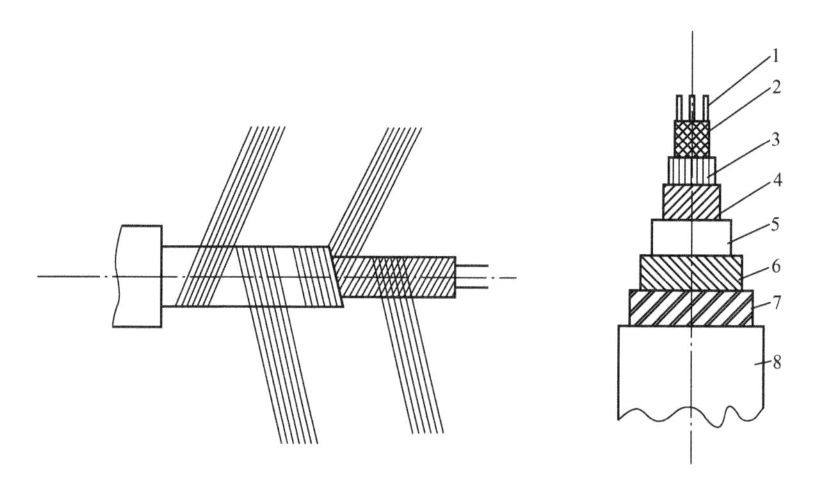

图 6-13 普通导爆索结构示意图

1—芯线；2—药芯；3—内层线；4—中线层；5—防潮层；
6—纸条层；7—外线层；8—涂料层

导爆索的药芯为黑索金或泰安，导爆索的爆速与芯药的密度有关。目前，国产的普通导爆索芯药密度为 1.2g/cm^3，药量 12～14g/m，爆速不小于 6500m/s，导爆索的外径为 5.7～6.2mm，每(50±0.5)m 为一卷。导爆索受到摩擦、撞击、枪弹贯穿和燃烧时，都易引起爆炸。它的防湿性能良好，两端密封，放入 0.5m 深的常温静水中，经 24h 不失去爆炸性能；在(50±3)℃条件下保温 6h，其外观和传爆性能不变；在(－40±3)℃条件下冷冻 2h，取出后仍能结成水平结，按规定的连接方法用 8 号雷管起爆，爆轰完全；承受 500N 拉力后，仍能保持爆轰性能。导爆索的有效期一般为两年。

2. 安全导爆索

安全导爆索在结构上和普通导爆索相似，它和普通导爆索不同之处是黑索金药芯中添加有适量的消焰剂(通常是氯化钠)，使安全导爆索爆轰过程中产生的火焰小、温度低，不会引起瓦斯、煤尘、矿尘爆炸。它专供有瓦斯、煤尘或矿尘爆炸危险的井下爆破作业使用。

安全导爆索的爆速大于6000m/s，索芯黑索金药量为12～14g/m，消焰剂药量为2g/m。

3. 油井导爆索

油井导爆索是专门用来引爆油井射孔弹的，其结构与普通导爆索大致相似。为了保证在油井内高温、高压条件下导爆索的爆轰性能和起爆能力，油井导爆索增强了塑料涂层，并增大了索芯药量和密度。目前国产油井导爆索的主要品种包括有枪身油井导爆索和无枪身油井导爆索。

4. 震源导爆索

震源导爆索分为棉线和塑料震源导爆索两种，外观为红色或用户要求的颜色，每卷长度为(100±1)m。抗水性能：棉线震源索在深度为1m(或压强10kPa)、温度为10～25℃的静水中浸泡24h，用8号雷管起爆应完全爆轰。塑料震源索在深度为2m(或压强20kPa)、温度为10～25℃的静水中浸泡24h，用8号雷管起爆应完全爆轰。

5. 低能导爆索

近年来国内外研制成一种每米装药量很少的导爆索，叫做低能导爆索。这种导爆索爆炸所产生的噪声较低，又能降低成本，同时由于它的爆速高，克服了导爆管网路起爆时由于打断网路而产生拒爆的缺点，但必须与雷管配套使用。这种导爆索的性能如下。

(1) 每米装药量为1.4、3、5、7、10g，也可按用户要求的规格生产。

(2) 爆速大于7000m/s。

(3) 抗水性强，将低能导爆索的两端裸露，浸泡在2m深的水中40天，爆轰感度不变，爆速仍在7000m/s左右。

(4) 环境适应性强，在－40～＋80℃环境中放置8h，爆轰稳定、完全。

(5) 易与非电毫秒延期雷管组成非电起爆系统。

6. 抗水导爆索

抗水导爆索适用于深水爆破作业。从两方面增强其抗水能力：一是用抗水性能好的材料包覆外层，如塑料外皮导爆索；另一方面是用高抗水炸药，如将药芯做成塑性的高威力炸药。

6.1.3 继爆管

继爆管是一种专门与导爆索配合使用的，且具有毫秒延期作用的起爆器材。导爆索与继爆管组合起爆网路，可以借助继爆管的毫秒延期作用，实施毫秒爆破。

1. 继爆管的结构和作用原理

继爆管的结构如图6-14所示。它实质上是装有毫秒延期元件的普通雷管与消爆管的组合体。较简单的继爆管是单向继爆管，如图6-14(a)所示。当右端的导爆索8起爆后，爆轰波和爆炸气体产物通过消爆管1和大内管2后，压力和温度都有所下降，但仍能可靠地点燃延期药4，又不至于直接引爆正起爆药DDNP。通过延期药来引爆正、副起爆药以及左端的导爆索。这样，两根导爆索中间经过一只继爆管的作用，实现了毫秒延期爆破。

继爆管的传爆方向有单向和双向之分。单向继爆管在使用时，如果首尾连接颠倒，则不能传爆，而双向继爆管没有这样的问题。由图6-14(b)看出，双向继爆管中消爆管的两端都对称地装有延期药和起爆药，因此，它在两个方向均能可靠传爆。

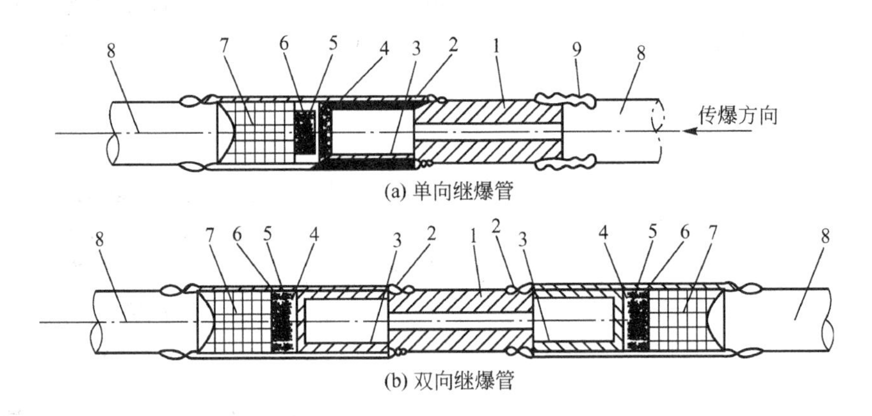

图6-14 继爆管

1—消爆管；2—大内管；3—外套管；4—延期药；5—加强帽；6—正起爆药DDNP；7—副起爆药RDX；8—导爆索；9—连接管

双向继爆管在使用时，无需区别主动端和被动端，方便省事。但是它所消耗的元件、原料几乎要比单向继爆管多一倍，而且其中一半实际上是浪费的。尽管单向继爆管使用时费事一些，但只要严格认真地按要求去连接，效果是一样的。当然，在导爆索双向环形起爆网路中，则一定要用双向继爆管，否则就失去双向保险起爆的作用，图6-15是双向继爆管实物照片。

图6-15 双向继爆管

2. 继爆管的段别和性能

根据延期时间长短，继爆管可分成不同的段别。表6-6为国产继爆管各段别的延期时间。

表 6-6 继爆管的延期时间

段别	延期时间/ms		段别	延期时间/ms	
	单向继爆管	双向继爆管		单向继爆管	双向继爆管
1	15±6	10±3	6	125±10	60±4
2	30±10	20±3	7	155±15	70±46
3	50±10	30±3	8	—	80±4
4	75±15	40±4	9	—	90±4
5	100±10	50±4	10	—	100±4

继爆管的起爆能力不低于 8 号工业雷管。在高温(40±2)℃和低温(−40±2)℃的条件下试验，继爆管的性能不应明显的变化。继爆管采取浸蜡等防水措施后，也可以用于水中爆破作业。

继爆管具有抵抗杂散电流和静电危险的能力，装药时可以不停电，所以它与导爆索组成的起爆网路在矿山和其他工程爆破中都得到了广泛的应用。

6.1.4 导爆管

导爆管是塑料导爆管的简称，也称 Nonel 管。它是导爆管起爆系统的主体元件，用来传递稳定的爆轰波。

1. 导爆管结构

导爆管是一根内壁喷涂有薄层炸药粉末的空心塑料软管，其结构如图 6-16 所示。普通导爆管的管壁呈乳白色，管芯呈灰或深灰色。颜色应均匀，不应有明暗之分。管心是空的，不能有异物、水、断药和堵死孔道的药节等。

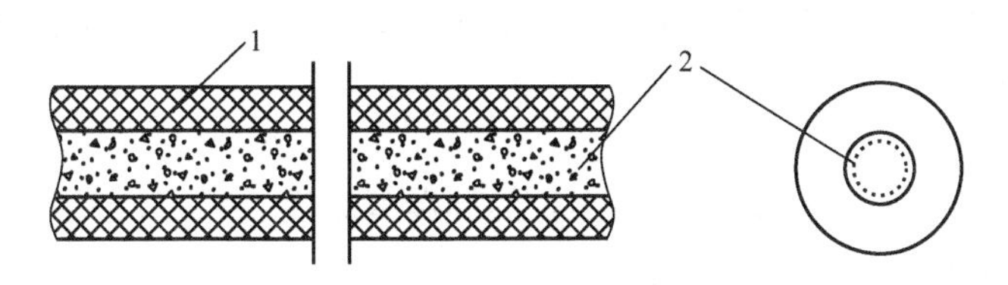

图 6-16 导爆管结构

1—塑料管壁；2—炸药药粉

(1) 管材：导爆管的管壁材料为高压聚乙烯塑料或能满足要求的其他热塑性塑料。

(2) 尺寸：导爆管尺寸与其品种有关，普通型号导爆管外径约 3mm，内径约 1.4mm。

(3) 装药：喷涂在导爆管内壁的炸药粉末组分为奥克托今或黑索金与铝粉的混合物，理论重量比为 91∶9，可适当加入少量的工艺附加物(如石墨等)。

(4) 药量：13～18mg/m(通常取 16mg/m)。

2. 导爆管传爆原理

当导爆管受到一定强度冲击形式的激发冲量作用时，管壁强烈受压(侧向起爆时)或管内腔受到激发冲量的直接作用(轴向起爆时)，使管内壁的混合物粉末涂层表面产生迅速的化学反应，反应放出的反应热一部分用来维持管内的温度和压力，另一部分用来使余下的药粉继续反应。反应产生的(中间)产物迅速向管内扩散，并与空气混合后再次发生剧烈的反应。爆炸时所放出的热量和迅速膨胀的气体支持前沿冲击波继续向前稳定传播而不致衰减，同时前移的冲击波又激起管壁上未反应的药粉产生爆炸变化，这个过程的循环就是导爆管稳定传爆的过程。

导爆管的传爆对其管壳是无损的，即爆轰波在管内传播时管壁完好无损，即使偶尔出现管壁破洞，也不会对人体产生损害。

3. 爆轰性能

1）传爆速度

导爆管传播的是爆轰波，管壁炸药的爆轰波的速度即导爆管传爆速度。普通导爆管有两种型号，在常温(＋25℃)条件下对应的传爆速度大至为 1950m/s 或 1650m/s。

2）引爆感度

导爆管只有在一定强度和适当形式的外界激发冲量作用下才能激起爆轰。

热冲量对导爆管的作用不能在管中实现稳定传播的爆轰波，所以，导火索、黑火药和点火器等只产生热冲量(产生火焰但不产生冲击波)的器材不能起爆导爆管。其他一切能使导爆管内产生冲击波的激发冲量均有可能起爆导爆管。雷管、导爆索、炸药包、电火花等都能起爆导爆管。

导爆管的起爆分轴向起爆和侧向起爆两种。轴向起爆通常用电火花或火帽冲能在导爆管端部内腔中直接起爆混合药粉。这种起爆比较直接，其起爆概率主要与激发强度和药粉感度有关。侧向起爆通常用雷管、导爆索等外界激发冲量先作用在导爆管外侧，再通过塑料管壁后方去起爆管内装药。这种起爆比较间接，其起爆概率除与激发强度和药粉感度有关外，还与管壁条件和连接条件有关。采用雷管侧向起爆导爆管时，用簇联法能使 8 号雷管同时起爆 8 根以上导爆管。

加强连接件的强度或捆扎的强度，有利于提高雷管爆炸产生的高速冲击载荷对导爆管的作用，使起爆概率提高。

3）传爆性能

导爆管的传爆距离不受限制，6000m 长的导爆管起爆后可一直传爆到底，爆速不会因传播距离的增长而变化。

环境的湿度和真空度对导爆管的传爆没有影响。导爆管的打结对导爆管的传爆有影响。打结后的导爆管的爆速将降低，而且在打结处管壁容易产生破裂。若有两个或两个以上的死结，导爆管将会产生拒爆。导爆管的中心孔被堵塞时也会产生拒爆。若导爆管内的药粉分布不匀而堆集成药节时，则可能把导爆管炸裂或炸断。

导爆管管壁的破损，如破洞、裂口等，都会影响导爆管的传爆，致使爆速降低，当破洞直径或裂口长度大于导爆管内径时，就会产生拒爆现象。导爆管中渗入异物时，也会影响传爆。为防止异物的侵入，可用火焰烧熔导爆管端口，然后用手捏合封闭。

4）耐火性能

导爆管受火焰作用不会起爆，明火点燃导爆管一端后能平稳地燃烧，没有炸药粒子的爆炸声，但能在火焰中见到许多亮点。

5）耐静电性能

导爆管在电压30kV、电容330μF、长度极短(10cm)的条件下作用1min不起爆。这说明导爆管具有很好的耐静电性能。

6）抗撞击性能

质量为10kg重锤，落高150cm，侧向撞击导爆管时，导爆管不会起爆。汽车碾压只能使导爆管破损而不起爆，但步枪、机枪射击时，导爆管有时会起爆，即低速撞击一般不会使导爆管起爆，而高速冲击就有可能使导爆管起爆。

7）高低温性能

导爆管在＋50℃、－40℃条件下能够正常起爆，可靠传爆。温度升高时导爆管的管壁变软，爆速下降。

8）抗拉强度

导爆管的抗拉强度在＋25℃时不低于70N，＋50℃时不低于50N，－40℃时不低于100N。尽管导爆管具有一定的抗拉强度，在敷设导爆管网路时，还是应尽量避免使导爆管受力。导爆管受力被拉细时，管内的药层将断开，药层断开的距离愈大对导爆管的传爆愈不利。

近些年，人们又研制出了高强度塑料复合导爆管(图6－17)。具有良好的抗静电、抗杂散电流性能，使用安全、简单、可靠，是普通塑料导爆管的传递更新换代产品。高强度导爆管性能如下：爆速(1950±50)m/s；25℃时，抗拉强度为196N；0＃柴油50℃下，浸7天后，能可靠传爆；50℃条件下，浸4天后，可靠传爆乳化油炸药；－30～80℃条件下可靠传爆；受意外拉伸后，其延伸率不大于100％时，仍能可靠传爆。另外，在延期时间上引用了全新的设计理念，使延时精度明显高于普通毫秒导爆管。

图6－17　高强度导爆管

6.2　电力起爆法

电力起爆法是利用电能起爆电雷管使装药爆炸的一种方法。该种起爆方法可以实现远距离上的装药，即能远距离起爆，比较安全。并且一次可以在确定的时刻准确地同时或逐次(采用延期电雷管)起爆多个装药。但所需器材多，需要对起爆网路进行设计和验算，且作业比较复杂。

6.2.1　电力起爆器材

实施电力起爆所需的器材有电雷管、检测仪表、导电线和电源。

1. 电雷管

电雷管性能参数是检验雷管质量、计算电爆网路、选用起爆电源和量测仪表的原始依据，主要性能参数有电阻，最大安全电流，发火电流，发火冲能，桥丝熔断冲能，发火时间，传导时间，爆发时间，起爆能力等。

1）电雷管电阻

通常所说的电雷管电阻指桥丝电阻和脚线电阻的总和，又称为全电阻。它是设计电爆网路的基本参数。敷设网路前，要逐个测定每个雷管的电阻，检查有无断路、短路，或电阻特大、特小的雷管，并选出电阻值相近的雷管来使用，以保证可靠起爆。在电起爆网路设计时，同一电爆网路中的电雷管应选择同厂、同批、同型号的产品，尽量选用电阻值相差小的雷管。康铜桥丝电雷管的电阻差值不得超过 0.3Ω，镍铬桥丝电雷管的电阻值差不得超过 0.8Ω。

2）最大安全电流

通电时间不加限制，不会引爆任何一个雷管的最大电流称为最大安全电流。该定义是纯理论性的，实际测定是在一定的时间内(5min)，给电雷管输入恒定的直流电，电雷管都不产生爆炸的最大电流值。电雷管的最大安全电流是选定电雷管参数测量仪表的重要依据，也是衡量电雷管能抵抗多大杂散电流的依据。

国产雷管的最大安全电流：康铜丝为 0.3A，镍铬丝为 0.125A。

《爆破安全规程》规定在杂散电流大于 30mA 的工作面或高压线射频电源安全允许距离之内，不应采用普通电雷管起爆；电爆网路的导通和电阻值检查，应使用爆破专用的导通器和电桥，专用爆破电桥的工作电流应小于 30mA。

3）最小发火电流

给电雷管输入恒定的直流电，能将桥丝加热到点燃引火药的最小电流强度，称为电雷管的最小发火电流。国产电雷管的最小发火电流不大于 0.7A。若通电电流小于最小发火电流，即使通电时间很长，也难以保证可靠引爆雷管。因此，最小发火电流是通电时间不加限制引爆单个雷管所需要的最小准爆电流。

4）电雷管的爆炸作用时间

电雷管从通电开始至雷管爆炸所需要的时间称为雷管的爆炸时间。它包括两部分：电雷管的发火时间(即电雷管从通电开始至雷管桥丝发热引燃引火头上的引火药止所需时间，用 t_{i}表示)与传导时间(即从引火药发火至雷管爆炸为止所需时间 t_c)。

保证电雷管串联准爆的条件为

$$t_{i\min}+t_{c\min}\geqslant t_{i\max} \tag{6-1}$$

式中，$t_{i\min}$、$t_{c\min}$——感度最高雷管的发火时间和传导时间；

$t_{i\max}$——感度最低雷管的发火时间。

5）电雷管的发火冲能

引燃雷管所需要的电能用发火冲能(K)来表示。根据焦耳–楞次(Joule – Lenz)定律，发火冲能定义为：雷管在发火时间内，每欧姆桥丝提供的热能。若通过雷管的电流为 i，发火时间为 t_{i}，则电流为交流电时的发火冲能为

$$K_i=\int_0^t I^2\mathrm{d}t \tag{6-2}$$

电流为直流电时的发火冲能可写成

$$K_I=I^2t_i \tag{6-3}$$

发火冲能 K 与电流强度有关，因为电流强度小则相对来说热损失就大，这样所需的

发火冲能也大。热损失与很多因素有关，在发火的结构和材料固定后，发火冲能随电流的增大而减小，最后趋于一个定值——最小发火冲能 K_0。最小发火冲能的倒数称为电雷管的感度 S，即

$$S=\frac{1}{K_0} \tag{6-4}$$

6）桥丝熔断冲能

与发火冲能类似，桥丝熔断冲能 K_m 定义为

$$K_m=I^2 t_m \tag{6-5}$$

式中，t_m——从通电到桥丝熔断的时间。

熔断冲能同样与电流强度有关。电流强度愈大，熔断冲能愈小。但电流强度增大到一定值后，熔断冲能将趋于定值，不再减小。该值称为最小熔断冲能。

为保证雷管可靠引燃，无论通入雷管的电流多大，熔断冲能都必须大于发火冲能。否则，在雷管发火前，桥丝将先被熔断。桥丝熔断后电流中断，虽然靠桥丝放出余热或断开桥丝间产生的电弧仍有可能引燃雷管，但不可靠。

2. 检测仪表

用专用型欧姆表来测量电雷管、导电线及电爆网路的电阻，其测量范围为0.2～5000Ω。

3. 导电线

导电线有双芯塑料绝缘线和橡皮绝缘线两种。双芯塑料绝缘线的电阻为0.1Ω/m；橡皮绝缘线又分单芯和双芯两种，单芯电阻为0.025Ω/m，双芯电阻为0.05Ω/m。

缺乏导电线时，也可用电话线或电灯线代用，其电阻值可用欧姆表测定。

导电线在使用前，必须检查其有无断路和短路，在水中或潮湿的地点使用时，还要检查其外皮的绝缘性是否良好。

4. 起爆电源

实施电起爆时，常用的起爆电源有起爆器和干电池，有时也用蓄电池、照明线路、动力线路和移动发电站等。

1）起爆器

常用的起爆器型号较多，如GBP410型起爆器、GBP411型起爆器、GBP412型起爆器、GBP413型起爆器等。

2）干电池

干电池是一种化学能电源，操作简单，可以连接使用。但该种电源寿命不长，使用期限短，现在已很少采用。

3）蓄电池

汽车、摩托车和工程机械等所用的蓄电池也是化学能电源。单个电池的额定电压有6V、12V和24V这3种。其输出电流为5～20A不等。其内电阻很小，电点火时可忽略不计。

蓄电池在使用前应进行检查，只要蓄电池能够启动相应的车辆、机械，即证明其具有良好的点火能力。

同干电池一样，当单个蓄电池的电流和电压不能满足电点火线路需要时，可将若干数量的蓄电池串联、并联或混联使用。

4）照明、动力线路和移动发电站

这种电源的输出电压和电流强度均较大，大规模的并联或混联电点火起爆网路经常采用。只要线路所需要的电压和电流强度不超过其额定值，即能可靠点火。

使用照明、动力线路时，事先应了解线路的供电和负荷情况，以便进行线路计算。如有必要，在点火时应将其他负荷切断。

点火前，应预先敷设好电点火线路。禁止把干线直接接到照明、动力和发电站线路上去点火，必须接以闸刀开关，直到电点火线路全部敷设结束和导通后，才能将干线接在闸刀开关上。接到点火命令后，才能闭合闸刀开关。

6.2.2 电力起爆网路

由电雷管和导电线按一定的形式构成的电点火线路叫做电力起爆网路。电源通向装药所在位置的导电线称为干线，各电雷管之间及电雷管与干线之间的导电线称为支线。

1. 电力起爆网路的种类及其特点

电力起爆网路有串联、并联和混联 3 种连接形式(图 6－18)。在实际应用中，主要根据爆破任务及电源情况选定。其特点如下。

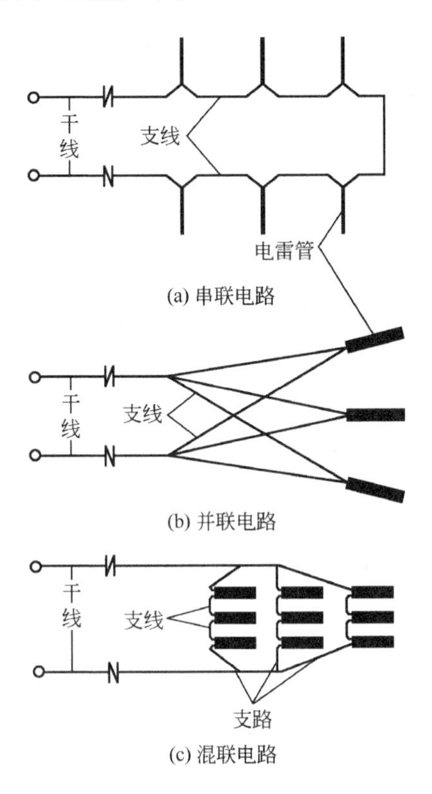

图 6－18　电力起爆网路连接形式

(1) 串联网路敷设和检查作业简便迅速，适合电压高但输出电流小的电源(如点火机)点火；如电雷管的电阻或感度不均匀，通电后电阻大或感度高的电雷管先爆炸，可能炸断线路，使其余的电雷管拒爆。

(2) 并联网路的一个支路的电雷管先爆或拒爆时，不影响其他支路点火。但所需总电流强度较大，适用于输出电流较大、电压较低的电源点火，且每条支路的电阻应相等，否则电阻大的支路电流将减小，可能发生拒爆。

(3) 混联网路适合用电压和电流均较大的电源点火。在爆破重要目标时，为了保证所有装药准确起爆，常用此种线路。采用这种线路时，各支路的电阻必须相等或相近。

2. 电爆网路的计算

在敷设电点火线路以前，应先进行网路计算。通常计算线路的总电阻，确定线路所需的电流强度(表 6-7)，再根据电阻和电流强度算出电压，并根据计算结果选定电源。

表 6-7 电点火起爆网路所需电流强度

电流	直流电/A		交流电/A		附注
线路形式 \ 雷管种类	康铜	镍铬	康铜	镍铬	
串联	2.0	1.0	3.0	1.5	n 为支路数
并联(单发)	$1.0\times n$	$0.6\times n$	$1.5\times n$	$0.9\times n$	
混联	$2.0\times n$	$1.0\times n$	$3.0\times n$	$1.5\times n$	

使用康铜桥丝电雷管的串联线路，雷管之间电阻差应不大于 0.3Ω；使用镍铬桥丝电雷管的串联线路可不考虑电阻差；不同厂家、不同规格、不同型号、不同批次、不同桥丝的电雷管不得在同一网路中使用。网路的计算方法如下。

1) 串联网路

$$\text{线路总电阻}(R)\text{：}R=R_1+R_2+mr \tag{6-6}$$

式中，R_1——干线电阻，Ω；

R_2——支线电阻，Ω；

r——每个电雷管的电阻，Ω；

m——电雷管个数。

所需电流强度(I)：查表 6-7。

所需电压(U)：$U=IR$。

【例题 1】 有一串联电爆网路，已知干线往返全长 500m，支线全长 100m，导电线电阻为 0.025Ω/m，串联 20 个康铜桥丝电雷管，每个电雷管的电阻为 1.7Ω。试求该线路所需电压。如果改用镍铬桥丝电雷管，每个电雷管的电阻为 3Ω，线路所需电压是多少？

【解答】 康铜桥丝电雷管

$$R=R_1+R_2+mr=0.025\times500\times+0.025\times100+1.7\times20=49(\Omega)$$

查表 6-7，得 $I=2\text{A}$。

$$U=IR=2\times49=98\text{V}$$

镍铬桥丝电雷管

$$R=R_1+R_2+mr=0.025\times500\times+0.025\times100+3\times20=75(\Omega)$$

查表 6-7，得 $I=1\text{A}$。

$$U=IR=1\times75=75(\text{V})$$

2）并联网路

线路总电阻(R)

$$R=R_1+\frac{R_2+r}{n} \tag{6-7}$$

式中，n——支路数量。

所需电流强度(I)：查表 6-7。

所需电压(U)：$U=IR$。

【例题 2】 电爆网路由往返全长 200m 的干线及 10 条支路组成。每一支路由 20m 的导电线及 1 个康铜桥丝电雷管组成，导电线电阻为 0.025Ω/m，每个电雷管的电阻为 1.7Ω，试求线路所需直流电压。如改用镍铬桥丝电雷管，每个电雷管的电阻为 3Ω，线路所需电压是多少?

【解答】 康铜桥丝电雷管

$$R=R_1+\frac{R_2+r}{n}=0.025\times200+\frac{0.025\times20+1.7}{10}=5.22(\Omega)$$

查表 6-7，得 $I=1\times n=1\times10=10\text{A}$

$$U=IR=10\times5.22=52.2(\text{V})$$

镍铬桥丝电雷管

$$R=R_1+\frac{R_2+r}{n}=0.025\times200+\frac{0.025\times20+3}{10}=5.35(\Omega)$$

查表 6-7，得 $I=0.6\times n=0.6\times10=6(\text{A})$。

$$U=IR=6\times5.35=32.1(\text{V})$$

3）混联线路

$$\text{线路总电阻}(R)\text{：}R=R_1+\frac{R_1+m_0r}{n} \tag{6-8}$$

式中，m_0——每一条支路上串联的电雷管个数。

所需电流强度(I)：查表 6-7。

所需电压(U)：$U=IR$。

【例题 3】 有一混联起爆网路，干线往返全长 600m，支路 4 条，每条支路由长 100m 的导电线(电阻为 0.025Ω/m)和 10 个串联的镍铬桥丝电雷管(每个电阻 2.55Ω)组成，求线路所需电压。

【解答】 $R=R_1+\frac{R_2+m_0r}{n}=0.025\times600+\frac{0.025\times100+2.55\times10}{4}=22(\Omega)$

查表 6-7，得 $I=1\times n=1\times4=4(\text{A})$

$$U=IR=4\times22=88(\text{V})\text{。}$$

3. 线路的接续

线路的接续包括导电线互相接续及导电线与电雷管的连接。接续方法如下。

1）直线形接续法

导线与导线相接时，接续前先将两根导电线末端的绝缘体各剥去 5cm，并刮亮但勿伤芯线，然后将两根芯线交叉放置，紧密地拧在一起，并缠上胶布。

导电线与电雷管脚线接续时，接续前先将电雷管脚线的绝缘体剥去5cm，导电线的绝缘体剥去2cm，并刮亮芯线，再将脚线在导电线上缠绕一周，用铁丝钳在导电线芯线1/2处弯曲压紧，然后再将脚线紧密地缠在导电线的芯线上，最后缠上胶布。

2）直角形接续法

剥去导电线绝缘体(长度与直线形接续法相同)并刮亮芯线，再将两根芯线成直角紧密缠绕，然后缠上胶布。若线路敷设在潮湿地区和水中，接续部位除缠上胶布外，还应涂以沥青或防潮剂。

4. 线路的敷设

敷设电点火线路时，作业的组织应按作业量的大小、人员和时间等情况而定。电雷管连接小组：领取电雷管，检查其导电是否良好，有时还要对电雷管的电阻加以选择，然后根据装药配置的情况连接电雷管和支线。电雷管连接完毕，与干线接通。

点火站小组负责领取、检查电源及检测仪表；接收干线小组敷设好的干线末端，并加以绝缘。当线路较多时，应加牌编号以防混乱，并派专人看守。线路敷设完毕后，检查线路是否良好，此时，所有人员均应撤到安全地点。线路检查后，如不立即点火，应将干线末端重新绝缘。

5. 敷设电点火线路的注意事项

(1) 线路敷设不能过紧，所有干线、支线均应增加10%左右的松弛度。

(2) 敷设地下装药的电点火线路时，导电线应采取保护措施(如套入细钢管或木制、竹制保护槽中)，以防填塞时损坏导电线。

6. 敷设电点火线路的安全措施

(1) 电源开关要派专人看守。点火机转柄(或点火钥匙)应由指挥员掌握，待人员已撤到安全地带，指挥员发出点火准备口令之前，方可将点火机转柄发给起爆员。

(2) 严禁将电点火线路与照明线路、动力线路混设在一起。

(3) 敷设线路时，如无特殊措施，距离变电站、高压线、发电站及无线电发射台等目标的距离不得小于200m。

小知识

电点火线路的防雷电措施

有雷电时，电点火线路可能发生感应电流，使电雷管爆炸而引起装药意外爆炸。在野外条件下，当雷电直接击中导电线或炸药时，则很难避免装药的意外爆炸。为了预防线路附近发生雷电及静电感应或电磁感应时的电流影响，可采取下列措施。

(1) 全部线路埋入土中，深度不小于25cm。

(2) 电点火线路应尽可能使用双芯导电线。如用单芯导电线时，则在敷设前应将两根线扭在一起，或用细绳、胶布每隔1～1.5m捆扎一道。

(3) 用一根裸线(可用有刺铁丝)与点火线路的导电线并排敷设。

(4) 点火站干线的末端分开放置，并进行绝缘。

(5) 尽可能避免支线并联，因为支线并联能形成闭合回路，因而会引起感应电流。

6.3 非电起爆法

6.3.1 导爆索起爆法

导爆索起爆法是利用导爆索传递爆轰并起爆装药的一种方法。其起爆过程是先利用点火管或电雷管起爆导爆索，然后依靠导爆索爆轰产生的能量在瞬间传(起)爆多个装药。

1. 导爆索的起爆

导爆索通常采用火雷管或电雷管起爆，为了保证起爆的可靠性，在硐室和深孔爆破时常在导爆索与雷管的连接处加1～2个炸药卷，雷管的集中穴应朝向传爆方向，雷管或药卷绑结的位置需离开导爆索末端100mm。为了安全，只准在临起爆前将起爆雷管绑结于导爆索上。一个雷管能起爆6根导爆索；当导爆索超过6根时，可将导爆索捆在药块上，然后用点火管或电雷管起爆药块。导爆索与火雷管、电雷管或药块的连接部位，应用胶布或细绳扎紧，如图6-19所示。

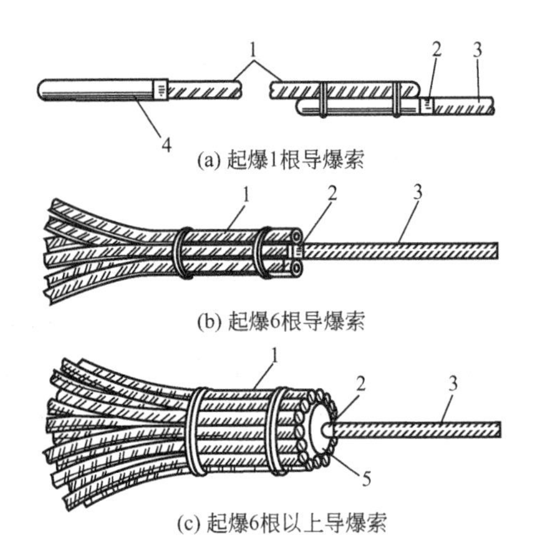

图6-19 导爆索的起爆

1—导爆索；2—火雷管；3—导火索；4—插入装药的火雷管；
5—圆柱形药块

2. 导爆索网路的连接

导爆索连接方式可分为串联、分段并联、并簇联以及继爆管同导爆索组成的联合起爆网络。

1）串联

在每个药包之间直接用传爆线连接起来。此法当一个药包拒爆时，影响到后面的药包也拒爆，因此很少采用。

2）分段并联

将连接每个药包的每段传爆线与另外一根传爆线(主线)连接起来。这种连接起爆较可靠，因而在爆破中应用较多。

3）并簇联

将连接每个药包的传爆线一端连成一捆，再与另外一根传爆线(主线)连接起来，如图 6－20。这种连接传爆线消耗量很大。因此，只有在药包集中在一起时(如隧道爆破)应用。

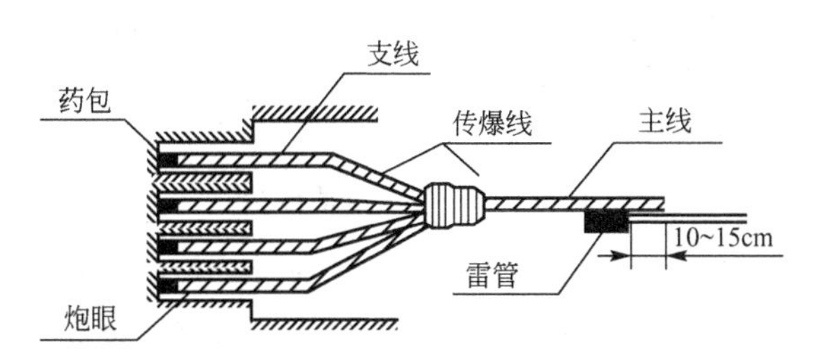

图 6－20　传爆线的并簇联

4）联合起爆网路

继爆管同导爆索联合起爆网络适用于露天、地下(无瓦斯爆炸危险)多排深孔延时爆破。有关爆破网路的连接方式如图 6－21、图 6－22、图 6－23 所示。

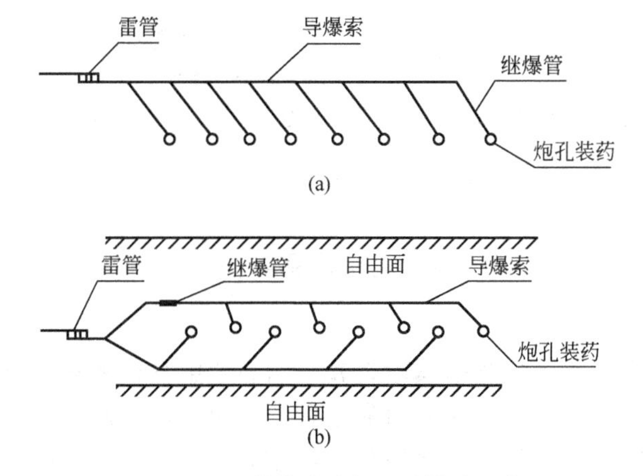

图 6－21　单排孔孔间延时爆破网路

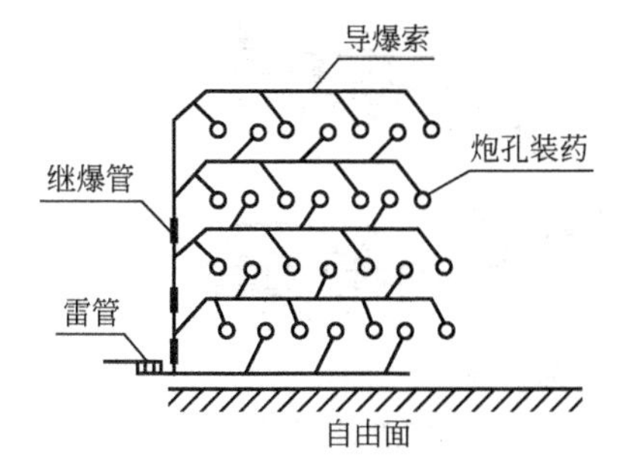

图 6－22　排中间隔延时爆破

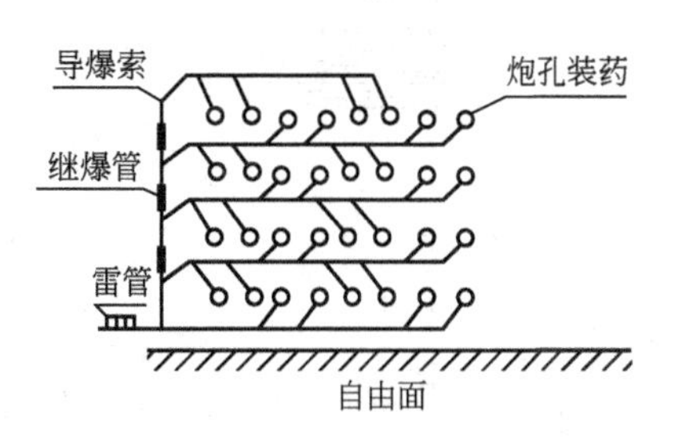

图 6－23　排间对孔间隔延时爆破

导爆索的接续：导爆索需要接长时，可将两根导爆索的一端并在一起，用细绳或胶布捆扎起来，接续的长度应不小于 15cm；也可用对钩结接续。如果将支路上的导爆索接到干线上，可用云雀结接续。对钩结和云雀结的结扣要抽紧，以防松脱而影响可靠传爆。接法如图 6－24 所示。

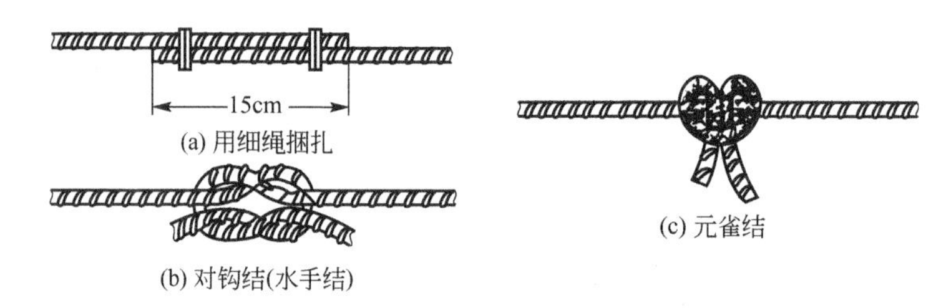

图 6－24　导爆索的接续

支线与主线连接时，支线的端头必须朝着主线起爆方向，其间的夹角不得小于 90°，如图 6－25 所示；在药包内(或起爆体内)，传爆线的一端应卷绕成起爆束，如图 6－26 所示，以增加起爆能力。

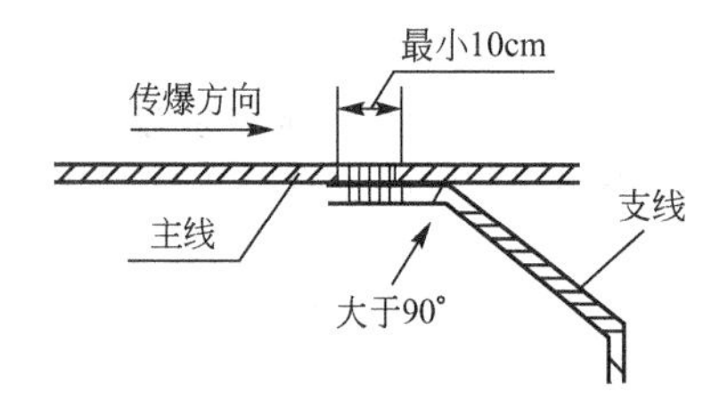

图 6－25　支线与主线的连接

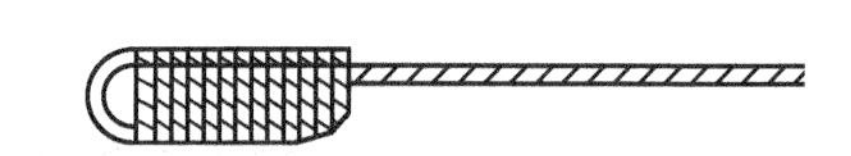

图 6－26　传爆线在药包内卷成起爆束

起爆传爆线用的火雷管应捆扎在距传爆线端头 10～15cm 处，雷管底部的窝槽应指向传爆方向。

3. 敷设导爆索起爆网路的注意事项和安全措施

1）注意事项

(1) 在潮湿天气或水中使用导爆索时，其末端必须用胶布缠紧并浸以防潮剂。

(2) 为了使串联或混联的所有装药可靠起爆，应使网路闭合起来。

(3) 用点火管(或电雷管)同时起爆数根导爆索时，各导爆索的传爆方向要一致，否则与传爆方向相反的导爆索可能被炸断(图 6－27)而中断传爆。

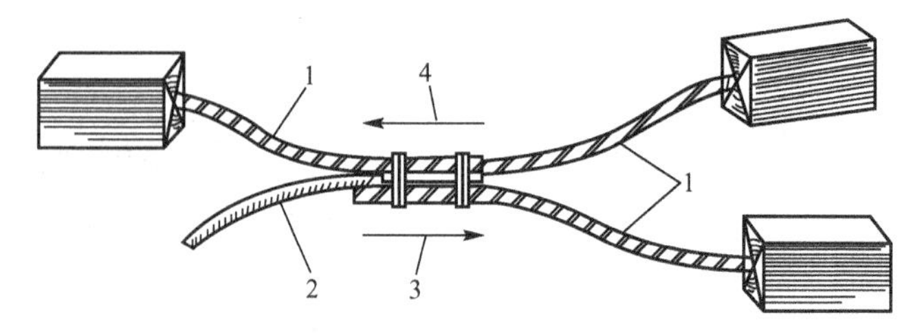

图 6－27　导爆索的传爆方向

1—导爆索；2—点火管；3—正确方向；4—反(错误)方向

(4) 网路中的导爆索不要互相接触，也不要与相邻的装药接触；不要过分拉紧，也不要形成环圈。

2）安全措施

(1) 切取导爆索时，应先将整卷的导爆索展开一部分，使截取处到未展开处的长度不小于10m。

(2) 导爆索不应在烈日下长时间暴晒，经烈日暴晒过的导爆索不得收回库存。

导爆索起爆法的优点是操作技术简单、安全性较高，可以使成组装药的深孔或硐室同时起爆，导爆索的爆速高，可以提高弱性炸药的爆速和传爆的可靠性；缺点是导爆索价格较高，不能用仪表检查起爆网路的质量。

6.3.2 导爆管起爆法

1. 导爆管起爆系统组成元件

以导爆管为主体传爆元件的起爆系统称为导爆管起爆系统。它主要由激发元件、传爆元件、起爆元件和连接元件组成。

1）激发元件

激发元件的作用是起爆导爆管，使之产生爆轰波。主要有3种类型。

(1) 工业雷管。可采用各种雷管来起爆导爆管(通常把这种起传爆作用的雷管称为传爆雷管，而把炮孔中起爆装药的雷管称为起爆雷管)。

(2) 火帽和激发枪。激发枪可用体育发令枪改装(图6－28)，枪身装有一个直径约为3.2mm的L型金属传火管，管的上部带有火帽台，管口可插入一根导爆管。当激发枪的台锤打击(或其他形式的机械作用)火帽时，火帽产生的冲击火焰可轴向起爆插入传火管中的导爆管。

(3) 电火花激发装置。该装置使插入导爆管内的两个金属电极在强电场的作用下产生火花放电，从而轴向起爆导爆管。

激发笔(图6－29)与起爆器配套使用就是一种电火花激发装置。笔尖是放电元件，由直径1.17mm的管状外层电极和直径0.63mm的针状内层电极组成，两极中间用绝缘介质封固。使用时将激发笔的笔尖插入导爆管内，将激发笔的导线接在起爆器的接线柱上，充电后按起爆按钮即可起爆导爆管。

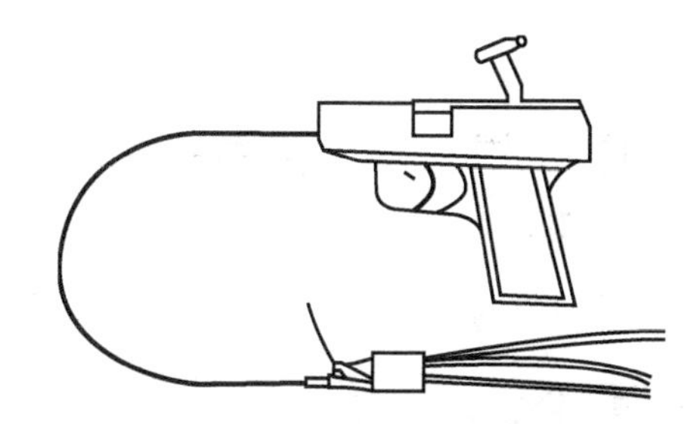

图6－28 激发枪起爆导爆管

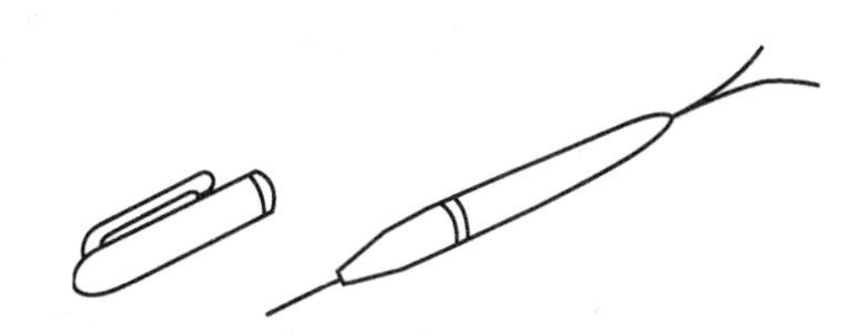

图6－29 激发笔结构示意图

此外，导爆管还可用导爆索、炸药装药及强力引火头等激发。

2）传爆元件

传爆元件的使用是将冲击波信号由激发元件传给各个起爆元件。传爆元件由导爆管或导爆管与雷管组成。传爆雷管可用各种瞬发或延期雷管(含导爆雷管)，后者对网路起延时作用。

3) 起爆元件

起爆元件的作用是起爆装药。按爆破网路的不同要求，起爆元件可用8号瞬发雷管或延期雷管，目前已有瞬发、毫秒(ms)、半秒(hs)和秒(s)延期导爆管雷管供作起爆元件用。

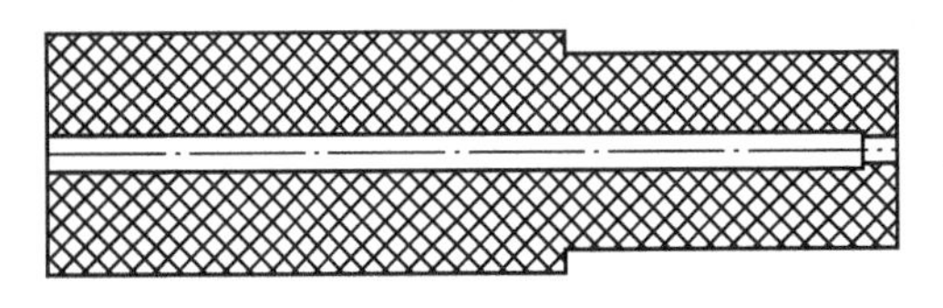

图6-30 塑料卡口塞结构示意图

4) 连接元件

连接元件起连接作用，用来连接激发元件、传爆元件和起爆元件，主要有卡口塞、连接块和传爆接头等。

(1) 卡口塞(图6-30)用来组合连接导爆管和火雷管(有时称此种雷管为组合雷管)。

(2) 连接块(图6-31)用于固定雷管和被它侧向起爆的多根导爆管。连接块有多种形式，中央有一插雷管用的圆孔，圆孔周边有多个小孔用以插入导爆管。

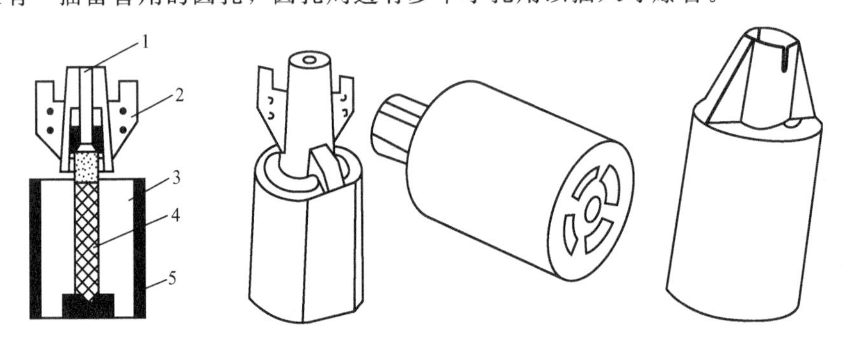

图6-31 连接块结构示意图

1—导爆管；2—扁平翼；3—导爆管接孔；
4—雷管；5—管壁

(3) 传爆接头也称连通管，用于导爆管之间的连接。这种连接在传爆网络中没有雷管，安全性好。它利用导爆管断药20cm左右仍能传递冲击波的特性，将爆轰信号直接传递给后续导爆管。图6-32是几种主要传爆接头的结构。

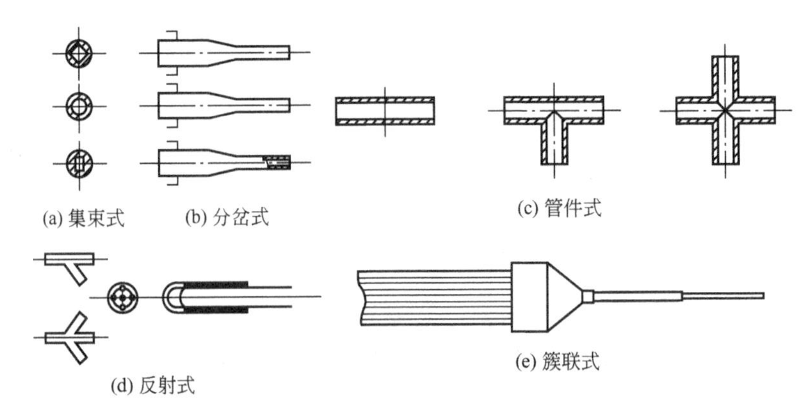

图6-32 轴向传爆接头

在没有制式连接元件或不能使用连接元件时，可采用工程雷管进行简易连接，即把一根或多根甚至数十根的导爆管均匀地捆在雷管的周围，利用雷管对导爆管的侧向起爆作用传递爆轰。捆扎物可用聚丙烯包扎带、细绳、雷管脚线和胶布等。捆扎的强度愈大，起爆的可靠性愈高。其中聚丙烯带的捆扎效果较好，雷管外侧均匀排列的三层导爆管均能被起爆(30～40 根)，胶布的捆扎效果较差，通常只能起爆 8 根导爆管。

2. 导爆管起爆系统

1）导爆管起爆系统工作过程

激发笔或雷管爆炸引发导爆管起爆和立即传爆，当传爆到连接元件的连通管时，经过连通管的过渡(无延误时间)，使往下的导爆管起爆和传爆。连通管所连接的导爆管有两种，其一是属于连接工作元件末端工作元件的导爆管，由于它的传爆引起末端工作元件的非电雷管起爆，结果使炮孔(药包)中的炸药被引爆；其二是属于连接工作元件的导爆管，它的作用是传爆到下一个连通管。就这样接连地传爆下去，使所有的炮孔或药包按一定的延期时间间隔起爆。

2）基本起爆网路

塑料导爆管起爆系统问世之前，进行延时爆破时广泛采取电爆。但电爆网路的设计与计算以及准备工作比较麻烦，费工费时，在有杂散电流的药室中，以及遇到雷电时，容易出现意外的早爆事故。塑料导爆管非电系统的诞生，不但避免电爆有可能出现的意外早爆事故，而且完全能代替电爆进行延时爆破，并比电爆更具有优越性。导爆管非电起爆进行延时爆破时，需要的毫秒雷管段别少，却能进行大规模的延时爆破，不受炮孔或药包数量限制，这是电爆无可比拟的。实践证明，导爆管非电起爆网路铺设操作简便、准爆可靠、起爆器材费用低廉。

导爆管起爆系统的网路设计时，通常用符号表示(如图 6－33所示)。

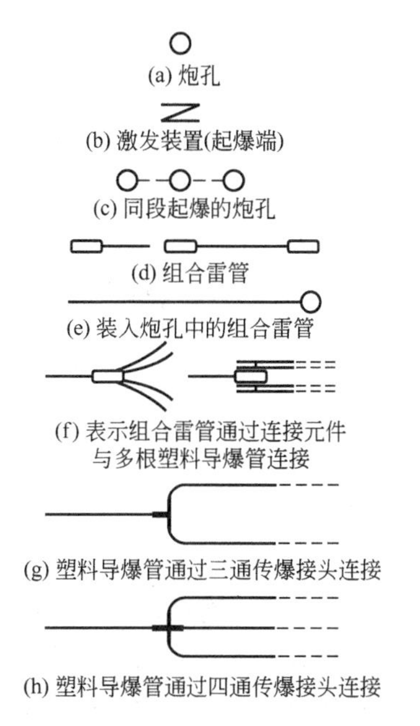

图 6－33　网路符号说明及图例

导爆管非电起爆网路有以下几种式样。

(1) 簇联网路。簇联网路如同电爆的并联网路一样，把炮孔或药包中非电毫秒雷管用一根导爆管延伸出来，然后把数根延伸出来的导爆管用连通管或传爆雷管并在一起，如图 6－34 所示。

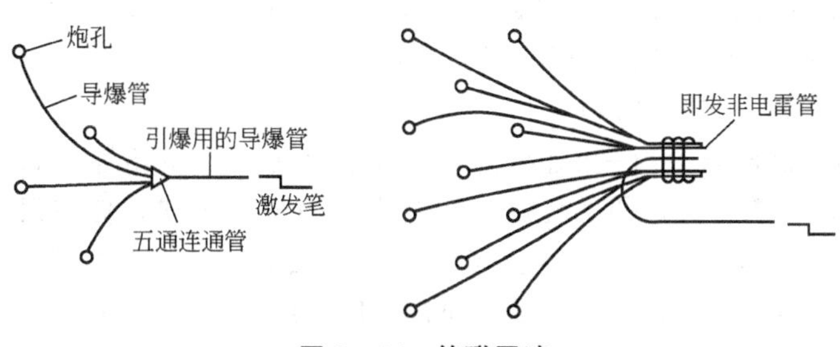

图 6－34　簇联网路

簇联法在深孔松动控制爆破和硐室松动控制爆破中，作为毫秒延时起爆网路中的一个主要环节较多地被采用，例如，把从几个炮孔或几个药包中引出的导爆管绑扎在孔(洞)外雷管的四周，然后再把孔(洞)外雷管串联在一起，这种网路形式在各类控制爆破工程中经常用到。

(2) 串联网路。对于深孔松动控制爆破，当进行排间起爆时，即同一排的炮孔安放同一段别的毫秒雷管，不同排安放不同段别雷管，每排炮孔连接常采取串联，如图 6－35 所示。当采取孔(洞)外延时起爆时，把几个炮孔或几个药包分成一组，在孔(洞)外把每一组从炮孔(药包)中引出导爆管绑扎在一定段别毫秒雷管上，然后把孔(洞)外已绑扎好的毫秒雷管串联在一起。

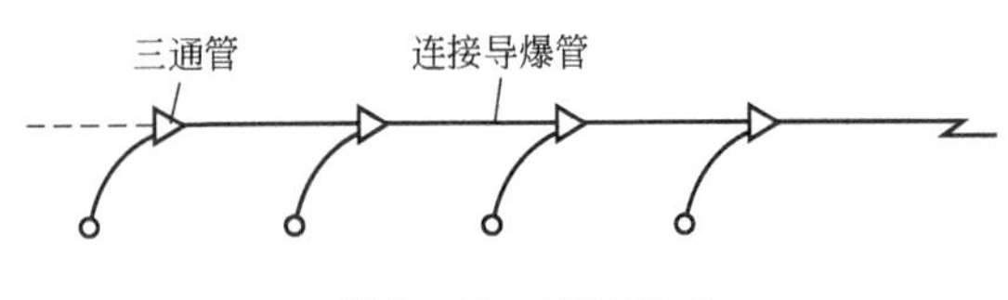

图 6－35　串联网路

(3) 并串联网路。并联网路与串联网路的结合组成并串网路，如图 6－36 所示。并串联网路是深孔松动控制爆破和硐室松动控制爆破起爆网路中最基本的，以此为基础可以构成如图 6－37 所示的并串串联网路、图 6－38 所示的并串并联网路。

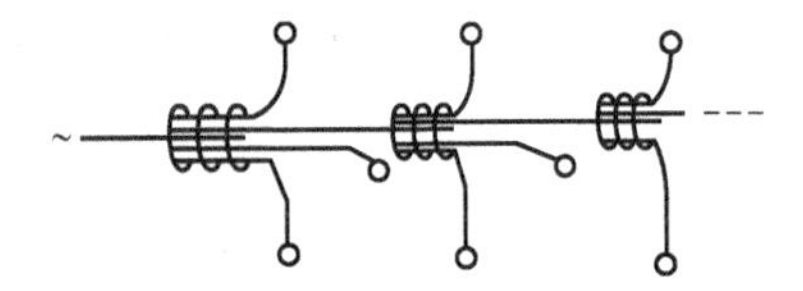

图 6－36　并串联网路

－　图串串联网图串并联网路

(4) 复式网路。为了确保起爆网路的准爆可靠，除了铺设网路时认真细致外，为防止个别雷管或导爆管拒爆，在深孔松动控制爆破和硐室爆破中，实际采取导爆管非电起爆时，在每个药包中安放两个非电雷管，相应地从炮孔或药包中引出两根导爆管，孔(洞)外连接的连通管或传爆雷管也需要两个，这样就把单式并串联网路变成复式并串联网路。

复式起爆网路有以下两种形式。

① 普通复式起爆网路。图 6－39 所示复式爆破网路的特点是两条传爆干线之间没有相互作用。这种网路的传爆可靠性比单式网路大得多。网路中两条传爆干线间有一定的距离，以防止网路同时遭受某一因素影响造成的破坏。

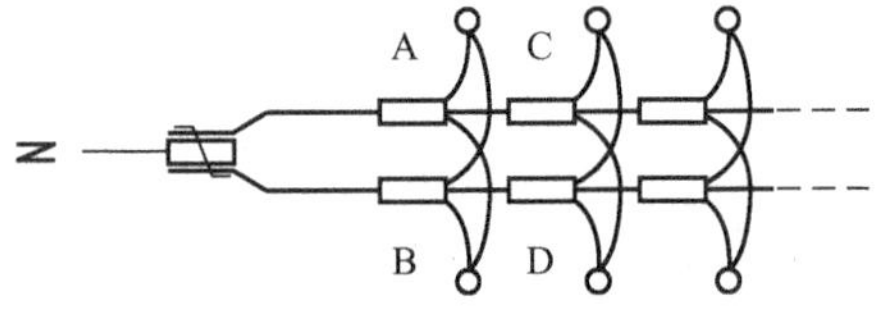

图 6－39　普通复式爆破混联网路

图中 A、B 为爆破网路中第一段传爆雷管，C、D 为第二段传爆雷管。爆破网路开始工作后，A、B 传爆雷管起爆该段的传爆支线及下一段传爆干线，使该段炮孔的起爆雷管和下段传爆雷管 C、D 点火。当某种因素影响使 A 拒爆时，则由 B 的作用仍然能够使第一段起爆雷管和第二段传爆雷管正常起爆。同样，B 拒爆时，A 仍作用。从图中还可以看出，与 B 组合的导爆管在 A 以前被切断时，还可以通过 A 的作用起爆 B。

② 加强复式起爆网路。加强复式起爆网路虽然也为两套单式爆破网路的组合，但网路中两条传爆干线相互作用，每一条传爆支线均受到传爆干线中两个传爆雷管的作用。这种加强复式起爆网路如图 6－40 所示。

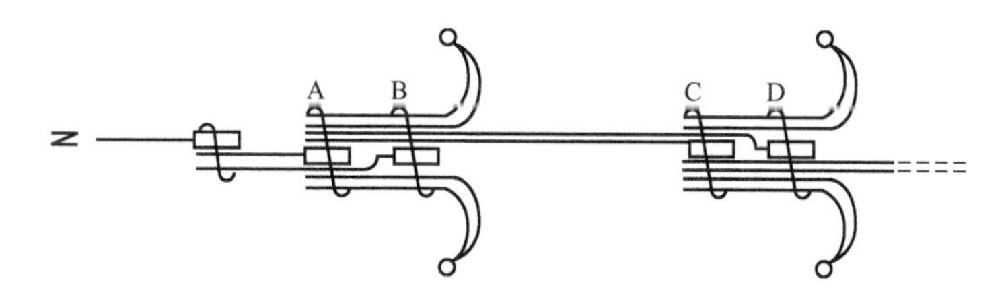

图 6－40 加强复式起爆网路

这种类型的爆破网路使传爆干线之间可以互相作用，而且网路中的支线使起爆次数增加，从而使整个爆破网路传爆的可靠性大大提高。

3. 导爆管非电起爆注意事项

塑料导爆管起爆系统与其他方法相比虽然具有安全可靠、使用方便和易于推广等优点，但这种新型起爆器材在爆破工程施工中应用才十多年，人们对它的认识有待加深，掌握使用有待完善。为确保安全准爆，防止意外事故出现，避免出现瞎炮、断路等毛病，除了应按该起爆器材使用说明外，还应注意以下问题。

1）端头密封

导爆管按使用所需的长度截断后，为使下一次使用正常起爆和传爆，截断后的端头一定要密封，以防止受潮、进水或其他小颗粒物体进入管中。用蜡烛或火柴烧熔导爆管端头，然后用手捏紧即可。再使用时，把端头部位切去 10cm 左右的长度不要，其余长度可继续使用。

2）防止过度拉伸

导爆管虽然打结、弯曲或轻微拉伸均不影响起爆传爆，但是过度拉长导爆管使其变细到小于 0.3mm 时，传爆就不可靠了，所以，在使用时尽量不要拉伸。

3）外观检查

导爆管、非电雷管在使用必须细致地检查外观。凡导爆管破损、折断和压扁的，均应剪去不要，然后用套管对接牢。非电雷管与导爆管连接处(卡口塞)如松动，应作为废品处理，不应使用，否则起爆不可靠。

4）瓦斯地段禁用

导爆管在传爆过程中，由于导爆管质量和连通管的不密封性，火焰有可能喷射出来，所以在有瓦斯的条件下，绝对禁止使用导爆管起爆系统。

5）连接雷管的安置

采用传爆雷管作为连接元件，或孔(洞)外绑扎的毫秒雷管，簇联导爆管时雷管的聚能穴应背向导爆管的传爆方向，如图 6－41 所示。这样安置，雷管的聚能射流不会把从炮孔或药包中引出的导爆管过早炸断，保证导爆管正常传爆。此外，从炮孔或药包中引出的导爆管簇联在雷管周围时，应留有约 10cm 的余长。

6）网路不能采取环形传爆

由于导爆管传爆的延时作用，或孔(洞)外串联的毫秒雷管，不像电爆那样，一合上闸电流立即流到各个炮孔或药包中，所以在设计导爆管非电起爆网路时，不能采取环形传爆形式，即传爆的初始位置与终了位置不能相隔过近，否则，初始位置的爆破会把终了位置的导爆管打断，以致造成部分炮孔或药包拒爆。图 6－42 所示的对称传爆形式，可以避免环形传爆所出现的不良现象。

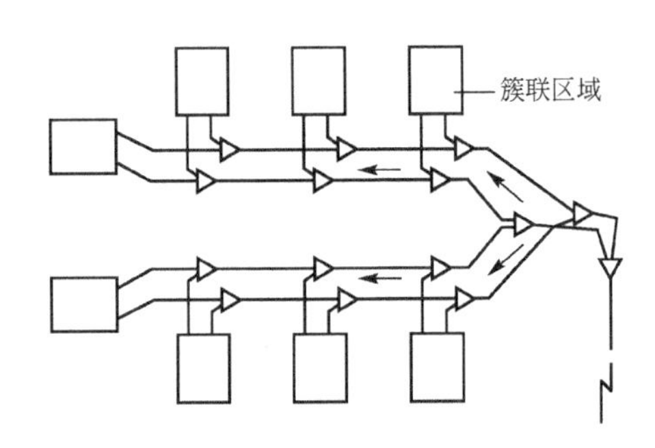

– 雷管安置方向　　图 6－42　对称传爆网路

7）当心孔（洞）外连接的雷管

对于孔（洞）外等间隔延时和同段位高段别延时爆破网路，由于孔（洞）外串联了多个毫秒雷管，如果一旦因种种原因触响，后果不堪设想。只要在思想上认识到这个问题的严重性及危害性，行动上予以重视、认真仔细，肯定不会出现意外。针对这个问题采取的相应措施是：网路连接人员要精少；从起爆方向的最终点倒着连线到起爆网路的开始端；孔（洞）外连接好的雷管要有明显的标志；最后检查网路是否连接完好时，要先抬头看，后迈步走。

6.4 其他起爆方法

除了上述几种常用的起爆方法以外，近年来国内外还研制和发展了多种新型起爆方法，它们各具特点，在不同条件下有其应用前景。

6.4.1 气体起爆法

气体起爆法（Hercudet 起爆系统）由美国大力神公司发明，目前已开始少量使用。该系统是利用空心塑料管内可爆性气体的爆轰来传递起爆能量的，所以称为气体起爆系统。全系统由贮气箱、发爆器、塑料输气管（内径约 1.5mm）连接块和带有两根塑料管的气体起爆雷管等组成的。图 6－43 为气体起爆系统示意图。

在准备阶段，贮气箱内的可燃气体自动按比例（60％O_2、20％H_2、20％CH_4）输入发爆器的混合点火装置内，混合成为爆炸性气体，注入塑料输气管中，直接与装入炮孔的气爆雷管连通。起爆时，按点火开关，产生电火花，爆炸性气体以 3000m/s 的速度传爆，引爆雷管，进而起爆炸药。毫秒延期时间仍是利用雷管中的延期药来实现。为了清洗和检查管路，贮气管内备有净化用的惰性气体（氮气）。

气体起爆法是另一类型的非电起爆新方法。其优点是管路可通入惰性气体进行检查；在爆炸性混合气体未注入管路之前，整套管路处于惰性状态，无引爆危险；不受电的干扰，对炮孔内的装药不产生任何影响；气体传爆可靠稳定，不产生爆声；操作简单等。其缺点是装置复杂；管路易被污染和填塞。

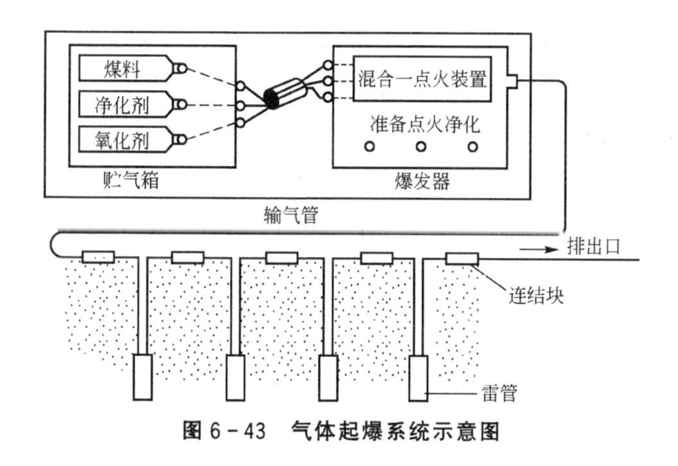

图6-43 气体起爆系统示意图

6.4.2 磁电起爆法

为了吸取电力起爆法的优点，同时又要克服杂散电流的危害，国内外已研制成功了磁电起爆法。

磁电起爆法网路包括由QB—1型起爆器、无接头磁环电雷管等组成磁电起爆系统，并配备专用HZ—1型网路检测仪。我国已于1986年9月在江西大吉山钨矿试用成功。该系统如图6-44所示。

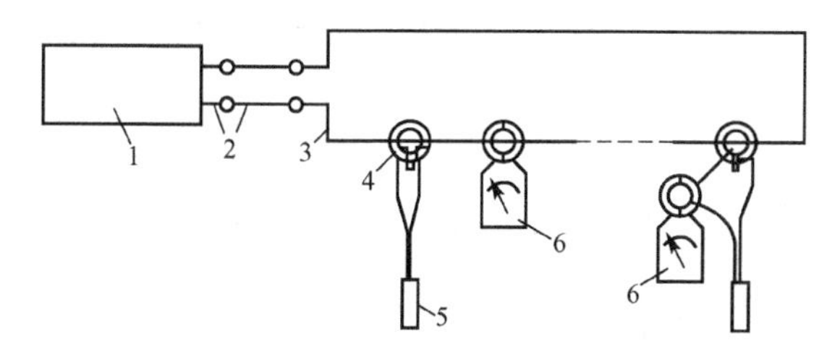

图6-44 磁电起爆系统示意图

1—QB—1型起爆器；2——一次线；3—导线；4—磁环；
5—电雷管；6—HZ—1型检测仪

在电磁起爆系统中，电雷管脚线是全封闭没有接头的。生产电雷管时，就将脚线缠绕在全封闭的磁环上，故外部电流不可能从脚线输入。起爆时由QB—1型起爆器供给固定频率的交流电信号，经磁环产生感应电流引爆电雷管，不接收外界其他任何电信号，所以有较好的抗杂电效果。

网路检查系统是由信号发生器和无触点检测仪(HZ—1型)组成，可迅速检查出网路中接触不良或断头情况。我国研制的磁电起爆系统性能已可与国外的相比，一次起爆雷管量达200多发，脚线长达10m；检测系统安全可靠，预期将有广泛前景。

6.4.3 无线电遥控起爆系统

无线电遥控起爆系统多用于水下爆破等特殊条件下，主要有超声波遥控起爆和电磁波遥控起爆两种。前者为日本首先应用于水下爆破的起爆。该系统由指令装置发出超声波信号，使起爆电容放电，进而使电雷管通电起爆。信号采用调频波，频率为25kHz±500Hz，调制频率范围为380～420Hz，可在100m水深以内使用。

电磁波遥控起爆，则是由振荡器、环形天线、接收器和雷管组成，输出功率20kW，接收器按调谐频率而同时齐发，在1ms内即可动作。

本章小结

本章集中介绍了起爆器材及起爆方法。现将其中的要点归纳如下。

(1) 导火索起爆方法、电起爆方法、导爆索起爆方法、导爆管起爆方法概念。

(2) 各起爆方法所用的器材。

(3) 各起爆方法的线路敷设。

(4) 各起爆方法的优缺点及应用。

(5) 新型起爆器材及起爆方法。

习　题

一、名词解释

雷管，导爆索，继爆管，导火索，导爆管，电力起爆法，电力起爆网路，导火索起爆法，导爆索起爆法

二、填空题

1. 常用的起爆器材包括________、________、________、________、________和________。

2. 爆破工程中常用的工业雷管有__________、__________和__________。

3. 实施电力起爆所需的器材有__________、__________、__________和__________。

4. 电力起爆网路有__________、__________和__________3种连接形式。

5. 非电起爆法主要有__________、__________和__________3种形式。

三、简答题

1. 导爆索有何特点？使用时应注意哪些事项？

2. 试说明导爆管的传爆原理。

3. 常用的起爆方法有哪几种？试述各种起爆方法的所用的器材、使用原理、优缺点。

4. 导爆索起爆网路的连接方式有哪几种？各应注意哪些事项？

第7章 毫秒延时爆破理论

利用秒或毫秒量级间隔，实现按顺序起爆的方法称为延时爆破，分毫秒延时爆破和秒延时爆破。由于顺序起爆的间隔时间极短，致使各装药爆破所产生的爆炸应力场发生相互干涉，以致产生一系列良好的效果。

(1) 增强了破碎作用，能够减小岩石爆破块度，减低炸药单耗。

(2) 能够降低爆破产生的地震效应，防止对井巷围岩或地面建筑物造成破坏。

(3) 减小了抛掷作用，爆堆集中，既能提高装岩效率，又能防止崩坏支架或损坏其他设备。

(4) 在有瓦斯和煤尘的工作面采用毫秒延时爆破，可实现全断面一次爆破，缩短爆破和通风时间，提高掘进速度。

本章以毫秒延时爆破为主，介绍其破岩原理及爆破技术。

教学目标

(1) 掌握毫秒延时爆破的基本理论和爆破间隔时间的确定。

(2) 了解毫秒延时爆破的减震作用。

(3) 掌握光面爆破和预裂爆破的概念、成缝机理和参数设计。

教学要求

知识要点	能力要求	相关知识
毫秒延时爆破	掌握	毫秒延时爆破的概念、原理、时间间隔及其减震作用
光面爆破	掌握	概念、成缝机理、参数设计
预裂爆破	掌握	概念、成缝机理、参数设计

引例

毫秒延时爆破或可避免悲剧的发生

目前，还有不少的煤矿在有煤尘和瓦斯爆炸危险的工作面采用瞬发雷管分次爆破。据不完全统计，我国因爆破引起的瓦斯或煤尘爆炸事故，60%以上发生在掘进工作面，其中75%以上是发生在第二次爆破如枣庄、淄博、芙蓉等矿务局曾发生的爆炸事故多发生在第二次爆破之后。在巷道掘进中合理地选择毫秒延时间隔时间，利用先期爆炸产生的应力场、自由面以及岩块间的相互碰撞，可以达到降低炸药单耗、控制爆堆集中和改善爆破效果的目的。

7.1 毫秒延时爆破原理

7.1.1 概述

在各类工程中，采用一般的爆破方法爆破时，会伴随不同程度的危害发生。例如，原有的节理和裂隙在爆破作用下扩展，甚至产生新的裂隙，导致围岩承载能力下降、稳定性降低；爆破地震效应对周围环境的影响日趋严重等。尤其在城市和工矿企业，用普通爆破方法拆除旧建筑物或破岩时，已无法保证城市居民、周围建筑物、机械设备的安全。

毫秒延时爆破相邻药包以极短的毫秒级时间间隔顺序起爆，使各药包产生的能量场相互影响而产生良好的爆破效果。正确地应用毫秒延时爆破能减少爆破后出现的大块率和碎块的飞散距离，降低地震波、空气冲击波的强度，得到良好的堆积体，实现建(构)筑物拆除爆破的顺序解体。因此，毫秒延时爆破已成为目前各类工程爆破中使用最广泛的一种爆破方法。

7.1.2 毫秒延时爆破原理概述

目前，国内外对毫秒延时爆破原理的分析意见尚不一致，现以露天台阶单排深孔爆破为例对目前公认的观点加以论述。

如图 7-1 所示，沿台阶工作面布置一排炮孔，1、2 号炮孔分别以毫秒延期间隔顺序起爆，爆破过程大致如下。

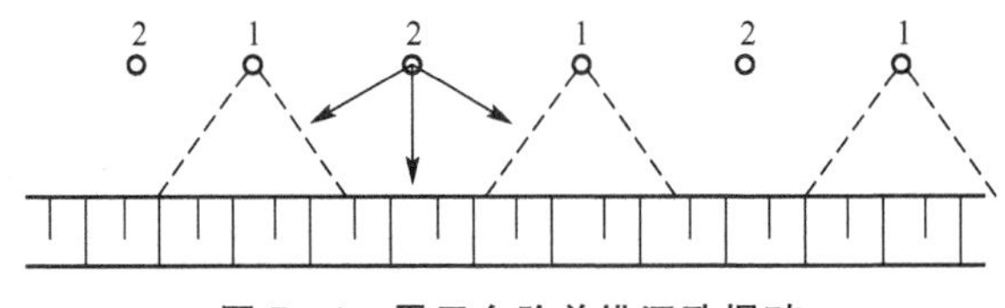

图 7-1 露天台阶单排深孔爆破

1—第一段起爆；2—第二段起爆

(1) 先爆炮孔相当于单孔漏斗爆破，在压缩波、反射拉伸波以及爆炸气体的作用下，在岩石中形成爆破漏斗。这些漏斗沿其周边主裂隙与原岩分离，但岩石尚未明显移动，孔内高温高压气体尚未消失，只在漏斗内产生较多交叉裂隙，漏斗外有微细裂隙生成。

(2) 在第一组爆破漏斗形成后，第二组毫秒延时延发的炮孔紧接着起爆。先期形成的爆破漏斗的周边和之外的微细裂隙是后继炮孔爆破的自由面。因此，后爆炮孔的最小抵抗线和爆破作用方向发生改变，加强了入射压缩波和反射拉伸波在自由方向的破碎作用。自由面数目的增加和夹制作用的减弱使得爆破能量充分利用于破碎岩石，有利于改善爆破效果。

(3) 先爆炮孔的爆破作用在岩体内形成的应力场尚未消失，后爆炮孔立即起爆，两组炮孔爆破产生的应力波相互叠加，增强了应力波的作用、延长了应力作用时间，更加改善了破碎效果。

(4) 当先爆炮孔爆落的岩石尚未落地时，后爆炮孔爆下的岩石朝新形成的自由面方向飞散，两者互相碰撞，利用其动能产生碰撞破碎，并使爆堆比较集中。

(5) 由于两组炮孔的起爆顺序是相间布置的，相邻炮孔间先后以毫秒时差间隔起爆，因此爆破产生的地震波能量在时间和空间上是分散的。根据对毫秒延时爆破所作的地震观测资料可以判明，与一般爆破相比，毫秒延时爆破可使地震效应降低1/3～2/3。

7.1.3　毫秒延时爆破三大假说

毫秒延时爆破良好爆破效果的获得必须依赖合理的炮眼间距、起爆顺序和间隔时间。而这些参数的确定必须依赖于对毫秒延时爆破破岩机理的了解。虽然毫秒延时爆破技术已获得广泛应用，但人们对毫秒延时爆破的破岩机理还没有一个统一的认识。目前存在以下几种主要假说。

1. 自由面假说

该假说认为，毫秒延时爆破能够改善岩石的破碎质量，是由于先爆炸药已使岩体内形成了一定宽度的裂隙和附加自由面，为后爆炸药爆炸提供了有利的破岩条件。按照这种假说，在各种毫秒延时爆破形式中(图7-2)，以波浪形毫秒延时爆破的效果最好。

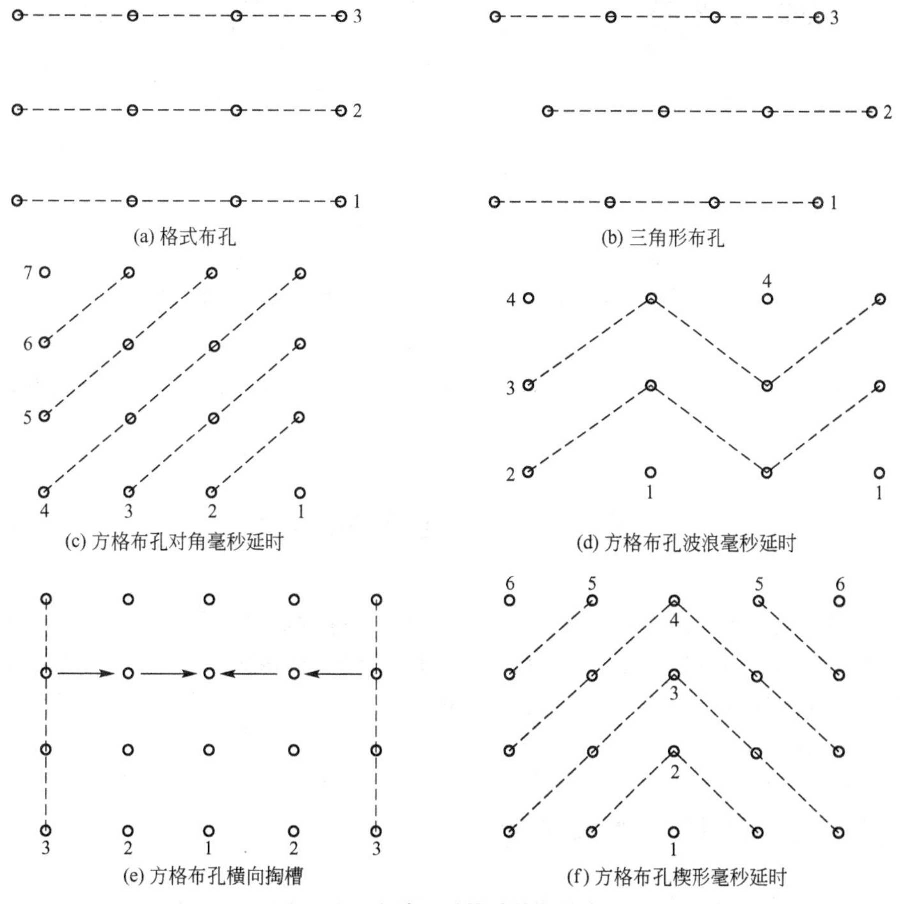

(a) 格式布孔　(b) 三角形布孔

(c) 方格布孔对角毫秒延时　(d) 方格布孔波浪毫秒延时

(e) 方格布孔横向掏槽　(f) 方格布孔楔形毫秒延时

图7-2　毫秒延时爆破的各种类型

此外，由于先爆炸药产生的新自由面改变了后爆炸药的作用方向(不再垂直于原自由面)，故其能减小爆岩的爆堆宽度和抛掷距离，并为运动岩块相互碰撞发生二次破碎创造了条件。

但在理论上，除运动岩块能够发生相互碰撞这点外，该假说不能充分说明毫秒延时爆破与秒延时爆破的区别。

2. 剩余应力假说

该假说认为，先爆炸药激起的应力波在岩体内形成动态应力场并产生一系列裂缝；其后，岩体承受高压高温气体的作用，使裂缝进一步扩展，同时爆炸气体不断膨胀，压力不断降低；后爆炸药应在先爆炸药产生的动态应力场尚未消失前起爆，充分利用前后应力的叠加来改善岩石的破碎质量。

该假说常结合自由面假说用以共同说明毫秒延时爆破在破岩机理方面所具有的特点。

3. 应力波相互干涉假说

传统爆破，若相邻两装药同时起爆，由于应力波的相互干涉，在两装药中间岩体某区域内将形成无应力区或应力降低区，从而容易产生大块。但若使相邻的两装药间隔一定时间爆炸，使先爆炸药在岩体内激起的压缩波反射成拉伸波后，再引爆后爆装药，这样不仅能消除无应力区，而且能增大该区内的拉应力，改善破碎质量(图 7-3)。

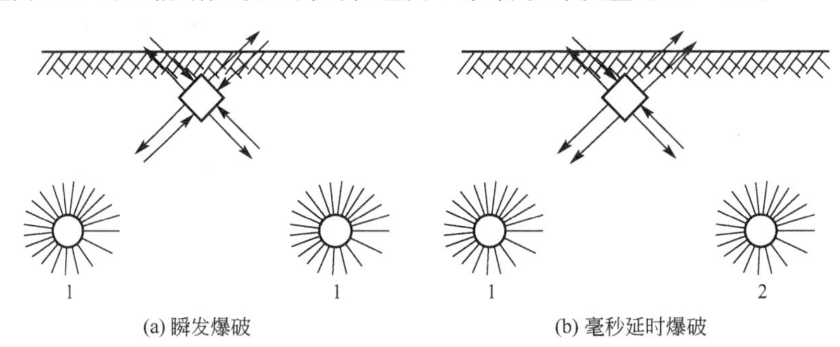

图 7-3　瞬发爆破和毫秒延时爆破时相邻装药产生应力波干涉的比较

1、2—起爆顺序

在学术界关于应力波相互干涉假说还有其他各种解释，但由于应力波作用时间很短，这种假说和各种解释均未能得到普遍认可。

7.2 毫秒延时爆破间隔时间的确定

毫秒延时爆破能否取得良好爆破效果关键在于合理毫秒延时间隔时间的确定。间隔时间是毫秒延时爆破的关键参数，常以 ms 为单位。确定合理的间隔时间是毫秒延时爆破技术的关键，国内外对此进行了许多试验研究工作，由于观点和试验目的不同，提出了很多计算间隔时间 Δt 的方法。

7.2.1 按应力波叠加原理确定间隔时间

在毫秒延时爆破中，当后爆炸药较先爆炸药迟十至数十毫秒起爆时，后爆炸药是在相邻先爆炸药的应力、振动作用下处于预应力的状态中起爆，从而加强了后爆炸药对围岩的爆破作用。如果间隔时间再长些，新的自由面就会出现，爆破效果更加良好。

前苏联学者波克洛夫斯基提出，自由面方向的岩石在先爆炸药产生的压应力波及气楔作用下，发生强烈变形和位移，随着爆生气体的逸散，孔内空腔压力下降，在岩石弹性恢复力作用下，自孔壁向围岩产生拉伸波，这时是后爆炸药起爆的最佳时间。按此原理，间隔时间应由式(7-1)确定

$$\Delta t=\frac{a}{C_p}+5\times10^{-4}\sqrt[3]{Q} \tag{7-1}$$

式中，a——炮孔间距，m；

C_p——应力波传播速度，m/s；

Q——单孔装药量，kg。

7.2.2 按产生新自由面原理确定间隔时间

群药包采用毫秒延时爆破技术，当前段炸药爆破后，除在岩石中产生径向和环向裂隙外，还使自由面一侧的爆破漏斗的岩石与原岩体分离，这使后爆炸药在原自由面基础上，又增加了新的自由面，最小抵抗线的方向将有改变。于是后爆炸药产生的应力波在自由面的夹制作用减少，反射叠加作用增强，能改善爆破效果。

前苏联学者哈努卡耶夫认为，先爆炸药爆破裂隙使岩石脱离原岩形成0.8～1.0cm宽的贯穿裂缝的时间为最优毫秒延时间隔时间，即

$$\tau=t_1+t_2+t_3 \tag{7-2}$$

式中，t_1——弹性应力波传至自由面并返回所需的时间，ms；

t_2——形成裂缝所需的时间，ms；

t_3——破碎的岩块离开原岩，裂隙宽度达到 $S=0.8\sim1.0$cm 时所需的时间，$t_3=\frac{S}{\bar{\nu}}$，ms；

C_p——岩石纵波波速，m/s；

C_2——裂隙扩展速度，$C_2=0.05$；

$\bar{\nu}$——岩石碎块平均运动速度，m/s。

长沙矿冶研究院在考虑应力波的正负波的历时时间基础上，修正了上述模型，提出间隔时间的计算公式为

$$\Delta t=(K_1+K_2)\sqrt[3]{Q}+\frac{s}{v_a} \tag{7-3}$$

式中，K_1——正波历时系数，$K_1=1.25\sim1.80$；

K_2——负波历时系数；$K_2=9(\phi-0.18)$，其中 ϕ 为炸药与岩石的波阻抗比值。

7.2.3 按增强碰撞作用原理确定间隔时间

采用毫秒延时爆破技术的爆破作业中，先爆炸药的爆破漏斗内的岩石受到第一次破碎，并向自由面方向运动，当运动距离不远时，后爆炸药起爆，引起运动的岩块与先爆炸

药产生的运动岩块发生碰撞，使岩块受到二次碰撞破碎。同时由于岩块密集，后爆炸药的爆生气体不容易逸散到大气中，从而增强了对岩石的破碎。在碰撞破碎的过程中，由于岩石的动能降低，可使抛距减少，爆堆集中。

国内外学者在总结实践经验的基础上，认为合理的间隔时间与岩石性质、最小抵抗线和爆破参数有关，并提出间隔时间的经验公式。

波克罗弗斯基提出能够增强破碎效果的合理间隔时间公式

$$\Delta t=\frac{\sqrt{a^2+4W^2}}{C_p} \tag{7-4}$$

式中，a——炮孔间距，m；

C_p——岩石纵波波速，m/s；

W——最小抵抗线，m。

7.2.4 为改善爆破效果确定间隔时间

以达到爆破块度均匀的目的，在实践资料的基础上，瑞典的兰格浮士提出在最小抵抗线为 0.5～0.8m 的条件下，能保证产生较好的爆破效果的计算公式

$$\Delta t=KW \tag{7-5}$$

式中，K——系数，ms/m，矿岩的 f 值较大时，取 $K=3$，f 值较小时，取 $K=6$；

W——最小抵抗线，m。

日本伊藤一郎认为，要使毫秒延时爆破产生更加良好的效果，不仅要使先后炸药爆破动力效果叠加，还应在先爆炸药的爆生气体膨胀作用正好处于静力破坏时，后爆炸药开始爆炸，因此可用式(7-6)计算

$$\Delta t=(2\sim5)+\frac{W}{C_2} \tag{7-6}$$

式中，C_2——裂隙扩展速度，$C_2=100\sim150$m/s。

长沙矿冶研究院在试验基础上提出了间隔时间的计算公式

$$\Delta t=(20\sim40)+\frac{W_0}{F} \tag{7-7}$$

式中，W_0——实际抵抗线，m，在清渣爆破条件下，为底盘抵抗线，在压渣条件下，为底盘抵抗线与压渣折合抵抗线的和；

F——矿岩的普氏系数。

7.3 毫秒延时爆破的减震作用

7.3.1 爆破地震波的产生机理

炸药在介质中爆炸，瞬间释放出能量，这些释放出来的能量首先转变为气体的压缩能，然后在气体膨胀过程中转变成为机械功。运动的爆轰产物和爆轰波自药包中心向各个

方向传播。它的波阵面在药包边缘处撞击在周围介质上，于是冲击波立即开始在介质中传播，与此同时，反射波(冲击波或膨胀波)通过爆轰产物朝药包中心传播，这个球形波的波阵面会聚在已反应的药包中心，并且自药包中心开始传播一个新的反射波。如此继续下去，在气态爆轰产物中逐渐衰减的一些反射波来回反射，当它们撞击在气态产物和介质交界面上时，朝介质中传送新的逐渐衰减的波。由此可见，介质中的波一开始就是一个有周期的逐渐衰减的波。它的周期与爆轰产物的脉动周期一致，依赖于装药的多少和介质的性质。

受冲击波、应力波的强烈压缩作用，岩石内首先积蓄了一部分弹性应变能。当压碎区形成、径向裂隙展开、爆腔内爆生气体压力下降到一定程度时，原先积蓄的这部分能量就会释放出来，并转变为卸载波向爆源中心传播，产生了与压应力波方向相反的拉应力波，使岩石质点产生向心运动，当此拉伸应力波的拉应力值大于岩石的抗拉强度时，岩石会被拉断，形成了爆腔周围岩石中的环状裂隙。径向裂隙和环状裂隙交错生成，形成了压碎区外的破裂区，破裂区内径向裂隙起主导作用。岩石的爆破破坏主要靠的就是破裂区，破裂区外的应力大大下降，即为常说的震动区，这一区域岩土不会出现明显的破坏，但可能诱导结构出现较大变形发生开裂现象。

爆炸能量经过粉碎区与破裂区，大部分能量耗散掉了，剩余小部分能量以球面波或柱面波的形式在介质内继续传播，随着曲面半径的增大，单位曲面上的能量不断减小。由于岩土介质都是不均匀、不连续的，在其中传播的波动现象也是非常复杂的，波的反射与折射、介质体内的内摩擦导致能量不断被吸收而发生能量散耗现象，使得地震波向外传播的过程是一个不断指数衰减的过程。

毫秒延时爆破的地震效应是一个比较复杂的问题，影响振速和频率的因素很多，如炸药性能、介质特性、总药量及最大一段药量、距爆心的距离、爆区与测点的相对位置、毫秒延时间隔时间、迟发段数、起爆方式及测试系统性能等。由于影响因素较多，所以到目前为止，国内外尚无一个统一的精确公式来计算毫秒延时爆破的地震效应。

7.3.2 毫秒延时爆破的减震机理

关于毫秒延时爆破的减震机理，主要有以下几种观点。

1. 提高了炸药能量的有效利用率

实际工程资料表明，毫秒延时爆破的减震作用与延期时间有很大关系，如图 7-4 所

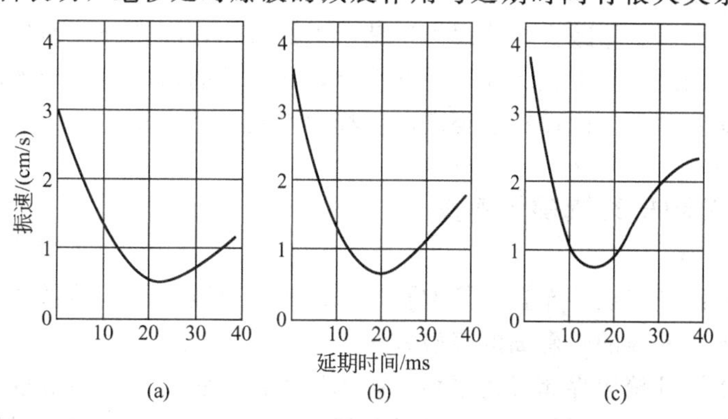

图 7-4 振速与延期间隔时间的关系曲线

示。图中，对每种岩石，相应地都存在使振速达到最小的合理延期时间。为确定合理延期时间，阿·格·谢尔吉楚克提出了以下公式

$$\tau=\frac{10^3}{5.5+\frac{2.3\rho_{m}C_{p}}{10^6}} \tag{7-8}$$

式中，$\rho_{m}C_{p}$——岩石的声阻抗，$kg/(m^2 \cdot s)$。

这种观点认为，毫秒延时爆破在合理延期时间条件下能够减小震动的原因，主要是爆破过程中更多的能量用在了岩石的二次破碎上，使炸药能量获得了较充分的利用，从而减小了地震波的能量和强度。如果这种观点正确的话，减震作用的合理延期时间应与改善岩石破碎质量的合理延期时间相一致。但阿·格·谢尔吉楚克提出的公式中只考虑了岩石声阻抗一个因素，而未考虑影响合理延期时间的其他因素(如最小抵抗线，起爆方式等)，缺乏说服力。

2. 相反相位震动的叠加

这种观点认为，毫秒延时爆破的减震作用主要取决于炸药先后爆炸产生地震波的相位差，与岩石破碎质量或爆破效果无关。当相位相反时，地震波叠加后的强度和质点振速将减小。如果这种观点成立的话，那么同样也存在着使强度和振速加强的可能性，然而在实际中并未观测到有这种现象的发生。

然而，在井下粘土页岩试验巷道内的观测资料表明，一次爆炸产生震动过程的延续时间只有4～8ms，而毫秒延时爆破采用的间隔时间远比该时间大，这说明实际不可能发生震动的叠加。

3. 减小了一次齐爆药量

这种观点认为，由于震动过程的延续时间很短，可将每组装药爆炸激起的地震波看作是孤立的，相互之间没有影响。当一次齐爆的药量愈大时，距爆源相同距离处产生的振速就愈大。但这种观点不能用来说明毫秒延时爆破与秒延时爆破在减震作用方面的区别。

7.4 光面爆破和预裂爆破

在隧道开挖、路堑施工等许多爆破工程中，除了要求崩落和破碎岩石之外，还要求对保留的岩体进行保护，尽量减少炸药爆炸对其产生的破坏，降低开挖面的超挖和欠挖，以达到岩体稳定、开挖面光滑平整、开挖轮廓符合设计要求的目的。由于光面爆破和预裂爆破很好地满足了这些要求，因而在各类爆破工程中得到广泛应用。

7.4.1 光面爆破和预裂爆破的概念

光面爆破是指沿开挖边界布置密集炮孔，采用不耦合装药或装填低威力炸药，在主爆区之后起爆，以形成平整的轮廓面的爆破方法。

预裂爆破是指沿开挖边界布置密集炮孔，采用不耦合装药或装填低威力炸药，在主爆区之前起爆，从而在爆区与保留区之间形成预裂缝以减弱主爆破对保留岩体的破坏并形成

平整轮廓面的爆破方法。

光面爆破和预裂爆破都是沿设计开挖轮廓线进行的控制爆破。两者有很多相同之处，具体表现在以下 3 点。

(1) 在开挖边界上钻凿的光爆孔(预裂孔)的孔距必须与其最小抵抗线相匹配。

(2) 均采用不耦合装药或装填低威力炸药。

(3) 同组光爆孔(预裂孔)要同时起爆。

光面爆破与预裂爆破最根本的区别在于，预裂爆破是在主爆区开挖前，在完整的岩体内预先爆破，使沿着开挖部分和保留部分的边界线爆开一条裂缝，用以隔断爆破作用对保留岩体的破坏，并在工程完毕后露出这一断裂面。光面爆破则是当爆破接近开挖边界线时，预留一圈保护层(又叫光面层)，然后对此保护层进行密集钻孔和弱装药，通过同时或稍微延迟起爆各炮孔的爆破法，在孔间产生剪切作用形成光面，减少超挖，以得到光滑平整的坡面或巷道壁面。

7.4.2 光面爆破和预裂爆破的成缝机理

原中国矿业学院北京研究生部采用动光弹仪、云纹仪、火花式高速摄影机对环氧树脂、聚碳酸酯、水泥砂浆等相似材料和大理石板进行了一系列单孔、多孔爆破试验，探讨了光面(预裂)爆破的成缝机理。研究结果表明，两孔同时起爆的成缝机理可以归纳为以下几点。

(1) 炸药爆炸时，炮孔壁面受压缩应力波所衍生的切向拉应力作用，在相邻炮孔之间形成应力加强带，产生少数径向裂缝。

(2) 不耦合装药、间隔装药等缓冲装药结构使爆轰气体对孔壁的作用时间延长，在相邻炮孔之间形成由爆轰气体形成的应力加强带。

(3) 孔壁存在着钻孔时形成的微细裂缝，所以只要孔距合适，裂缝就从孔壁开始沿炮孔连心线向临孔方向扩展。同时孔内爆生气体高速楔入，加快了裂缝的扩展速度，最终导致相邻炮孔贯穿成缝。

图 7-5 是不同炮孔间距条件下的实验结果。用高速摄影机拍摄的动光弹应力条纹显示，当相邻炮孔同时起爆后，两个炮孔周围各自形成一个应力场，而且，在炮孔之间形成一条应力带。当眼距较大时，尽管存在着相邻炮孔之间的应力叠加，但裂缝并不贯通，只在各炮孔周围独自形成几条径向裂隙，如图 7-5(a)所示。试验条件不变，只是将眼距适当缩小，在起爆后 40ms，相邻爆孔之间的应力随之叠加，叠加后的拉应力大于介质的极限抗拉强度，形成拉断裂隙，如图 7-5(b)所示。

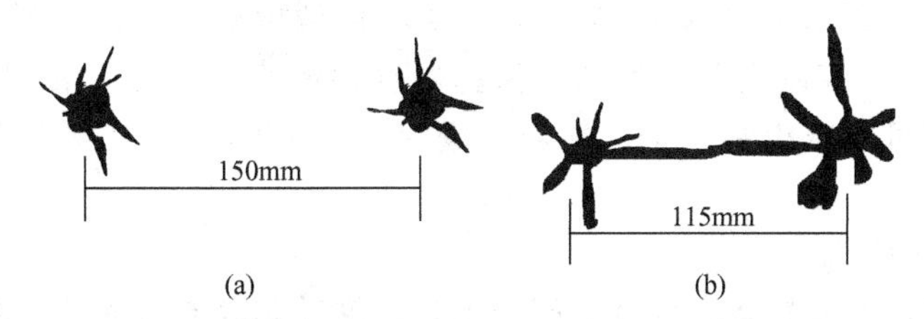

图 7-5 不同间距条件下相邻炮孔同时起爆裂隙发展的最终状态

起爆延时时差是光面(预裂)爆破成缝的重要因素。起爆时差可以分为同时起爆、极短时差起爆、短时差起爆和长时差起爆 4 种形式。瞬发雷管或同段别雷管同时起爆在生产上是很难保证的，因此，严格地讲，绝对的同时起爆是很难实现的。所谓极短时差(300～500s)起爆，实际上是指瞬发雷管或同段别雷管同时起爆，只不过是雷管本身存在着极短的起爆时差而已，短时差(小于100s)可以看作是不同段别的低段别毫秒延期雷管之间存在着的起爆时差，或由于导爆管传爆网路在传播过程中产生的起爆时差；长时差(大于0.25s)则是不同段别的秒延期雷管之间存在着的起爆时差，或采用导火索起爆时产生的起爆时差。

研究结果和生产实践表明，同时起爆或极短时差起爆，光面(预裂)爆破的效果最好，短时差起爆次之。对于长时差起爆，由于先爆炮孔产生的应力波逐渐衰减，爆生气体逸散，相邻炮孔之间应力场失去叠加作用，相当于各自单独爆破，不能达到光面(预裂)爆破的效果。

7.4.3 光面爆破参数设计

1. 不耦合系数

合理的不耦合系数应使炮孔压力低于孔壁岩石的动抗压强度而高于动抗拉强度。不耦合系数通常采用1.1～3.0，其中以1.5～2.5用得较多。

2. 光面炮孔间距 a

炮孔间距一般为孔眼直径的10～14倍。在节理裂隙比较发育的岩石中应取小值，整体性好的岩石应取大值。

1）最小抵抗线 W

光面层厚度或周边眼至相邻辅助眼的距离是光面爆破的最小抵抗线，一般应大于光面孔眼的间距。在爆破中，为了使保留区岩壁光滑而不致破坏，抵抗线 W 也不宜过大，通常取 $W=1\sim3$m，否则爆破后不能形成光滑的岩壁，达不到光面爆破的目的。因此对于露天深孔光面爆破的抵抗线 W 最好采用与钻孔直径 d 有关的关系式计算，即 $W=7\sim20d$。

2）炮孔密集系数 K

K 过大，爆后可能在光面眼间留下岩埂，造成欠挖；K 过小，则会在新岩面上造成凹坑。实践表明，当炮孔密集系数 $K=0.8\sim1.0$ 时，光爆效果最好。对于硬岩 K 取大值，软岩取小值。

3）单位装药量 q

单位装药量又叫线装药密度和装药集中度，它是指单位长度孔眼中装药量的多少(g/m或kg/m)。为了控制裂缝的发展，保持新壁面的完整稳固，在保证沿孔眼连线破裂的前提下，应尽可能减少装药量。软岩一般用70～120g/m，中硬岩为100～150g/m，硬岩为150～250g/m。

4）起爆间隔时间

实验研究表明，齐发起爆的裂缝表面较平整，毫秒延时起爆次之，秒延时起爆最差。齐发起爆时，孔眼贯通裂缝最长，其他方向裂缝的发展受到抑制，有利于减少孔眼周围裂隙的产生和形成平整的壁面。所以在实施光面爆破时，时间间隔越短，越有利于形成平整的壁面。

7.4.4 预裂爆破参数设计

正确选择预裂爆破参数是取得良好爆破效果的保证，但影响预裂爆破的因素很多，如钻孔直径、钻孔间距、装药量、不耦合系数、装药结构、炸药性能、地质构造与岩石力学强度等。目前，一般根据实践经验，并考虑这些因素中的主要因素和它们之间的相互关系来进行参数的确定。

1. 钻孔直径 d

目前，孔径主要根据台阶高度和钻机性能来决定。对于质量要求高的工程，采用较小的钻孔。一般工程钻孔直径以80～150mm为宜，对于质量要求较高的工程，钻孔直径以32～100mm为宜，最好能按药包直径的2～4倍来选择钻孔直径。

2. 钻孔间距 a

预裂爆破的钻孔间距比光面爆破要小一些，它与钻孔直径有关。通常一般工程取 $a=7\sim10d$；质量要求高的工程取 $a=5\sim7d$。选择 a 时，钻孔直径大于100mm时取小值，小于60mm时取大值；对于软弱破碎的岩石 a 取小值，坚硬的岩石取大值；对于质量要求高的 a 取小值，要求不高的取大值。

3. 不耦合系数

不耦合系数为炮孔直径与药包直径的比值。值大时，表示药包与孔壁之间的间隙大，爆破后对孔壁的破坏小；反之对孔壁的破坏大。一般可取2～4。实践表明，当不耦合系数不小于2时，只要药包不与保留的孔壁(指靠保留区一侧的孔壁)紧贴，孔壁就不会受到严重的损害；如果小于2，则孔壁质量难以保证。药包应放在炮孔中间，绝对不能与保留区的孔壁紧贴，否则值再小一些，就可能对孔壁造成破坏。

4. 线装药密度 q

装药量合适与否关系到爆破的质量、安全和经济性，因此它是一个很重要的参数。装药密度可用以下经验公式进行计算。

保证不损坏孔壁(除相邻炮孔间连线方向外)的线装药密度为

$$q=2.75\delta_y^{0.53}r^{0.38} \tag{7-9}$$

式中，δ_y——岩石极限抗压强度，MPa；

r——预裂孔半径，mm；

q——线装药密度，kg/m。

该式适用范围是 $\delta_y=10\sim15$MPa，$r=46\sim170$mm。

保证形成贯通相邻炮孔裂缝的线装药密度为

$$q=0.36\delta_y^{0.63}a^{0.67} \tag{7-10}$$

式中，a——预裂孔间距，cm。

该式适用范围是 $\delta_y=10\sim15$MPa，$r=40\sim170$mm，$a=40\sim130$cm。

5. 预裂孔孔深

预裂孔孔深的确定以不留根底和不破坏台阶底部岩体的完整性为原则，因此可根据具体工程的岩体性质等情况来确定。

6. 填塞长度

良好的填塞不但能充分利用炸药的爆炸能量，而且能减少爆破有害效应的产生。一般情况下，填塞长度与炮孔直径有关，通常取炮孔直径的12～20倍。

本章小结

本章介绍了毫秒延时爆破理论及光面爆破和预裂爆破的相关内容，现将本章重点整理如下。

(1) 毫秒延时爆破的原理。

(2) 毫秒延时爆破按不同原理或需求进行时间间隔的确定。

(3) 毫秒延时爆破如何起到减震作用。

(4) 光面爆破和预裂爆破的概念、成缝机理及其参数设计。

习　　题

一、名词解释

毫秒延时爆破，光面爆破，预裂爆破

二、填空题

1. 目前毫秒延时爆破的三大假说为________、________和________。

2. 毫秒延时爆破能否取得良好爆破效果关键在于合理________的确定。

3. 毫秒延时爆破的减震机理主要有3种观点________、________和________。

4. 光面爆破和预裂爆破都是沿设计开挖轮廓线进行的控制爆破。两者有很多相同之处，具体表现在3点________、________和________。

三、简答题

1. 简述毫秒延时爆破的作用原理。

2. 简述毫秒延时时间间隔 ΔT 的确定。

3. 简述控制 ΔT 的方法。

4. 简述毫秒延时爆破的减震机理。

5. 简述光面爆破和预裂爆破的特点。

第8章 露天爆破技术

露天爆破就是在露天条件下，采用钻孔设备，对被爆破体以一定方式、一定尺寸布置炮孔。将炸药置在恰当位置，然后按照一定的起爆顺序进行爆破，实现破碎、抛掷等目标。随着爆破技术和爆破设备的提高，露天爆破在工程爆破中所占的比例越来越大，对露天爆破的技术要求也越来越高。

教学目标

(1) 掌握地形、地质条件对爆破作用的影响，爆破作用引起的工程地质问题。
(2) 掌握露天浅、深孔爆破技术。
(3) 掌握硐室爆破的分类、适用条件、系统设计及施工。
(4) 掌握爆破对边坡稳定性的影响，预裂爆破、光面爆破及缓冲爆破技术。
(5) 了解药壶法爆破的适用条件及施工。

教学要求

知识要点	能力要求	相关知识
爆破工程地质	掌握	地形、地质条件对爆破作用的影响，爆破作用引起的工程地质问题
露天台阶爆破	掌握	露天浅、深孔爆破
露天硐室爆破	掌握	硐室爆破的分类、适用条件、系统设计及施工
药壶法爆破	了解	药壶法适用条件及施工
边坡控制爆破	掌握	爆破对边坡稳定性的影响，预裂爆破、光面爆破及缓冲爆破

引例

银山矿露天采矿场爆破工程

银山矿露天采矿场在1992年12月进行了216t的硐室大爆破，当时严格按修改后的爆破设计进行施工，爆破后基本上达到了预期的爆破效果。但是从后来的基建剥离情况看，存在美中不足之处。一是西部多处爆破岩坎过高，面积过大，给基建剥离带来很大的二次爆破量；二是东部边坡受一号、三号大硐室爆破破坏严重，给生产安全带来隐患，也增加了大量的边坡修整费用。作为早期较大规模的露天爆破，本工程已经较为完美，为以后的露天爆破理论研究提供了充分的工程实例参考，如图8-1所示。

图 8-1 银山矿露天爆破工程

8.1 爆破工程地质

国内外爆破专业人员越来越多地认识到爆破与地质结合的重要性。爆破工程地质正在朝着形成一个新学科的方向发展。

实践证明，露天爆破效果的好坏，在很大程度上取决于爆区地质条件的好坏以及爆破设计是否充分考虑到地质条件与爆破作用之间的关系。

爆破工程地质着重研究地形、地质条件对爆破效果、爆破安全及爆破后岩体稳定性的影响，其目的是既要为爆破工程本身提供爆区地质条件，作为爆破设计的依据，还要为爆破后的工程设施提供工程地质条件变化的资料，以便使这些工程设施能适应爆破后的工程地质环境。

爆破工程地质主要涉及地形、岩性、地质构造和水文地质等诸方面。

8.1.1 地形条件对爆破作用的影响

地形条件是影响爆破效果和经济指标的重要因素。所谓地形条件，就是爆破区的地面坡度、临空面个数和形态，山体高低及冲沟分布等地形特征。爆破设计中所涉及的爆破方法和规模、抛掷方向和距离、堆积形状、爆破后的挖运工作以及施工现场布置等都直接受到地形条件的影响。

1. 地形与爆破的关系

1）地形对爆破漏斗形状与体积的影响

集中药包的爆破漏斗的形状一般应是倒立的圆锥体，并由于岩石的性质、结构与所使用的炸药性能方面的不同，爆破漏斗体积的大小是有差别的。

由于爆区地形条件的变化，实际的爆破漏斗的形状往往不是倒立的圆锥体，而是倒立的椭圆锥体。根据多边界条件爆破理论，爆破漏斗的形状如图 8-2 所示。

在平坦地形为倒立圆锥体；在倾斜地形为倒立的椭圆锥体；在山包多面临空地形，由于药包的球形爆炸作用，则为两个以上的倒立椭圆锥体的结合体；在凹形垭口地形，由于地形的夹制作用，抛掷漏斗部分缩小，面崩塌漏斗则因药包两侧都有斜坡而变为两部分。

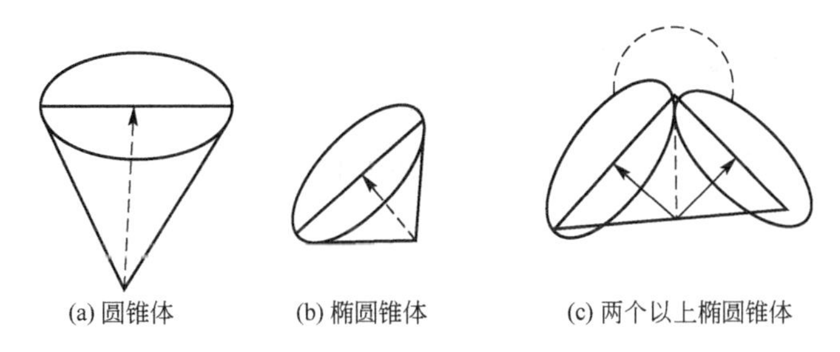

图 8-2 多边条件下爆破漏斗示意图

综上所述，爆破漏斗的大小和形状随地形条件而变化，实际工程平坦地形少见，所以，一般应用倒立椭圆锥体计算其体积。

2）地形对爆破方量和抛掷方向的影响

地形对爆破方量的影响很大，多面临空的鼓包地形有利于爆破，山沟洼地不利于爆破，这是地层夹制作用的结果。

地形决定了药包最小抵抗线的方向。在平地爆破，土岩抛出方向是向上的；斜坡地面爆破，土岩主要沿斜坡面法线方向抛出，根据弹道抛物线原理，以45°抛掷距离最远，在斜坡地面又与山坡纵向形态有关。

3）地形与爆破参数的关系

地形的变化对爆破参数的选择有一定的影响。例如，爆破作用指数 n 值、爆破漏斗的上破裂半径、漏斗可见深度和药包间距都与地形有关，地形还影响到抛掷堆积体的形状、抛掷距离和堆积高度等。

2. 爆破类型对地形条件的要求

根据工程技术要求，露天大爆破采用不同类型的爆破方法。松动爆破和加强松动爆破主要是将矿岩破裂和松动并堆积成松散体，以便装运。这种爆破方法一般不受地形条件的限制，但要结合不同的地形采用不同的药包布置方式以求得较好的爆破效果。抛掷爆破是要求将矿岩抛出爆破漏斗以外或露天矿境界以外，其抛掷百分率与地形条件有关，地形坡度愈陡则抛掷率愈高，可以达到70%～80%，采用加强抛掷甚至可达90%以上。定向抛掷爆破对地形条件要求较高，因为它要求爆破抛掷体向一定方向和位置堆积，有时还要求堆积成一定的形状。定向的基本形式有3种：面定向、线定向和点定向。面定向适用于一定的斜坡地面；线定向适用于开挖各种堑沟、渠道、填筑路堤等工程向一侧抛掷的定向爆破、平直的延展山坡，坡度在45°左右的地形定向效果最好，平地或缓坡一般则要经过改造地形才能达到较好的效果；水利工程的定向爆破筑坝以及铁路公路挖填交界处的移挖充填等爆破可视为点定向，点定向对地形条件要求十分严格，因为它要求土石方集中而且要防止抛散，就要从地形上严格加以控制，它对山体高度和厚度、山坡的坡度、纵向和横向的山坡形态、山体的后面及侧面地形都有一定的要求。

在爆区天然地形不利于达到要求的爆破目的时，改造地形是爆破设计中的重要措施之一。在改造地形时，必须注意辅助药包开创的临空面，应准确引导后面主药包的抛掷方向，否则会影响爆破效果。

8.1.2 地质条件对爆破作用的影响

地质条件对爆破作用的影响，一般可分为岩石性质、岩体结构面和特殊地质条件对爆破作用的影响等几个方面。

1. 岩石性质对爆破作用的影响

1）均质岩体与爆破作用的关系

所谓均质岩体，是指受地质构造作用和风化作用影响不大的火成岩和厚度完整的某些沉积岩和变质岩等。均质岩石主要以其物理力学性质对爆破作用产生影响。

(1) 主要爆破参数与岩性有关。在工程爆破设计时，某些爆破参数如炸药单耗、爆破压缩圈半径、边坡保护层厚度、药包间距系数、岩石抛掷距离系数以及爆破安全距离计算中的一些系数都需要根据岩石的物理力学性质，如岩石的重力密度及强度或 f 值加以确定。

(2) 炸药与岩性匹配问题。岩石性质直接影响着炸药能量在岩石中的传递和分配，炸药的特性阻抗与被爆岩石的特性阻抗的良好匹配是获得最佳爆破效果的重要条件之一。所谓炸药与岩石的匹配，就是因为不同的炸药在同一岩石中或同一炸药在不同的岩石中爆炸所激起的冲击波不同，则炸药爆炸能量转换成粉碎、破坏和抛掷岩石的能量各异，故对一定性质的岩石，应采用与之相适应的特定爆速和爆热的炸药，才能取得最佳的破碎相抛掷效果。

(3) 岩性对爆破应力波传播特性的影响。岩石的孔隙愈多、密度愈小，则爆破应力波的传播速度愈低，同时岩石愈疏松则弹性波引起质点振动耗能越大，还由于孔隙对波的散射作用，会使波的能量衰减得快，从而减少应力波对岩石的破碎作用而影响爆破效果。

2）非均质岩体对爆破作用的影响

非均质料体对爆破效果和后果均有不利的影响。对爆破效果的影响，主要是改变最小抵抗线方向，引起爆破作用和抛掷距离不符合设计要求；对爆破后果的影响，主要是由于爆炸能量集中于阻抗较小的松散方向，扩大了不该破坏的范围，同时可能使个别飞石远抛，造成危害。爆破后边坡面易出现各种裂隙，或将原有节理、层理扩展，使边坡不稳，并伴有坍塌和落石等危害、为克服非均质岩体对爆破作用的影响，应在布置药包时采取相应措施，如将药包布置在坚硬难爆的岩体中，并使它到达周围软弱岩体的距离大致相等，或采用分集药包、群药包的形式，防止爆破能量集中在软弱岩体或软弱结构面中，造成不良后果。

2. 岩体结构面对爆破作用的影响

所谓岩体的结构，是指岩体中的断层面、层理、褶曲、节理、裂隙等分割岩体的各种分界面；实践证明，在药包爆破作用范围内的岩体结构面对爆破作用影响很大。

1）断层对爆破作用的影响

在药包爆破作用范围内的断层或大裂隙能影响爆破漏斗的大小和形状，从而减少或增加爆破方量，使爆破不能达到预定的抛掷效果甚至引起爆破安全事故。因此，在布置药包时，应查明爆区断层的性质、产状和分布情况，以便结合工程要求尽可能避免其影响。

(1) 断层通过药包位置。图 8-3 中的药包布置在断层的破碎带中。当断层内的破碎物胶结不好时，爆炸气体将从断层破碎带冲出，造成冲炮并使爆破漏斗变小。从而影响爆破效果，甚至造成断层重新错动的危险。遇到此种情况，可在断层带的两侧布置两个同时起爆的药包，利用爆炸的共同作用，把断层两侧岩体抛出去，以消除断层的影响。

(2) 断层与最小抵抗线相交。这种情况对爆破的影响程度主要取决于断层的产状与最小抵抗线 W 的关系及距离药包的远近。断层远离药包位置其影响小，反之则大；断层与 W 交角大其影响程度小，反之则大。在图 8-4 中，F_4 断层比 F_3 断层影响大。

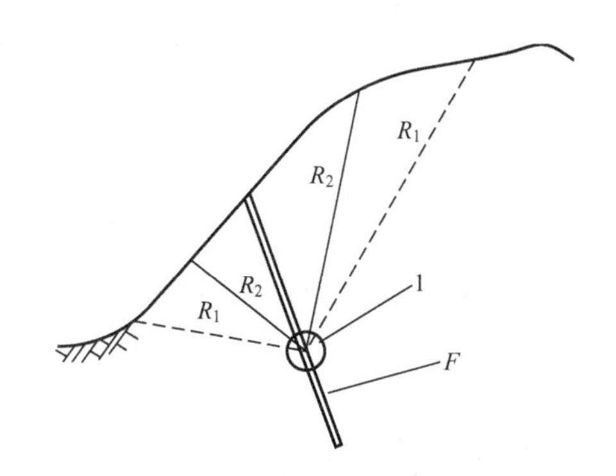

图 8-3 药包布置在断层中

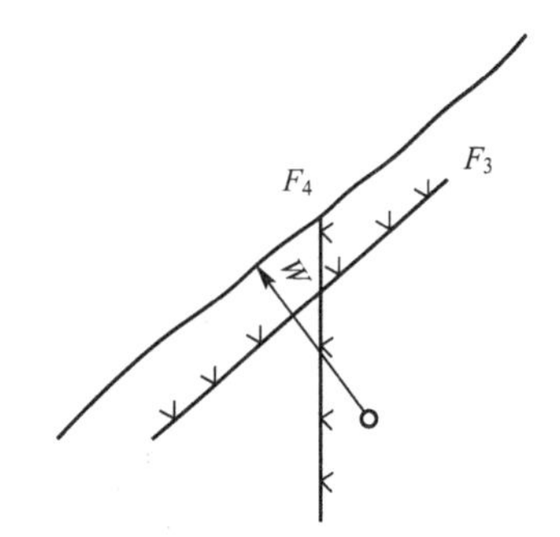

图 8-4 断层与最小抵抗线相交

(3) 断层截切爆破漏斗。断层在爆破漏斗范围内对爆破的影响主要是缩小或加大爆破漏斗尺寸，影响的大小要看它距离药包的远近，远则影响小。在图 8-5 中，断层 F_3 较断层 F_4 影响要小些。

(4) 断层在爆破漏斗范围以外，即断层截切在爆破漏斗的附近或以远的位置。它对爆破效果影响较小，但对涉及边坡附近的断层，还有一定的影响。如图 8-6 所示，如果断层处在边坡体内，则爆破后将严重影响边坡的稳定性。

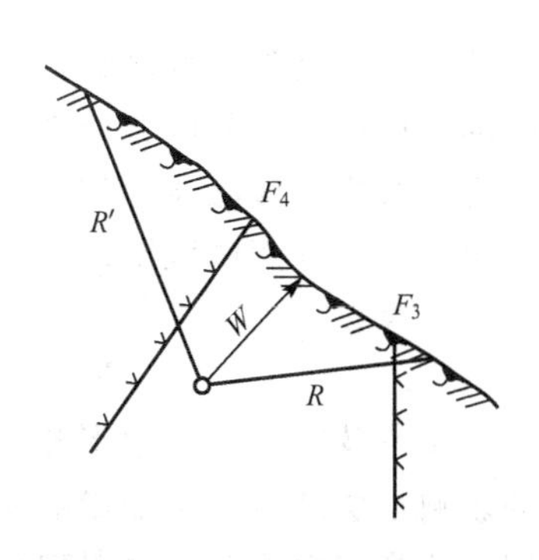

图 8-5 断层截切爆破漏斗

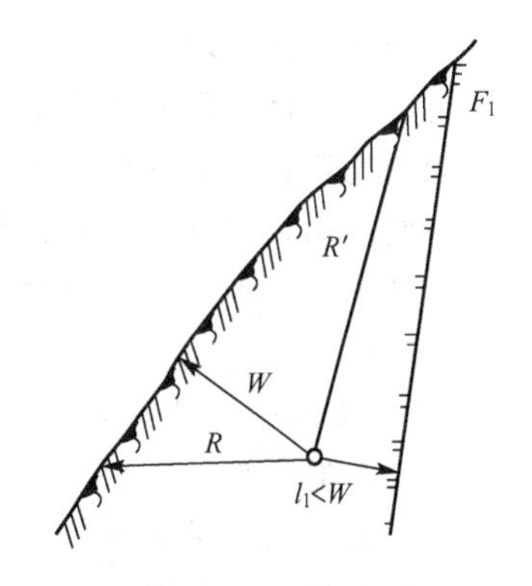

图 8-6 断层在爆破漏斗以外

2) 层理对爆破作用的影响

层理面对爆破作用的影响，取决于层理面的产状与药包最小抵抗线方向的关系。

(1) 药包的最小抵抗线与层理面平行。爆破时不改变抛掷方向，但将减少爆破方量。

爆破漏斗不是成喇叭口而是成方形坑(图 8－7)，岩块抛掷距离将比预计的远，这种情况下爆后常出现根坎，同时有可能顺层发生冲炮。

(2) 最小抵抗线与层理面垂直，爆破时不改变抛掷方向，但将扩大爆破漏斗和增大爆破方量，岩体抛掷距离将缩小(图 8－8)，折线为实际爆破漏斗。

(3) 层理面与最小抵抗线相交。爆破时抛掷方向和爆破方量都将受到影响。如图 8－9 所示，图中 W_1 为设计最小抵抗线，W_2 为实际抛掷方向，粗折线为实际爆破漏斗线。

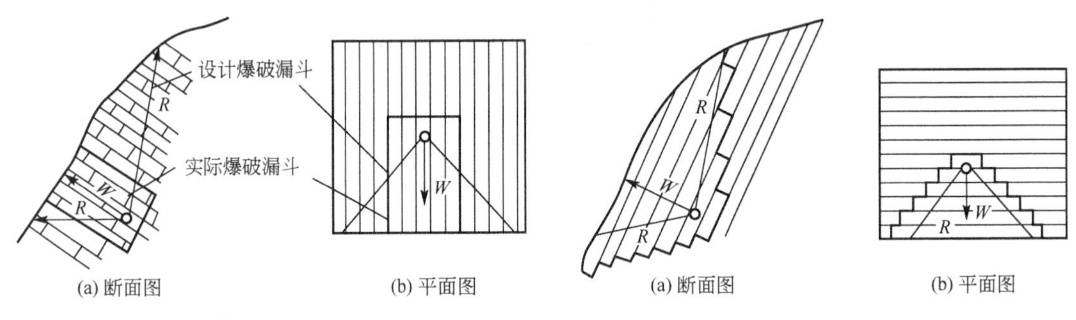

图 8－7　层理面与最小抵抗线平行　　图 8－8　层理面与最小抵抗线垂直

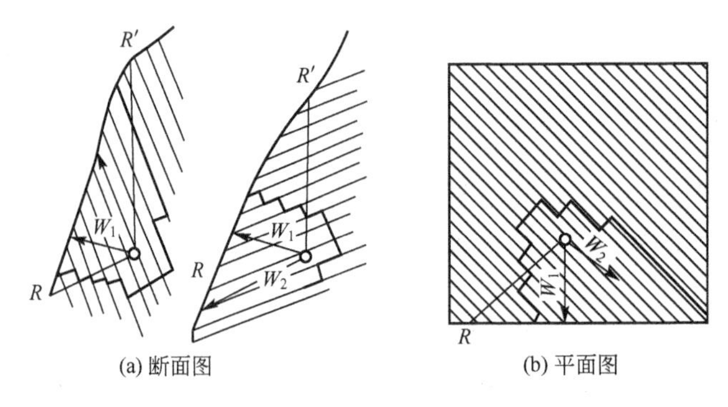

图 8－9　层理面与最小抵抗线相交

3) 褶曲对爆破作用的影响

褶曲产状对爆破作用的影响主要表现为岩石的破碎性对爆破作用的影响，而产状的影响表现为向斜褶曲比背斜褶曲明显，原因是向斜褶曲的开放性比背斜的开放性好，所以爆破能量容易从褶曲层面释出而引起爆破抛掷方向的改变或造成爆破漏斗的扩大或缩小。背斜则不易改变爆破方向，但可减弱抛掷能力或扩大药包下部压缩圈的范围，对有基底渗漏问题的水工工程需引起注意。

4) 节理裂隙对爆破作用的影响

节理裂隙对爆破的影响取决于它的张开度、组数、频率及产状，其中张开度与产状影响最大。当岩体受到一组主节理切割时，其对爆破的影响与层理或断层的影响相似。当岩石受到两组以上主节理的切割时，爆破漏斗的尺寸和形状受到影响，因为爆破漏斗的形状和弱面的几何特性有关。此时，爆破方量将受到一定的影响。另外，裂隙使爆生气体逸散，以致不能有效地利用爆炸能而产生低劣的破碎效果。裂隙有时对爆破有益，如可减少岩石过度粉碎，或减少后冲方向的粉碎作用等。

3. 特殊地质条件下的爆破问题

在爆破工程中，往往会遇到岩溶、滑坡和水这样一些特殊地质条件，如果它们处在爆破范围内．将对爆破产生影响。

1）岩溶对爆破作用的影响

在岩溶地区进行大爆破时，地下溶洞对爆破效果的影响不容忽视。溶洞能改变最小抵抗线的大小和方向，从而影响装药的抛掷方向和抛掷方量(图 8－10)。爆区内小而分散的溶洞和溶蚀沟缝，都能吸收爆炸能量或造成爆破漏气，造成爆破不匀，产生大块。

溶洞还可以诱发冲炮、塌方和陷落，严重时会造成爆破安全事故。对于深孔爆破，地下溶洞会使炮孔容药量突然增大，产生异常抛掷和飞石(图 8－11)。

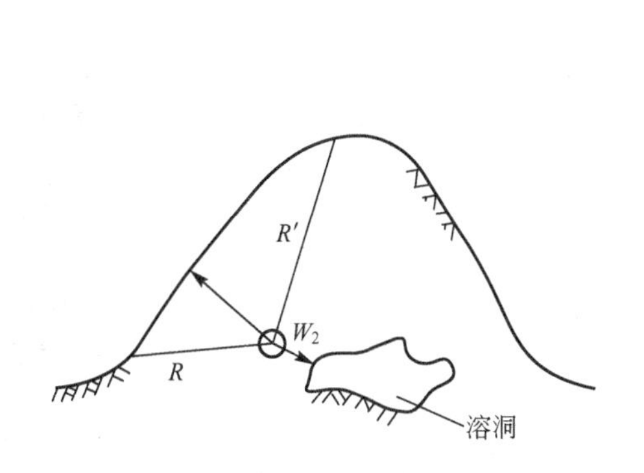

图 8－10 溶洞对抛掷方向的影响

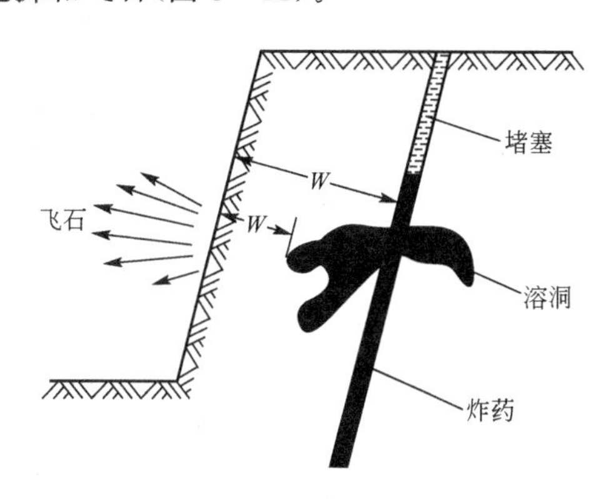

图 8－11 溶洞对深孔爆破的影响

2）滑坡与爆破的关系

滑坡体通常是处在不稳定或极限平衡状态，采用大爆破开挖更容易造成危害。一方面爆破气体容易沿着滑坡面扩散而影响爆破效果，另一方面又会引起滑坡体的剧烈活动，所以滑坡体一般不宜进行大爆破。如果滑坡体下部的岩石较好，利用大爆破将整个滑坡体炸掉则是可以的。

3）水对爆破作用的影响

水是不可压缩的介质，如果爆破岩体中充满水，将会加剧爆破应力波的作用，因为水对应力波起了传递作用而弥补了空隙对应力波能量的吸收、反射、泄漏、楔入、应力集中等各种作用。水的这一特点为工程带来一些好处，也带来一些害处。首先是给施工带来困难，此外由于增强了应力波的传播作用而会带来扩大爆破破坏作用的范围。爆破工程也有利用水来改善爆破作用，如水压爆破等。

8.1.3 爆破作用引起的工程地质问题

爆破作用对地质条件的影响直接表现在爆破过程中及爆破后引起破坏的程度与范围大小上。爆破过程中产生的工程地质问题，多数是由于爆炸应力直接作用或爆破地震作用引起的。爆破后可能引起的工程地质问题主要是边坡稳定问题．其次是基础稳定和渗漏问题。

由于爆破技术问题而导致边坡的不稳定，主要是没有充分考虑爆区的地质条件，而采用不当的爆破技术参数。如采用过大的爆破作用指数或单位炸药消耗量，使药量过大，扩大了爆破破坏范围或没有预留足够的边坡保护层。基础稳定及基底的渗漏问题，主要是由爆破裂隙引起的。因此，在爆破设计时必须充分予以考虑。

应该指出，在爆破漏斗以外，爆破作用区范围以内，处在斜坡或陡坡上的悬石、堆积体和古滑坡体，在爆破当时即使没有明显的活动，但以后在自然重力作用下可能发生崩塌或滑落，所以在爆破前、后必须进行调查研究，以便及时采取相应措施。

知识链接

爆破工程地质灾害是指由爆破作用所产生的对爆破效果、工程质量及环境等造成的各种事故和灾害。根据爆破工程地质灾害产生的原因，可归纳为如下几种类型。

(1) 由于爆破，气体产物连同岩石碎块沿各种软弱结构面突然冲出地表而产生的冲炮事故。其结果不仅使爆破工程完全失效，并产生大量空气冲击波和飞石，毁坏建筑物及各种工程设施，毁坏大片农田、森林、植被，甚至造成人员伤亡。

(2) 由于用药量过大，产生严重超爆，造成边坡岩体及围岩失稳，或造成渗漏问题，或产生严重的爆破震动灾害。

(3) 由于药包位置与岩体结构面的关系处理不当，使结构面对爆破作用机制和效果产生严重影响，不仅造成爆破欠爆留埂，并造成爆破作用方向改变，使定向爆破失效，特别是这种爆破作用方向的随机改变，常造成更重大的无准备的环境灾害。

(4) 由于爆破炸裂地下含水层顶底板或各种地下水过水通道，造成突然涌水或含水层被疏干，产生更严重的意外灾害和环境灾害。

8.2 露天台阶爆破

台阶爆破(Bench Blasting)也称梯段爆破，是指爆破工作面以台阶形式推进完成爆破工程的爆破方法。露天台阶爆破按孔径、孔深的不同，可分为深孔台阶爆破和浅孔台阶爆破。通常将孔径大于50mm、孔深大于5m的钻孔称为深孔台阶爆破；反之，则称为浅孔台阶爆破。

8.2.1 露天浅孔爆破

浅孔爆破法(Shallow Hole Blasting)是目前工程爆破的主要方法之一，已大量应用于露天石方开挖，如平整地坪；开挖路堑、沟槽；傍山挖石、采石；采矿、开挖基础等工程。它大致分为零星孤石爆破、拉槽爆破和台阶爆破。

1. 浅孔爆破的特点

(1) 浅孔爆破的施工机具简单，可采用多种动力的手持式和气腿式的凿岩机，也可以用人工打钎凿岩，不仅适用性强，而且便于施工组织。

(2) 浅孔爆破特别适用于工程量较小、开采深度较浅的爆破工程，便于获得较好的经济效益和爆破效果。

2. 台阶爆破破岩机理

炸药爆炸后爆轰气体迅速膨胀，作用于岩体，则在岩体中产生压缩应力场，岩石质点产生径向位移，这种径向位移产生环向的切向拉应力，当切向拉应力大于该点处岩石的抗拉强度时，则岩石发生破坏，产生径向裂隙。

当药包处在自由面附近时，在药包中心距自由面最近的方向上质点的移动速度最大，随着距自由面的距离越大，质点的移动速度越小，由于质点的运动速度不同，则产生剪应力，当剪应力超过该处岩石的抗剪强度时，则该处的岩石产生破坏。当炮孔前面的岩体受力破坏并向前作鼓包运动时，岩石中的高压应力被卸载，在岩体中又引起很高的拉应力，最后使抵抗线周围的岩石破碎剥落。

而非匀质岩石存在裂缝和裂隙，裂缝和裂隙通过炮孔，在爆破初期瞬间，有极高压力的气体流入裂隙，尖劈效应将使裂隙首先扩张。与此同时，气体逸出裂缝，降低了用于正常破碎的有效压力。在冲击波早起传播阶段，由于轴向压力和切向压力的增大，使裂缝可能挤在一起，平行于炮孔的裂缝，可使冲击波在到达自由面之前产生反射拉伸波，导致炮孔边缘的介质强烈破碎，更可能会在裂隙上产生内部片落，从而提高岩石的破碎效果。

3. 浅孔爆破参数

为取得实效、最佳的爆破参数值，不仅要考虑具体的现场施工条件，还要根据以往的类似经验值，并结合具体的计算方法和取值范围，按最优化方法适时选取。

1）单位炸药消耗量

影响单位炸药消耗量的因素很多，主要有炸药种类、炮眼直径、自由面条件和岩石可爆性等，因此浅孔爆破的单位炸药消耗值一般在 0.4～0.7kg/m^3 范围内变化。

2）炮眼直径

浅孔台阶爆破的炮眼直径一般使用直径 32mm 或 35mm 的标准药卷，炮眼直径比药径大 4～7mm，故炮眼直径为 36～42mm。

3）炮眼深度和超深

由于炮眼深度根据岩石坚硬程度、钻眼机具和施工要求确定，所以软岩大多根据 $L=H$ 计算，对于坚硬岩石，由于台阶底部岩石对爆破的阻力，为了使爆破后不留根底，炮眼深度要适当超出台阶高度 H，其超出部分 h 为超深。其取值为

$$h=(0.1\sim0.15)H \tag{8-1}$$

4）底盘抵抗线

底盘抵抗线 W 是指由第一排装药孔中心到台阶坡脚的最短距离。

台阶爆破一般都用 W 参与有关计算，W 与台阶高度有如下关系

$$W=(0.4\sim1.0)H \tag{8-2}$$

在坚硬难爆的岩体中，或台阶高度 H 较高时，计算时应取较小的系数，也可按炮眼直径的 25～40 倍确定。

5）炮眼间距和排距

同一排炮眼间的距离叫炮眼间距，常用 a 表示，并有以下关系式

$$a=(1.0\sim2.0)W \tag{8-3}$$

$$a=(0.5\sim1.0)L \tag{8-4}$$

排距为多排孔爆破时，相邻两排钻孔间的距离，常用 b 表示。间排距之间有以下关系

$$b=(0.8\sim1.0)a \tag{8-5}$$

大量工程实践证明，在台阶爆破中，采用 $2W<a<8W$ 的宽孔距，在不增加单位炸药消耗量的条件下，爆破效果和质量更好。

小知识

浅孔爆破的优点是：施工机具简单，采用的手持式和带气腿的凿岩机可采用多种动力；也可以用人工打钎凿岩，适应性强；施工组织较容易；对于爆破工程量较小，开采深度较浅的工程，浅孔爆破可以获得较好的经济效益和爆破效果。

8.2.2 露天深孔爆破

深孔爆破(Long－Hole Blasting)技术在改善破碎质量、维护边坡稳定、提高装运效率和经济效益等方面有极大的优越性。随着深孔钻机等机械设备的不断改进发展，在铁路和公路路堑、矿山露天开采工程、水电闸坝的基坑开挖工程中，深孔爆破技术得到广泛的应用，深孔爆破技术在石方爆破工程中占有越来越重要的地位。

1. 深孔爆破的特点

(1) 深孔爆破破碎质量好，破碎块度符合工程要求，基本上无不合规格的大块、无根底，爆堆集中且具有一定的松散度，满足铲装设备装载的要求；同时提高延米爆破量，降低炸药单耗，并在改善破碎质量的前提下，使钻孔、装载、运输和破碎等后续工序发挥高效率，并使工程的综合成本达到最低。

(2) 深孔爆破的炸药比较均匀地分散在岩体中，用药量比较容易控制，与其他爆破方法相比，深孔爆破的优越性主要表现在石方的机械化施工和安全性两个方面。

① 在安全性方面，深孔爆破属露天开挖，装药部位与所爆岩体的位置关系很容易搞清楚和取得数据，加上每次爆破量比硐室爆破要小，爆破时振动强度、飞石距离、空气冲击波强度和破坏范围小且容易控制。

② 深孔爆破除了本身机械化程度较高，解决了其他爆破技术主要依靠人工或机械化程度不高的缺陷外，还能提供适合于机械挖运的破碎岩堆的块度、大小、形状，及满足挖运进度要求的一次爆落方量。

小知识

露天深孔爆破的主要优点是：钻孔机械化，炮孔直径可达到310mm，深度一般10～20m；施工速度快；工程质量高，对基岩和边坡的破坏影响小；减少炸药用量，降低工程成本，同等条件下比一般爆破节省炸药1/3～1/2；爆破地震强度，飞石距离和空气冲击波的影响范围都比一般爆破小。

2. 深孔爆破台阶要素

深孔爆破的台阶按照钻孔与台阶面的角度不同分为垂直深孔和倾斜深孔两种，其台阶要素分别如图8－12(a)和(b)所示。

图中，H 为台阶高度；W_1 为前排钻孔的底盘抵抗线；L 为钻孔深度；l_1 为装药长度，

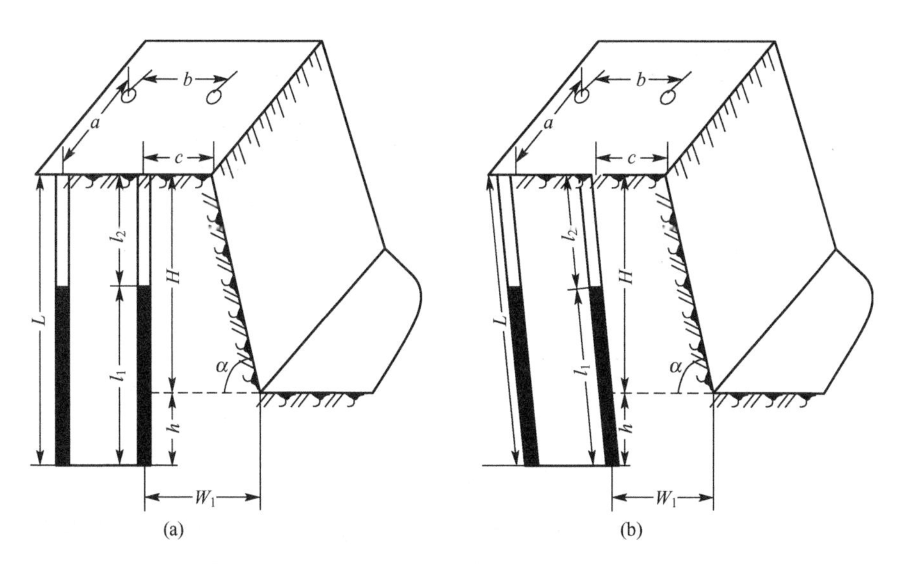

图 8-12 深孔台阶爆破要素示意图

l_2 为堵塞长度；h 为超深；α 为台阶坡面角；a 为孔距；b 为排距；c 为在台阶面上从钻孔中心至坡顶线的安全距离。

垂直钻孔和倾斜钻孔的优缺点见表 8-1。

表 8-1 垂直钻孔与倾斜钻孔比较

钻孔形式	优点	缺点
垂直钻孔	1. 适用于各种地质条件的钻孔爆破 2. 钻垂直深孔的操作技术比倾斜孔简单 3. 钻孔速度比较快	1. 爆破后大块率比较高，常留有根底 2. 台阶顶部经常发生裂缝，台阶面稳固性比较差
倾斜钻孔	1. 抵抗线比较小且均匀，爆破破碎的岩石不易产生大块和残根 2. 易于控制爆堆高度和宽度，有利于提高采装效率 3. 易于保持台阶坡面角和坡面的平整，减少凸悬部分和裂缝 4. 钻孔设备与台阶坡顶线之间的距离较大，人员与设备比较安全	1. 钻凿倾斜深孔的技术操作比较复杂 2. 钻孔长度比垂直钻孔长 3. 装药过程中容易发生堵孔

从表中可以看出，倾斜钻孔在爆破效果方面较垂直钻孔有较多的优点，但在钻凿过程中的操作比较复杂，在相同台阶高度情况下倾斜钻孔比垂直钻孔要长，而且装药时易堵孔，给装药工作带来一定的困难。在实际工程中，垂直钻孔的应用较倾斜钻孔要广泛得多。

3. 布孔方式

布孔方式有单排布孔(一字形布孔)及多排布孔两种，多排布孔又分为方形、三角形(或梅花形)三种，如图 8-13 所示。

从能量均匀分布的观点看，以等边三角形布孔最为理想，方形或矩形多用于挖沟爆

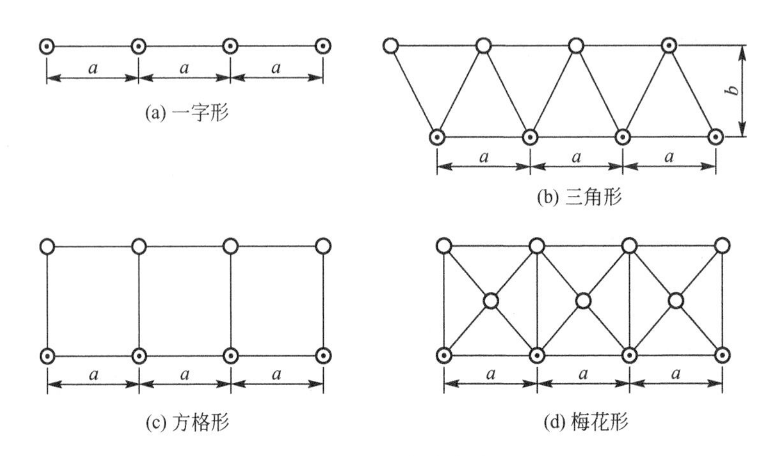

图 8-13 布孔方式

破。在相同条件下，与多排孔爆破相比较，单排孔爆破能取得较高的技术经济指标。但为增大一次爆破方量，广泛采用多排延时爆破技术，这样不仅可以改善爆破质量，而且可以增大爆破规模，以满足大规模开挖的需要。

4. 参数设计

为了达到良好的深孔爆破效果，必须合理确定台阶高度、网孔参数、装药结构、装填长度、起爆方法、起爆顺序和炸药的单位消耗量等参数。在以上参数设计合理的情况下，可以达到技术经济的合理性，从而达到高效、经济的目的。

参数设计的主要内容包括钻孔孔径的选择、台阶高度的确定、台阶的坡面角底盘抵抗线的确定、孔距与排距、超钻(Subdrilling)、单孔装药量和装药量计算。

1) 钻孔孔径的选择

从爆破经济效果和装药施工来说，无疑钻头直径越大越好，每米孔爆破方量按钻孔直径增加值的平方增加，孔径越大，装药越方便，越不易发生堵孔现象。

而对爆破效果来讲，无疑孔径小，炸药在岩体中分布更均匀，效果更好。所以在强风化或中风化的岩石以及覆盖层剥离时可采用大钻头(钻头直径 100～165mm)，而在中硬和坚硬岩石中钻孔以小钻头(钻头直径 75～100mm)为宜。

在钻孔机械确定后，一般钻孔孔径的选择余地不大。

2) 台阶高度的确定

台阶高度是深孔爆破的重要技术参数之一，其选取合理与否，直接影响到爆破的效果和碎石装运效率以及挖掘机械的安全。

台阶高度的确定应遵循的原则：满足生产进度的要求，为机械装运设备创造高效率的工作条件，辅助工作量少，保证安全生产要求。

一般台阶高度的确定应考虑为钻孔、爆破和铲装创造安全和高效率的作业条件，它主要取决于挖掘机的铲斗容积和矿岩开挖技术条件。

从国内外资料看，普遍认为台阶高度不宜过高。多采用 10～12m，有人认为经济的台阶高度为 12～18m 较为合适。

台阶高度还与钻孔孔径有着密切的联系，不同钻孔孔径有不同的台阶高度适用范围。

台阶高度过小，爆落方量少，钻孔成本高；台阶高度过大，不仅钻孔困难，而且爆破后堆积过高，对挖掘机安全作业不利。

随着钻机和施工机械的发展，国外已有向高梯段发展的趋势，前苏联某露天矿，梯段高度已达10～35m，爆破质量和经济技术指标大幅度提高。

3）台阶的坡面角

台阶的坡面角为前一次爆破时形成的自然坡度，它通常与岩石性质以及钻孔排数和爆破方法有关。

台阶的坡面角α最好60°～75°。若岩石坚硬，采取单排爆破或多排分段起爆时，坡面角可大一些。如果岩石松软，多炮孔同时起爆，坡面角宜缓一些，坡面角太大($\alpha>70°$)或上部岩石坚硬，爆破后容易出现大块；坡面角太小或下部岩石坚硬，易留根坎。

4）底盘抵抗线的确定

底盘抵抗线是指由第一排装药孔中心到台阶坡脚的最短距离。

在露天深孔爆破中，为避免残留根底和克服底盘的最大阻力，一般采用底盘抵抗线代替最小抵抗线底盘抵抗线是影响深孔爆破效果的重要参数。

过大的底盘抵抗线会造成残留根底多、大块率高、冲击作用大；过小则不仅浪费炸药，增大钻孔工作量，而且岩块易抛散和产生飞石、震动、噪声等有害效应。底盘抵抗线同炸药威力、岩石可爆性、岩石破碎要求、钻孔直径和台阶高度以及坡面角等因素有关。

这些因素及其相互影响程度的复杂性，很难用一个数学公式表示，需依据具体条件，通过工程类比计算，在实践中不断调整底盘抵抗线，以便达到最佳的爆破效果。

(1) 根据钻孔作业安全条件确定。

$$W_1 \leqslant H\cot\alpha + c \tag{8-6}$$

式中，W_1——底盘抵抗线，m；

H——台阶高度，m；

α——台阶坡面角，一般为60°～75°；

c——从深孔中心到坡顶边线的安全距离，$c \geqslant 2.5～3$m。

(2) 按每孔装药条件(巴隆公式)。

$$W_1 = d\sqrt{\frac{0.785\Delta\tau L}{qmH}} \tag{8-7}$$

式中，d——炮孔直径，dm；

Δ——装药密度，kg/dm^3；

τ——装药长度系数，$H<10$m时，$\tau=0.6$；$H=10～15$m时，$\tau=0.5$；$H=15～20$m时，$\tau=0.4$；$H>20$m时，$\tau=0.35$；

q——单位耗药量，kg/m^3；

m——炮孔密集系数，一般$m=0.8～1.2$(当岩石坚固系数f高，要求爆下的块度小，台阶高度愈小时，可取较小m值，反之可取较大)

L——钻孔深度，m。

(3) 按台阶高度确定。

$$W_1 = (0.6～0.9)H \tag{8-8}$$

岩石坚硬，系数取小值；反之，系数取大值。

(4) 按钻孔直径确定。

$$W_1 = kd \tag{8-9}$$

式中，k——系数，见表 8-2；

d——炮孔直径，mm。

表 8-2　k 值范围

装药直径/mm	清渣爆破 k 值	压渣爆破 k 值	装药直径/mm	清渣爆破 k 值	压渣爆破 k 值
200	30～35	22.5～37.5	310	35.5～41.9	19.4～30.6
250	24～48	20～48			

除了要考虑上述因素外，控制坡面角也是调整底盘抵抗线的一个有效方法。

5) 孔距与排距

孔距 a 是指同排的相邻两个炮孔中心线间的距离；排距 b 是指多排孔爆破时，相邻两排炮孔间的距离。

炮孔密集系数 m 是指炮孔间距 a 与抵抗线 W 的比值，即

$$m = a/W \tag{8-10}$$

当 W_1 和 b 确定后，则 $a=mW_1$ 或 $a=mb$。根据一些难爆岩体的爆破经验，保证最优爆破效果的孔网面积($a\times b$)是孔径断面积($\pi\cdot d^2/4$)的函数，两者之间比值是一个常数，其值为 1300～1350。

在露天台阶深孔爆破中，炮孔密集系数 m 是一个很重要的参数。取 $m=0.8\sim1.4$，一般不小于 1.0，但第一排孔往往由于底盘抵抗线过大，应选较小的 m 值，以克服底盘的阻力。

随着岩石爆破机理的不断研究和实践经验不断丰富，宽孔距爆破技术发展迅速，即在孔网面积不变的情况下，适当减小底盘抵抗线或排距而增大孔距，可以改善爆破效果。在国内，炮孔密集系数值已增大到 4～6 或更大；在国外，炮孔密集系数甚至提高到 8 以上。

排距的大小对爆破质量影响较大，后排由于岩石夹制作用，排距应适当减小，按经验公式计算

$$b=(0.6\sim1.0)W_1 \tag{8-11}$$

6) 超钻

超钻 h 是指钻孔超出台阶高度的那一段孔深。其作用是克服底盘岩石的夹制作用，使爆破后不留根底。超钻过大将造成钻孔和炸药的浪费，破坏下一个台阶顶板，给下次钻孔造成困难，增大地震波的强度；超钻不足将产生根底或抬高底板的标高，而且影响装运工作。

超钻与岩石的坚硬程度、炮孔直径、底盘抵抗线有关。

超深目前国内矿山的超深值一般为 0.5～3.6m，后排孔的超深值一般比前排加深 0.5m。超钻值可按 $h=(0.15\sim0.35)W_1$ 确定。岩石松软、层理发达时取小值，岩石坚硬时则取大值。

也有按孔径的 8～12 倍来确定超钻值的。倾斜钻孔的超钻 $h=(0.3\sim0.5)W$。

确定超钻时，还可以参考表 8-3 进行选取，但表中所列数值适用于钻孔直径为 150mm 的情形。如果钻孔直径不是 150mm，则将表中的数值乘以 $d/150$ 即可。

进行多排孔爆破时，第二排以后的超钻值还需加大 0.3～0.5m。

表 8-3 超钻 h 参考值(m)

台阶高度 H/m \ 岩石 f 值	1～3	3～6	6～8	10～20
7	0.6	0.7	0.85	1.00
10	0.7	0.85	1.00	1.25
15	0.85	1.00	1.25	1.50
20	1.00	1.25	1.50	1.75
25	1.25	1.50	1.75	2.00

7）单孔装药量

在深孔爆破中，单位耗药量 q 值一般根据岩石的坚固性、炸药种类、施工技术和自由面数量等因素综合确定。

在两个自由面的边界条件下同时爆破，深孔装药时单位耗药量可按 8-4 表选取。

表 8-4 单位耗药量 q 值表

f	0.8～2	3～4	5	6	8	10	12	14	16	20
$q/(\mathrm{kg \cdot m^{-3}})$	0.40	0.43	0.46	0.50	0.53	0.56	0.60	0.64	0.67	0.70

注：表中数据以 2 号岩石硝铵炸药为准。

8）装药量计算

单排孔爆破(或第一排炮孔)每孔装药量按式(8-12)计算

$$Q=qaW_1H \tag{8-12}$$

式中，q——单位耗药量，kg/m^3；

a——孔距，m；

H——台阶高度，m。

多排孔爆破时，从第二排起，各排孔的装药量可按式(8-13)计算

$$Q=kqabH \tag{8-13}$$

式中，K——为考虑受前面各排孔的岩渣阻力作用的装药量增加系数，一般取 1.1～1.2。

5. 爆破施工工艺

露天深孔爆破施工工艺包括定位、钻孔、装药、堵塞、敷设网路与起爆等。整个工艺过程的施工质量将会直接影响爆破安全与效果。因此，每一道工序都必须遵守《爆破安全规程》、《煤矿安全规程》以及相关操作技术规程的规定。

1）钻孔

钻孔前按照爆破设计图在地面用白灰定出孔位，严格按设计孔位、深度、倾角钻孔；钻孔的开孔口不要打成喇叭状孔口；钻孔时要随时将孔口岩渣和碎石清理干净，防止掉入孔内；钻孔结束后，及时将岩粉清除干净；钻孔偏斜误差不大于孔深的 1%；钻孔完毕，用专制孔盖将孔口封好，并用塑料布覆盖，防止雨水将岩粉冲入孔内。

2）装药

装药方法有人工装药法和机械化装药法。人工装药法劳动强度大、装药效率低，若在

水孔装药会产生药柱的间断不连续现象，影响炸药的稳定爆轰。因此，人工装药将逐渐为机械化装药所代替。

装药前，仔细核对每个炮孔设计所装药量，必须严格按照设计炮孔的药量进行装填。人工装填时，要注意炸药是否结块等炸药质量问题，如果发现有结块现象，要及时用木棒将结块炸药砸碎，严禁将块状炸药装填进炮孔，以防发生堵孔。在装药过程中，如发现堵塞，应停止装药并及时处理。在未装入雷管或起爆药柱等敏感的爆破器材以前，可用木制长杆处理，严禁用钻具处理装药堵塞的炮孔。在装药过程中要进行适当的捣固并随时注意检查装药高度，以防堵塞长度不够。

装药结构在一般露天台阶爆破中通常采用单一连续装药的装药结构。当底盘夹制作用较大，或岩层岩性变化较大，或地质构造复杂，或其他工程有特别要求时，宜采用特殊装药结构。如果炮孔设计为特殊装药结构时，必须要按照相关技术要求，在装药过程中完成起爆点设置、间隔充填物的实时充填和不同品种炸药的装填等工作。

3）堵塞

堵塞对于深孔爆破炸药能量利用有直接影响，足够的堵塞长度和良好的堵塞质量有利于改善爆破效果，所以，深孔爆破的堵塞长度应满足设计要求。堵塞材料采用钻孔岩屑、砂或细石屑混合物，严禁使用石块和易燃材料堵塞，影响堵塞质量。堵塞时要随时注意保护爆破网路的导爆管、电雷管端线和导爆索，以防将上述线路弄断，出现瞎炮，影响爆破安全和效果。

4）爆破网路连接

爆破网路连接是一个关键工序，一般应由工程技术人员或有丰富爆破施工经验的工人来操作，其他无关人员应撤离现场。要求网路连接人员必须了解整个爆破工程的设计意图、具体的起爆顺序和能够识别不同段别的起爆器材。

如果采用电爆网路，因一次起爆孔数较多，必须合理分区进行连接，以减小整个爆破网路的电阻值，分区时要注意各个支路的一定电阻配平，才能保证每个雷管获得相同电流值。实践表明：电爆网路连接质量关系到爆破工程的成败，任何诸如接头不牢固、导线断面不够、导线质量低劣、连接电阻过大或接头触地漏电等现象，都会造成延误起爆时间或发生拒爆、产生瞎炮等。在网路连接过程中，应利用爆破参数测定仪随时监测网路电阻，网路连接完毕后，必须对网路所测电阻值与计算值进行比较，如果有较大误差，应查明原因，排除故障，重新连接。这里特别强调所有接头应使用高质量绝缘胶布缠裹，保证接头质量；监测网络必须使用专用爆破参数测试仪器，切忌使用普通万能电表。

如果采用非电爆破网路，由于不能进行施工过程的监测，要求网路连接技术人员精心操作，注意每排和每个炮孔的段别，必要时划片有序连接，以免出错和漏连。在导爆管网路采用簇联(大把抓)时，必须两人配合，一定捆好绑紧，并将雷管的聚能穴作适当处理，避免雷管飞片将导爆管切断，产生瞎炮。在采用导爆索与导爆管联合起爆网路时，一定注意用软土编织袋将导爆管保护起来，避免导爆索的冲击波对导爆管产生不利影响。

5）起爆

在整个爆破工作面网路连接完成后就是起爆工作了。起爆前，首先检查起爆器是否完好正常，及时更换起爆器的电池，保证提供足够电能并能够快速充到爆破需求的电压值；在连接主线前必须对网路电阻进行检测，确定电阻值稳定后才能连接；当警戒完成后，再次测定网路电阻值，确定安全后，才能将主线与起爆器连接，并等候起爆命令。起爆后，及时切断电源，将主线与起爆器分离。

8.3 露天硐室爆破

硐室爆破(Chamber Blasting)是指将炸药集中装填于爆破区内预先挖掘的硐室中进行爆破的技术。由于一次爆破用药量和爆破后的土石方量较大，通常又称为“大爆破”。目前硐室爆破已用于大规模开挖、采石和进行定向爆破、扬弃爆破、松动爆破以及水下岩塞爆破等。

而要进行硐室爆破设计，不仅要充分掌握地形地质资料，而且对于地形起伏，冲沟众多和地质构造复杂，有断层、溶洞和滑坡体的地区，尤其要充分注意。药室布置的形式因地而异，常用的形式是以导硐相连的多个集中药室或条形药室。集中药室布置比较灵活，对复杂的地形地质条件适应性强，但导硐开挖和堵塞工作量较大。条形药室一般适用于地面较平整、岩层均匀、地质构造简单的场区，起爆网络敷设连接简便。硐室爆破时个别飞石的抛掷距离较远，尤其在最小抵抗线方向更要注意防避。

8.3.1 硐室爆破的分类及其适用条件

1. 硐室爆破的分级与分类

硐室爆破按一次有药量计，分为A、B、C、D这4个等级：①A级：1000t≤Q≤3000t；②B级：300t≤Q<1000t；③C级：50t≤Q<300t；④D级：0.2t≤Q<50t。

一次用药量大于3000t的硐室爆破应由业务主管部门组织专家论证其必要性，其等级按A级管理。

露天硐室爆破的应用范围很广，按爆破作用程度和结果不同可分为松动爆破、加强松动爆破和抛掷爆破。

抛掷爆破按爆破的目的和要求，分为定向抛掷爆破和抛散爆破。

抛掷爆破根据抛掷作用的方向不同又可分为：单侧抛掷爆破、双侧抛掷爆破、多向抛掷爆破和上向抛掷爆破等类型。

硐室爆破按爆破作用和药室形状大体可以划分为如图8-14所示形式。

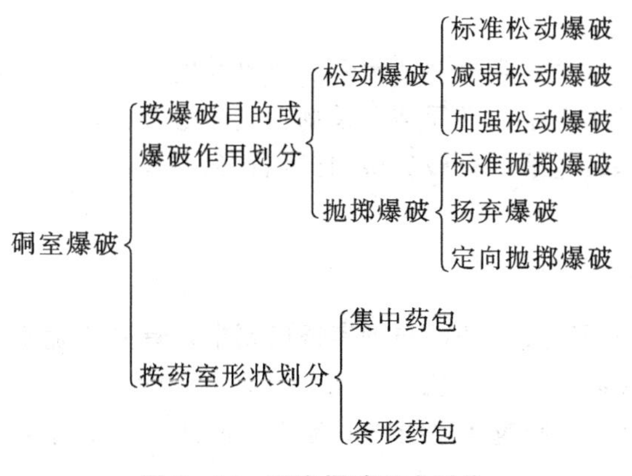

图8-14 硐室爆破形式划分

2. 硐室爆破的特点

1）硐室爆破的优点

(1) 可以在短期内完成大量土石方的挖运工程，极大地加快工程施工进度。

(2) 不需要大型设备和宽阔的施工场地，一些小工程甚至可以全部用人工完成，适用于交通不便的山区。

(3) 与其他爆破方法比较，其凿岩工程量少，相应的设备、工具及材料和动力消耗也少。

(4) 经济效益显著。对于地形较陡、爆破开挖较深、岩石节理裂隙发育、整体性差的岩石，采用硐室爆破方法施工，人工开挖导硐和药室的费用大大低于深孔爆破的钻孔费用。

2）硐室爆破的缺点

(1) 人工开挖导硐和药室，工作条件艰苦，劳动强度高。

(2) 爆破块度不够均匀，大块率偏高，二次爆破工作量大。

(3) 一次爆破药量较多，爆破作用和震动强度大，安全问题比较复杂，在工业区、居民区、重要设施、文物古迹附近进行硐室爆破要十分谨慎。

(4) 大型硐室爆破工程施工组织工作比较复杂，需要有熟练的、经验丰富的技术力量在保证安全的前提下才能顺利完成爆破任务。

3. 硐室爆破的使用条件

(1) 因山势陡峭，土石方工程量较大，机械设备上山困难，宜采用硐室爆破。

(2) 控制工期的重点石方工程。例如，铁路、公路的高填深挖路段，露天采矿的覆盖层揭露和平整场地等。

(3) 在峡谷、河床两侧有高陡山地可取得大量土石方时，可运用定向爆破技术修筑堤坝。

(4) 交通要道旁的石方工程，为防止长时间干扰交通，可采用硐室爆破。

由于硐室爆破炸药用量大，对爆破区的破坏较为严重，对周围地区的影响较大，因此，设计时应综合考虑多种因素。只要精心设计、严格施工、周密考虑，硐室爆破仍不失为一种快速、高效开挖土石方工程的方法。

8.3.2 爆破方案选定原则

爆破方案的选择直接关系到爆破技术经济效果和安全。为了选择技术上可行、经济上合理、安全上可靠的最优方案，必须结合采掘工艺对爆破的技术要求和爆区地形地质等客观条件，合理地确定爆破范围、爆破类型和药包布置方式，并进行多方案比较，选择最优的爆破方案。

1. 爆破范围的确定

硐室爆破根据矿山开采技术条件与剥离进度要求，首先应确定合理的爆破范围，即圈定爆破的区域与爆破标高。一般应从以下几方面综合考虑。

(1) 地形陡、高差大、修筑运输线路困难或只能达到一定标高时，应在此标高以上采用大爆破。

(2) 在露天采场内的山地地形复杂、钻孔与采掘作业困难的地区，可利用硐室爆破改善地形条件，形成宽阔的工作面，为剥离工作创造良好的条件。

(3) 考虑爆区周围建筑物、构筑物(包括地下巷道与采空区等)和露天最终边坡的安全影响，一次爆破范围应按允许的最大装药量确定。

(4) 从有利于增加有效抛掷方量和改善爆破后的堆积形状出发，如果对后期生产有利，总的技术经济效果较好，也可适当增加基建剥离范围以外的方量。

(5) 要根据矿体埋藏条件和露天最终边坡位置，圈定爆破范围。应避免造成矿体损失和影响露天边坡的稳定性。对邻近采场边界的爆区，在有利于增加有效抛掷方量的前提下，可爆掉采场边界线以外的部分方量，而适当降低爆破标高。

(6) 为节约成本，在满足加速基建剥离进度的要求并为后期钻爆与采掘作业创造了一定条件的情况下，就不宜再扩大爆破范围。

(7) 有时爆破范围是根据工程需要量确定。如垫层大爆破和采空区处理。

2. 爆破类型的选择

硐室爆破类型按爆破作用指数 n 值的不同，分为松动爆破、加强松动爆破、标准抛掷爆破和加强抛掷爆破。由于爆破作用的不同，又有单侧、双侧、多向和上向的区别。因此每种爆破类型又可分为几种作用方向：如单侧抛掷爆破、双侧抛掷爆破、多向抛掷爆破和上向抛掷爆破等。

爆破类型的选择，应根据爆破工程目的、爆区的地形条件、爆区所处的位置及爆破技术要求等因素确定。选择正确爆破类型，可以充分利用炸药能量，以较少的炸药消耗量取得较好的爆破效果，避免过量装药造成浪费或带来不良后果。各种爆破类型的适用条件如下。

1) 松动爆破

松动爆破适用于松动矿岩的爆区。一般药包的最小抵抗线小于15～20m。单位炸药消耗量最小、爆堆集中、对爆区周围影响破坏较小。

2) 加强松动爆破

加强松动爆破是矿山较为广泛应用的一种类型。一般当药包最小抵抗线大于15～20m时，为了充分破碎矿岩和降低爆堆高度，采用加强松动爆破。

3) 抛掷爆破

在爆区内有条件将大量岩石直接抛出采场境界以外，应尽量采用抛掷爆破。这对减少基建剥离装运量，加快矿山基建速度有着重要意义。必须指出，在较陡的地形条件下，用加强松动爆破也能达到将大量岩石抛到采场境界以外的效果时，就不应采用抛掷或加强抛掷爆破，否则将会造成很多的浪费。在不具备抛掷条件时而采用了抛掷爆破，既浪费了炸药，又达不到抛掷目的，有时还可能导致破坏边坡等不良后果。

在山脊或多面临空地形条件下，有时要求同一个药包对于不同方向产生不同的爆破作用。如向某方向抛掷，向另一方向松动或加强松动等。此时，按抛掷侧选取爆破参数，在具体布设药包时，根据具体条件进行处理。

3. 药包布置方式的选择

药包布置方式的选择是指采用何种布药方式才能更好地达到设计预期效果。经常在同一个爆区内可能有几个不同的药包布置方式。例如：单侧或双侧、单排或双排、单层或分层、等量对称或不等量对称等等。

8.3.3 硐室爆破的设计

1. 设计要求

(1) 大型爆破设计应根据上级机关批准的任务书和有关的基础资料进行设计。

(2) 要经济合理，降低材料消耗，提高经济效益。

(3) 保证安全可靠，保证施工人员的安全，保证爆区范围内的建筑物、构筑物及其他设施的安全。

(4) 合理地选择爆破参数，对于重要的爆破，爆破参数要通过实验来确定。

总之，硐室爆破的设计应按规定的设计程序、设计深度分阶段进行。

硐室爆破应以地形测量和地质勘探文件为依据。

硐室爆破工程开工之前，应由施工单位根据设计文件和施工合同编制施工组织设计。

2. 设计基本资料

硐室爆破工程应根据工程现场勘查的实际资料为依据且必须具备以下基本资料。

1) 工程施工基本资料

基本资料包括工程目的、任务，内容、有关设计的合同。

2) 勘察资料

(1) 地形测量。爆区地形测量范围应包括爆破区和爆岩堆积区。

爆区地形图的比例尺一般为 1∶500～1∶1000，对 A 级硐室爆破，当范围太大时，可降为 1∶2000；在设计初级阶段，应采用 1∶500 的地形图。D 级硐室爆破可以用爆区实测 1∶200～1∶500 相邻剖面间距不应大于 10m。

爆破影响区平面图一般采用 1∶2000～1∶5000 地形图，应标明爆破影响区内所有的可能引起破坏的建(构)筑物、公路、道路和设施分布。

(2) 地质测绘。地质测绘范围以爆区为主，同时兼顾爆破影响区。

地质测绘应查明：爆岩区岩土介质的类别、性质、成分、产状分布及物理力学指标，以及断层、溶洞、层理、裂隙、裂隙水和渗流特征，爆破影响区的较大断层、溶洞以及不稳定岩体的产状分布和形状。

地质测绘的最终成果包括地质报告书和地质填图(含地质平面图、地质剖面图及坑道展示图、钻孔柱状图)。

3. 设计内容

《爆破安全规程》(GB 6722—2011)中规定：A 级、B 级、C 级、D 级爆破工程均应编制爆破设计书，其他一般爆破应编制爆破说明书。爆破设计分为可行性研究、技术设计和施工图设计 3 个阶段。

(1) 可行性研究阶段应充分论证爆破方案在技术上的可靠性，在经济上的合理性和在安全上的可靠性。通过与其他施工方案比较论证爆破方案的优越性，通过两个以上不同爆破方案的比较分析，推荐出最优的爆破方案。

(2) 技术设计是提交审核与安全评估的重要文件，在技术设计阶段应将推荐方案充分展开，做到可以按设计文件开始施工的深度。

(3) 施工图设计应为施工的正常进行提供翔实图纸和安全技术要求，对硐室爆破还应在装药前根据硐室开挖过程中揭示的地质情况和开挖工程验收资料，提出每条导硐装药、填塞、网路敷设的施工分解图。

硐室爆破设计书，由说明书和图纸组成。大爆破还必须编制施工组织设计，由施工单位根据设计书，施工图及有关规程、标准进行编制。

说明书主要应阐述以下内容。

(1) 工程概况与环境技术要求，写明工程的目的、任务、规模和技术要求等。对预计的爆破效果作一般概述。

(2) 爆破区地形、地貌、地质条件，说明爆区内的自然条件、地形、地貌、工程地质及水文地质情况。

(3) 设计方案的选择，写明选择爆破方案的原则，对比各爆破方案的优缺点及技术经济指标，论证所确定方案的合理性。说明所选择的爆破类型，药包布置方式，绘制药包布置平面图。

(4) 爆破参数选择及药量计算，说明各种爆破参数的选择的依据及药量计算方法，并列表说明有关数据。

(5) 装药、填塞与起爆网路设计，首先设计平巷及药室设计。药室是装炸药的硐室，其形状、规格尺寸需要预先确定，通向药室的通道有平巷，也有斜井和竖井。说明书中写明这些井巷工程的断面形状、规格尺寸、施工方法、计算井巷及药室的工程量。表8-5为主要起爆材料消耗表。

表8-5 主要起爆材料消耗表

序号	名称	规格	单位	数量	备注
1	电雷管				
2	导爆索				
3	导线				
4	绝缘胶布				
5	起爆箱				
6	接线箱				
7	开关				

(6) 爆破方量及爆堆分布计算，对爆破效果做出估计。

(7) 爆破安全距离的确定及安全措施。

① 地震安全距离。

② 空气冲击波的安全距离。

③ 个别飞散物的范围。

④ 有毒气体的危险范围。

⑤ 采取的安全措施。

(8) 爆破施工组织、施工机具、仪表及器材。

(9) 工程预算及主要技术经济指标。主要指标是单位炸药消耗量、爆破方量成本、抛方成本，以及整个土石方工程(完建)的成本分析和时间效益、社会效益分析。

(10) 附图。

① 爆区环境平面图，地形地质图。

② 药室及导硐布置平面图、剖面图。
③ 药室及导硐平面图、断面图。
④ 装药及填塞结构图。
⑤ 起爆网路系统图。
⑥ 预计爆堆分布图及爆破底板等高线图。
⑦ 爆破危险范围及警戒点分布图。

8.3.4 药包布置

药包布置(Arrangement of Charge)是指硐室爆破中按预期目的、技术要求和爆破参数，进行合理分布的装药形式。它是硐室爆破设计中的关键部分，其合理程度决定着硐室爆破设计的好坏。

1. 药包布置规划

(1) 药包规模及分排：一般最小抵抗线在5～50m范围内。当地形条件适宜，尽量采用单层单排药包。

(2) 当地形较陡布置单层药包不满足要求时，则应考虑采用双层或多层。

(3) 山脊地形双侧作用时，地形又较陡，可布置单排双侧作用药包。

(4) 多面临空地带(如山峰处)，可布置多向作用主药包；地形较缓时，再加辅助药包。

(5) 对特殊要求的地带，采用联合药包布置形式。

2. 药包类型

硐室爆破药包类型可以分为3种：条形药包、集中药包、条形药包结合集中药包。划分条形药包和及集中药包是按硐室装药长度 L 与最小抵抗线 W 的比值和等效装药最来确定的。根据药量计算公式

集中药包

$$Q=KW^3$$

条形药包

$$Q=KW^2$$

式中，K——等于 $K'(0.4+0.6n^3)$ 是药星系数；K 为炸药单耗；n 为爆破作用指数。

$L=W$ 时，为等效装药条件，此时两式计算出的装药量相同；$\frac{L}{W}<1$ 时，按集中药包计算装药量；$\frac{L}{W}>1$ 时，按条形药包计算装药量。

3. 药包布置方式

由于药包空间分布存在多种组合形式，一般药包布药结构可以分为两大类型，即单个药包和群体药包。而根据硐室爆破的主要类型又可以分为以下几种布置方式。

1) 平坦地面扬弃爆破的药包布置

平坦地面的扬弃爆破，通常是指横向坡度小于30°的加强抛掷爆破，可用于溢洪道与沟渠的土石方开挖。根据开挖断面的深度和宽度之间的关系，可布置单排药包、单层多排

药包或者两层多排药包等形式，如图 8－15(a)、(b)、(c)所示。

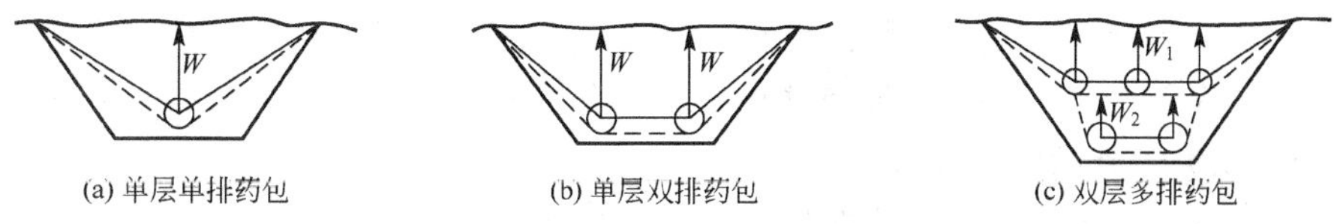

(a) 单层单排药包　(b) 单层双排药包　(c) 双层多排药包

图 8－15　平坦地面扬弃爆破药包布置

根据铁路公路爆破的经验，对于开挖断面底宽在 8m 以内的单线路堑，或者岩石边坡为 1∶0.5～1∶0.75 挖深在 16m 以内的路堑，以及边坡为 1∶1 挖深在 20m 以内的路堑，均可布置单层药包。

当挖深超过上述数据，或者底宽小于 8m 挖深却大于 10m 时，可布置两层药包。

2）斜坡地形的药包布置

当地形平缓、爆破高度较小，最小抵抗线与药包埋置深度之比为 0.6～0.8 时，可布置单层单排或多排的单侧作用药包，如图 8－16(a)、(b)所示。当地形陡，最小抵抗线与药包埋置深度之比<0.6 时，可布置单排多层药包，如图 8－16(c)所示。

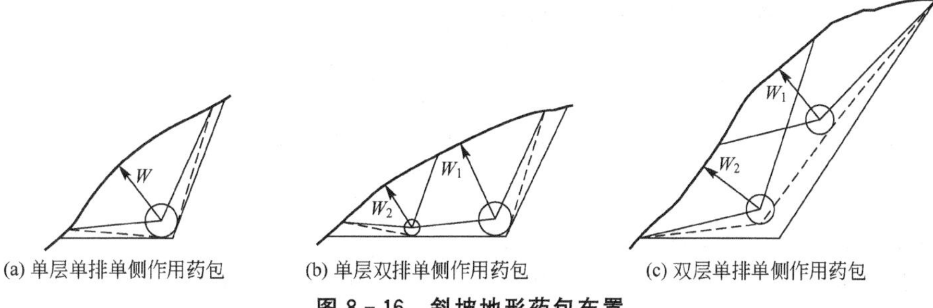

(a) 单层单排单侧作用药包　(b) 单层双排单侧作用药包　(c) 双层单排单侧作用药包

图 8－16　斜坡地形药包布置

3）山脊地形的药包布置

当山脊两侧地形坡度较陡时，可布置单排双侧作用药包，药包两侧的最小抵抗线应相等，如图 8－17(a)所示。

当地形下部坡度较缓时，可在主药包两侧布置辅助药包，如图 8－17(b)所示；或者布置双排并列单侧作用药包，如图 8－17(c)所示。

当工程要求一侧松动，一侧抛掷(或一侧加强松动，一侧松动)时，可布置单排双侧不对称作用药包，如图 8－17(d)所示，或布置双排单侧作用的不等量药包，如图 8－17(e)所示。

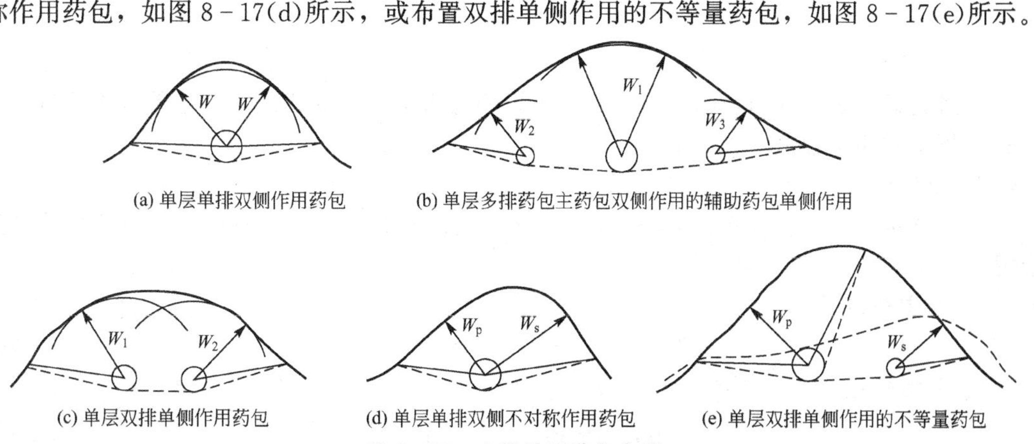

(a) 单层单排双侧作用药包　(b) 单层多排药包主药包双侧作用的辅助药包单侧作用

(c) 单层双排单侧作用药包　(d) 单层单排双侧不对称作用药包　(e) 单层双排单侧作用的不等量药包

图 8－17　山脊地形药包布置

4）联合作用药包的布置

在一些露天剥离爆破或平整场地的爆破中，当爆破范围很大时，可把整个爆破范围分为几个爆区，在各个爆区内根据地质地形条件，布置多层多排主药包和部分辅助药包。

5）控制抛掷爆破的药包布置

（1）最小抵抗线原理。岩石破碎与抛掷的主导方向是最小抵抗线方向。

① 要求多个药包向某处集中抛掷，就必须选择凹形地形；反之，若选用凸形地形，岩石就被抛散而不能集中了。

② 如果地形不利于抛掷，可用辅助药包创造新的自由面，从而确定新的最小抵抗线方向。

（2）多向爆破作用控制原理。

① 若使岩石沿 A、B 两侧的抛掷量相等，显然必须使 $W_A=W_B$。

② 欲使 A 方抛掷，B 方加强松动，显然应使 $W_A<W_B$，定量表示

$$W_A=\sqrt[3]{\frac{f(n_B)}{f(n_A)}}$$

③ 若使 A 方抛掷，B 方松动同样 $W_A<W_B$，定量表示

$$W_A=\sqrt[3]{\frac{1}{3f(n_A)}}W_B$$

④ 若使 A 方抛掷，B 方岩石不破碎，此时必须满足下式

$$W_B\geqslant 1.3W_A\ \sqrt{1+n_A{}^2}$$

式中，$W_A\ \sqrt{1+n_A^2}$为爆破漏斗的破裂半径。

（3）群药包共同作用原理。两个并列的等量对称药包同时爆破时，药包之间的岩土一般不发生侧向抛散，只是沿着两药包的最小抵抗线方向抛出，这个原理就是群药包共同作用原理。利用这一规律，对称布置等量的群药包，可将大部分土岩抛掷到预定地点。

（4）重力作用。在山坡地形(尤其是地形较陡时)一部分岩石被抛掷，而有一部分岩石依靠重力作用，会坍塌。

8.3.5 爆破参数的选择和计算

1. 基本参数

在进行硐室爆破的药包布置之前，首先要确定两个基本参数，一个是单位用药量；另一个是爆破作用指数值。

1）单位用药量

（1）松动爆破。松动爆破时，单位用药量是指爆破每立方米岩石或土壤所消耗的炸药数量。

① 集中药包。

$$Q=eK'W^3 \tag{8-14}$$

② 条形药包。

$$Q=eK'W^2L,\ q=eK'W^2 \tag{8-15}$$

(2) 坚强松动和抛掷爆破。

① 集中药包。

$$Q=eKW^3(0.4+0.6n^3) \tag{8-16}$$

② 条形药包。

$$q=\frac{eKW^2(0.4+0.6n^3)}{m} \tag{8-17}$$

式中，Q——装药量，kg；

q——条形药包每米装药量，kg/m；

e——炸药换算系数，对2号岩石炸药 $e=1.0$；铵油炸药 $e=1.0\sim1.5$；也可对被爆岩石与2号岩石炸药共同做爆破试验，根据爆破漏斗及抛掷堆积的对比选 e 值；

K——标准抛掷单耗，kg/m^3，可参照表8-6选取；在已知岩石重力密度 γ (kg/m^3) 时，可按 $K=0.4+\left(\frac{\gamma}{2450}\right)^2$ 计算 K 值：可通过现场试验分析，确定 K 值；

K'——松动爆破单耗，kg/m^3，对平坦地面的松动爆破 $K'=0.44K$，多面临空或陡崖崩塌松动爆破 $K'=(0.125\sim0.4)K$，大型矿山完整岩体的剥离松动爆破 $K'=(0.44\sim0.65)K$，小型工程也可按表8-6选取；

L——条形药包长度，m；

m——间距系数，取1.0～1.2；

W——最小抵抗线，m，取决于爆破规模和爆区地形，条形药包最小抵抗线允许误差范围 $\Delta W=\pm7\%$；

n——爆破作用指数。

表8-6 爆破各种岩石的单位炸药消耗 K 值表

岩石名称	岩体特征	岩石单轴抗压强度/MPa	松动 $K'/(kg\cdot m^{-3})$	抛掷 $K/(kg\cdot m^{-3})$
各种土	松软的	<10	0.3～0.4	1.0～1.1
	坚实的	10～20	0.4～0.5	1.1～1.2
土夹石	密实的	10～40	0.4～0.6	1.2～1.4
页岩、千枚岩	风化破碎	20～40	0.4～0，5	1.0～1.2
	完整、风化轻微	40～60	0.5～0.6	1.2～1.3
板岩、泥灰岩	泥质、薄层、层面张开，较破碎	30～50	0.4～0.6	1.1～1.3
	较完整、层面闭合	50～80	0.5～0.7	1.2～1.4
砂岩	泥质胶结，中薄层或风化破碎者	40～60	0.4～0.5	1.0～1.2
	钙质胶结，中厚层，中细粒结构，裂隙不甚发育	70～89	0.5～0.6	1.3～1.4
	硅质胶结，石英质砂岩，厚层，裂隙不发育，未风化	90～140	0.6～0.7	1.4～1.7

（续）

岩石名称	岩体特征	岩石单轴抗压强度/MPa	松动 $K'/(kg \cdot m^{-3})$	抛掷 $K/(kg \cdot m^{-3})$
砾岩	胶结差，砾石以砂岩或较不坚硬的岩石为主	50～80	0.5～0.6	1.2～1.4
	胶结好，以坚硬的砾石组成，未风化	90～120	0.6～0.7	1.4～1.6
白云岩、大理岩	节理发育，较疏松破碎，裂隙频率大于4条/m，完整、坚实的	50～80 90～120	0.5～0.6 0.6～0.7	1.2～1.4 1.5～1.6
石灰岩	中薄层，或含泥质的或竹叶状结构的及裂隙较发育的	60～80	0.5～0.6	1.3～1.4
	厚层，完整或含硅质、致密的	90～150	0.6～07	1.4～1.7
花岗岩	风化严重，节理裂隙很发育，多组节理交割，裂隙频率大于5条/m	40～60	0.4～0.6	1.1～1.3
	风化较轻，节理不甚发育或未风化的伟晶结构的	70～120	0.6～0.7	1.3～1.6
	细晶匀质结构，未风化，完整致密岩体	120～200	0.7～0.8	1.6～1.8
流纹岩、粗面岩、蛇纹岩	较破碎的	60～80	0.5～0.7	1.2～1.4
	较完整的	90～120	0.7～0.8	1.5～1.7
片麻岩	片理或节理裂隙发育的	50～80	0.5～0.7	1.2～1.4
	完整的、坚硬的	60～140	0.7～0.8	1.5～1.7
正长岩、闪长岩	较风化，整体性较差的	80～120	0.5～0.7	1.3～1.5
	未风化，完整致密的	120～180	0.7～0.8	1.6～1.8
石英岩	风化破碎，裂隙频率大于5条/m	50～70	0.5～0.6	1.1～1.3
	中等坚硬，较完整的	80～140	0.6～0.7	1.4～1.6
	很坚硬、完整、致密的	140～200	0.7～0.9	1.7～2.0
安山岩、玄武岩	受节理裂隙切割的	70～120	0.6～0.7	1.3～1.5
	受坚硬完整致密的	120～200	0.7～0.9	1.6～2.0
辉长岩、辉绿岩、橄榄岩	受节理裂隙切割的	80～140	0.6～0.7	1.4～1.7
	很完整很坚硬致密的	140～250	0.8～0.9	1.8～2.1

2）爆破作用指数

（1）加强松动爆破，要求大块率在10%以内。且爆堆高度大于15m时，可参照表8-7选取 n 值。

表8-7 加强松动爆破的 n 值

最小抵抗线/m	20～22.5	22.5～25	25.0～27.5	27.5～30.0	30.0～32.5	32.5～35.0	35.0～37.5
n 值	0.7	0.75	0.8	0.85	0.9	0.95	1.0

（2）平地抛掷爆破，按要求的抛掷率 E 选 n 值。

$$n=\frac{E}{0.55}+0.5 \tag{8-18}$$

（3）斜坡地面抛掷爆破，当只要求抛出漏斗范围的百分数时，可参照表8-8选取 n 值；当要求抛掷堆积形态时，则按抛掷距离的要求选取 n 值。

表8-8 我国露天矿大爆破实际爆破作用指数

工程编号	地形坡度/(°)	爆破类型	药包布置方式	抛掷率/%	爆破作用指数 n 值
1	35-40	抛掷爆破	单排单侧	73.5	1.2
2	30-45	抛掷爆破	单排多层单侧	75.5	1.2
3	35-45	抛掷爆破	单排单侧及单层双排	76.8	1.1～1.5
4	25-40	抛掷爆破	单层双排单侧	47.3	1.05
5	30-45	抛掷爆破	单排双层单侧	51.2	1.1
6	45-60	加强松动爆破	单排双侧	49.6	0.95
7	35-45	标准抛掷爆破	单排双侧	61.7	1.0
8	30-45	标准抛掷爆破	单排双侧	58	1.0
9	30-45	抛掷爆破	单排双侧	73	1.3
10	40-45	抛掷爆破	单排双侧	87.1	1.6
11	37-45	一侧加强松动	单排双侧	32.5	0.8～0.9
12	45-47	一侧松动	单排双侧	58.5	0.6
		一侧抛掷			1.25
		一侧松动			0.71～0.75
13	40-45	一侧抛掷	上层双排单侧	63.3	1.5～1.6
		一侧松动	下层单排单侧		0.6～0.75

单位用药量 Q 是值指标准抛掷爆破($n=1$)时，爆破每立方米岩石或土壤所消耗的炸药数量、松动爆破时，爆破每立方米岩石或土壤所消耗的炸药数量。对于一般的抛掷爆破，

Q 值并不等于工程实际爆破每立方米岩石所消耗的炸药量(即单位耗药量)，而 Q 值在松动爆破中与单位耗药量的数值是相符合的。所以，在松动爆破(如深孔孔爆破，浅孔爆破等)中，Q 值也叫单位耗药量，而在抛掷爆破中(如药室大爆破)，则要严格区分单位用药量 Q 值和单位耗药量。Q 值可根据爆区地质条件和使用的爆破材料通过经验确定，或通过试验确定。

最小抵抗线 W 是药包布置的核心，它直接决定了硐室爆破是采用单层药包还是采用两层或多层药包布置方案。

药包最小抵抗线的取值与山体的高度有关，对露天矿剥离和平整工业广场的硐室爆破，最小抵抗线 W 与山体高度 H 的比值控制在 0.6～0.8 之间。

在爆破区域中心或最大挖深处，大药包的最小抵抗线可以在范围内，而在爆破区域边缘或挖深较小处，一般应保证最小抵抗线 8～10m，最小不宜小于 5m。

药包布置时，在合理的范围内，应尽可能选用较大的最小抵抗线。因为，选用较小的，不仅增加了药包的个数和硐室的开挖量，而且增加了爆破的技术难度。

2. 爆破参数

在确定 K 值、n 值和药包布置中确定的最小抵抗线 W，就可以进行爆破参数的计算。

1) 药包间距的确定

药包间距可分为排间距、层间距及列间距。

药包间距通常以间距系数来表示

$$a=mW \tag{8-19}$$

若是分层药包，则用层间距 b 来表示

$$b=m_1W，\ m_1=1.2\sim2.0 \tag{8-20}$$

而药包间距通常与最小抵抗线和爆破作用指数有关。合理的药包间距能发挥药包的共同作用，保证药包之间不留岩坎。

(1) 条形药包的间距计算。处于同一直线上的两个相邻条形药包，若药室端头距离过大，爆破后会留下岩坎。工程计算时可以根据表 8-9 的经验数据选取条形药包的端头距离。

表 8-9　条形药包端头距离

起爆方式	间距 a' 的计算式
两个条形药包同时起爆	$a'=(W_1+W_2)/6$
两个条形药包以毫秒间隔起爆	$a'=(1/6\sim1/4)(W_1+W_2)$
两个条形药包以秒间隔起爆	$a'=(1/3\sim1/2)(W_1+W_2)$

互相垂直的条形药包之间的距离可按及集中药包间距计算。

(2) 集中药包间距计算。不同爆破类型和地形、地质条件下药包间距的计算公式见表 8-10。

表 8-10 不同爆破类型和地形、地质条件下药包间距的计算公式

爆破类型	地形	岩性	间距 a 的计算式
松动爆破	平坦、斜坡、台阶	土、岩石	$a=(0.8\sim1.0)W$ $a=(1.0\sim1.2)W$
加强松动、抛掷爆破	平坦	岩石 软岩 土	$a=0.5W(1+n)$ $a=W^3\sqrt{(0.4+0.6n^3)}$
	斜坡	硬岩 软岩 黄土	$a=W^3\sqrt{(0.4+0.6n^3)}$ $a=nW$ $a=4nW/3$
	多面临空、陡崖	土、岩石	$a=(0.8\sim0.9)W\sqrt{1+n^2}$
斜坡地形抛掷爆破同排同时起爆，相邻药包间距			$0.5W(1+n)\leqslant a\leqslant nW$
上下层药包同时起爆，相邻药包间距			$nW\leqslant a<0.9W\sqrt{1+n^2}$
分集药包间距			$a=0.5W$

2）爆破漏斗参数的计算

（1）压缩圈及预留保护层范围。

① 压碎圈半径。药包周围的介质在爆炸冲击波和爆炸产物的膨胀作用下，压缩成球形空腔或粉碎成小块。此球形空腔的半径称为破碎圈或压缩圈半径

集中药包

$$R_y=0.062\sqrt[3]{\frac{Q\mu_Y}{\rho}} \tag{8-21}$$

条形药包

$$R_y=0.56\sqrt[3]{\frac{q\mu_Y}{\rho}} \tag{8-22}$$

式中，Q——集中药包装药量，kg；

q——条形药包每米装药量，kg/m

μ_Y——岩石压缩系数，按表 8-11 选取；

ρ——装药密度，kg/m^3 一般袋装硝铵炸药取 0.8，袋间散装取 0.85，散装取 0.90。

表 8-11 岩石压缩系数 μ_Y

土岩类别	粘土	坚硬土	松软岩	软岩	坚硬岩
单轴抗压强度/MPa	5	6	8.0～20	30～50	60 以上
压缩系数 μ_Y	250	150	50	20	10

② 保护层厚度。在路堑、河渠、溢洪道等硐室爆破中，边坡的稳定是非常重要的问题。实践表明，爆破作用在压缩圈外产生的径向裂缝，对边坡稳定性影响很大。药包位置

如果距边坡过近，可能使坡脚破坏而失去稳定，甚至产生大量坍塌的危险。

因此，药包中心距边坡的最小距离，亦即保护层厚度，与压缩圈的半径和径向裂缝的深度有关。

实际确定时，可按式(8-23)计算

$$P=AW \tag{8-23}$$

式中，P——边坡保护层厚度，m。

A——预留边坡保护层系数，见表8-12。

表8-12 岩土压缩系数与预留边坡保护层系数 A 值表

土岩类型	单位炸药消耗量 /(kg·m^{-3})	μ 值	各种 n 值下的 A					
			0.75	1.00	1.25	1.50	1.75	2.00
岩土	1.1～1.35	250	0.415	0.474	0.550	0.635	0.725	0.820
坚硬土	1.1～1.4	150	0.362	0.413	0.479	0.549	0.632	0.715
松软岩石	1.25～1.4	50	0.283	0.323	0.375	0.433	0.494	0.558
中等坚硬岩石	1.4～1.6	20	0.235	0.268	0.311	0.360	0.411	0.464
坚硬岩石	1.5	10	0.21	0.24	0.279	0.332	0.368	0.416
	1.6	10	0.215	0.246	0.284	0.328	0.375	0.424
	1.7	10	0.219	0.250	0.290	0.335	0.363	0.433
	1.8	10	0.224	0.265	0.296	0.342	0.390	0.411
	1.9	10	0.227	0.260	0.302	0.348	0.398	0.450
	2.0	10	0.231	0.264	0.306	0.354	0.404	0.457
	2.1	10	0.236	0.269	0.312	0.361	0.412	0.466
	2.2以上	10	0.239	0.273	0.332	0.385	0.418	0.472

(2) 爆破漏斗破裂半径。爆破漏斗的破裂半径的基本公式为

$$R=W\sqrt{1+n^2} \tag{8-24}$$

在硐室爆破中，由于存在各种地形条件，因此，爆破漏斗的几何参数也将随之变化。

① 斜坡地形爆破漏斗参数。斜坡地面的抛掷爆破，由于坡度陡峭，在重力作用下形成一个倒立的圆锥形爆破漏斗。从药包中心到这个爆破漏斗底圆周长上最上端点的距离，称为爆破漏斗的上破裂半径，如图8-18中的OC。

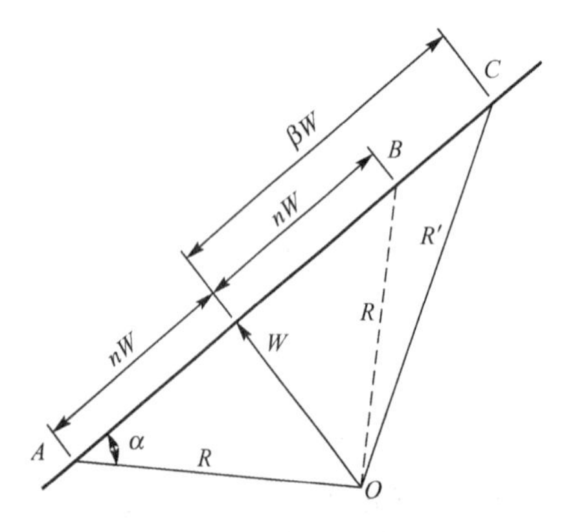

图8-18 斜坡地面的爆破漏斗

工程实践表明，爆破漏斗的上破裂半径可用式(8-25)表示，即

$$R'=W\sqrt{1+\beta n^2} \tag{8-25}$$

式中，破坏系数与斜坡坡度有关，可由式(8-26)和式(8-27)计算。

对于土质、松软岩石及中硬岩石

$$\beta=1+0.04\left(\frac{\alpha}{10}\right)^3 \tag{8-26}$$

对于坚硬致密的岩石

$$\beta-1+0.016\left(\frac{\alpha}{10}\right)^3 \tag{8-27}$$

② 台阶地形爆破漏斗。台阶地形都是斜坡地形中的一种特殊形式，当药包中心至山顶的高度 H(即梯段高度)大于爆破作用半径 R 时，爆破漏斗的上破裂半径要比式(8－25)的计算值小，比下破裂半径大，一般取两者的平均值，按式(8－28)计算

$$R'=\frac{W}{2}(\sqrt{1+n^2}+\sqrt{1+\beta n^2}) \tag{8-28}$$

爆破漏斗作用范围如图 8－19 所示。

当药包布置的位置为 H＜R，或者选择的爆破作用指数较大时，上破裂半径与下破裂半径相当，用式(8－29)计算

$$R'=W\sqrt{1+n^2} \tag{8-29}$$

爆破漏斗的作用范围如图 8－20 所示。

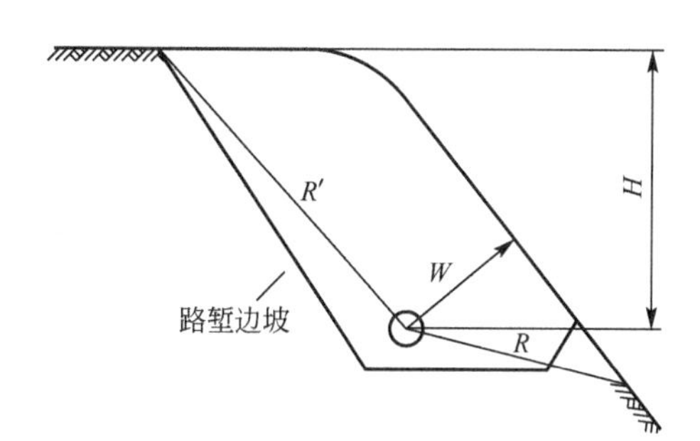

图 8－19 台阶地形药包埋置较深($H>R$)时的作用范围

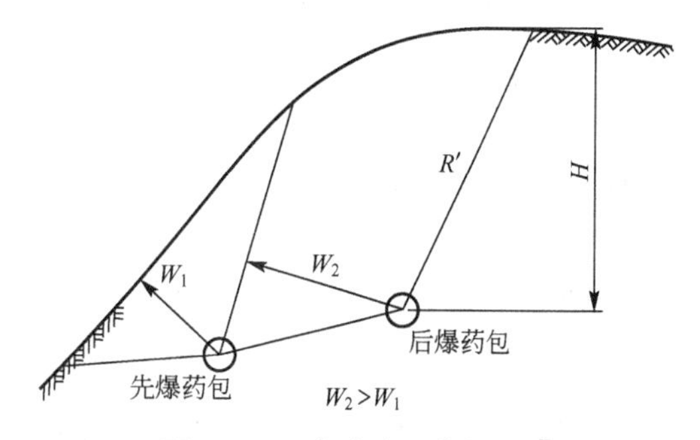

图 8－20 台阶地形药包埋置较浅($H<R$)时的爆破范围

③ 可见爆破漏斗深度。抛掷爆破时，爆后在自由面方向产生一个爆破可见漏斗，产生的新的地面线与原地面线之间的最大距离称为可见漏斗深度。显然，爆破漏斗的形状及尺寸与装药的形状、药量以及岩土介质的力学参数有关。

根据工程实践的基本规律归纳出的经验公式，多采用可见漏斗深度 P 与最小抵抗线 W 之比和爆破作用指数 n 呈线性关系式，即

$$\frac{P}{W}=An+B \tag{8-30}$$

将大量归整后的工程爆破实测数据代入，可得到各种地形条件下的系数值 A 和 B，从而得到以下公式。

水平地面的抛掷爆破

$$P=0.33W(2n-1) \tag{8-31}$$

斜坡地面单层药包抛掷爆破

$$P=(0.322n+0.28)W \tag{8-32}$$

斜坡地面多层药包，上层先爆，下层延期起爆

$$P=0.2(4n-1)W \tag{8-33}$$

多临空面抛掷爆破

$$P=(0.6n+0.2)W \tag{8-34}$$

陡坡地形崩塌爆破

$$P=0.2(4n+0.5)W \tag{8-35}$$

8.3.6 爆堆形态的计算

为了达到理想的爆破效果，预计土岩爆破的堆积形状和范围，设计中必须进行土岩爆破的堆积计算。

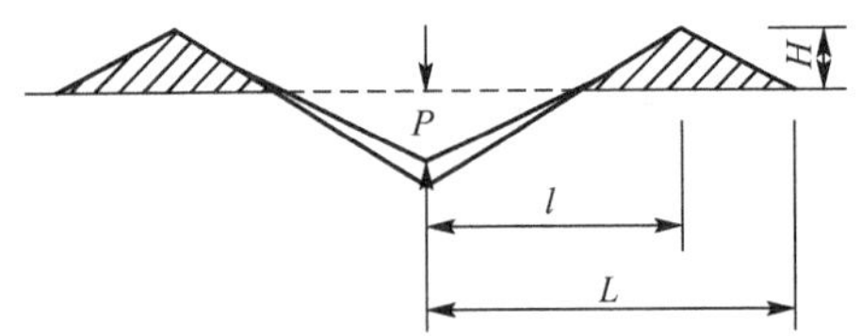

图 8-21 平坦地面单药包爆破爆堆分布

目前，主要是根据一些大爆破的统计资料，进行堆积形态的经验计算。

1. 平坦地面的爆堆分布

平坦地面单药包爆破爆堆分布如图 8-21 所示。

(1) 可见漏斗深度。

$$P=0.33(2n-1)W \tag{8-36}$$

(2) 爆堆最大高度。

$$H=(0.15\sim0.2)nW \tag{8-37}$$

(3) 药包中心至爆堆最高处的水平距离。

$$l=1.35nW \tag{8-38}$$

(4) 药包中心至爆堆最远处(边缘)的距离。

$$L=(4\sim5)nW \tag{8-39}$$

2. 山脊地形的爆堆分布

(1) 山脊地形单药包双侧爆破爆堆分布如图 8-22 所示。

$$h=K_h\frac{W}{n} \tag{8-40}$$

式中，h——药包中心至爆堆表面的高度，m；

K_h——经验系数，见表 8-13。

表 8-13 经验系数 K_L

K_L \ n	0.8	0.9	1.0	1.1	1.2	1.3	1.4	1.5
K_h	0.35	0.32	0.29	0.26	0.23	0.20	0.17	0.14
K_H	0.62	0.57	0.52	0.47	0.42	0.37	0.32	0.27
K_l	1.0～1.2							
K_L	3～4		4～5					

(2) 堆积最大高度。

$$H=K_H\frac{W}{n} \tag{8-41}$$

(3) 药包中心至爆堆最高处的水平距离。

$$l=K_L nW \tag{8-42}$$

式中，K_L——经验系数，见表8-13。

(4) 药包中心至爆堆边缘的水平距离。

$$L=K_L nW \tag{8-43}$$

因地形坡度、爆区相对高差的影响，爆破标高以上爆堆外侧的堆积坡度大致为30°～40°，如图8-22所示。

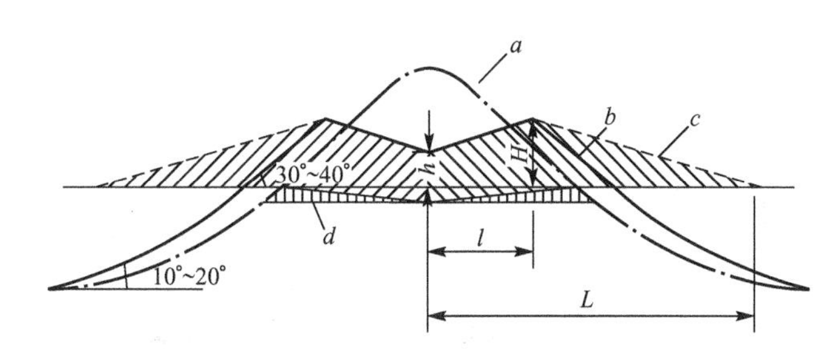

图8-22 山脊地形单药包双侧作用爆堆分布

a—原地面线；*b*—斜坡地形爆堆线；*c*—双侧水平爆堆线；*d*—岩坎

8.3.7 起爆系统的设计

药室大爆破总装药量大，单个药室的装药量相对也较大，能否安全地准爆是影响全局的大事。所以，对起爆系统要求做到万无一失。

起爆系统包括爆区的起爆网络和起爆电源。当一次爆破总装药量超过10t以上，必须采用两套或两套以上的起爆网络，常用的有；两套电爆网路；一套电爆，一套导爆索网络；两套导爆索网路；以及两套电爆网路和一套导爆索网路等几种方式。但在药室大爆破中使用导爆管网路的比较少。在药室大爆破中严禁使用火花起爆。

由于药室大爆破的药室间有多套网路，药室内还有几个起爆体，起爆体内的雷管不止一个；另外，爆区面积大、导硐、药室较多等情况，使得电爆网络变得比较复杂，既要考虑爆区内合理分组，使各支路的电阻值平衡，又要考虑连线的可能和方便，防止线路紊乱。所以，必须仔细地进行设计计算。对大规模的爆破应进行爆破网路原型试验，以检验设计的合理性。

电爆网络的设计成果包括下列内容。

(1) 采用的起爆方法和网络套数。

(2) 网络连接示意图。

(3) 采用的主线、连接线的规格及电阻值。

(4) 电爆网络分区情况，以及各支路采用支线的规格、电阻值。

(5) 各支路的电阻值计算。

(6) 为了获得准爆条件，各支路电阻的平衡，及附加电阻情况。

(7) 准爆电流的校核计算。

(8) 起爆材料用量表。

知识链接

起爆网路的特点如下。

(1) 需要设置主起爆体和副起爆体，主起爆体一般用木箱加工，内装导爆索结和起爆雷管以及质量好的2号岩石炸药。

(2) 同时起爆的药包多用导爆索相连接。

(3) 在堵塞段需用线槽保护电线和导爆索，线槽一般放在导硐下角，用土袋压好；线头都收在线头箱内，线头箱亦用土袋压好，在堵塞过程中应定期检查起爆线路。

8.3.8 施工技术

1. 药室、导硐的设计

1) 药室的形状与体积的确定

药室是导硐尽端为装填炸药而扩大的部分。对药室的主要技术要求是：能容纳下该药室的全部设计药量，药室的位置和标高应与设计要求相符，药室本身安全稳定，对药室内的涌水或渗水应有可靠的防治措施。

(1) 药室的体积。

$$V_0=\frac{Q}{\rho}K_P \tag{8-44}$$

式中，V_0——药室开挖体积，m^3；

Q——装药量，t；

ρ——装药密度，t/m^3；

K_P——药室扩大系数，药室不支护和袋装炸药时，$K_P=1.2\sim1.3$；药室有和袋装时，$K_P=1.4$。

(2) 药室形状。药室形状分集中、条形两种。集中药室在设计装药量较小时，通常开挖成正方形或长方形的形状。当设计药量较大时，为防止药室跨度过大不安全，常改成“T”形，“+”形等形状。

药室高度一般是根据药室体积大小、施工难易程度、施工机械的开挖能力，以及药室内装药结构的设计等综合因素来决定的。一般可查表8-14的经验值来确定。

表8-14 药室高度参考表

药室体积/m^3	1.0～8	8～400	400～800	800以上
药室高度/m	1	2.0～3.0	3.0～4.0	4.0～6.0

2) 导硐的设计

连接地表与药室的井巷称为导硐。导硐一般分为平硐、立井和斜硐。

导硐的断面尺寸应根据药室的装药量、导硐的长度及施工条件等因素确定，以掘进和堵塞工程量小、施工安全及工程速度快为原则。表 8－15 所示为导硐断面尺寸。

表 8－15 导硐断面尺寸

基本条件	平硐	横硐	小立井	
	高×宽	高×宽	长×宽	直径
药室装药量大，机械凿岩，机械装岩	2.4×2.0	2.4×1.8	—	—
药室装药量大，人工开挖，小车运输	1.8×1.6	1.5×12	1.2×1.0	1～1.2
药室装药量小，人工挖运	1.5×1.2	1.3×1.0	1.2×1.0	1～1.2

在导硐、药室布置时，必须掌握下列原则。

(1) 导硐应选择在岩层比较完整的地带，避免沿断层、大裂隙或靠近其平行布置。硐口应避开不良地质条件的地点，如能发生泥石流或顺层塌滑等地点；也不应布置在沟谷底部，在洪水季节有可能被淹没的地点。

(2) 导硐不能穿过其他药室的最小抵抗线位置，以防止药室爆破能量顺导硐方向冲出。

(3) 当布置多层药室时，上下层导硐口不应布置在同一垂直面上，应交错布置，以防止上层导硐施工出渣时对下层导硐造成危险。

(4) 导硐与药室连接的一端，应有 2m 以上的呈 90°的拐弯段。

(5) 对同一标高的邻近药室可用一个主导硐掘进，然后用分支导硐开挖。

(6) 在岩性松软破碎的地层中，一般应采用较小规模的药室爆破。

2. 装药、堵塞设计

1) 装药结构

装药是一项工作量大、涉及劳动力多、有时间性和危险性大的工作。在装药之前应做好以下几方面的工作。

(1) 在组织上要建立健全各级指挥系统和业务部门，周密安排施工组织计划，确保装药工作能有条不紊地顺利进行。

(2) 对药室进行测量校核，包括位量、容积的要求，发现问题应在装药前处理完毕。

(3) 对所有要使用的火工器材进行质量检验。

(4) 对全体施工人员进行炸药基本知识和装药安全工作的教育和训练，检查运输设备和道路。

(5) 彻底检查药室的安全，包括对危石、松石的处理；认真清扫药室，所有易燃易爆应彻底清除。

(6) 对硐内照明线路进行安全检查，采用防爆灯照明和防爆开关。

(7) 做好警戒工作，根据施工进度按设计的安全警戒范围图布置好警戒岗哨。

2) 堵塞

堵塞是药室爆破中的最后一道工序。堵塞质量的好坏，直接影响爆破效果。竖井堵塞一直到井口。平硐堵塞比较困难，堵塞质量不易保证。

堵塞材料可使用开挖导硐时出的岩渣、土、碎石等，回填土中不应有残留的爆破材料。

堵塞工作中应保护好起爆网路。堵塞物应堆放密实，在平硐顶板部分，可用草袋装土或砂包堆码严实，以保证堵塞质量。

8.4 药壶法爆破

药壶法爆破(Springing Shot)又称葫芦炮，是向炮眼底部先少量装药爆破成壶状，再装药爆破的方法，如图 8－23 所示。

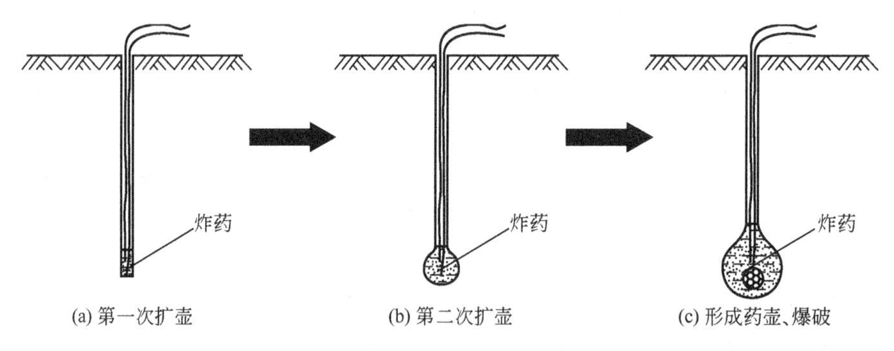

图 8－23　药壶法爆破

8.4.1　应用条件

(1) 在台阶爆破中，垂直炮孔与台阶坡面之间的水平距离随着孔深的增大而加大，至台阶底部时水平距离最大，即为底盘抵抗线。炮孔装药量应随着抵抗线的增大而逐步增加，而普通炮孔的直径上下是一致的，单位长度上的装药量基本上不改变，若此时采用药壶爆破法增加炮孔底部装药量，能明显改善爆破效果。

(2) 在路堑或堑沟开挖中，常用硐室大爆破进行扬弃爆破，此时需要开掘竖井或药室，如果开挖深度在 7m 以上，在经济上是合理的；若开挖深度在 7m 以下，且药室装药量又较少，仍采用硐室爆破的方法，因挖掘竖井和药室很费工，所以经济上不合理。此时改用药壶爆破在经济上就较为合理。

(3) 在某些情况下，用药壶代替浅孔爆破能减少钻眼工作量、缩短钻眼时间、增加一次爆破方量、提高爆破效果。

(4) 药壶法爆破不宜在坚硬岩石中使用，因为在坚硬岩石中扩壶很困难；也不宜在节理、裂隙很发育的软岩中使用，因为在这种岩石中扩大药壶易将炮孔损坏。

(5) 在地下开挖、隧道施工中，由于扩大药壶时爆破次数多、时间长，加之排烟困难，不宜采用药壶爆破法，在水下爆破时，药壶会被水和泥沙填满，所以药壶法无法在水下爆破使用。

8.4.2　药壶法爆破施工

1. 形成药壶的方法

药壶的制作是药壶爆破法的关键技术。形成药壶的方法有 3 种：机械法、燃烧法和爆扩法。

机械法是指用机械扩孔器扩大药壶，燃烧法是利用火力凿岩所用的燃烧器来产生药壶。爆扩法是指利用一定量的炸药，多次爆破扩大炮孔底部形成药壶的方法。受设备条件的限制，机械法和燃烧法在实际工作中很少应用，一般情况下都采用爆扩法。

爆扩法的操作工艺：扩壶次数与药量的比例如下。

(1) 第1次扩壶一般用药量为50～100g。

(2) 第2次扩壶比例为1∶2(第1、2次扩壶的药量比)。

(3) 第3次扩壶比例为1∶2∶3(第1、2、3次扩壶的药量比)。

(4) 第4次扩壶比例为1∶2∶4∶6(第1、2、3、4次扩壶的药量比)。

扩壶次数视岩石的情况和需爆破的矿岩量决定，通常黏土、黄土和坚实的土壤要扩2次，风化岩石和松软岩石扩2～3次，中硬岩石和次坚发石扩2～4次，坚硬岩石扩5～7次。扩药壶的药量与次数也可参考表8-16所列数据。

表8-16 扩大药壶爆破次数与药包重量表

扩大次数 / 药包质量/g / 岩石等级	1	2	3	4	5	6	7
Ⅴ以下	100～200	200	—	—	—	—	—
Ⅴ～Ⅵ	200	200	300	—	—	—	—
Ⅶ～Ⅷ	100	200	400	600	—	—	—
Ⅸ～Ⅹ	100	200	400	600	800	900	1000

2. 扩壶工艺

当炮眼打至预定深度时，应将炮眼清理干净，然后进行炮眼底部的扩大工作。一般扩爆一个药壶总用药量约为药壶法总装药量的10%～20%。扩大药壶时，装药后不需堵塞，这样可使爆破后产生的石渣大部分冲出炮眼以外，减少从药壶内掏渣的困难。在每次扩爆后，由于眼底的热量一时不易散出，继续装药容易发生危险，需间隔一定时间。使用铵梯炸药应间隔15min，使用硝化甘油炸药应间隔30min再装药。

对较深的药壶，间隔时间应适当增加，待药壶内温度降低至40℃以下，才能继续装药。扩大药壶时，禁止将起爆药包的导火索点燃后丢进炮眼，以免发生危险。扩壶深度于4m时，应使用电雷管或导爆索起爆。爆眼底部扩大后，应测量所形成药壶的体积，看是否可以装下所需要的炸药。一个熟练的爆破员可根据扩壶经验判定扩壶完成的情况。

3. 装药与堵塞

药壶扩大完毕，待药壶冷却后，即可按计算的装药量进行装药。当装好一半以上时，放入起爆药包，再继续装完炸药，并用干的粗砂堵塞，装药及堵塞都要密实。

4. 药包起爆

炮眼深为3～6m用火花起爆时，应使用两发雷管，并同时点燃。眼深大于6m时，应用导爆索、导爆管或电力起爆，但要设两套爆破网路，以免发生瞎炮。

8.5 边坡控制爆破

现阶段随着露天矿的向下延深，形成固定的最终边坡越来越高，边坡的稳定性问题也日益突出。虽然影响边坡稳定性的因素很多，但爆破震动对边坡直接破坏的影响也是不容忽视的。为了保护边坡的稳定性，除了采取其他的有效措施以外，必须了解边坡周围的地质地形，还要对临近边坡的爆破也要严加控制。临近边坡控制爆破的主要方法有预裂爆破、光面爆破和缓冲爆破。

8.5.1 爆破对边坡的稳定性的影响

爆破动力对边坡的影响主要表现在两个方面。

(1) 爆炸应力波的破坏作用。爆炸产生的动应力波使爆破漏斗以外的岩体形成张开的环向裂缝和延伸很远的径向裂缝，两种裂缝相交把岩体切割成块。岩体产生新的爆破裂隙，并使原有裂隙扩展。开挖后随着时间与空间的变化，边坡面附近的不均匀岩体失去平衡，产生滑动，导致边坡失稳。

(2) 爆破震动的破坏作用。爆破震动使岩体原有裂隙、层理产生扩张和错位，降低了岩体结构面的抗剪力和摩擦阻力，加上爆破反复扰动降低了结构面的强度，对边坡稳定产生不利影响。

地质构造是影响边坡稳定的主要因素，爆破开挖是影响边坡稳定的外在诱导因素。如何控制外在因素爆炸应力波的破坏范围，尽可能使边坡岩体处于原始状态，并把爆破震动减至最小，是保证边坡稳定的关键。

引起边坡破坏是多方面的。其中自然因素主要有边坡所处范围的地质构造、岩性、地表地形、地震等，人为因素主要有边坡的形态、开挖时的爆破震动、水库等人为构筑物。

由于自然的地形、地貌是经过长期的的地质构造作用和自然风化、冲蚀所形成的，一旦开挖改变了原有地形和地貌的自然形态，破坏了原有应力状态，造成应力的不平衡，必然导致边坡的变形。

岩体中存在着断层、软弱夹层、层理节理、裂隙等结构面，这些不均匀的结构面降低了岩体的整体强度，增大了岩体的变形性能，增强了岩体的不均匀性、各向异性和非连续性，导致边坡变形。

8.5.2 预裂爆破

所谓预裂爆破，就是沿露天矿设计边坡境界线，钻凿一排较密集的钻孔，每孔装入少量炸药，在采掘带主爆孔未爆之前先行起爆，从而炸出一条有一定宽度(一般大于1～2cm)并贯穿各钻孔的预裂缝。由于有这条预裂缝将采掘带和边坡分隔开来，因而后续采掘带爆破的地震波在预裂带被吸收并产生较强的反射，使得透过它的地震波强度大为减弱，从而降低地震效应，减少对边坡岩体的破坏，提高边坡坡面的平整度，保护边坡的稳定性。

预裂爆破与普通生产爆破相比，减震效果一般可达40%～60%。工程经验实测数据表明，由于预裂缝的作用，爆破震动可减少50%～82%，破坏范围可缩小40%，预裂面的不平整度为±20cm，孔壁的保留程度为：坚硬岩石大于80%，软岩大于50%。

1. 掘沟预裂爆破

露天矿固定坑线掘沟中，随堑沟掘进的同时进行预裂爆破，一次形成固定边帮。预裂孔有垂直孔和倾斜孔两种，由于临近边坡钻孔条件的限制，大多采用垂直钻孔。

2. 临近边坡的预裂爆破

临近边坡的预裂爆破主要用于扩帮形成的边坡，一般在工作线临近边坡15～20m处时采用。

主爆孔大都采用延时爆破，尽量减少最大分段装药量。为了确保预裂带的减震效果，减少主爆孔爆破对预裂面的破坏作用，临近边坡的预裂孔以及预裂孔与主爆孔之间的辅助孔(用于硬岩)、缓冲孔等，应按减震爆破布置，适当减小孔距、排距、超深和每孔装药量。

3. 基本参数选择

为了实现预裂爆破的要求，关键是合理地确定预裂爆破中各种基本参数。预裂爆破参数主要包括钻孔直径、钻孔间距、线装药密度和不耦合系数。这些参数与装药结构是否合理，是决定预裂爆破成功与否的关键。

1）钻孔直径

预裂爆破时，预裂孔直径一般应小一些为好，目的是缩小孔距、减少每孔装药量，提高预裂爆破效果。在预裂爆破中，通常采用钻孔直径为80～200mm的潜孔钻机和牙轮钻机也有用直径为60～80mm的凿岩台车进行穿孔的。

2）钻孔间距

预裂爆破中钻孔间距α比较小，一般为钻孔直径的7～15倍，即

$$\alpha=(7\sim15)D \tag{8-45}$$

硬岩一般取较小值，软岩取大值。

马鞍山矿山研究院推荐的预裂孔孔距经验公式为

$$\alpha=19.4D(K-1)^{0.523} \tag{8-46}$$

式中，α——预裂孔孔距，cm；

D——钻孔直径，cm；

K——不耦合系数。

3）线装药密度

装药线密度q_x是指每米钻孔的实际装药量(不包括孔底增加的药量，也不包括充填长度)。

根据大冶铁矿的实际经验，线装药密度q_x可按式(8-47)计算

$$q_x = 0.16\left(\frac{\sigma_\gamma}{10^5}\right)^{0.5}\alpha^{0.85}\left(\frac{D}{2}\right)^{0.25} \quad (8-47)$$

或

$$q_x = 2.75\left(\frac{\sigma_\gamma}{10^5}\right)^{0.53}\left(\frac{D}{2}\right)^{0.38} \quad (8-48)$$

式中，q_x——线装药密度，g/m；

σ_Y——岩石极限抗压强度，Pa；

α——钻孔间距，cm；

D——钻孔直径，mm。

式(8－47)为2号岩石炸药时的计算公式，式(8－48)为用胶质炸药时的计算公式。

上式计算结果是预裂孔正常的线装药密度值。在钻孔底部约1m左右，由于夹制严重，其线装药密度应根据岩性不同，适当增大装药量，一般增大1～2倍。表8－17为马鞍山矿山研究院推荐的及部分矿山预裂爆破的参数值。

表8－17　预裂爆破参数

普通预裂爆破				普通预裂爆破			
孔径/mm	炸药	孔距/mm	线装药密度/(g/m)	孔径/mm	炸药	孔距/mm	线装药密度/(g/m)
80	2号岩石或铵油	70～150	400～1000	32	2号岩石或铵油	30～50	150～250
100	2号岩石或铵油	100～160	700～1400	42	2号岩石或铵油	40～60	150～300
125	2号岩石或铵油	120～210	900～1700	50	2号岩石或铵油	50～80	200～350
150	2号岩石或铵油	150～250	1100～2000	80	2号岩石或铵油	60～100	250～500
200	2号岩石或铵油	200～250	2200～2600	100	2号岩石或铵油	70～120	300～700
250	2号岩石或铵油	250～300	2500～3500	—	—	—	—

4）不耦合系数

钻孔直径与药包直径之比，称为不耦合系数，它是预裂爆破的一个很重要的综合参数。由于不耦合装药，因而药包与孔壁之间形成了一定的环形间隙。环形间隙的存在，可降低爆轰波的初始压力，保护孔壁及防止其周围岩石出现过分粉碎；同时还可以延缓爆破作用时间，有利于预裂缝的扩展。不耦合系数的大小主要与岩石性质有关。

关于不耦合系数的计算，马鞍山矿山研究院推荐的计算公式为

$$K = 1 + 18.32\left(\frac{\sigma_\gamma}{10^5}\right)^{0.25} \quad (8-49)$$

表 8－18 为我国部分矿山不耦合系数与岩石极限抗压强度的关系。

从式 8－49 和表 8－18 中可以看出，不耦合系数随岩石极限抗压强度的增加而减小。对坚硬岩石，不耦合系数应取较小值，在软岩中则应取大值。矿山实践表明，为了保证预裂爆破效果，不耦合系数应大于 2，一般取值范围为 2～5。

表 8－18 不耦合系数与岩石极限抗压强度的关系

矿山名称	类别		
	岩石类型	岩石极限抗压强度/MPa	不耦合系数 K
南山铁矿	辉长闪长岩	94.1	3.75
	粗面岩	44.1	4.3
大冶铁矿	闪长岩	98～137.2	2～3.5
眼前山铁矿	闪长岩	96.2	3.1
	混合岩	81.2	3.5

4. 装药和起爆

预裂爆破使用的炸药应该是爆速低、传爆性能好的炸药。国外的专用炸药都有翼状套筒定位，国内由于没有专用的预裂爆破药卷，很难达到定位要求，通常是用竹片或薄木条在侧部隔垫，使药卷不与被保护的孔壁直接接触。至于药卷结构，最好是连续柱状装药，但由于国内药卷的线密度大都超过所要求的线装药密度，所以可采用间隔装药的形式，借纵向间隔来达到要求的线装药密度。

预裂孔的起爆一般都采用导爆索，使各孔中的炸药能同时起爆，以保证炸药能量的充分利用。

为了达到预裂的目的，预裂孔一定要超前主爆孔起爆，其时差大小，以能够形成预裂带为准。一般预裂孔超前主爆孔的时差为 50～120ms，硬岩取小值，软岩取大值。

有的矿山，根据工程需要，在一定岩性条件下，预裂孔超前主爆孔数日提前起爆，也取得了较好的效果。

5. 施工技术

为了获得较整齐的预裂壁面，必须确保钻孔精度。国内外预裂爆破实践表明，孔底的钻孔偏差不应超过 15～20cm。对沿预裂面方向的偏差可以放宽一些，但对垂直预裂面方向的偏差要严格控制，只有这样，才能保证壁面平整。

预裂钻孔的下部，通常距孔底 1m 左右仍有裂缝出现。如果底部也要保护，应适当减小孔深。此外，为了防止采掘爆破的地震波从预裂线端部绕过去，预裂缝端部应比采区伸长(60～100)D，即为孔径的 60～100 倍。为了更好地保护边坡，临近预裂线的几排采掘钻孔，最好也适当缩小孔距、排距(或抵抗线)和装药量。

总之，预裂爆破是保护露天矿边坡的有效措施，特别对于稳固性差或需要重点保护的边坡地段，更有必要精心使用预裂爆破。当然，相对于正常的采掘爆破来说，预裂爆破的钻孔、爆破工作量大、施工工艺复杂、费用也较高，这是它的最大缺点。

8.5.3 光面爆破

临近边坡的光面爆破和预裂爆破基本相似，也是沿边坡界线钻凿一排较密集的平行钻孔，往孔内装入少量炸药，在采区钻孔起爆之后再行起爆，从而沿密集钻孔中心连线形成平整的岩壁面。

临近边坡光面爆破的爆破参数是钻孔直径、孔间距、最小抵抗线、不耦合系数和线装药密度等。为了获得平整的岩壁面，应按预裂爆破的同样原则确定光面爆破的爆破参数。表 8－19 和表 8－20 分别为瑞典兰格弗尔斯及美国《爆破者手册》推荐的光面爆破参数值。

表 8－19 瑞典兰格弗尔斯推荐的光面爆破参数

孔径/mm	孔距/m	抵抗线/m	线装药密度/(kg/m)
30	0.5	0.7	—
37	0.6	0.9	0.12
44	0.6	0.9	0.17
50	0.8	1.1	0.25
62	1.0	1.3	0.35
75	1.2	1.6	0.5
87	1.4	1.9	0.7
100	1.6	2.1	0.9
125	2.0	2.7	1.4
150	2.4	3.2	2.0
200	3.0	4.0	3.0

表 8－20 美国《爆破者手册》推荐的光面爆破参数

孔径/mm	孔距/m	最小抵抗线/m	线装药密度/(kg/m)
51～64	0.91	1.22	0.12～0.37
79～89	1.22	1.52	0.19～0.74
102～114	1，52	1.83	0.37～1.17
127～140	1.83	2.13	1.17～1.49
152～165	2.13	2.74	1.49～2.33

注：(1) 光面爆破参数是随岩石性质和构造的不同而改变的，表中所列各参数均为平均值。
(2) 当采用胶质炸药时，药卷直径不得大于钻孔直径的 1/2，即不耦合系数不得小于 2。

从以上两表中各参数之间的对应关系可以看出，两者结果基本一致。

光面爆破和预裂爆破有许多相同之处，其根本区别在于起爆的时间。光面爆破的孔间距可以稍大一些，穿孔爆破工作理可以稍少一些，但其降震效果不如预裂爆破。据大冶铁矿测定表明，光面爆破比多排孔延时爆破地震效应低17.5%～22.6%，而预裂爆破能使之降低40%以上。

光面爆破并不能反射或抑制采掘爆破的爆炸应力波。为了更有效地保护边坡，光面爆破常常与缓冲爆破配合使用。

8.5.4 缓冲爆破

临近边坡的缓冲爆破是在沿临近边坡界线布置若干排抵抗线和装药量都逐渐递减的缓冲孔，组成能衰减地震效应的缓冲层，并在正常采掘爆破之后起爆。它是控制爆破中最简单的方法。为了使缓冲层中各排钻孔的爆破地震效应不超过最后一排光面钻孔的爆破震动，根据震动速度的计算原理，应有下列关系式

$$\frac{Q_j^{1/3}}{R_j} \leqslant \frac{Q_i^{1/3}}{R_i} \tag{8-50}$$

式中，Q_j、Q_i——分别为最后一排光面钻孔的总药量和缓冲层中任一排钻孔的总药量，kg；

R_j、R_i——分别为最后一排和任一排孔距保护地点的距离，m。

根据以上关系可知，越靠近边坡的钻孔，其R_i值越小，Q_i值也越小。因而要调整最后几排缓冲孔的参数，使它们的排间距和装药量朝边坡的方向逐渐递减。

缓冲爆破较一般的顺序爆破降震20%左右。缓冲爆破最适用于保护松散岩体边坡。为了更有效地保护边坡，缓冲爆破常与预裂爆破或光面爆破配合使用。若与预裂爆破配合使用，缓冲爆破是在预裂孔爆破之后，采掘区主爆孔爆破之前起爆；若与光面爆破配合使用，则在采掘区主爆孔爆破之后，光面孔爆破之前起爆。

缓冲爆破的主要优点是：简便易行；可以比预裂、光面爆破的钻孔直径大，而较大的孔径有利于准确布置钻孔和便于钻凿较深的孔。其缺点是：若不与预裂爆破或光面爆破配合使用，则不能用于急转弯的区段；采掘区主爆破的后冲作用，有时可能部分或全部破坏将要进行缓冲爆破的平台。

8.5.5 边坡设计中的稳定问题

爆破对边坡稳定的影响主要取决于爆破时产生的爆炸应力波和爆破地震波的大小，而硐室爆破由于装药量较大，产生的爆炸应力波和爆破地震波较大，这对保护边坡稳定非常不利，因此必须加强对爆破的设计，有效控制药包的破坏范围和最大限度地降低爆破震动。

1. 中小型爆破工程边坡设计

虽然地表裂缝破坏范围较大，但应当说明，并不是裂缝到达之处岩体就不稳定了，只要在爆后立即将边坡清理干净，对远处的小裂缝用不透水粘土填实或作灌浆处理，仍可得到稳定的边坡，对于中小型裂缝，设计边坡坡度可参考表8-21。

表 8－21　中小型爆破岩石边坡参考表

岩石类别	坚固系数	调查的边坡高度/m	地面坡度/(°)	节理裂隙发育风化程度	边坡坡度
软石	1.5～2	20	30～50	严重风化、节理发育	1∶0.75～1∶0.85
	2～3	20～30	50～70	中等风化、节理发育	1∶0.5～1∶0.75
次坚石	3～5	20～30	30～50	严重风化、节理发育	1∶0.4～1∶0.6
		30～40	50～70	中等风化、节理发育	1∶0.3～1∶0.4
		30～50	＞70	轻微风化、节理少	1∶0.2～1∶0.3
坚石	5～8	30	30～50	严重风化、节理发育	1∶0.3～1∶0.5
		30～40	50～70	中等风化、节理发育	1∶0.2～1∶0.3
		40～60	＞70	轻微风化、节理少	1∶0～1∶0.2
持坚石	8～20	30	30～50	严重风化、节理发育	1∶0.1～1∶0.3
		30～50	50～70	中等风化	1∶0～1∶0.2
		50～70	＞70	节理少	1∶0

2. 大爆破工程的边坡稳定问题

大爆破工程可能引起的工程地质问题主要是边坡稳定问题。大爆破引起的边坡病害，在硬质岩石中主要是产生危石和落石，在软岩体和软硬不均的岩体中则可能引起崩塌或滑坡，爆破漏斗内堆积的大量细碎石，在多雨地区可能形成小股泥石流。

对大量工程的边坡稳定调查，路堑等边坡的稳定情况见表 8－22，一般不高于 30m 的边坡，都比较稳定，高于 60m 的大爆破影响引起的。

表 8－22　大爆破路堑边坡变形分类表

边坡变形类型	崩塌	危石落石	风化剥落	滑坡	坡面冲刷	工点总数	有变形工点数	无变形工点数
工点处数	28	94	62	7	7	318	198	120
占变形工点百分数	14.1	47.5	31.4	3.5	3.5	—	100	—
占总工点百分数	8.8	29.6	19.5	2.2	2.2	100	62.3	37.7

除了爆破形成的边坡与爆破作用紧密相关外，处在爆破作用范围内，位于斜坡或陡壁上的悬石，堆积体，滑坡体，可能受爆破影响产生崩塌或滑落，有一些即使爆破当时没有明显的活动，但以后在自然应力作用下可能发生崩塌或滑落。所以应注意调查研究，分析爆破作开裂现象，危及工程安全的，要及时采取加固措施。

本章小结

本章主要介绍了地形、地质条件对爆破作用的影响，爆破作用引起的工程地质问题；露天浅、深孔爆破的机理；硐室爆破的分类及其适用条件，系统设计及施工技术；药壶法爆破的应用条件及爆破施工；爆破对边坡的稳定性的影响，预裂爆破、光面爆破及缓冲爆破的原理；边坡设计中的稳定问题。

习　题

一、名词解释

岩体的结构，台阶爆破，硐室爆破，松动爆破，加强松动爆破，标准抛掷爆破，加强抛掷爆破，药包布置，药壶法爆破，预裂爆破，光面爆破

二、填空题

1. 层理面对爆破作用的影响，取决于________和________的关系。

2. 露天台阶爆破按孔径、孔深的不同，可分为________和________。

3. 露天硐室爆破的应用范围很广。按爆破作用程度和结果不同可分为________、________和________。

4. 药壶的制作是药壶爆破法的关键技术。形成药壶的方法有3种________、________和________。

三、简答题

1. 简述地形、地质条件对爆破作用的影响。

2. 简述爆破作用引起的工程地质问题。

3. 简述台阶爆破的机理。

4. 简述硐室爆破的优缺点。

5. 简述药壶法及其应用条件。

6. 简述预裂爆破、光面爆破及缓冲爆破的原理。

第9章 掘进爆破技术

掘进爆破技术广泛地应用于隧道开挖和煤矿巷道建设中，它主要任务是在保证安全的条件下，高速度、高质量地将岩体按规定的断面爆破下来，并尽可能不破坏井筒或巷道围岩。其中，钻眼爆破在掘进循环作业中是一个先行和主要的工序，其他后续工序都要围绕它来安排，爆破的质量和效果都将影响后续工序的效率和质量。钻眼爆破是工程爆破中较早发展起来的一种爆破方法。同时，由于钻眼爆破法对地质条件适应性强，开挖成本低，所以它仍是目前和将来一定时期内掘进爆破技术的主要手段。为此，炮眼的布置和炸药的安放成为掘进爆破技术的主要研究课题，形成了掏槽爆破、平巷掘进爆破、立井掘进爆破等多种爆破技术。

教学目标

(1) 掌握斜眼掏槽、直眼掏槽及混合掏槽的技术参数。

(2) 掌握平巷爆破、立井爆破及斜井爆破系统设计。

(3) 掌握超深孔一次爆破成井技术。

(4) 掌握浅、深孔崩落爆破，VCR法，炮采工作面延时爆破技术。

教学要求

知识要点	能力要求	相关知识
掏槽爆破	掌握	斜眼掏槽、直眼掏槽及混合掏槽
平巷掘进爆破	掌握	平巷爆破系统设计
立井掘进爆破	掌握	立井爆破系统设计
斜井掘进爆破	掌握	斜井爆破系统设计
煤仓与溜煤眼爆破技术	了解	超深孔一次爆破成井技术
采煤工作面爆破技术	了解	浅、深孔崩落爆破，VCR法，炮采工作面延时爆破技术

引例

我国钻眼爆破法现状

钻眼爆破法是我国煤矿井巷掘进的主要破岩方法。据统计，近年我国煤矿井下每年的岩巷掘进高达数万米，其中90%以上是用钻眼爆破法完成的。钻眼爆破法以其施工机具结构简单、轻便灵活、操作容易、维修方便、耗能少、效率高，因而非常适宜于煤矿井下凿岩爆破作业。目前，我国岩巷掘进爆破的特点是巷道宽度小、自由面少、岩石所受夹制作用强。而现场施工仍普遍存在少打眼、乱打眼、多装药、乱放炮的现象，造成的后果是炮眼利用率低，岩石碎块抛掷远，爆堆不集中，周边超挖量大，成型质量差，围岩松动破坏严重，在松软岩层中周边很难留下半边眼痕。不仅影响了巷道掘进的速度，增加了出矸量和支护材料消耗，也降低了巷道的稳定性和安全性。据相关资料统计，我国全煤炭行业岩巷掘进的平均月进尺仅为60m左右。特别是对于$f>8$的较为坚硬岩石，其炮眼利用率一般为60%～80%。

因此，如何提高爆破效率、改善爆破效果、增加进尺、保证成型，仍是岩巷掘进爆破工作中应解决的主要课题。

钻眼爆破是工程爆破中较早发展起来的一种爆破方法。由于钻眼爆破法对地质条件适应性强，开挖成本低，所以它仍是目前和将来一定时期内掘进爆破技术的主要手段。

钻眼爆破在掘进循环作业中是一个先行和主要的工序，其他后续工序都要围绕它来安排，爆破的质量和效果都将影响后续工序的效率和质量。掘进爆破的主要任务是保证在安全的条件下，高速度、高质量地将岩石按规定断面爆破下来，并且尽可能不损坏围岩。爆破后的岩石块度和形成的爆堆，应有利于装载机械发挥效率。为此，需要在工作面上合理布置一定数量的炮眼和确定炸药用量，采用合理的装药结构和起爆顺序等。若炮眼布置和各爆破参数选择合适，将有效地达到爆破任务所规定的要求。

基础知识

以巷道为例，按用途不同，将工作面的炮眼分为3种(图9-1)。

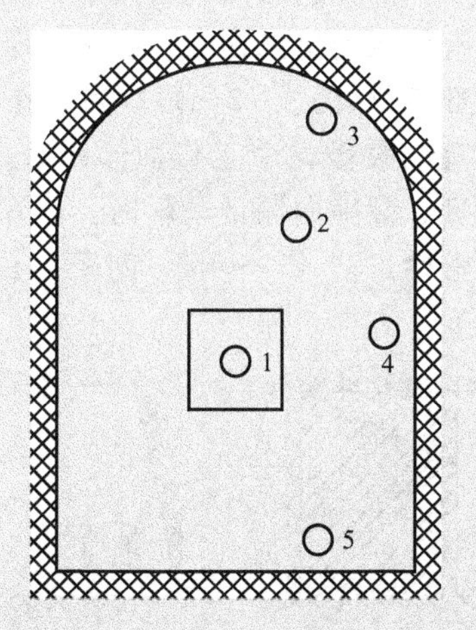

图9-1 各种用途的炮眼名称

1—掏槽眼；2—崩落眼；3—顶眼；4—帮眼；5—底眼

(1) 掏槽眼，用于爆出新的自由面，为其他后爆炮眼创造有利的爆破条件。

(2) 崩落眼，是破碎岩石的主要炮眼。崩落眼利用掏槽眼和辅助眼爆破后创造的平行于炮眼的自由面，爆破条件大大改善，故能在该自由面方向上形成较大体积的破碎漏斗。

(3) 周边眼，控制爆破后的巷道断面形状、大小、轮廓，使之符合设计要求。巷道中的周边眼按其所在的位置分为顶眼、帮眼和底眼。

9.1 掏槽爆破

掘进爆破时，一般只有一个自由面，爆破条件困难。为了创造第二自由面，在掘进工作面上，总是首先钻少量炮眼，装药起爆后，形成一个适当的空腔，作为新的临空面，使周围其余部分的岩石都顺序向这个空腔方向崩落，以获得较好的爆破效果。这个空腔通常称为掏槽。掏槽的好坏直接影响其他炮眼的爆破效果，它是爆破掘进的关键。因此，必须合理选择掏槽形式和装药量，使岩石完全破碎形成槽腔和达到较高的槽眼利用率。

掏槽爆破炮眼布置有许多不同的形式，归纳起来可分为3种：斜眼掏槽、直眼掏槽和混合掏槽。

9.1.1 斜眼掏槽

斜眼掏槽是指掏槽方向与工作面斜交的掏槽方法。斜眼掏槽有多种形式，各种掏槽形式的选择主要取决于围岩地质条件和掘进面大小，常用的主要有单向掏槽、锥形掏槽、楔形掏槽和扇形掏槽。

1. 斜眼掏槽的布置形式

1）单向掏槽

单向掏槽由数个炮眼向同一方向倾斜组成。适用于中硬($f<4$)以下具有层、节理或软夹层的岩层中。当掘进工作面有软弱夹层或顶板正好是岩层的自然接触面或岩层层理与裂隙背向工作面倾斜时，采用顶部掏槽(图9-2(a))；当工作面底部有软弱夹层或底板正好是岩层的自然接触面或岩层层理与裂隙向着工作面倾斜时，采用底部掏槽(图9-2(b))；当工作面一侧有软弱夹层或层理、裂隙向侧帮倾斜时，采用侧向掏槽(图9-2(c))。掏槽眼的倾斜角度可根据岩石的可爆性，取45°～65°，间距约在30～60cm范围内。掏槽眼应尽量同时起爆，效果更好。

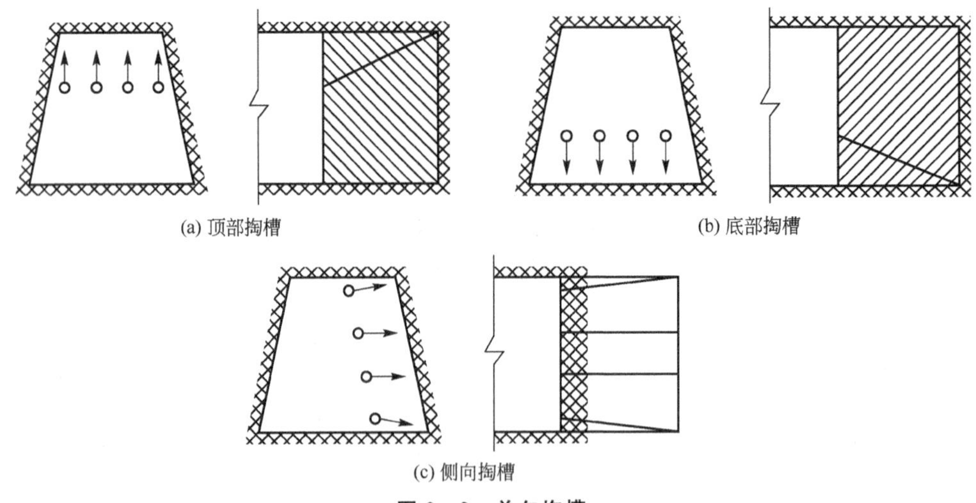

图9-2 单向掏槽

2）锥形掏槽

锥形掏槽由数个共同向中心倾斜的炮眼组成(图 9－3)。爆破后槽腔呈角锥形。锥形掏槽适用于 $f>8$ 的坚韧岩石，其掏槽效果较好，但钻眼困难，主要适用于井筒掘进，其他巷道很少采用。

3）楔形掏槽

楔形掏槽通常由两排相对称的倾斜炮眼组成，爆破后形成楔形槽，可分为垂直楔形掏槽和水平楔形掏槽两种(图 9－4)。楔形掏槽常用于中硬以上的均质岩石，且巷道断面大于 $4m^2$ 的工作面，每对掏槽眼间距为 0.2～0.6m，炮眼与工作面相交角度通常为 60°～75°，眼底间距为 0.2～0.3m。水平楔形打眼比较困难，除非是在岩层的层节理比较发育时才使用。

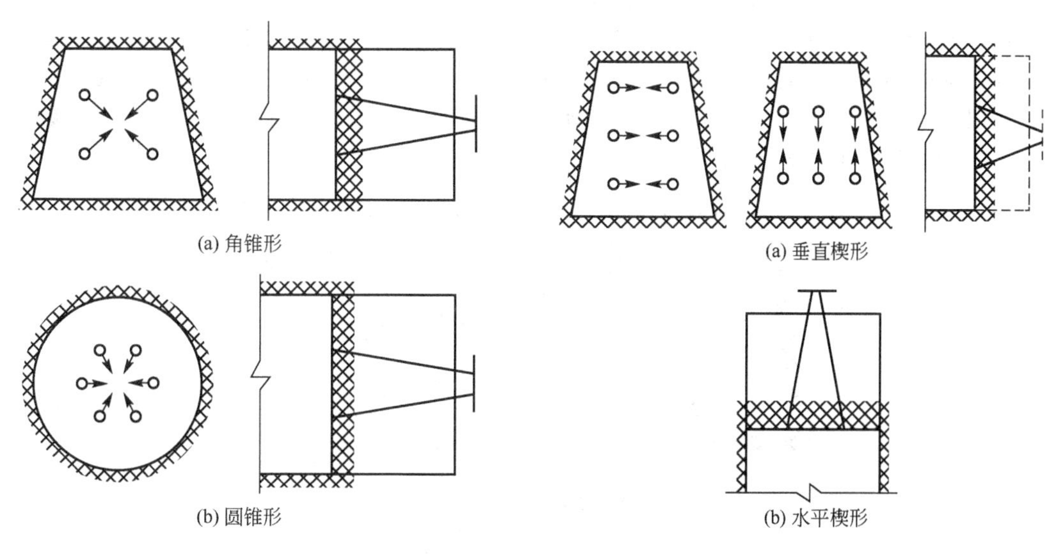

图 9－3 锥形掏槽

图 9－4 楔形掏槽

4）扇形掏槽

扇形掏槽各槽眼的角度和深度不同，主要适用于煤层、半煤岩或有软夹层的岩石中(图 9－5)。此种掏槽需要多段延期雷管顺序起爆各掏槽眼，逐渐加深槽腔。

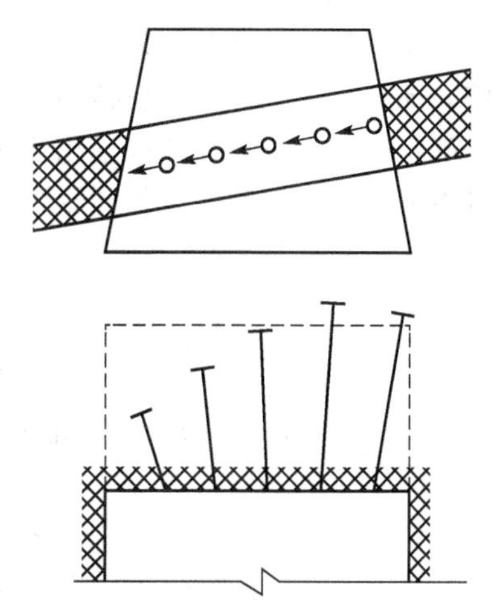

图 9－5 扇形掏槽

2. 斜眼掏槽的特点

斜眼掏槽的主要优点如下。

(1) 适用于各种岩层并能获得较好的掏槽效果。

(2) 所需掏槽眼数目较少，单位耗药量小于直眼掏槽。

(3) 槽眼位置和倾角的精确度对掏槽效果的影响较小。

斜眼掏槽具有以下缺点。

(1) 钻眼方向难以掌握，要求钻眼工具有熟练的技术水平。

(2) 炮眼深度受巷道断面的限制，尤其在小断面巷道中更为突出。

(3) 全断面巷道爆破下岩石的抛掷距离较大，爆堆分散，容易损坏设备和支护，尤其是掏槽眼角度不对称时。

9.1.2 直眼掏槽

直眼掏槽的特点是所有掏槽眼均垂直于工作面，炮眼之间相距较近且保持互相平行，其中有一个或数个不装药的空眼，作为装药炮眼爆破时的辅助自由面。直眼掏槽有缝隙掏槽或龟裂掏槽、角柱状掏槽和螺旋掏槽。

1. 直眼掏槽的布置形式

1）缝隙掏槽或龟裂掏槽

缝隙掏槽或龟裂掏槽的掏槽眼布置在一条直线上且相互平行，隔眼装药，各眼同时起爆，如图9-6所示。爆破后，在整个炮眼深度范围内形成一条稍大于炮眼直径的条形槽口，为辅助眼创造临空面，适用于中硬以上或坚硬岩石和小断面巷道。炮眼间距视岩层性质，一般取(1～2)D(D为空眼直径)，装药长度一般不小于炮眼深度的90%。在大多数情况下，装药眼与空眼的直径相同。

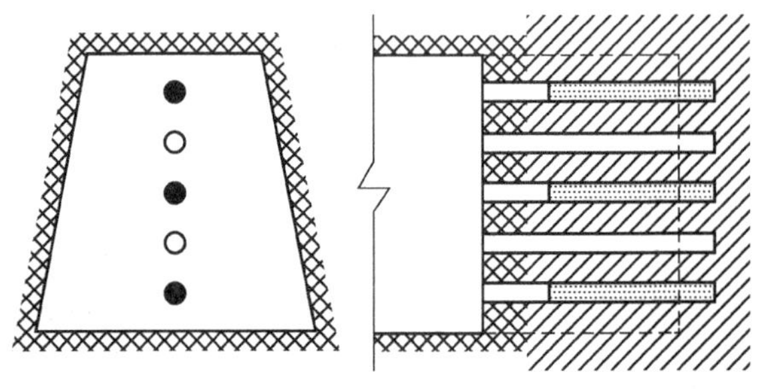

图9-6 龟裂掏槽或缝隙掏槽

○空眼；●装药眼

2）角柱状掏槽

掏槽眼按各种几何形状布置，使形成的槽腔呈角柱体或圆柱体，所以又称为桶状掏槽，如图9-7所示。装药眼和空眼数目及其相互位置与间距是根据岩石性质和巷道断面来确定的。空眼直径可以采用等于或大于装药眼的直径，大直径空眼可以形成较大的人工自由面和膨胀空间，眼的间距可以扩大。

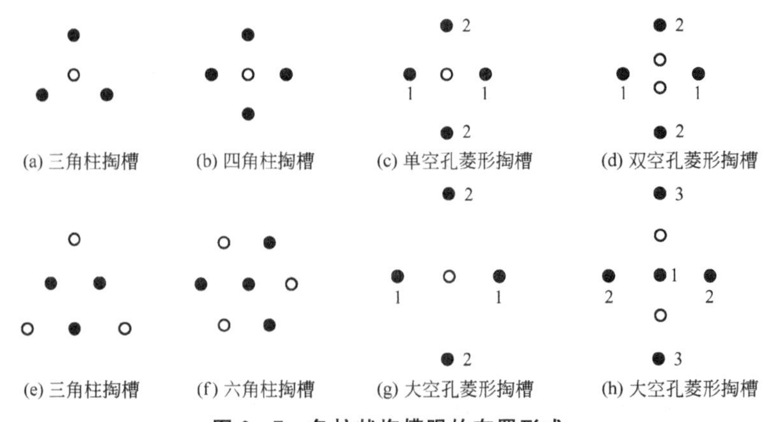

图9-7 角柱状掏槽眼的布置形式

○空眼；●装药眼；1、2、3—起爆顺序

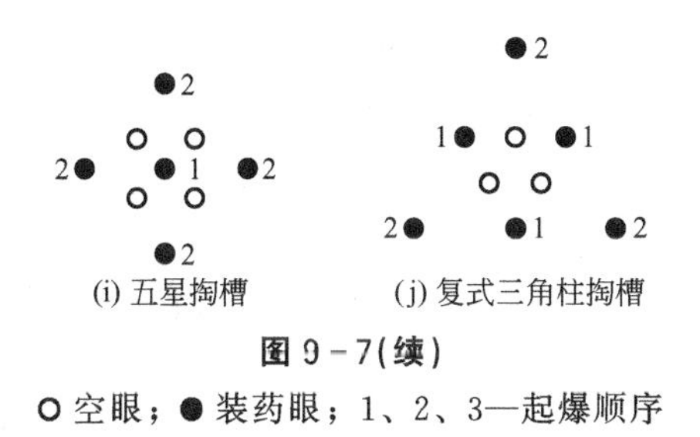

图 9-7(续)

○空眼；●装药眼；1、2、3—起爆顺序

3) 螺旋掏槽

螺旋掏槽由角柱状掏槽发展而来，其特点是中心眼为空眼，各装药眼到空眼的距离依次递增，其连线呈螺旋形(图 9-8)，并且由近及远依次起爆，使槽腔逐步扩大。此种掏槽方法在实践中取得了较好的效果。其优点是可以用较少的炮眼和炸药获得较大体积的槽腔，各后续起爆的装药眼，易于将碎石从腔内抛出。

装药眼与空眼之间的距离分别为：$a=(1\sim1.8)D$、$b=(2\sim3)D$、$c=(3\sim4.5)D$、$d=(4\sim4.5)D$，其中 D 为空眼直径。

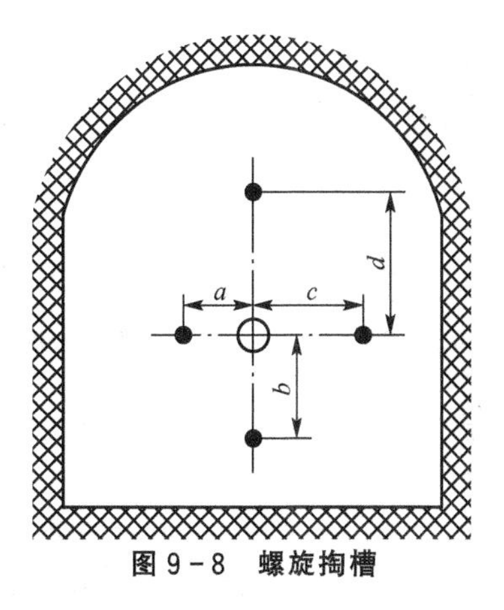

图 9-8 螺旋掏槽

2. 直眼掏槽的特点

直眼掏槽的优点如下。

(1) 炮眼垂直于工作面布置，方式简单，易于掌握和实现多台钻机同时作业和钻眼机械化。

(2) 炮眼深度不受巷道断面限制，可以实现中深孔爆破；当炮眼深度改变时，掏槽布置可不变，只需调整装药量即可。

(3) 有较高的炮眼利用率。

(4) 全断面巷道爆破，岩石的抛掷距离较近，爆堆集中，不易崩坏井筒或巷道内的设备和支架。

直眼掏槽的缺点如下。

(1) 需要较多的炮眼数目和较多的炸药。

(2) 炮眼间距和平行度的误差对掏槽效果影响较大，必须具备熟练的钻眼操作技术。

3. 影响直眼掏槽效果的因素

(1) 眼距。眼距是影响掏槽效果最敏感的参数，与最优眼距稍有偏离，可能就会出现掏槽失败。眼距过大，爆破后岩石仅产生塑性变形而出现“冲炮”现象；眼距过小，会将邻近炮眼内的炸药“挤死”，使之拒爆，或使岩石“再生”。

(2) 起爆次序。距空眼最近的炮眼最先起爆，一段起爆眼数视掏槽方式及空眼直径和个数而定，同时受现有雷管总段数的限制，一般先起爆 1～4 个炮眼。后续掏槽眼同样按上述原则确定其起爆次序及同一段起爆炮眼个数。段间隔时差为 50～100ms，掏槽效果比较好。

(3) 空眼数目。空眼不仅起着辅助自由面的作用，而且还起着为槽内岩石破碎提供膨胀补偿空间的作用。所以，增加空眼数目能获得良好的掏槽爆破效果。

(4) 装药。与其他掏槽方式相比，直眼掏槽的装药量最大，装药长度占全眼长度的70%～90%。如果装药长度不够，易发生“挂门帘”和“留门槛”现象。

(5) 钻眼质量。钻眼质量直接影响着掏槽效果。

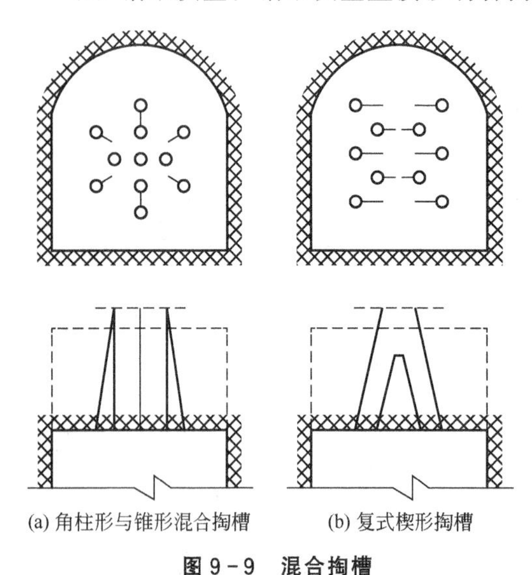

(a) 角柱形与锥形混合掏槽　　(b) 复式楔形掏槽

图 9-9　混合掏槽

9.1.3　混合掏槽

混合掏槽是指两种或两种以上的掏槽方式的组合掏槽。根据组成混合掏槽的各掏槽方式的不同，其布置形式较多。常用的混合掏槽布置形式有柱状与锥形混合掏槽和复式楔形掏槽两种形式，图 9-9 为这两种混合掏槽方式的示意图。

混合掏槽的特点是如下。

(1) 一般在岩石特别坚硬或开挖断面较大时使用。

(2) 具有掏槽深度大、掏槽效果好的优点。

(3) 能提高掏槽眼炮眼利用率。

(4) 混合掏槽与单一的斜眼掏槽和直眼掏槽相比，其布置和施工都较为复杂。

小知识

掏槽的好坏影响到其他炮眼的爆破效果，它是爆破掘进的关键。除了合理选择掏槽形式外，还要注意用药量，从而使岩石完全破碎形成槽腔和达到较高的槽眼利用率。为此，掏槽眼应比其他炮眼加深 150～200mm，装药量增加 15%～20%。

9.2　平巷掘进爆破

9.2.1　爆破参数设计

平巷掘进的爆破效果和质量在很大程度上取决于钻眼爆破参数的设计是否合理。除掏槽炮眼布置形式外，主要的爆破参数还应包括单位炸药消耗量、炮眼直径、装药直径、炮眼数目、炮眼深度和炮眼间距等。评判掘进爆破效果和质量的主要指标有岩石破碎的块度、爆堆的形状、巷道成型的规格、对围岩的损伤程度以及炮眼利用率等。合理设计钻眼爆破参数，不仅要考虑岩层地质条件与巷道施工要求，而且应考虑各参数间的相互关系及其对爆破效果的影响。

1. 单位炸药消耗量

爆破每立方米原岩所消耗的炸药量称为单位炸药消耗量，通常由 q 表示。该参数是掘进爆破设计最主要参数之一，不仅影响岩石爆破块度、岩块飞散距离和爆堆形状，而且影响钻眼工作量、炮眼利用率和围岩稳定性等多个技术经济指标。

单位耗药量决定因素

合理的单位耗药量决定于多种因素，其中主要有岩石的物理力学性质、巷道断面大小、炸药性质和炮眼直径与深度。

用理论精确计算单位耗药量是很难的，对于具体岩石条件，可通过标准爆破漏斗试验来确定。计算单位耗药量的经验公式多采用如下修正的普氏公式

$$q=1.1k_0\sqrt{f/S} \tag{9-1}$$

式中，q——单位炸药消耗量，kg/m^3；

f——岩石坚固性系数；

S——巷道断面大小，m^2；

k_0——考虑炸药爆力的修正系数，$k_0=525/p$，p 为爆力。

目前的平巷掘进爆破常根据国家定额选取或工程类比与经验法选取。表 9-1 为岩石坚固性系数与巷道断面决定的炸药消耗量经验值，表 9-2 为煤炭工业局制定的(99 统一基价)平巷与硐室掘进炸药消耗量定额值。

表 9-1　巷道掘进炸药消耗量经验参考值

巷道掘进断面/m^2	每米巷道炸药消耗量/(kg/m)			
	岩石坚固性系数			
	2～4	5～7	8～10	11～14
4	7.28	9.26	12.80	15.72
6	9.30	12.24	16.62	20.58
8	11.04	14.80	19.92	24.88
10	12.06	17.20	23.00	28.80
12	14.04	19.32	25.80	32.40
14	15.40	21.42	28.70	36.12
16	16.64	23.36	31.04	39.36
18	17.82	24.38	33.66	42.30

表 9-2　平巷及平硐掘进炸药消耗量定额表(kg/m^3)

岩石坚固性系数 f	巷道断面积/m^2									
	<4	<6	<8	<10	<12	<15	<20	<25	<30	>30
煤	1.2	1.01	0.89	0.83	0.76	0.69	0.65	0.63	0.60	0.56
<3	1.91	1.57	1.39	1.32	1.21	1.08	1.05	1.02	0.97	0.91
<6	2.85	2.34	2.08	1.93	1.79	1.61	1.54	1.47	1.42	1.39
<10	3.38	2.79	2.42	2.24	2.09	1.92	1.86	1.73	1.59	1.46
>10	4.07	3.39	3.03	2.82	2.59	2.33	2.22	2.14	1.93	1.85

确定了单位炸药消耗量后，就可根据每一掘进循环爆破的岩石体积计算一个爆破循环所需要的总装药量

$$Q=qV=qSL\eta \tag{9-2}$$

式中，Q——每循环所需要的总装药量，kg；

V——每循环爆破的岩石体积，m^3；

S——巷道掘进断面面积，m^2；

L——炮眼深度，m；

η——炮眼利用率，一般取 0.8～0.95。

将式(9-2)计算出的总药量，按炮眼数目和各炮眼所起作用与作用范围加以分配。掏槽眼爆破条件最困难，分配最多，崩落眼分配次之；周边眼中，底眼分配药量最多，帮眼次之，顶眼最少。

2. 炮眼直径

炮眼直径的大小直接影响钻眼速度、钻眼数目、单位炸药消耗量、爆落岩石的块度和巷道轮廓的平整性。炮眼直径过小会影响装药和炸药稳定爆轰。炮眼直径的增加意味着药卷直径的加大，有利于提高爆炸反应的稳定性，增加爆速，但是炮眼直径过大，不仅使钻眼速度下降，而且因炮眼数目的减少而影响炸药的均匀分布，使岩石的破碎质量变差。在井巷掘进中主要考虑断面大小、炸药性能(即在选用的直径下能保证屈轰稳定性)和钻眼速度(全断面钻眼工时)来确定炮眼直径。目前我国多用 35～45mm 的炮眼直径。

3. 装药直径

当采用耦合装药时，装药直径即为炮眼直径；不耦合装药时，装药直径一般指药卷直径。在平巷掘进爆破中，一般都采用药卷装药，标准药卷直径为 32mm 或 35mm，为确保装药顺利，除散装药外，不可能实现完全耦合装药。炮眼直径要比药卷直径大 4～7mm，选择标准钻头的直径为 36～42mm。

4. 炮眼数目

根据岩石性质、断面尺寸和炸药性质等，按炮眼的不同作用对炮眼进行合理布置，最终排列出的炮眼数即为一次爆破的总炮眼数。一般还需要实践验证后再作适当调整。炮眼数目过少，易出现大块，不利于装岩，同时巷道周边轮廓成型差；炮眼数目过多，会导致钻眼工时和成本增加。合理的炮眼数目应当保证有较高的爆破效率，即炮眼利用率在 85％以上，爆下的岩块和爆破后的巷道轮廓，均能符合施工和设计要求。确定炮眼的基本原则是在保证爆破效果的前提下，尽可能地减少炮孔数目。

实际设计时可先按以下方法估算炮眼总数。

(1) 按巷道断面和岩石坚固性系数估算如下

$$N=3.3\sqrt[3]{fS^2} \tag{9-3}$$

式中，N——巷道炮眼总数，个；

f——岩石坚固性系数；

S——巷道断面大小，m^2。

(2) 按一个循环的总炸药消耗量和掘进进尺估算如下

$$N=\frac{Q}{q_b} \tag{9-4}$$

式中，Q——每循环所需要的总装药量，按式(9-2)计算，kg；

q_b——每个炮眼的装药量，按式(9-5)计算，kg。

$$q_b=\frac{Law}{n} \tag{9-5}$$

式中，a——炮眼平均装药系数，一般取0.5～0.7；

W——每个药卷的重量，kg；

n——每个药卷的长度，m。

5. 炮眼深度

炮眼深度是指孔底到工作面的垂直距离。从钻眼爆破综合工作的角度说，炮眼深度在各爆破参数中居重要地位。因为，它不仅影响每一个掘进循环中各工序的工作量、完成的时间和掘进速度，而且影响爆破效果和材料消耗。炮眼深度还是决定掘进循环次数的重要因素。我国目前实行有浅眼多循环和深眼少循环两种工艺，究竟采用哪种工艺要视具体条件而定。

(1) 根据巷道掘进任务要求计算炮眼深度。

$$L=\frac{L_0}{TN_mN_sN_x\eta} \tag{9-6}$$

式中，L——炮眼深度，m；

L_0——巷道掘进全长，m；

T——规定完成巷道掘进任务的时间，月；

N_m——每月工作日数，考虑备用系数一般取25天；

N_s——每天工作班数；

N_x——每班循环数；

η——炮眼利用率。

(2) 按掘进循环组织确定炮眼深度。根据完成一个掘进循环的时间和劳动组织，考虑钻眼设备和装岩设备能力等因素，估算炮眼深度如下

$$L=\frac{T_0}{\dfrac{K_pN}{K_dV_d}+\dfrac{\eta S}{\eta_mP_m}} \tag{9-7}$$

式中，T_0——每循环用于钻眼和装岩的小时数；

K_p——钻眼与装岩的非平行作业时间系数，一般小于1；

N——每循环钻眼总数；

K_d——同时工作的凿岩机台数；

V_d——每台凿岩机的钻眼速度，m/h；

S——巷道掘进断面，m^2；

η_m——装岩机的时间利用率；

P_m——装岩机生产率，m^3/h。

(3) 最优炮眼深度。影响炮眼深度的因素很多，在各种因素综合考虑的前提下，使掘

进每米巷道所需劳动量为最小的炮眼深度可认为是最优炮眼深度。

与炮眼深度直接有关的劳动量包括钻眼、爆破和装岩。通过试验找出各工序劳动量与炮眼深度的相关关系，即可求得使劳动量最小的最优炮眼深度。

实际中必须根据具体施工条件来确定炮眼深度。表 9-3 为通常凿岩设备条件下可选取的炮眼深度。随着爆破器材的改进和凿岩机械化水平的提高，在巷道围岩条件较好的情况下，可以加大炮眼深度，尽量采取中深孔爆破。

表 9-3　炮眼深度经验参考值

岩石坚固性系数/f	巷道掘进断面/m²	
	<12	>12
1.5～3	2～3m	2.5～3.5m
4～6	1.5～2m	2.2～2.5m
7～20	1.2～1.8m	1.5～2.2m

6. 炮眼间距

炮眼间距的确定一般是根据一个掘进循环所需要的总装药量计算出总炮眼数目后，再按巷道断面的大小及形状均匀地布置炮眼。

9.2.2 炮眼布置

1. 对炮眼布置的要求

除合理选择掏槽方式和爆破参数外，为保证安全，提高爆破效率和质量，还需合理布置工作面上的炮眼。

合理的炮眼布置应能保证以下几点。

(1) 有较高的炮眼利用率。

(2) 先爆炸的炮眼不会破坏后爆炸的炮眼，或影响其内装药爆轰的稳定性。

(3) 爆破块度均匀，大块率少。

(4) 爆堆集中，飞石距离小，不会损坏支架或其他设备。

(5) 爆破后断面和轮廓符合设计要求，壁面平整并能保持井巷围岩本身的强度和稳定性。

2. 炮眼布置的方法和原则

(1) 工作面上各类炮眼布置是“抓两头、带中间”，即首先选择适当的掏槽方式和掏槽位置，其次是布置好周边眼，最后根据断面大小布置崩落眼。

(2) 掏槽眼的位置会影响岩石的抛掷距离和破碎块度，通常布置在断面的中央偏下，并考虑崩落眼的布置较为均匀。

(3) 周边眼一般布置在断面轮廓线上。按光面爆破要求，各炮眼要相互平行，眼底落在同一平面上。底眼的最小抵抗线和炮眼间距通常与崩落眼相同，为保证爆破后在巷道底板不留“根底”，并为铺轨创造条件，底眼眼底要超过底板轮廓线。

(4) 布置好周边眼和掏槽眼后，再布置崩落眼。崩落眼是以槽腔为自由面而层层布置的，均匀地分布在被爆岩体上，并根据断面大小和形状调整好最小抵抗线和邻近系数。

9.2.3 装药结构

装药结构有连续装药和间隔装药、耦合装药和不耦合装药以及正向起爆装药和反向起爆装药等多种形式，如图 9-10 所示。一般巷道掘进炮眼较浅，多采用连续、耦合、反向起爆装药结构。周边眼爆破为减轻对围岩的损伤，多采用不耦合装药结构。深孔爆破时，为提高炮眼利用率和块度均匀性，可采用间隔装药结构。

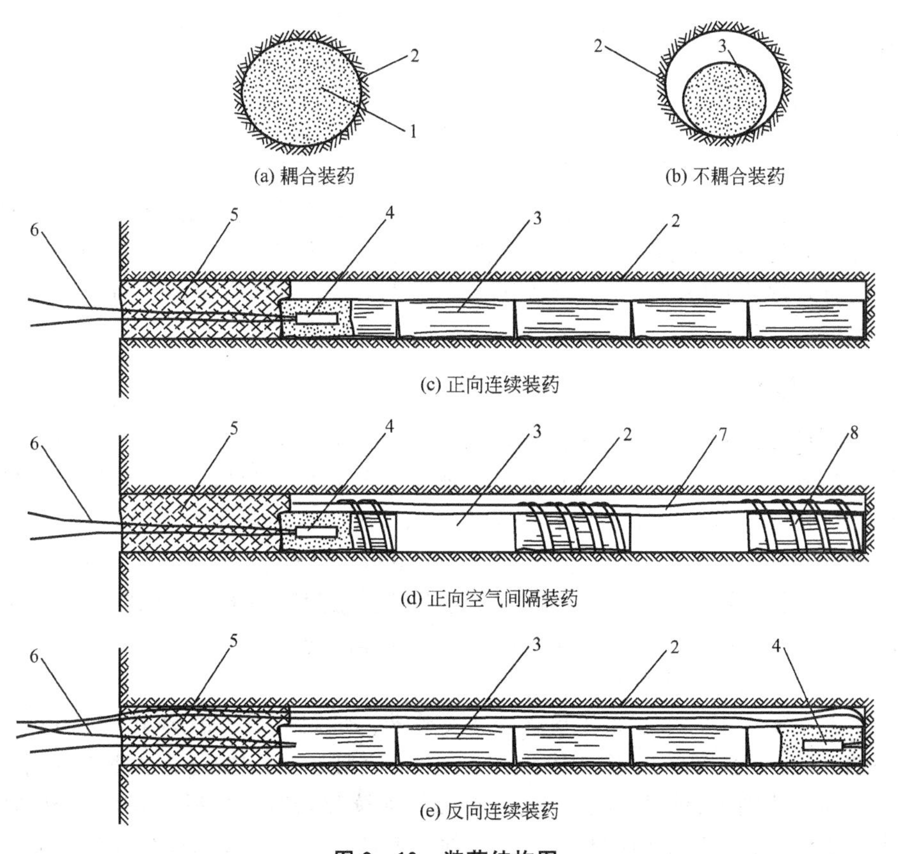

图 9-10 装药结构图

1—炸药；2—炮眼壁；3—药卷；4—雷管；5—炮泥；6—脚线；7—竹条；8—绑绳

1. 连续装药和间隔装药

在间隔装药中，可以采用炮泥间隔、木垫间隔和空气柱间隔 3 种方式。试验表明，在较深的炮眼中采用间隔装药可以使炸药在炮眼全长上分布得更均匀，使岩石破碎块度均匀。采用空气柱间隔装药，可以增加用于破碎和抛掷岩石的爆炸能量，提高炸药能量的有效利用率，降低炸药消耗量。

空气柱间隔装药的作用原理如下。

(1) 降低了作用于炮眼壁上的冲击压力峰值。若冲击压力过高，在岩体内激起冲击波，产生压碎区，使炮眼附近岩石过度粉碎，就会消耗大量能量，影响压碎区以外岩石的破碎效果，对于周边眼，还会造成围岩破坏。

(2) 增加了应力波作用时间。原因有两个：其一，由于降低了冲击压力，减小或消除了冲击波作用，相应地增大了应力波能量，从而能够增加应力波作用时间；其二，当两段装药间存有空气柱时，装药爆炸后，首先在空气柱内激起相向传播的空气冲击波，并在空气柱中心发生碰撞，使压力增高，同时产生反射冲击波于相反方向传播，其后又发生反射和碰撞。炮眼内空气冲击波往返传播，发生多次碰撞，增加了冲击压力及其激起的应力波作用时间。

通常采用的炸药条件下，不同岩石适用的空气柱长度与装药长度的比值见表 9-4。

表 9-4　合理的空气柱长度

岩石性质	软岩	中等坚硬多裂隙岩石(f=8～10)	中等坚硬块状岩石(f=8～10)	坚硬多裂隙岩石(f=12～16)	坚韧细微裂隙岩石(f=18～20)
空气柱长度与装药长度的比值	0.35～0.40	0.30～0.32	0.30～0.32	0.15～0.20	0.15～0.20

若空气柱长度与装药长度的比值超过 0.35～0.40，应采用多段间隔装药。在巷道掘进中，一般可将装药分为两段，其中底部装药应为总药量的 65%～70%，装药间用导爆索连接。如果没有合适的起爆方法，也可以用多段间隙装药，装药时使装药间距不超过殉爆距离，或采用连续装药，而将空气柱留在装药与炮泥之间。

2. 耦合装药和不耦合装药

波动(应力波或冲击波)从一种介质传播到另一种介质时，常因波的反射而发生衰减。因此，药包与岩体的耦合状况就很重要了。所谓“不耦合系数”，是指炮孔直径与药包直径的比值，反映了药包在炮孔中与炮孔壁的接触情况。当药包完全填满炮孔整个断面时，不耦合系数达到其最小值 1，这种装药方式称为不耦合装药。采用不耦合装药时，药包的爆轰波可以直接传播到岩体中去而不经过药包和孔壁之间存在的空气间隙，这样可以降低对孔壁的冲击压力，减少粉碎区，激起应力波在岩体内的作用时间加长，这样就加大了裂隙区的范围，使炸药能量充分利用。

在矿山井巷掘进中，大多采用粉状硝铵类炸药。炮眼直径一般为 40～45mm，药卷直径为 32～35mm，径向间隙量平均为 4～7mm，最大可达 8～13mm。大量试验结果表明，对于混合炸药，特别是硝铵类混合炸药，在细长连续装药时，如果不耦合系数选取不当，就会发生爆轰中断，在炮眼内的装药会有一部分不爆炸，这种现象称为间隙效应，或称管道效应。目前的巷道掘进多数采用钎头直径 42mm，药卷直径 35mm，正处于产生间隙效应的范围，当装药长度较长时，应采取阻断或消除间隔效应的措施，也可改用无明显间隙效应的水胶或乳化炸药。

3. 正向起爆装药和反向起爆装药

采用柱状装药时，起爆药包放在什么位置决定着爆轰波、岩体中的应力波以及岩石破裂的传播与发展方向。起爆药包位于孔底装药位置(通常放在孔底的第二个药包处)，并将雷管聚能穴朝向孔口，称为反向起爆。起爆药包放在孔口位置(通常放在孔口的第二个药包处)，雷管聚能穴朝向孔底，称为正向起爆。

近年来，国内外的工程实践表明，反向起爆能提高炮孔利用率，减小岩石块度，增大抛渣距离及降低炸药消耗量。实践还证明，岩石愈坚固，炸药爆速愈低以及炮孔愈深时，反向爆破效果愈好。平巷掘进爆破多采用反向起爆装药，其爆轰波向炮眼口的方向传播，爆生气体不会过早逸出，能加强对岩石的破碎。

小知识

在有瓦斯或矿尘爆炸危险的矿井中，反向爆破比正向爆破更安全，堵塞对反向爆破的影响比对正向爆破的影响小。处理瞎炮也比较安全，可以掏出炮泥重新放入起爆药包起爆。但要注意，《煤矿安全规程》的规定，在高瓦斯矿井或区域采掘工作面采用毫秒爆破时，若采用反向起爆，必须制订安全技术措施。

9.2.4 炮眼填塞

炮孔装药后，孔口堵塞与否对于爆破效果有较大的影响。堵塞是以提高炸药的密闭效果及爆生气体的有效作用时间为目的的。良好的堵塞可以提高炸药稳定爆轰的性能，提高爆速和殉爆距离。更主要的是可阻止爆生气体产物过早地从装药空间冲出，以保证在岩体破裂之前使装药孔保持高压状态，且延长爆生气体膨胀做功的时间。这样便可增加有效破岩的能量，从而提高爆破效果。特别是正向起爆时，炮眼填塞的作用就更重要了。目前的巷道掘进多采用特制的粘土炮泥，填塞长度不应小于350mm。

在有瓦斯煤尘的巷道工作面，可采用水炮泥，不仅可以吸收热量，降低喷出气体的温度，而且可降低粉尘产生，有利于施工环境改善和爆破安全。

9.2.5 起爆顺序及时差

平巷掘进一般采用孔内延期段发雷管实现顺序起爆。工作面上的炮眼应按掏槽眼、辅助眼、崩落眼、帮眼、顶眼、底眼的先后顺序放置段发雷管，以使先爆炮眼所形成的槽腔可作为后爆炮眼的自由面。一般矿井下均采用延期电雷管(秒或毫秒)全断面一次起爆，特殊情况下(如大断面、特殊岩层、预留光爆层等)可采用分次起爆。

起爆顺序的间隔时间可采用秒延期或毫秒延期。实践证明，毫秒延期爆破可获得良好的爆破效果，比秒延期爆破有明显优势。毫秒爆破时各炮眼爆破产生的应力场能相互干涉、叠加，增强了破碎作用，能有效减少爆破块度，降低爆破震动的影响。合理确定毫秒爆破的间隔时间，目前尚不能完全从理论上进行计算，一般多根据现场试验和经验类比来确定。

小知识

目前巷道掘进中，考虑抵抗线较小，一般间隔时间在15～75ms之间选定，并随岩石性质、抵抗线大小而调整。当掏槽眼深度超过2.5～3m时，为保证槽腔内岩石的破碎和抛掷，毫秒间隔时间应取大值。试验表明间隔时间在50～100mm时，掏槽效果较好。但要注意，在有瓦斯的巷道实现全断面一次爆破时，总延时不能超过130ms。

9.2.6 起爆网络

平巷掘进爆破的起爆网络有多种形式，应根据井下环境、炮眼多少和起爆器的能力来确定。矿井下必须使用检验合格的专用起爆器引爆网络，只在特殊有安全措施的情况下，允许使用动力电源。

9.2.7 爆破说明书和爆破图表

爆破说明书和爆破图表是平巷爆破掘进施工组织设计中的一个重要组成部分，是指导、检查和总结爆破工作的技术文件。编制爆破说明书和爆破图表时，应根据岩石性质、地质条件、设备能力和施工队伍的技术水平等，合理选择爆破参数，尽量采用先进的爆破技术。

爆破说明书的主要内容包括以下几方面。

(1) 爆破工程的原始资料，包括平巷名称、用途、位置、断面形状和尺寸，穿过岩层的性质、地质条件及瓦斯情况等。

(2) 选用的钻眼爆破器材，包括凿岩机具的型号和性能，炸药、雷管的品种。

(3) 爆破参数的计算。包括掏槽方式和掏槽爆破参数、光面爆破参数、崩落眼的爆破参数。

(4) 爆破网路的计算和设计。

(5) 爆破安全措施。

根据爆破说明书绘出爆破图表。在爆破图表中应有炮眼布置图和装药结构图、炮眼布置参数和装药参数的表格以及预期的爆破效果和经济指标。

爆破图表的编制见表9-5和表9-6。

表9-5 爆破条件和技术经济指标

项目名称	数量	项目名称	数量
平巷净断面/m^2	—	炸药品种	—
平巷掘进断面/m^2		每循环雷管消耗量/个	
岩石性质		每循环炸药消耗量/kg	
矿井瓦斯等级		炮眼利用率/%	
凿岩机		单位炸药消耗量/($kg \cdot m^{-3}$)	
每循环炮眼数目/个		每循环进尺/m	
每循环炮眼总长/m		每循环出岩量/m^3	
每米平巷炮眼总长/m		每米平巷雷管消耗量/个	
雷管品种		每米平巷炸药消耗量/kg	

表9-6 爆破参数(一)

炮眼编号	炮眼名称	炮眼长度	炮眼倾角/(°)		每眼装药量/kg	装药量小计/kg	填塞长度/m	起爆方向	起爆顺序	连线方式
			水平	垂直						
—	掏槽眼	—	—	—	—	—	—	—	—	—
	崩落眼									
	帮眼									
	顶眼									
	底眼									

平巷掘进爆破实例——某煤矿三采区轨道大巷爆破掘进

某煤矿三采区轨道大巷为穿层巷道，地质结构简单。巷道断面形状为半圆拱形，净高3850mm(墙高1600mm，拱半径2250mm)，净宽4500mm。掘进预计将依次穿过粉砂岩、泥岩、6煤(厚0.86m)、石灰岩(三)(厚5.5m)。其中：泥岩、粉砂岩，$f=4\sim5$；6煤，$f=4\sim5$；石灰岩(三)，致密、坚硬，$f=8\sim10$。

三采区轨道大巷快速掘进循环进尺为3.0m，采用倒台阶施工法，分两次爆破。工作面打眼采用两臂凿岩台车，钻孔直径Φ32mm，柱齿钻头，湿式凿岩。

采用混合抛渣掏槽爆破方式，为辅助眼、崩落眼创造良好的自由面，同时为达到3.0m的循环进尺提供良好的基础条件。主要参数为外层槽眼的倾角为80°～85°，深度3.0m，一段起爆；中间对称加两个直眼，眼深3.3m，在其下部20cm装药，堵塞10～20cm，二段起爆。掏槽眼的具体布置方式如图9-11所示。

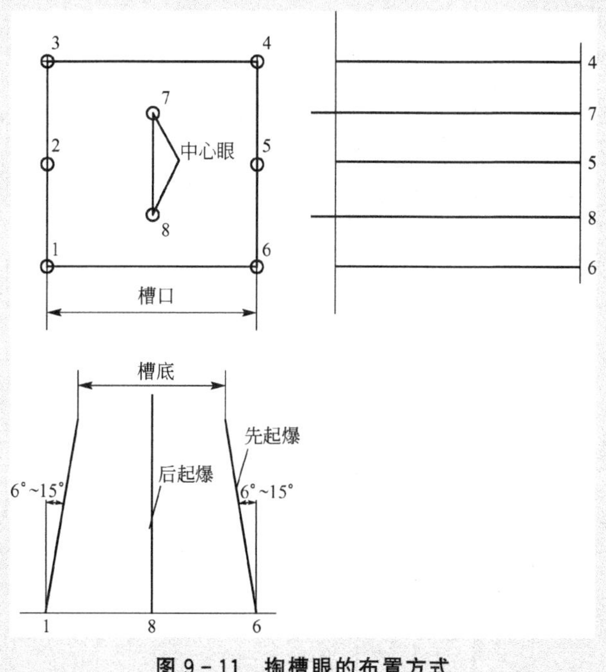

图9-11 掏槽眼的布置方式

崩落眼的装药结构均采用反向柱状装药结构，周边眼采用反向起爆的不耦合柱状装药结构。炸药为水胶炸药，不同部位的炮眼使用不同规格的炸药，具体见表9-7。

下部炮眼先起爆，作为上炮眼的装药平台；上部炮眼二次起爆，实现倒台阶施工法。当掏槽深度超过2.5～3.0m时，为保证槽腔内岩石的破碎和抛掷，毫秒间隔时间应增大，试验表明，间隔时间为50～100ms时，爆破效果较好。因此跳段使用毫秒延期电雷管，满足50ms的延期时间。

在炮眼装好后，一次爆破的雷管采用串联连接，每一个接头均应接牢、接实，接头要悬空，不可虚接，不可触接工作面上的岩石，更不可与水接触。母线要完整，不能有破损。网路连接好后，母线与起爆器要接牢。起爆使用电容式发爆器全断面分次装药分次起爆。

表 9－7　爆破说明表

起爆顺序	名称	编号	孔深/m	眼距/mm	圈距/mm	角度		装药量(kg)			起爆顺序	起爆网路
						垂直	水平	眼数	每眼	总量		
一次起爆	掏槽眼	1～6	3.0	600	—	90°	82°	6	1.35	8.1	Ⅰ	连续反向柱状装药大串联起爆网路
	中心眼	7～8	3.3	600	—	90°	90°	2	0.15	0.3	Ⅱ	
	辅助眼	9～12	3.0	550	—	90°	90°	4	1.2	4.8	Ⅲ	
	崩落眼1圈	13～14，20～21	3.0	680	450	90°	90°	4	1.2	4.8	Ⅲ	
	崩落眼2圈	32～33，22～23	3.0	670	620	90°	90°	4	1.2	4.8	Ⅲ	
	周边眼	34～36，55～57	3.0	400	500	89°	90°	6	0.66	3.96	Ⅴ	
	底眼	58～66	3.0	563	—	89°	90°	9	1.2	10.8	Ⅴ	
二次起爆	崩落眼1圈	15～19	3.0	680	450	90°	90°	5	0.9	4.5	Ⅰ	
	崩落眼2圈	24～31	3.0	670	620	90°	90°	8	1.2	9.6	Ⅲ	
	周边眼	37～54	3.0	410	480	89°	90°	18	0.59	10.62	Ⅴ	
	合计	—	—	—	—	—	—	66	—	62.28	—	
说明	(1) 上部和两帮周边眼：底部使用半卷即150g的Φ27mm×400mm×300g水胶炸药，接着使用Φ20mm×400mm×220g小直径水胶炸药两卷；其他炮眼都采用规格为Φ27mm×400mm×300g的水胶炸药。 (2) 根据岩层变化情况及时调整装药量。											

爆破参数见表 9－7。炮眼布置如图 9－12 所示。

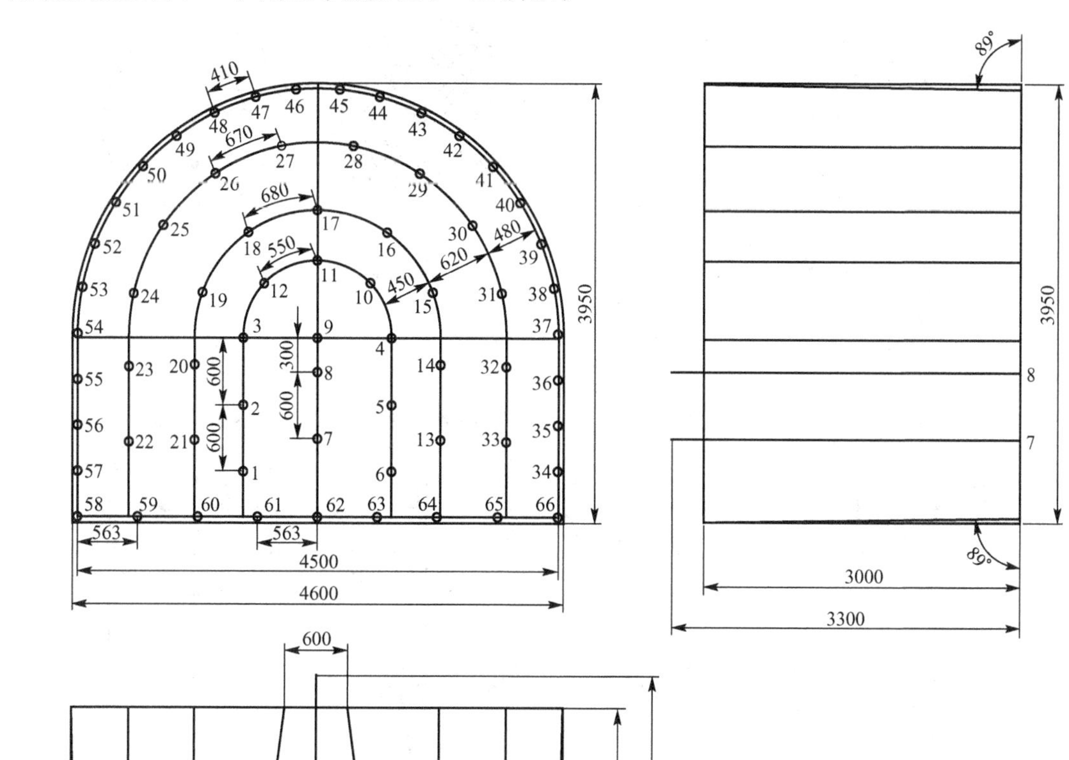

图 9－12 炮眼布置图(单位：mm)(一)

9.3 立井掘进爆破

9.3.1 掏槽方式

在圆形断面井筒内，最常采用的掏槽方式为圆锥掏槽和筒形直眼掏槽。在急倾斜地层中，也可以采用楔形掏槽(图 9－13)。

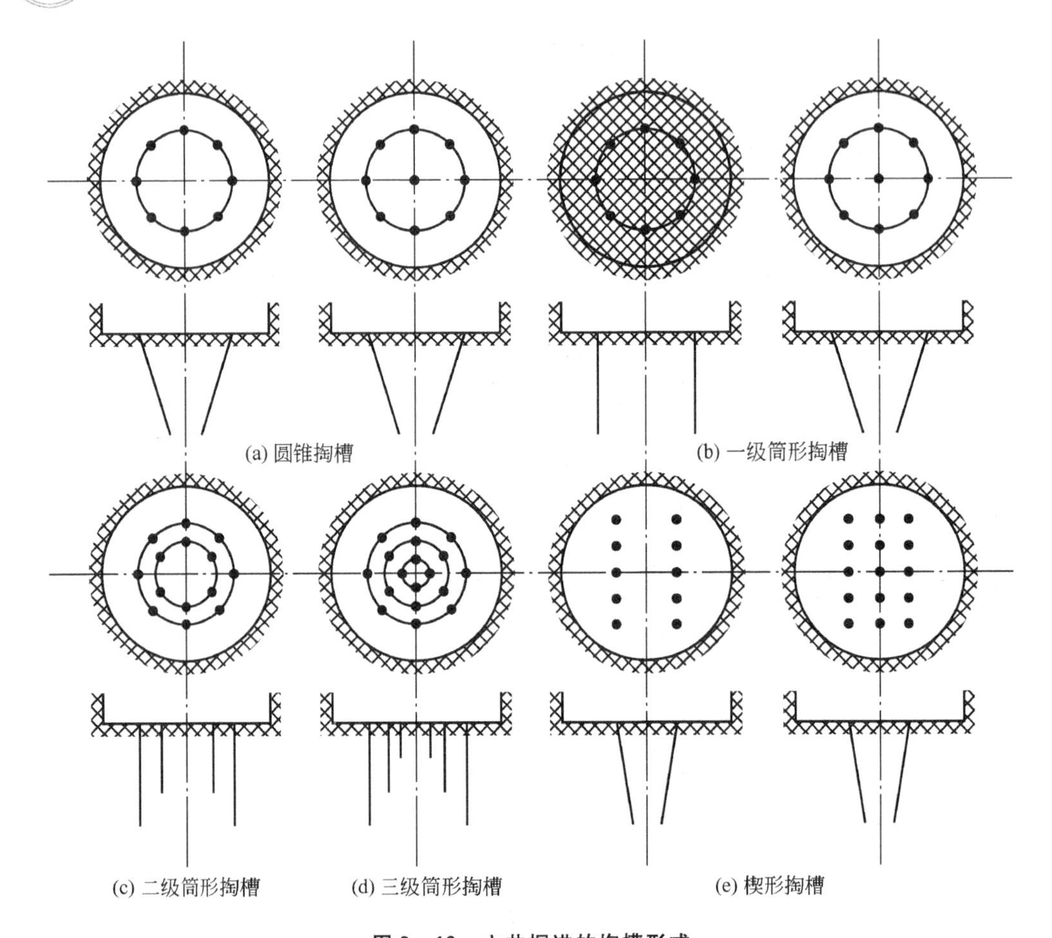

图 9－13　立井掘进的掏槽形式

圆锥掏槽的炮眼 利用率较高，但岩石抛掷高度也高，容易损坏井内设备。为减小抛掷高度，在井筒中心可附加一个缓冲炮眼，其深度为掏槽眼深度的一半。若在其内装药，则与掏槽眼同时起爆。

目前，应用最广泛的掏槽形式是筒形掏槽。当炮眼深度较大时，可采用二级或三级筒形掏槽，每级逐渐加深，后级深度通常为前级深度的 1.5～1.6 倍。楔形掏槽在圆形井筒内很少采用。

立井工作面上的炮眼，包括掏槽眼、崩落眼和周边眼，均布置在以井筒中心为圆心的同心圆周上。

9.3.2　爆破参数设计概述

爆破参数主要包括炮眼深度、药包直径、炮眼直径、抵抗线(或圈距)、眼距、装药系数、炮眼数目和炸药消耗量等，应根据井筒施工的地质条件、岩石性质、施工机具和爆破材料等因素综合考虑合理确定。

1. 炮眼深度

炮眼深度是根据岩石性质、爆破器材的性能，以及合理的循环工作组织决定的。合理的炮眼深度应能保证取得良好的爆破效果和提高立井掘进速度、降低掘进成本，并有利于组织正规循环作业。目前，立井掘进的炮眼深度，当采用人工手持钻机打眼时，以1.5～2.0m为宜；当采用伞钻打眼时，为充分发挥机械设备的性能，以3.2～4.2m为宜。发展趋势是采用中深孔爆破，钻眼设备可采用伞形钻架及其配套的导轨式独立回转风动凿岩机或液压凿岩机，实现眼深4m左右。

2. 药包直径

药包直径的选择如下。

(1) 矿用炸药的爆速、爆轰压力等性能在一定范围内随药包直径的增大不断提高，所以采用大直径药包有利于爆破，但炮眼直径增大，钻速降低。

(2) 应根据岩石性质、井筒断面大小、凿岩机性能、炸药品种、炮眼深度和炮眼种类选取药包直径，使其达到较高的经济效益。

(3) 各类炸药的药包外直径为：硝铵类炸药为25mm、35mm，水胶炸药为25mm、32mm、35mm、45mm和80mm，乳化炸药为32mm、35mm和45mm。

(4) 立井掘进在中硬以下岩石时，宜选取35mm的药包直径，在中硬以上岩石时，宜选取45mm的药包直径。

(5) 立井周边眼采用光面爆破时，宜选取25mm、32mm的药包直径，采用不耦合或间隔式的装药结构，以缓冲作用于眼壁上的爆轰压力。

3. 炮眼直径

炮眼直径的选择如下。

炮眼直径应保证药包能顺利地装入炮眼中。药包外径的公差为±2.0mm，所以炮眼的最小直径应比药包直径大5mm左右。

在深孔爆破中采用直径Φ55mm的炮眼直径，对掏槽眼和崩落眼选用Φ45mm的炸药直径，周边眼根据光面爆破的要求选用Φ35mm的炸药直径。对手持式风钻，可采用直径Φ42mm的常规钻头，对掏槽眼和崩落眼选用Φ35mm的炸药直径，周边眼根据光面爆破的要求选用Φ25～32mm的炸药直径。

4. 崩落眼及周边眼参数的确定

立井崩落眼及周边眼布置示意如图9-14所示。

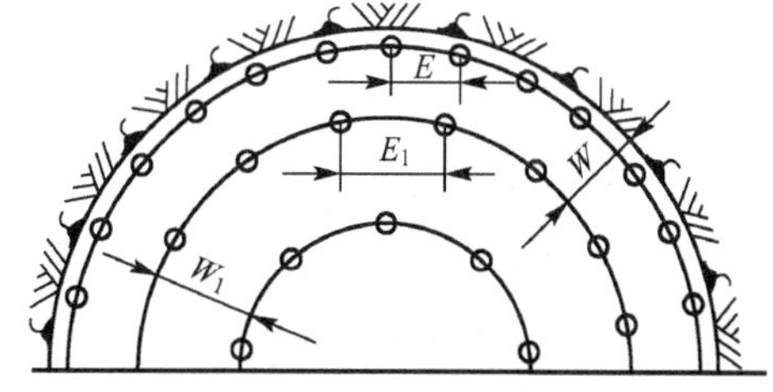

图9-14 立井崩落眼和周边眼的布置图

1) 崩落眼

立井辅助眼也称崩落眼，崩落眼介于掏槽眼和周边眼之间。它的作用是进一步扩大掏槽体积和崩落主要的岩体，并为提高周边眼的爆破效果创造条件。崩落眼应根据井筒掘进直径、岩石性质、炸药性能和药卷直径等选定圈径和眼间距，在掏槽眼和周边眼之间，按同心圆分圈均匀排列。对于光面爆破来说，紧临周边眼的一圈崩落眼，除满足上述要求外，尚须为光面爆破创造条件，使周边眼的最小抵抗值W符合光面爆破的要求。

(1) 圈距W_1：崩落眼的圈距即崩落眼的最小抵抗线，它与岩石性质，炸药做功能力和药卷直径等因素有关，一般 $W_1=700\sim900mm$。当岩石不太坚固或采用高威力大直径药卷时，W_1 取大值，反之则取小值。紧邻周边眼的一圈崩落眼应保证周边眼的圈距满足光面爆破要求的最小抵抗线值。

(2) 眼距 E_1：在圈距确定后，按同心圆分为若干圈，各圈崩落眼可按式(9-8)确定眼间距。

$$E_1=M_1W_1 \tag{9-8}$$

式中，M_1——炮眼密集系数，一般为 1.0～1.2，紧邻周边跟的一圈崩落眼 M_1 宜取 0.8～1.0；

W_1——崩落眼的圈距。

(3) 装药系数 a_1：装药系数指装药长度与炮眼深度的比值。它与岩石性质、炸药做功的能力和药卷直径等因素有关。一般 $a_1=0.45\sim0.6$，岩石坚固性低或高威力大直径药卷时，a_1取小值，反之取大值。

(4) 炮眼数目 N_i：分别计算各圈的炮眼数目，然后累计即为崩落眼总眼数，可按式(9-9)计算

$$N_i=\frac{\pi D_i}{E_i} \tag{9-9}$$

式中，N_i——圈直径为 D_i 的崩落眼数目，个；

D_i——布置崩落眼的圈直径，m；

E_1——圈直径是 D_i 的崩落眼眼距，m。

2) 周边眼

周边眼的作用在于保证井筒断面轮廓成型规整，符合设计所规定的掘进直径要求，应避免岩帮受炮震产生裂缝。为此，周边眼应尽可能靠帮布置，严格按选定的最小抵抗线和眼间距布置。对坚硬的岩石，周边眼应布置在掘进断面的轮廓线上，并控制眼底偏出轮廓线外 50mm；但对松软或不稳定的岩石，周边眼眼口可布置在掘进断面的轮廓线内 50～100mm 处，并控制眼底在轮廓线上，并减少眼孔内的装药量。另外，周边眼的眼底一定要落在同一深度。

周边眼的密集系数(周边眼眼距 E 与周边眼的抵抗 W 之比)应合理确定。在坚硬稳定的岩层中，眼距应大些而抵抗可小些，密集系数一般取 1～0.8；在软岩和层节理发育的岩层中眼距应小，而抵抗应大，密集系数一般取 0.8～0.6。周边眼的眼距一般为 400～600mm，若遇层节理不发育的稳定岩层时取大值，遇松软岩层时，则取小值。

周边眼的装药量通常以单位炮眼长度(不包括充填炮泥段的长度)的平均装药量表示，又称装药集中度 a，单位为 g/m 或 kg/m。$f=4\sim6$ 时，$a=100\sim140g/m$；$f=8\sim10$ 时，$a=140\sim250g/m$，该值是采用威力在 $360cm^3$ 以上的炸药；如果用低威力或小直径药卷，a 值应按标准做功能力折算。

炮眼数目 N：周边眼数可按式(9-10)计算

$$N=\frac{\pi D}{E} \tag{9-10}$$

式中，N——周边眼的炮眼数目，个；

E——周边眼的眼距，m；

D——井筒掘进直径，m。

5. 炮眼数目

每循环的炮眼总数目 N，可以将前面所确定的各类炮眼数目累加即得，如

$$N = N_1 + N_2 + N_3 \tag{9-11}$$

式中，N_1——掏槽眼数，个；

N_2——崩落眼数，个；

N_3——周边眼数，个。

6. 炸药消耗量

炸药消耗量与岩石性质、井筒断面大小和炸药性能等因素有关。合理的炸药消耗量，应该是保证在最优爆破效果下爆破器材消耗量最少。确定炸药消耗量的方法见表 9-8，表中所用炸药为水胶炸药。

表 9-8　立井掘进炸药和雷管消耗量定额(kg/m³)

井筒净直径/m	浅孔爆破								中深孔爆破			
	$f<3$		$f<6$		$F<10$		$f>10$		$f<6$		$f<10$	
	炸药/kg	雷管/个	炸药/kg	雷管/个	炸药/kg	雷管/个	炸药/kg	雷管/个	炸药/kg	雷管/个	炸药/kg	雷管/个
4.0	0.81	2.06	1.32	2.33	2.05	2.97	2.68	3.62	—	—	—	—
4.5	0.77	1.91	1.24	2.21	1.90	2.77	2.59	3.45	—	—	—	—
5.0	0.73	1.87	1.21	2.17	1.84	2.69	2.53	3.36	2.10	1.09	2.83	1.24
5.5	0.70	1.68	1.14	2.06	1.79	2.60	2.43	3.17	2.05	1.07	2.74	1.20
6.0	0.67	1.62	1.12	2.05	1.75	2.53	2.37	3.08	2.01	1.01	2.64	1.14
6.5	0.65	1.56	1.08	1.96	1.68	2.44	2.28	2.93	1.94	0.97	2.55	1.10
7.0	0.64	1.53	1.06	1.91	1.62	2.34	2.17	2.78	1.89	0.93	2.53	1.09
7.5	0.63	1.49	1.04	1.88	1.57	2.27	2.09	2.66	1.85	0.90	2.47	1.06
8.0	0.61	1.43	1.00	1.84	1.56	2.23	2.06	2.60	1.78	0.86	2.40	1.02

9.3.3 装药结构概述

对掏槽眼与崩落眼的装药结构，目前我国煤矿立井中深孔爆破普遍采用水胶炸药，药卷直径为 45mm 和 35mm 两种。采用伞钻打眼时，炮眼直径为 55mm，可装 Φ45mm 药卷；采用手持式凿岩机打眼时，炮眼直径为 42mm，可装 Φ35mm 药卷。装药时，药卷与药卷要紧密接触，防止拒爆。另外，尽量采用串装药，利用塑料筒或竹片将药卷捆扎成一体，

使药卷直径尽量接近炮眼直径，以提高爆破效率。在无煤尘和瓦斯的情况下，可采用反向装药，以克服立井掘进施工中岩石夹制作用及正向装药的填塞质量差、泄溢能量等缺点。炮眼的装药量应根据岩石硬度的不同而定，掏槽眼装药系数一般为0.6～0.8，崩落眼的装药系数一般为0.5～0.7。

中深孔光面爆破周边眼的装药结构很重要，一般应采用小直径药卷和低威力炸药，以防止产生管道效应和拒爆现象。根据经验采用间隔装药用导爆索起爆底部炸药，光面爆破的效果最好；在无小直径药卷的情况下，要用低威力炸药，采用间隔装药或留空气柱(或水炮泥)的装药结构，装药系数要小于0.5。

9.3.4 起爆顺序与间隔时间

合理的起爆顺序与间隔时间应该满足以下要求：后发起爆的炮眼在前发起爆炮眼已形成新的自由面的条件下进行爆破；各炮眼均能按预计的抵抗线破碎岩体；爆破效率高且破碎岩石块度均匀；爆下的岩石堆积范围符合所用装载机械的要求；震动小、无飞石，能确保人员与设备的安全。起爆间隔时间应随最小抵抗线和炮眼深度的增加而增长，并且起爆间隔时间和最小抵抗线呈正比的关系。

1. 起爆顺序

首先从掏槽眼开始，按崩落眼和周边跟顺序依次起爆。

2. 间隔时间

1）掏槽眼之间的间隔时间

直眼掏槽时可隔段使用短延期雷管，其间隔时间宜取50～100ms，眼深时取上限；圆锥掏槽时为了克服按顺序使用短延期雷管抛掷距离大的缺点，可隔3～4段使用短延期雷管或使用百毫秒延期雷管和半秒延期雷管，其间隔时间宜取75～500ms。

2）崩落眼之间的间隔时间可按顺序使用短延期雷管，与使用长延期雷管相比较岩石破碎程度好，爆下的岩石堆积较集中。

3）周边眼之间应采用同段的短延期雷管同时起爆

以上是炮眼深度在2m以上的情况，如果不大于2m时，仍可按25ms的间隔时间起爆。

9.3.5 爆破网络

立井井筒掘进由于断面大、一次起爆的雷管数目多、工作面通常有淋水，所以，给爆破网路的设计和实施带来一定困难。除努力改善环境减少影响、严格检查雷管质量保证准爆外，合理进行爆破网路设计是提高光面爆破的重要环节。我国立井掘进的爆破网路主要有闭合反向并联网络、闭合正向并联网络、反向并联网路、串并联网路和串联网路5种(图9-15)，起爆网络有交流电源起爆网路、导爆管起爆网路和电磁雷管爆破网路3种。

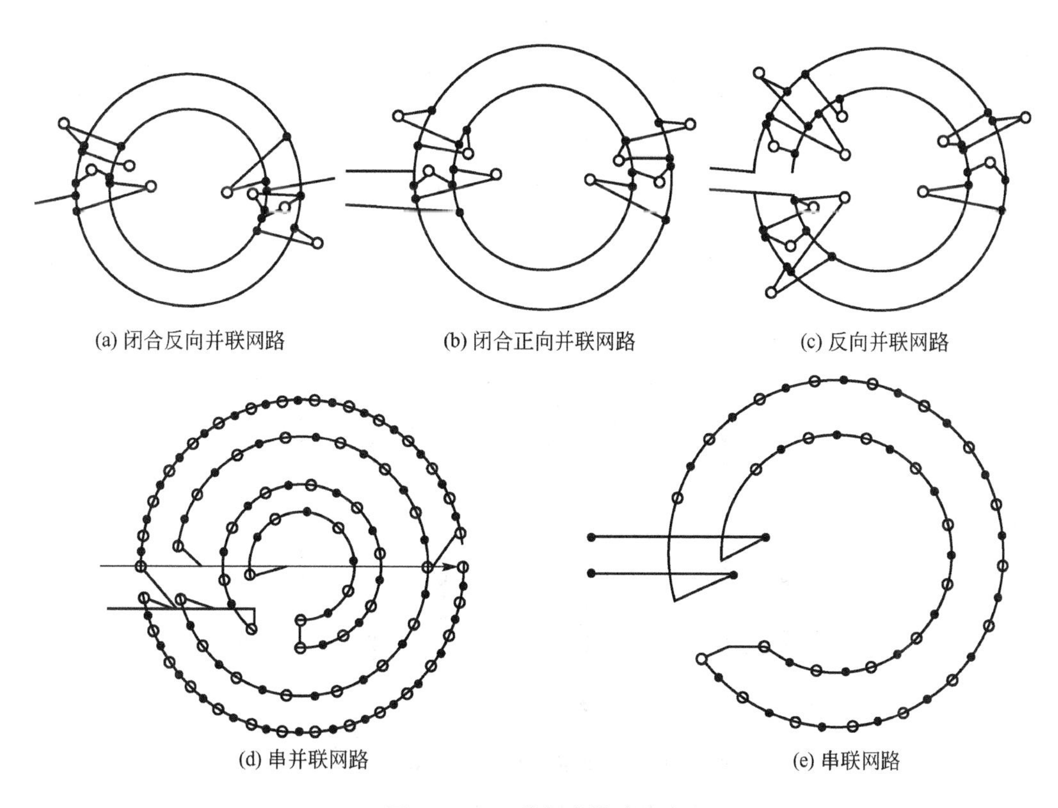

图 9-15 立井掘进爆破网路

9.3.6 爆破说明书和图标

立井掘进的爆破说明书和爆破图表与平巷掘进的类似，参照平巷掘进的爆破说明书和爆破图表，详见表 9-5 和表 9-6。

知识链接

立井掘进爆破实例——摩洛哥王国杰拉达煤矿三号井爆破掘进

井筒穿过的地层岩性很不一致，辅助眼与周边眼钻眼深度平均控制在(3.6±0.1)m，掏槽眼应达到(3.8±0.1)m，钻眼直径全部采用 53～55mm。钻眼深度为：掏槽眼和辅助眼全部为垂直下钻，周边眼根据岩石软硬控制在 850～880cm 之间。装药结构为：中部眼采用 47mm 大直径 1～2 段连续爆炸筒装药，周边眼采用 37mm 或 35mm 小直径 1～2 段连续爆炸筒装药，炮泥均采用水砂填满。掏槽方式：一般采用分圈分阶垂直挤压漏斗式爆破，争取采用一圈分段垂直挤压漏斗式爆破。起爆方式：全部采用非电或电磁雷管孔内百毫秒延期正向起爆。在较硬岩石中，共钻眼 4 圈，75 个，271.8m，装药 270kg，雷管 75+9=84 个(表 9-9，图 9-16)。在较软岩石中，共钻眼 4 圈，72 个，260.4m，装药 216kg，雷管 72+9=81 个(表 9-10，图 9-17)。

表 9-9 爆破参数(二)

圈序	圈径/m	眼数/个	装药/kg	爆序	孔间距/mm
1	2±0.1	9	2±2	1、2	690
2	4±0.1	15	4	3	839
3	6±0.1	21	4	4	895
4	7.7±0.1	30	3	5	795

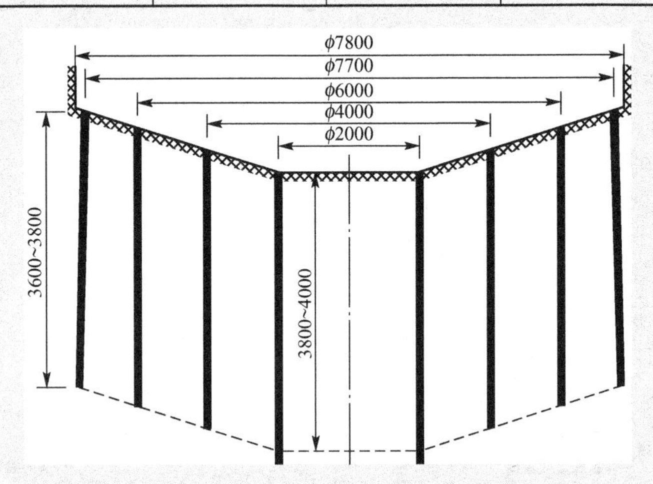

图 9-16 炮眼布置图(单位：mm)(二)

表 9-10 爆破参数(三)

圈序	圈径/m	眼数/个	装药/kg	爆序	孔间距/mm
1	2±0.1	6	2±2	1、2	1000
2	4±0.1	12	4	3	1015
3	6±0.1	18	4	4	1030
4	7.57±0.1	36	2	5	645

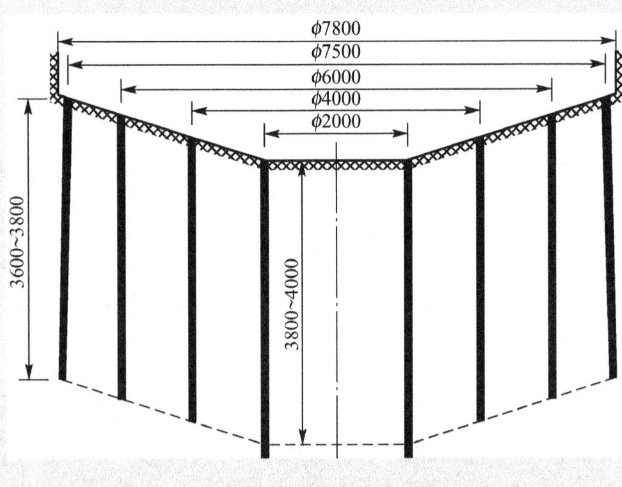

图 9-17 炮眼布置图(单位：mm)(三)

9.4 斜井掘进爆破

斜井是煤矿井下开采的主要地下工程。采用钻眼爆破法掘进仍是斜井施工的主要方法，常用的钻孔爆破方法是中深孔爆破。

斜井中深孔爆破的掏槽技术与平巷爆破基本相同，可参考平巷掏槽爆破技术进行设计。斜井的断面较大，一般多采用斜眼楔形掏槽或直眼掏槽，考虑到倾斜角度对抛渣的影响，向下掘进时的装药量应略大于平巷掘进，向上掘进时可适当减少装药量。

爆破设计时的技术要点如下。

(1) 钻眼前要在井筒断面上布置出炮孔位置，要先测量出中线和腰线，再按照设计，在断面岩石上标出孔口位置。

(2) 斜井采用中深孔抛渣爆破时，应适当改变底眼上部的辅助眼(也称槽眼)的角度，使其倾角比斜井倾角大5°～10°；加深眼底200～300mm，并使眼底低于井筒底板200mm，加大底眼装药量。

(3) 周边眼按光面爆破参数布置时，原则上周边眼应布置在设计轮廓线上，但为便于打眼，通常向外(或向上)偏斜一定角度。偏斜角根据炮眼深度来调整，一般为3°～5°。

(4) 斜眼钻眼爆破中，掏槽眼和底眼要增大装药系数，减小炮眼与药卷间隙，避免管道效应。在底眼装填中，要正确选用防水炸药或防水套，以防发生拒爆。

(5) 光爆密集系数为0.8～1.0。周边眼装药量为每米眼120～150g，掏槽眼为眼深的50%～70%，扩槽眼为眼深的50%，毫秒雷管间隔时间为50～100ms。

(6) 严格按爆破说明书装药，堵塞和起爆。周边眼用炮泥封口即可，其他炮眼堵塞长度不小于40cm。

知识链接

斜井掘进爆破实例——高崖头煤矿斜井爆破掘进

该矿需开凿一对斜长超千米的斜井，由于井筒所穿过的岩层硬度变化大，地质构造复杂，涌水大，因此在掘进施工中存在着水患大、爆破效果差、出渣工效低等问题，为加快掘进速度，决定采用中深孔光面爆破。掏槽眼采用五星挤压抛射式掏槽方式。周边眼采用简易光爆法(图9-18)。由于突水严重，采用水胶炸药。炮眼布置如图9-19所示，爆破参数见表9-11。预期爆破效果见表9-12。

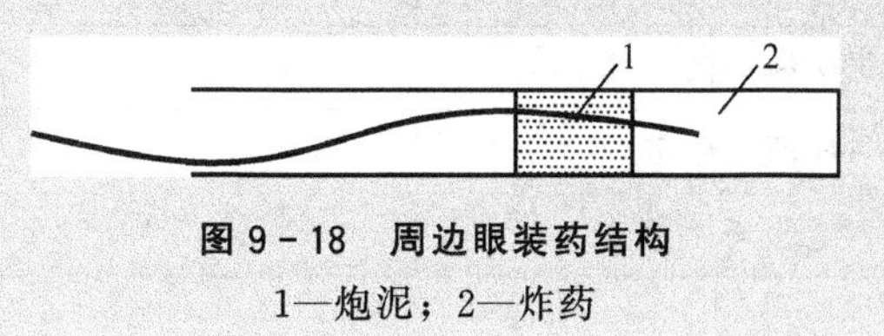

图9-18 周边眼装药结构

1—炮泥；2—炸药

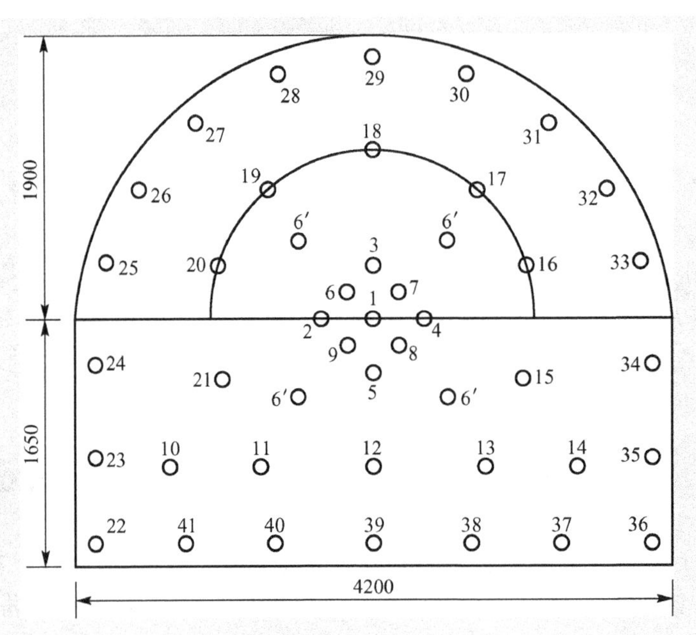

图 9-19 炮眼布置示意图(单位：mm)

表 9-11 爆破参数(四)

眼号	炮眼名称	眼深	装药量			联线方法	备注
			每眼	眼数	总量		
1	中心眼	2.2	1.2	1	—	—	—
2～5	掏槽眼	2.2	1.2	4	—	串联	—
6～9	扩槽眼	2.2	1.2	4	—	串联	—
10～21	辅助眼	2.2	1.2	12	—	串联	—
22～36	周边眼	2.2	0.6	15	—	—	—
37～41	底边眼	2.2	1.2	5	—	—	—

表 9-12 预期爆破效果表

编号	指标名称	单位	数量
1	岩石种类及坚硬程度	—	4～5
2	炸药种类	—	高威力水胶炸药
3	雷管种类及号数	—	秒延期　5段
4	炮眼利用率	%	90
5	每次爆破推进度	m	1.8
6	炸药消耗量	kg/m	22
7	雷管消耗量	发/m	29

9.5 煤仓与溜煤眼爆破技术

9.5.1 煤仓与溜煤眼爆破技术概述

煤仓、溜煤眼是利用自重溜煤或矸石，不直接通达地面的斜巷或立井。由于是在已经开掘好的上、下层巷道(硐室)之间掘进，其深度随上、下层巷道(硐室)的间距而定，一般小于200m，国外有达500～600m。断面根据其用途设计决定，一般为垂直立井时，井径为2～6m。

煤仓、溜煤眼掘进方法很多，概括起来，分两种主要形式：一种是由下向上掘进，叫反井法；另一种是由上向下掘进，叫导硐法。反井法施工中，有木垛法、普通法、吊罐法、爬罐法、深孔爆破法和钻井法。导硐法施工中，有钻进导硐法和钻爆导硐法。限于篇幅，本书着重介绍超深孔一次爆破成井技术。

9.5.2 超深孔一次爆破成井技术

超深孔一次爆破成井技术即按照溜眼断面大小，把所需要的炮孔由上向下钻通(也有由下向上钻通的)，而后由下向上一次爆破，全断面一次爆破成形。

1. 超深孔一次爆破成井技术的特点

超深孔一次爆破成井技术的主要优点是施工成本低、效率高和工期短；由于钻孔、装药、放炮全部作业都在井筒上方进行，减轻了劳动强度；施工管理简化，安全性好。

超深孔一次爆破成井技术的特点如下。

(1) 超深孔一次爆破成井技术特别要求炮孔的允许偏斜率。因是全深度钻孔，并一次爆破，炮孔长，所以钻孔时，炮孔的偏斜率须控制在0.5%以内，尤其是竖井平面中心孔，其偏斜率的大小关系到爆破开挖的成败，更须严格控制。

(2) 竖井全深度一次爆破开挖，一要爆破破碎完全，二要保证围岩稳定和开挖质量。所以装药量和装药结构是关键。设计时应综合考虑岩体抗破碎能耗标准、井壁的抗震标准、设备的抗冲击标准及有害炮烟和炽热产物的危害。

(3) 全深度一次爆破开挖需采用预裂爆破设计，爆破起爆顺序为周边孔先起爆，然后起爆的是掏槽孔，最后起爆崩落孔。爆破时，各段应从下向上依次起爆。每段中，掏槽孔先爆，崩落孔次爆。

(4) 由于超深孔一次爆破成井技术爆破的炸药量较大，所以对最大起爆药量、炮眼布置参数等都要进行优化设计。

2. 超深孔一次爆破成井技术的设计原则

为确保成型效果和保护围岩，通常都按预裂爆破技术设计。爆破设计原则一般如下。

(1) 岩性分析：一般煤矿岩体可分为2～3种，即软弱岩约相当于$f=2\sim5$，换算成岩体抗破碎强度$f_k=1.1\sim1.3$；中硬岩约相当于$f=4\sim10$，换算成岩体抗破碎强度$f_k=1.3\sim1.6$；坚硬岩约相当于$f>9\sim15$，换算成岩体抗破碎强度$f_k=1.6\sim2.0$。

（2）井壁的抗震坏速度标准：以爆破地震波的最大速度为破坏判据。初凝混凝土井壁为1～5cm/s，风化岩、大倾角多裂隙页岩及半凝固混凝土井壁为5～30cm/s，钙质砂岩、矽质砂岩、石灰岩及高强混凝土井壁为60～90cm/s以上。

（3）设备的抗冲击安全标准：一般以设备整体抗冲击变形或崩翻的最大超压以及动量作为抗冲击安全标准。

（4）有害炮烟和炽热产物的危害标准：以煤矿安全规程作为安全标准。

3．超深孔一次爆破成井技术设计

（1）根据凿岩爆破动力学原理，只有当全孔面上投入的爆破能量等于全深度的岩体抗破碎强度 f_k 时，其凿岩爆破的全面效果才是理想的。

（2）在立井爆破中，为防止爆破地震波对井壁的破坏，设计时应注意由井中到井边逐渐降低单位装药量、装药相对威力和爆破作用指数。

（3）掏槽爆破是影响爆破效果的重点，因此掏槽孔需要采用较大直径的炮孔和耦合装药结构。可以适当增大下部掏槽孔集中装药的径向 n 值，以实行对称互撞的加强抛掷爆破。

（4）光面预裂爆破参数可参考式(9-12)～式(9-14)。

装药量

$$q=0.13d^2Hf_k/g_b \quad (\text{g/孔}) \tag{9-12}$$

孔间距

$$a=10d(f_k)^{0.5} \quad (\text{cm}) \tag{9-13}$$

抵抗线

$$W=20d/(f_k)^{0.5} \quad (\text{cm}) \tag{9-14}$$

式中，g_b——炸药相对威力指数；

d——炮孔直径，cm；

H——炮孔深度，cm；

f_k——岩体抗破碎强度。

（5）各段起爆时差应大于先响炮冲击波正压作用时间及先响炮地震波直达作用时间。

（6）当齐爆药量过大时，可把扩槽孔分成两段装药延迟25ms或50～100ms起爆，或隔孔分两段延时25ms起爆。

知识链接

超深孔一次爆破成井实例——山东某矿业集团翟镇煤矿六采矸石仓爆破掘进

山东某矿业集团翟镇煤矿六采矸石仓垂深13.2m，掘进直径5.5m，净直径为5.0m。与矸石仓上下口相连的两条运输巷均采用锚喷支护，下口净断面尺寸为4.2m×3.6m(拱半径2.1m)，上口净断面尺寸为3.4m×3.2m(拱半径1.7m)，为布置矸石仓将上口断面扩大2.6m×2.0m。该矿为低瓦斯矿井，通风条件良好。

矸石仓穿过的岩层依次为：上部为1.0m的四灰和1.25m的煤13，中部为9.55m粉砂岩，下部为0.7m的泥灰岩、1.5m的煤15及1.0m的粉砂岩，岩层缓倾斜，裂隙不发育。

为克服传统的浅眼爆破法费工费时、通风作业及安全条件差等缺陷，结合现场情况，参照国内外有关掘进天井等垂直巷道的先进经验，决定采用深孔光爆一次成井法。该方法的装药、联线、填塞等作业均在上部巷道进行，同传统方法相比，具有工效高、速度快、安全作业条件好、节约材料等一系列优点。该方案的主要内容如下。

(1) 全部炮孔都用井下新型潜孔钻机在上部巷道自上而下全深度一次钻出。

(2) 充分利用上下巷道作为补偿空间，使矸石仓上部爆破的岩体向上抛渣，矸石仓下部爆破的岩体向下抛渣。

(3) 为一次爆成圆井，并使岩壁平整稳定，减小爆破地震影响，使周边眼在其他炮眼起爆后起爆，光爆成井。

(4) 充分利用空孔的自由面作用。掏槽方式采用以 1 个中心空孔和 4 个掏槽孔组成的菱形掏槽法，其中空孔直径 110mm，掏槽孔直径 75mm，掏槽孔距中心空孔 400～500mm，以保证掏槽效果。

(5) 选择合理间隔起爆时差，每个药包设置 2 个同段雷管，采用非电与电联合起爆网路，使每个药包准确起爆。

(6) 孔内淋水较多，应选择防水型炸药，根据孔径大小和炮孔作用不同，选用 ϕ32 mm 直径的煤矿许用水胶炸药。

爆破参数见表 9－13、表 9－14 和表 9－15。炮孔布置如图 9－20 所示。

表 9－13　上分段爆破参数

孔号	炮孔名称	炮孔直径/mm	装药直径/mm	上炮泥长度/m	下炮泥长度/m	段高/m	每孔装药量/kg	孔数/个	雷管段数
1	空孔	110	70	0	0	13.2	6	1	5
2～5	掏槽孔	75	70	1.5	1.4	5.7	8.4	4	1
6～10	辅助孔	75	70	1.5	1.4	5.7	8.4	5	2
11～17	辅助孔	75	70	1.5	1.4	5.7	8.4	7	3
18～33	周边孔	75	32	1.0	1.0	13.2	12.6	16	9

表 9－14　中分段爆破参数

孔号	炮孔名称	炮孔直径/mm	装药直径/mm	上炮泥长度/m	下炮泥长度/m	段高/m	每孔装药量/kg	孔数/个	雷管段数
1	空孔	110	70	0	0	13.2	6	1	10
2～5	掏槽孔	75	70	0	0.8	3.1	7.2	4	6
6～10	辅助孔	75	70	0	0.8	3.1	7.2	5	7
11～17	辅助孔	75	70	0	0.8	3.1	7.2	7	8
18～33	周边孔	75	32	1.0	1.0	13.2	12.6	16	9

表 9－15　下分段爆破参数

孔号	炮孔名称	炮孔直径/mm	装药直径/mm	上炮泥长度/m	下炮泥长度/m	段高/m	每孔装药量/kg	孔数/个	雷管段数
1	空孔	110	70	0	0	13.2	0	1	—
2～5	掏槽孔	75	70	0	1.2	4.4	9.6	4	1
6～10	辅助孔	75	70	0	1.2	4.4	9.6	5	2
11～17	辅助孔	75	70	0	1.2	4.4	9.6	7	3
18～33	周边孔	75	32	1.0	1.0	13.2	12.6	16	9

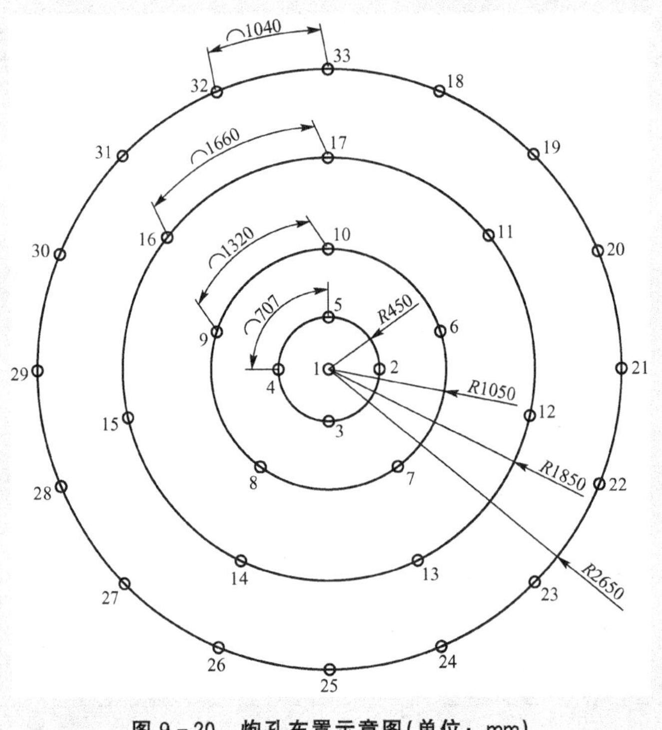

图 9-20 炮孔布置示意图(单位：mm)

9.6 采煤工作面爆破技术

采煤爆破是煤矿爆破技术的重要组成部分，即使在机械化采煤技术不断发展的今天，炮采依然是被广泛应用的回采方法和落煤的重要手段之一。提高采煤爆破技术、研究爆破理论、发展爆破器材和起爆方法，对煤炭工业发展具有重要意义。

采煤爆破作业绝大多数是在恶劣的瓦斯煤尘环境下和复杂的矿压条件下进行的，必须严格执行《煤矿安全规程》规定的作业程序，确保爆破作业和矿山生产安全。在采煤工作面里，其支架和煤层顶板都要经受两大动力作用：一是矿压，二是爆破震动与冲击。从灾害研究领域分析，两者的破坏作用相互引发、叠加和加剧，严重地削弱、恶化采煤工作的顶板力学性质和支护状态，导致冒顶。同时，爆破所可能产生的爆焰是引起瓦斯煤尘爆炸事故不胜枚举。煤矿爆破工作者有责任研究和采用现代爆破技术对爆破加以控制，使其震害降到最低限度，消除因爆破火焰引爆瓦斯煤尘。

小知识

目前我国煤炭产量中，统配煤矿产量的 38%，地方煤矿产量的 82%，个体煤矿产量的几乎百分之百为炮采炮掘产出。

9.6.1 浅孔崩落爆破

与掘进爆破相比，崩落爆破只有两个以上自由面，所以一次爆破面积和爆破方量都比较大，且块度小、二次破碎量小，炸药和材料单耗低。

浅眼崩落爆破的炮眼可以垂直向上(上向眼)或垂直向下(下向眼)，也可以水平布置(水平眼)。一般露天爆破多采用下向眼和水平眼，井下崩落爆破多采用上向眼。炮眼的排列形式有平行排列和交错排列两类。交错排列利于炸药能量在矿体中分布，块度较均匀，是普遍应用的方式。

浅眼崩落爆破一般采用直径 32mm 的药卷，相应的炮眼直径 38～42mm。近年来，为了提高爆破效果和炸药利用率、增加凿岩生产率和采矿回收率、降低贫采损失率，经常采用直径 25～28mm 的小直径药卷。

炮眼深度主要根据爆破对象和环境确定。例如，岩层较厚时取较大数值，矿体不规则时取较小数值；考虑安全问题时炮孔深度应偏低。对某些重金属矿也应慎重选择，以降低损失。

浅孔爆破落矿，最小抵抗线一般与炮孔排距相同或接近，两者取值偏大时，降低破碎率，大块较多；取值太小时，增加生产成本，而且过度粉碎会极易氧化，黏性岩石带来损失和装运困难。最小抵抗线和炮眼间距可按下列经验公式计算

$$\begin{cases} W=(25\sim30)d \\ a=(1.0\sim1.5)W \end{cases} \tag{9-15}$$

式中，W——最小抵抗线，m；

a——炮眼间距，m；

d——炮眼直径，m。

崩落爆破所需炸药消耗量比相应岩层掘进小得多(表 9-16)。

表 9-16 浅孔崩矿炸药单耗(2号岩石炸药)

坚固性系数	<8	8～10	10～15
炸药单耗/(kg/m³)	0.26～1.0	1.0～1.6	1.6～2.6

9.6.2 深孔崩落爆破

井下深孔爆破的孔径一般为 50～65mm 或 100～165mm，孔深为 5～50m 或更深。

实践表明，此种方法具有劳动效率高、回采强度大、作业条件安全和成本低等优点，在适宜条件下宜广泛应用。

1. 深孔布置

深孔布置分为平行布孔和扇形布孔，如图 9-21 所示。

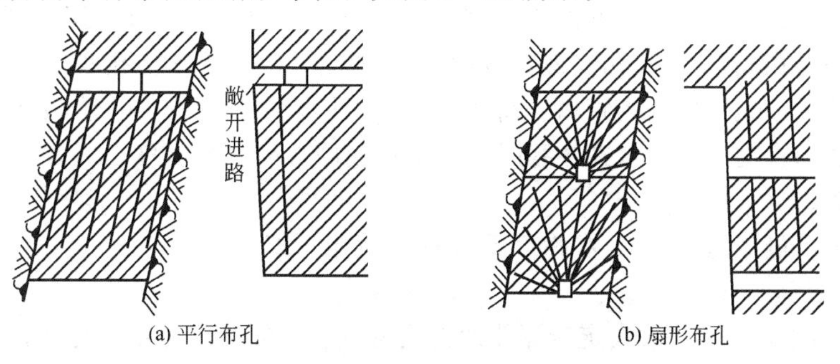

图 9-21 深孔布置

由于扇形布孔具有采准工程量小、钻孔爆破作业较集中等优点而被广泛应用。根据采矿方法或大硐室掘进的要求，可布置水平、垂直或倾斜深孔，并形成各种布孔方案。

井下深孔爆破一般均采用多层或多排深孔的延时爆破崩落，并在凿岩巷道、天井或硐室内进行凿岩。

在矿柱回采、空场处理、边缘矿体的崩矿中，则采用束状布孔。

2. 爆破参数

1）孔径

井下深孔爆破的孔径选择与所采用的采矿方法有关，也取决于凿岩设备的类型。孔径增大，每米深孔崩矿量将相应增大，但大块率会随着增加，同时凿岩速度也会有所下降。我国矿山接杆凿岩孔径为55～70mm，潜孔凿岩为90～100mm，个别矿山应用165mm的孔径。一般在无底柱采矿方法中应用小孔径深孔较多，在有底柱采矿方法中应用大孔径深孔较多。

2）最小抵抗线

最小抵抗线取决于矿岩的可爆性、孔径、炸药性能与补偿空间状况等因素。它的选取可参照两种方法。

(1) 根据单孔的装药量原理来确定。

当平行布孔时，最小抵抗线值按式(9-16)计算

$$W=\frac{d}{100}\sqrt{\frac{0.785\Delta\cdot\tau}{m\cdot q}} \tag{9-16}$$

式中，W——最小抵抗线，m；

d——孔径，m；

Δ——炸药密度，kg/m^3；

q——单位炸药消耗量，kg/m^3；

τ——深孔装药系数，$\tau=0.7\sim0.8$；

m——深孔密集系数，对于平行孔$m=0.8\sim1.1$或更大。

当密扇形布孔时，最小抵抗线值也按此式计算，但密集系数m应取平均值，$m=1\sim1.25$。τ值可取0.65～0.85，深孔愈长则装药系数愈大。

(2) 根据最小抵抗线和孔径的比值选取。坚硬的矿石，取$W=25\sim30d$；中等坚硬的矿石，取$W=30\sim35d$；松软的矿石，取$W=35\sim40d$。

3）孔间距

孔间距是同排相邻深孔间的距离。对于扇形布孔来说，由于孔间距是随着孔深变化的，故常分别以孔底距a_1和孔口距a_2来表示，如图9-22所示。孔底距是指从较浅炮孔的孔底至相邻较深炮孔的垂直距离。而孔口距是指从堵塞较深的炮孔装药顶面至相邻堵塞较浅的炮孔的垂直距离。前者在布孔时，用来控制同排的深孔密度，后者用来控制孔口部位的药量分布。

孔间距可用最小抵抗线W和临近系数m来确定，即

$$a=mW \tag{9-17}$$

式(9-17)中，3个参数决定着深孔的孔网密度。它们确定得正确与否，直接影响到矿石的破碎质量、每米深孔的崩矿量、凿岩和出矿的劳动生产率、爆破材料的消耗、矿石的

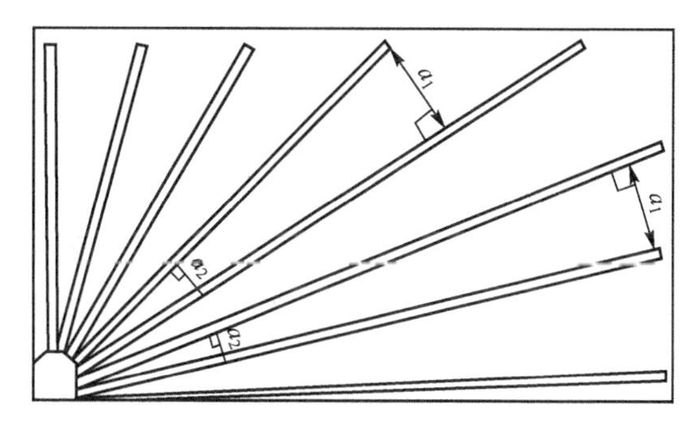

图 9-22 扇形布孔的孔间距

贫化与损失，以及其他一些技术经济指标。

4）单位炸药消耗量及每孔装药量

单位炸药消耗量取决于矿石的可爆性、炸药性能和最小抵抗线等因素，其值可通过爆破漏斗试验确定，也可参考表 9-17 选取。由于深孔爆破所产生的大块需要二次爆破，故单位炸药消耗量有一次爆破和二次爆破之分。

表 9-17 井下深孔爆破单位炸药消耗量

矿石坚固性系数 f	3～5	5～8	8～12	12～16	>16
一次爆破单位炸药消耗量 $q/(kg/m^3)$	0.2～0.35	0.35～0.5	0.5～0.8	0.8～1.1	1.1～1.5
二次爆破单位炸药消耗量所占百分率/%	10～15	15～25	25～35	35～45	>45

每孔装药量 $Q_孔$，对于平行深孔可按式(9-18)计算

$$Q_{孔}=q \cdot a \cdot W \cdot l=q \cdot m \cdot W^2 \cdot l \tag{9-18}$$

式中，l——深孔长度，m；

其余符号的意义同前。

对于扇形深孔，因其孔深与孔距都不相等，通常先求每排孔的装药量，然后按每排孔的总长度和总堵塞长度，求出每米孔的装药量，最后分别确定每孔装药量。每排装药量为

$$Q_{排}=q \cdot W \cdot S \tag{9-19}$$

式中，$Q_排$——一排深孔的总装药量，kg；

S——一排深孔的负担面积，m^2；

其余符号的意义同前。

冶金矿山的一次炸药单耗一般为 0.25～0.8kg/t，二次炸药单耗一般为 0.1～0.3kg/t。二次炸药单耗较高的矿山反映其大块产出率较高，有个别矿山甚至超过一次炸药消耗，在这种情况下，应进一步改善布孔参数和适当提高一次炸药消耗量。

5）堵塞长度

扇形深孔爆破其堵塞长度为 0.4～0.8 倍最小抵抗线，相邻孔采用交错改变堵塞长度的方法，避免孔口附近装药量过于集中造成爆破后粉矿过多，孔口堵塞方法有底柱采矿方法多采用炮泥加木楔的堵塞方法，无底柱采矿方法则仅用炮泥堵塞。

9.6.3 VCR法

1. 概述

VCR法(Vertical Crater Retreat Method)是垂直深孔球状药包后退式崩矿方法的简称，1975年首先在加拿大列瓦克矿(Levack Mine)回采矿柱成功以后，又在美国、欧洲及我国一些矿山应用，目前不仅用于矿柱回采，也用于矿房回采。

VCR法的理论基础是美国利文斯顿的爆破漏斗理论，它的主要特点是在矿房或矿柱中从上而下钻进大孔径深孔，采用球状药包从下而上分单层或多层爆破。这种崩矿方法的优点是改善了破碎质量、减少了采切工程量、提高了劳动生产率、降低了成本，是当前地下采矿法中最安全的方法之一。

VCR法的标准回采矿块如图9-23所示。

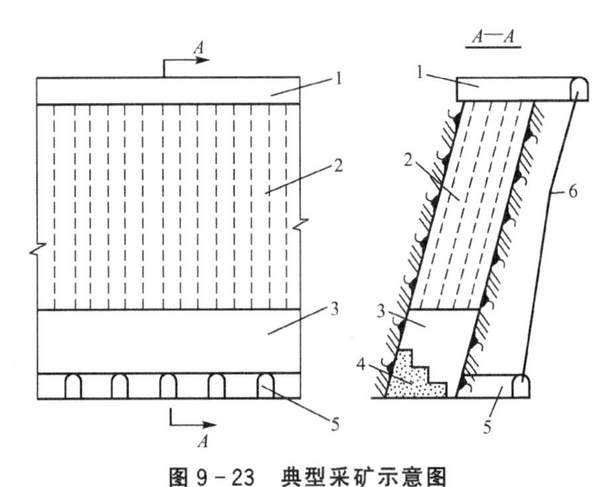

图9-23 典型采矿示意图

1—凿岩巷道；2—大孔径深孔；3—拉底空间；4—充填台阶；
5—装矿巷道；6—运输航道

从图9-23可以看出，钻孔是由上部凿岩巷道钻进下向深孔，并与下部拉底巷道空间贯通，采用球状药包自下而上分层爆破。深孔布孔有垂直或倾斜平行孔和扇形孔，深孔爆破分单分层及多分层爆破。多分层的分层数一般为2～3个分层，如图9-24所示。

美国利文斯顿的爆破漏斗理论是球状药包爆破的理论基础，在此基础上，L·C·朗又有所发展，提出了新的爆破漏斗概念。他认为球状药包放入采矿场顶板炮孔中的适当位置，以顶板为自由面，爆破后将形成一个朝下的爆破漏斗。由于借助重力作用，促使破碎带及应力带(破裂带)中的岩石冒落，从而扩大了爆破漏斗体积。由于岩石的特性和构造不同，其冒落高度也不一致，但都超过药包至顶板的距离。

2. 工艺

在VCR法中，凿岩多采用ROC—306型风动履带钻机、CMM型履带钻机或国产YQ—150J型钻机，钻孔直径为165mm，一般钻孔偏斜不超过1%～2%。

球状药包的长径比应小于6，要求威力大、安全和易于达到全耦合装药。此外，应避免使用负氧平衡和爆温较高的炸药。我国一般采用CLH型或HD型高能乳化炸药。

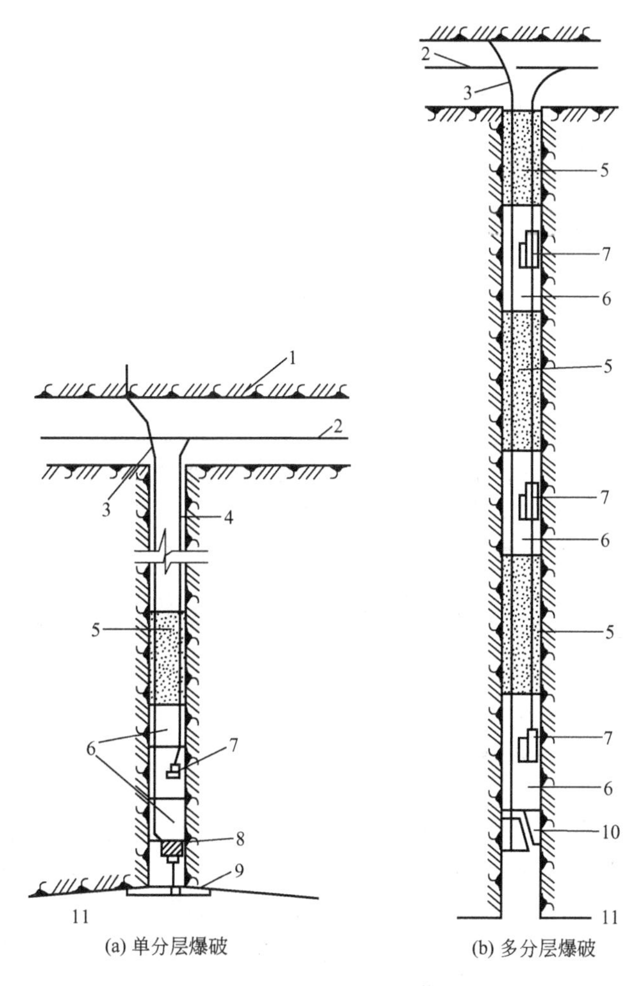

图 9－24 VCR 深孔爆破装药结构图

1—凿岩巷道顶板；2—主导爆索；3—绳子；4—导爆索；
5—砂子；6—炸药；7—起爆药包；8—木块；
9—木棍；10—木楔；11—采矿场顶板

装药工艺是 VCR 法的重要环节，具体步骤如下。

(1) 用绳将孔塞放入孔内，按爆破设计的位置固定好。

(2) 孔塞上面填塞一定高度的岩屑。

(3) 装入下半部炸药。

(4) 装入起爆药包。

(5) 装入上半部炸药。

(6) 用砂或水袋填塞至设计规定的位置。

(7) 联结爆破网路。

药包的最佳埋置深度按几何相似原理进行立方根关系换算求得。一般中硬矿石为 1.8～2.5m，每次崩下矿石层厚度为 3m 左右。同层药包可采用同时起爆，但为降低地震和空气冲击波的影响，可采用延时爆破，延时间隔时间为 25～50ms，起爆顺序从深孔中部向边角方向进行。

3. 适用条件

VCR 法的一般适用条件如下。

(1) 急倾斜中厚以上矿体。

(2) 矿体与围岩比较稳固。

(3) 矿体产状比较规则。

VCR 法的优缺点

优点：在采准巷道中作业，工作条件好、安全程度高；应用球状药包爆破，充分利用炸药能量，破碎块度均匀、爆破效果好；矿块结构简单，不用掘切割天井和切割槽，切割工程量小；如采用高效率凿岩和出矿设备，因爆破凿岩均匀，可使装运效率大大提高，凿岩爆破和装运成本大大降低。

缺点：装药爆破程序复杂，难以实现机械设备装药，工人劳动强度大；使用炸药的成本高；爆破过程中容易堵孔，难以处理。

9.6.4 炮采工作面延时爆破技术

爆破在炮采工作面以落煤为主，兼有装煤运搬作用。炮采工作面落煤爆破技术参数主要有炮眼布置、眼距排距、抵抗线，炮眼深度及起爆时差等，一般要依据煤层厚度(或采高)、煤质软硬、层理节理和顶(底)板的稳固程度以及地质构造等因素综合考虑确定。特别应该指出的是要使爆破进度、工艺组织与回采工作的循环进度、回采工艺要求等相吻合。

爆破参数的选用必须满足以下几点要求。

(1) 以最少的火工品消耗达到最佳的爆破效率。

(2) 维护顶板，不崩倒工作面支架，有利于顶板管理。

(3) 爆堆均匀，煤量不抛散。特别是不将煤抛入老塘(过抛掷)，有利于煤的搬运，减少清扫煤量。

(4) 不崩翻溜子，不压溜子。

(5) 确保施工人员和设备的安全。

1. 炮眼布置形式

采煤工作面落煤爆破的炮眼布置形式，主要有单排眼、双排眼和三排眼。双排眼又分为对眼、三花眼和三角眼几种形式，三排眼又称为五花眼，如图 9-25 所示。

1) 单排眼布置

沿工作面的煤壁，在煤层顶底之间布置一排炮眼。单排眼布置在煤壁上，其参数仅有炮眼之间的距离 a 和这唯一一排眼距顶板的距离 d，以及距底板的距离 e，还有下扎角 α、炮眼与煤壁的平面夹角 γ 等的变化，而无排间距 b 和上仰角 β 的变化。

单排眼是落煤层爆破落煤的最常用炮眼布置形式之一。当煤质软且顶板不好时，在 1.3～2.0m 的煤层中亦常被采用。

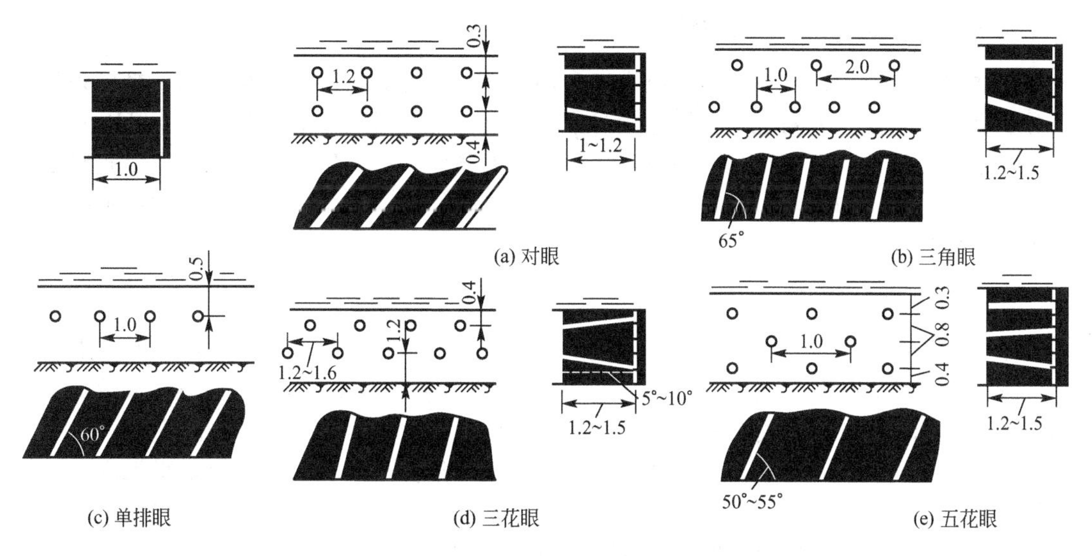

(a) 对眼　(b) 三角眼　(c) 单排眼　(d) 三花眼　(e) 五花眼

图 9－25　炮眼布置形式

2) 双排眼(对眼)布置

在煤壁上靠近顶板布置一排炮眼，称顶眼；同时沿底板布置一排炮眼，称底眼，组成双排眼。有时候顶板不好，为了维护顶板，将靠近顶板的一排炮眼布置在煤层整个厚度(或采高)的中腰位置，这一排眼称为腰眼；排间炮眼上下一一对应。双排眼一般在中厚煤层中应用。爆破参数包括眼距 a、排距 b、顶眼(或腰眼)眼口距顶板距离 d、底眼眼口距底板距离 e、底眼下扎角 α、顶眼上仰角 β、炮眼指向与煤比平面夹角 γ 以及炮眼深度 L 和垂深 h 等。

3) 三花眼布置

三花眼是双排眼的一种形式，具体为一个顶眼与两个底眼组成“三花”，或者一个腰眼与两个底眼组成一个“三花”。因此不难看出，三花眼的顶眼(或腰眼排)炮眼数目较双排眼的顶眼排(或腰眼排)炮眼数目减少一个。此举属减少爆破对顶板震害措施之一。三花眼在薄煤层或中厚煤层中不良顶板条件下被广泛采用。三花眼较对眼药量分配，爆炸功分布更趋均匀。

4) 三角眼布置

将双排眼的顶底眼布置成交错二分之一个眼距，就成为三角眼，亦称锯齿眼。三角眼布置形式应用在顶板稳固、煤质硬的条件下。由于上下排炮眼交错，使得爆炸能量均匀地施加到煤体上。如果将三角眼的顶部(或腰部)一排炮眼按奇数或偶数减少一半，即成为上面叙述的三花眼了。三角眼是为了克服由于煤层偏落、煤质较硬、顶板坚硬稳固、夹制作用大等不利条件而加大了煤层顶部炮眼的整体装药量。

5) 五花眼布置

五花眼布置属于典型的三排眼形式。它是根据煤层顶板较好、煤较厚且质地较软而形成的一种常用炮眼布置形式。具体布置方法为顶眼一排与底眼一排眼间一一对应，而腰眼一排按减半数目插入，使一个腰眼与两个顶眼组成一个“五花”。五花眼在中厚至厚煤层中大量被采用。

2. 炮眼布置参数的合理设计

炮眼的不同布置形式有各自的特点和应用条件，在实际应用中要结合现场煤层条件和工作面情况来选定，并需进行炮眼布置参数的合理设计，否则爆破效果仍难以保证。

炮采工作面落煤爆破的炮眼布置形式和爆破参数设计，一般是在顶眼距顶板和底眼距底板的距离两个参数设定后，再根据煤层实际厚度按平均分配爆炸能量的原则确定各排炮眼的具体位置。

3. 炮眼深度的确定

炮眼深度一般根据工作面支架排距确定，使得辅助作业时间最少，爆破效果最佳。

通常情况下，当排距为 1.0m 或 1.2m 时，完成整循环的循环进尺亦为 1.0m 或 1.2m，再考虑炮眼利用率、煤容易片帮等影响因素，炮眼深度一般为 1.2m 到 1.5m。

在使用金属铰接顶梁和单体液压支柱的条件下，根据顶梁长度来确定炮眼深度。一般表达式为

炮眼深度 L＝(排距＋跑道宽度)/炮眼利用率

排距一般有 3 种，即：0.8m、1.0m、1.2m；炮道宽度一般为 0.3m～0.5m；炮眼利用率一般为 85％～96％。

4. 采煤工作面的起爆网络

在煤矿井下炮采工作面，一般都采用孔内毫秒电雷管延时爆破，连线方式为简单的大串联。常用的起爆网络如图 9－26 所示。

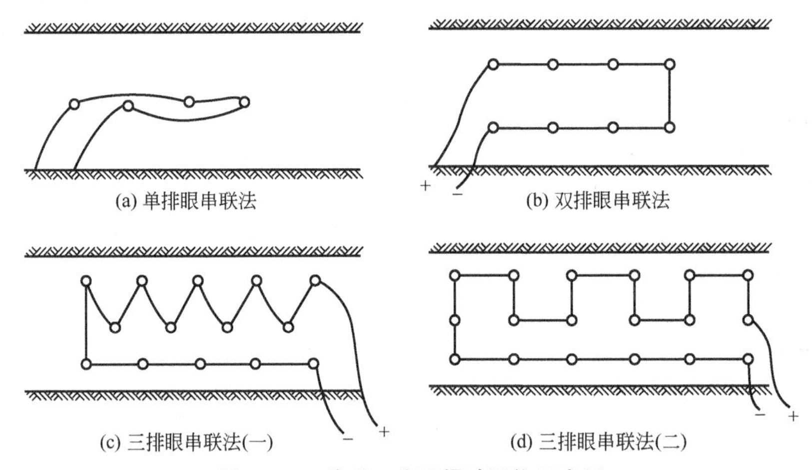

图 9－26　炮采工作面爆破网络示意图

5. 装药结构与堵塞

炮采工作面一般采用浅眼单式普通起爆，装药结构一般为正向连续装药结构爆破。因而，药卷聚能穴端指向眼底，起爆药卷置于眼口第一卷。

炮眼堵塞应尽量采用水炮泥。水炮泥外剩余的炮眼部分用粘土炮泥封实。炮采工作面的煤壁因受诸多因素影响，受力复杂，煤壁上除原生裂隙外，还生成许多附加裂隙，这些裂隙都是爆炸气体溃泄的通道，极大地降低了爆炸的冲击作用力，增加了炮烟引爆瓦斯煤尘的潜在危险。因此，堵塞长度必须严格执行《煤矿安全规程》中有关规定。

本章小结

本章主要介绍了斜眼掏槽、直眼掏槽及混合掏槽的技术参数，平巷爆破、立井爆破及斜井爆破系统设计，超深孔一次爆破成井技术，浅、深孔崩落爆破，VCR法，炮采工作面延时爆破技术。

习题

一、名词解释

斜眼掏槽，直眼掏槽，混合掏槽，平巷爆破，立井爆破，斜井爆破，VCR法

二、填空题

1. 掏槽爆破炮眼布置有许多不同的形式，归纳起来可分为__________、__________和__________。

2. 斜眼掏槽有多种形式，各种掏槽形式的选择主要取决于__________和__________。常用的主要有__________、__________和__________。

3. 平巷掘进的爆破效果和质量在很大程度上取决于__________。平巷掘进的爆破主要的爆破参数为__________、单位炸药消耗量、炮眼直径、装药直径、炮眼数目和__________。

4. 煤仓和溜煤眼掘进方法分__________、__________两种主要形式。

三、简答题

1. 简述掏槽爆破的分类及机理。
2. 简述平巷掘进爆破的系统设计。
3. 简述立井掘进爆破的系统设计。
4. 简述斜井掘进爆破的系统设计。
5. 简述超深孔一次爆破成井技术的设计原则及特点。
6. 简述浅、深孔崩落爆破原理。
7. 简述VCR法原理及工艺。
8. 简述炮采工作面延时爆破技术。

第10章 拆除爆破技术

现代城市建筑技术高速发展，同时对旧建筑物的拆除提出了更高的要求。拆除爆破技术相对于传统的人工机械拆除技术拥有更明显的优点。特别是在城镇人口稠密地区，重要保护文物、重要设施周边地区，对于建筑群，高层建筑，大体积建筑物的拆除爆破技术显得尤为重要。拆除爆破技术的主要原理是破坏建筑物局部承重构件，在建筑物本身的重力作用下失稳倒塌。在建筑物拆除爆破设计过程中，准确地确定爆破参数是一个非常重要的问题。爆破参数主要包括爆破切口高度、最小抵抗线、炮孔参数、药量计算、起爆网路设计。在确定爆破方案、完成爆破设计后，精心的爆破施工是完成整个拆除爆破工程，能否取得良好效果的一个重要保证。

爆破工程是一门危险性很高的工作，为了能取得预期的拆除效果，安全预防必须贯穿于整个爆破工程过程中。

教学目标

(1) 理解拆除爆破技术的基本原理。

(2) 熟悉各种计算参数的公式。

(3) 了解一般情况的施工流程以及施工技术。

(4) 了解安全防护注意事项和安全管理。

教学要求

知识要点	能力要求	相关知识
基本原理	理解	各种不同的爆破技术、爆破原理
设计参数	熟悉	爆破有关参数和参数计算公式
施工流程	了解	施工组织技术及施工流程
安全防护	了解	爆破危害、突发问题和安全管理

引例

中国第一爆——广东体育馆爆破

2001年5月18日中午12时许，随着两声“嘭嘭”的闷响，一团灰黄色的蘑菇云升起，占地4.3万多平方米的原广州体育馆在3.5秒内化成一片废墟，此次爆破被称为“中国第一爆”的成功爆破(图10－1)。

整个爆破工程分5个爆区，共钻6296个炮孔，炸药总量为480多千克，分8响段按体育馆建筑群逐个定向爆破。在连续的两声巨响后，被竹排和塑料布紧紧包裹的广州体育馆瞬间塌下，一朵粉尘形成的灰黄色蘑菇云从半空中升起。爆破后的2min内，原广州体育馆周围的建筑物被灰尘掩盖，大约5min后，粉尘渐渐散去，体育馆的几十根大柱子已向中间倒下，几百吨重的钢筋支架像一个庞然大物坍塌压下，“中国第一爆”成功完成。该方案堪称中国爆破史上规模最大、速度最快的一次城市控制爆破，引起了海内外的重视，中央电视台向全球直播了爆破全过程。为了使爆破时体育馆外墙100m线外的噪声控制在60dB以下。爆破现场采取了里三层、外三层的围护措施：体育馆内的368根立柱由三层围裹，最外层是铁板，中间层是竹笆，最里层是聚乙烯水袋；而体育馆外预防飞石的重要部位也由三层围裹，内层是15m高的毛竹，次层是工业用安全网，外层是塑料布。如此里三层、外三层的层层围裹，不仅能把爆破时的巨响“闷”在里面，还能防止飞石溅出。整个爆破工程工期仅30天，创造了工期最短。爆破量最大等多项爆破记录。数万广州市民在周边地区感受了爆破的紧张气氛，随着爆破成功，他们的喝彩声也跟着响起。

图10－1　中国第一爆：广东体育馆爆破

10.1 拆除爆破概述

拆除爆破一般有3种方式：钻孔爆破、水压爆破和外部爆破。

钻孔爆破适用于建筑群、高层建筑以及大块体结构物的拆除。水压爆破是以水为传播介质，它是利用水不可压缩这一特性，将爆炸荷载施加到物体上，一般在拆除封闭或半封闭的容器型构筑物中较为常用，如水池、油池、油罐、碉堡、军事或人防工事等。外部爆破是指装药设在爆破物体的外部，呈接触状态或非接触状态的形式，利用装药爆炸所产生的高温、高热及高速的气体产物或冲击波的作用，以期达到爆破物体破碎、断裂、切割与变形的目的。外部爆破通常较多地应用于特殊条件下的爆破作业、紧急救灾和救险方面。

钻孔爆破是采用微分原理，变集中装药为分散装药(也称多孔装药)，以有效地利用炸药能量。根据等能原理有针对性地破坏建(构)筑物的构件，控制爆破作用对环境造成的危害。运用失稳原理，从建(构)筑物结构解体入手，变建(构)筑物刚节点为转动铰，使承重构件失去作用，形成倾覆力矩，迫使建(构)筑物整体失稳。在建(构)筑物自身重力作用下形成原地、折叠或定向倒塌。

拆除控制爆破一般在城市闹市区、居民区、厂区或车间内，在爆区内或附近往往有各种需要保护的建筑物、管道、线路和其他设施。因此，爆破设计务必做到工程资料和数据翔实、无误。

楼房类建筑物爆破拆除的基本原理是：利用炸药爆炸的能量来破坏建筑物的局部承重构件，使之失去承载能力，从而使整个建筑物在重力作用下失稳倾倒坍塌，落地撞击破碎。爆破方案的选取主要与拆除目标的周围环境、欲爆破物的结构、材质、大小有关。因此，在确定爆破方案以前，必须对爆破现场进行实地调查和勘测。首先要对被爆建筑物的图纸资料进行核对，如无原始资料和图纸，就要对爆破对象进行实测，绘出主要结构断面和大小尺寸，摸清构造和材质。同时要仔细了解周围的环境，包括附近地面和地下欲保护的建筑物和设施、市政管道、热、水、电线路、通信电缆等，在图上一一表明其与爆破点的相应位置和距离。只有在充分掌握了上述实际资料的基础上，才能提出比较合理可靠而又切实可行的爆破方案，或者从提出的多个方案当中选择最佳方案。爆破以前的现场调查不仅对制定爆破方案十分重要，而且直接影响到爆破效果。只有在认真考察和实地调查爆破对象，充分、详细地掌握第一手资料的基础上，才能制定出科学、合理、符合实际的爆破方案。勘察失误是造成设计方案的缺陷的主要原因之一。

楼房拆除爆破一般是在城镇人口稠密地区、厂区内，或重要保护文物、设施附近进行，因此，在设计上要精益求精，尤其在爆破设计参数的选择和计算上必须正确合理，它将直接影响爆破安全和爆破效果。对于一般楼房拆除爆破工程，大多采用浅眼钻孔爆破，其爆破设计参数主要有爆破切口高度、最小抵抗线、炮孔间距、排距、炮孔深度、炸药单位用药量和单孔装药量等。

对于一般的建(构)筑物拆除工程，采用爆破拆除方法，与机械拆除方法配合，具有安全、快捷、经济的特点。对于高层建筑物，需要一次性解体拆除的建(构)筑物，以及某些特定环境和条件下的拆除作业，需要以控制爆破为主，是机械拆除方法所不能替代的。

由于拆除爆破对象的种类繁多，所以拆除爆破的种类也多种多样，采用的拆除方案也各不相同。拆除爆破主要有以下几种。

(1) 基础型构筑物拆除爆破，如混凝土基础，梁、柱、地坪等，一般采用浅眼爆破的方法。孔网参数一般小于常规土岩爆破，以便控制飞石。

(2) 高耸构筑物拆除爆破，如烟囱、水塔等。这类构筑物由于重心较高，可以采用倒塌的方法进行拆除，依靠重力作用使其解体破碎。

(3) 建筑物拆除爆破，如楼房、厂房等，主要采用钻孔爆破方法使其解体、倒塌或坍塌。

(4) 容器形构筑物拆除爆破，如水池、水罐等。其特点是池壁一般较薄，一般采用水压爆破法进行拆除。

(5) 其他特殊结构和材质的建筑物和构筑物须根据具体情况，采取特殊的爆破方案进行拆除。拆除爆破需要采取措施控制有害效应，严格按设计要求用爆破方法拆除建(构)筑物。

拆除爆破的危害主要体现在5个方面：①爆破飞石和拆除物碰撞引起的碎石，打坏玻璃、屋顶，打断通信线路，砸坏机械设备，甚至击伤旁观者与过往行人；②炸药爆炸产生的冲击波可能造成建筑物玻璃破碎、门窗损坏、砖墙开裂等；③爆破震动和拆除物的触地震动，损坏周围的建筑物，造成某些机械设备停止运转、供电中断等；④炸药爆炸产生的噪声会干扰附近居民休息、工作和学习；⑤拆除物倒塌产生的灰尘对周围环境的污染。近年来，因为上述危害导致的爆破悲剧时有发生，因此有必要针对这些危害来展开拆除爆破安全技术的研究。

小知识

引例中的广东省体育馆爆破工程采用了“空中除尘”和“水幕除尘”双重除尘方式。所谓“空中除尘”，就是出动直升机在体育馆上空200m处盘旋，投放森林灭火水弹，使外扬的粉尘无处可逃。最为重要的除尘措施则是采用“水幕除尘”，即在体育馆内每一个柱子上安装一根水管，在体育馆四周形成一道30m宽、5m多厚的水雾将烟尘盖住。双重除尘方式在我国尚属首次，并达到了当时的世界先进水平。

10.2 拆除爆破基本原理

拆除爆破和其他爆破，例如台阶爆破、特殊爆破不同，有其自身的特点：爆破环境一般都比较复杂，拆除建筑物附近一般均有房屋、上下水道、动力及通信电缆电线，甚至有精密仪器及贵重设备等。

拆除的建筑物种类繁多，结构复杂，建筑材料五花八门。

工期紧，一般要求限期完成；或多或少具有扰民问题；防护费用在工程中占较大比例。

它的主要原理如下。

(1) 首先炸毁主要的支承构件，使建筑物主要在自重的作用下完成解体。

(2) 装药必须均衡，以使破坏充分。

(3) 使用延时雷管，其迟发段数的安排应使建筑物向着预定的方向倒塌。

从拆除爆破的设计、施工过程到工程效果来看，建(构)筑物拆除爆破技术应该达到可靠性、安全性、经济性和环保性的要求。可靠性是拆除爆破技术的基本要求；安全性是拆除爆破技术的首要条件；经济性是拆除爆破必然的结果；处理好爆破有害效应造成的环境污染问题，是实现文明施工的迫切需要。由于爆破技术的进步，现在对被破坏介质破碎或切割的控制能力，以及爆破对周围环境及安全影响的控制能力有了显著的提高。

未来城市高层建筑物，使拆除技术面临更复杂的问题：高层建筑物密集，允许倒塌的范围限制较多；高层建筑造型复杂及其建筑结构多样化等。

安全技术是城市控制爆破发展的一个重要方面。研究爆破技术自身的安全方法和对爆破有害效应的有效防护方法，是安全技术的核心。城市综合减灾大安全的观念越来越被重视，对拆除爆破的安全性有了更高的要求。在拆除爆破安全技术中，要防止拆除爆破产生的振动、空气冲击波、个别飞散物、粉尘、有害气体、噪声等负面效应对周围环境的影响，保护生态环境也对爆破工程提出新的要求。因此，要以高新技术为载体，以科学的管理为保障，实现无公害拆除爆破。

对于成功实施一个拆除爆破工程，需要严格的技术要求和科学的安全管理要求。应当做到以下几点。

(1) 建筑物的倒塌方向、塌散范围以及爆破时产生坐落和后冲现象，必须紧密结合结构力学，特别是结构动力学原理，做到充分失稳和解体。正确掌握结构力学的基本原理，才能避免建筑物炸而不倒或不按设计要求倒塌而发生偏移；深入研究建筑物在起爆后倒塌的力学过程，用结构动力学的观点去观察分析产生坐落与后冲现象的原因，将它们控制在最小的范围内，减少不必要的损失。预处理部位(如预先切割部分钢筋或拆除部分结构体)不当或过分，造成结构物未炸先倒或爆破后不能全部坍塌而需后续爆破，这样的惨痛教训，必须在控制爆破工程中避免。

(2) 坚持“多打眼、少装药”的控制爆破原则，并要正确掌握。多打眼才能使药量均匀分布，但没有必要在不需要爆破的部位去“多打眼”；少装药要使药量分布恰当，要避免药量相对集中在某一部位，导致爆破时产生飞散物危害，对邻近建筑物或人员造成威胁。这是提高拆除爆破安全的一个重要方面。

(3) 提高爆破材料的生产质量和便捷的质量检测方法，提高起爆网路设计和准确起爆的技术，对爆破安全具有重大的作用。用于控制爆破的材料，目前对电雷管和电爆网路，需要研究可靠的检测手段和检测方法，以便爆前有充分准爆的把握，从而保证爆破效果和爆破安全。

(4) 在城市和人口稠密地区进行拆除爆破作业，安全是首要的条件。要保证安全就必须严格执行爆破安全规程和各项国家标准，把工程爆破作为特种行业纳入法制化、规范化管理轨道。对于经营爆破事业的公司，要根据国家标准进行认真的审核。对于参与爆破作业的人员，必须作严格的培训与考核，提高其技术水平和素质。

10.3 拆除爆破方案设计

拆除爆破中，正确选取参数是一个非常重要的问题。参数是否恰当，直接影响到爆破效果和爆破安全。目前，在拆除爆破的设计参数一般是根据经验数据，有时候结合爆破试验的结果进行综合分析后确定。

1. 爆破切口高度 h

在建筑物承重结构的相应部位，爆破形成恰当尺寸的切口，才能实现楼房的爆破倒塌、解体和拆除。不同的爆破方案，需要选用不同类型的爆破切口。

爆破切口是指按倒塌要求，在建筑物底部炸出的具有足够长度和高度的缺口。

对于砖砌墙体的爆破切口高度，可通过简单力学分析计算后得到

$$h \geqslant \frac{L\delta}{2H} \tag{10-1}$$

式中，h——切口高度，m；

H——楼房底层高度，m；

L——墙(柱)间跨度，m；

δ——墙或沿倾倒方向的支柱厚度，m。

根据经验，通常取 $H=(1.5\sim3.5)\ \delta$，δ 为墙体厚度。对于钢筋混凝土立柱，如果能计算出钢筋处于哪种受力状态，可以用相应的理论公式计算出破坏高度。但往往难以确定上部荷载，为确保钢筋混凝土整体框架结构顺利倒塌，立柱的实际破坏高度常用式(10-2)确定

$$H_p = K(B + H_{min}) \tag{10-2}$$

式中，H_p——立柱破坏高度，cm；

K——经验系数，取 $K=1.5\sim2.0$；

B——支柱截面在倾倒方向的边长，cm；

H_{min}——立柱最小破坏高度，cm。

对于承重立柱，形成塑性铰的破坏高度为

$$h_j=KB \tag{10-3}$$

式中，h_j——立柱塑性铰破坏高度，cm；

K——经验系数，取 $K=1.5\sim2.0$；

B——支柱截面在倾倒方向的边长，cm。

2. 最小抵抗线 W

和其他工程爆破一样，拆除爆破中的最小抵抗线 W 也是一个重要的设计参数。楼房拆除爆破中，所爆破的是墙、梁、柱等承重构件，其厚度大多不超过1m，而且大都是多面临空。对这样多临空面、小抵抗线的爆破，最小抵抗线 W 选取不合理，特别容易造成飞石。

对于楼房拆除爆破，双临空面的墙或四面临空的梁、柱等构件，最小抵抗线 W 为

$$W=\frac{1}{2}\delta \tag{10-4}$$

式中，δ——砖墙厚度或梁、柱的短边长度，m。

若结构体为拱形或圆筒形，在拆除爆破时，为获得破碎均匀的效果和控制飞石，当炮眼方向平行于弧面的情况下，药包指向外侧的最小抵抗线 W 应取$(0.65\sim0.68)\delta$，指向内侧的最小抵抗线 W 应取$(0.32\sim0.35)\delta$。

当爆破体为大体积砼体(如桥墩、桥台、高大建筑物或重型机械设备的混凝土基座等)，并采用人工清渣时，破碎块体不宜过大，最小抵抗线 W 可为

混凝土圬工体

$$W=(35\sim50)\text{cm} \tag{10-5}$$

浆砌片石、料石圬工体

$$W=(50\sim70)\text{cm} \tag{10-6}$$

钢筋混凝土墩台帽

$$W=(3/4\sim4/5)H \tag{10-7}$$

式中，H——墩台帽厚度。

3. 炮孔间距 a 和排距 b

间距和排距直接影响爆破破坏的作用范围和破碎块度的大小。

对于混凝土、钢筋混凝土的梁、柱等构件

$$a=(1.0\sim2.0)W \tag{10-8}$$

对于砖墙

$$a=(1.5\sim2.0)W \tag{10-9}$$

砖墙布孔中，一般采用三角形或矩形

$$b=(0.8\sim1.0)a \tag{10-10}$$

4. 孔径 d 和孔深 l

楼房拆除爆破一般采用浅孔爆破，钻头直径为 $\phi32\sim44$mm，钻孔直径通常为 $d=34\sim48$mm，钻孔深度 $l=l_1+l_2$。其中，l_1为填塞长度，l_2为药包长度。

对于墙、梁、柱等薄壁构件，药包长度很小，通常增加适当长度 $\Delta l=(0.1\sim0.15)\delta$，因此，孔深一般可取

$$l=(0.6\sim0.65)\delta \tag{10-11}$$

5. 单孔药量的计算

拆除爆破虽然爆破对象不同，但装药原理是相同的。楼房拆除爆破中常使用的式为

$$Q=KWaH \tag{10-12}$$

$$Q=KabH \tag{10-13}$$

$$Q=KBaH \tag{10-14}$$

$$Q=KW^2l \tag{10-15}$$

式中，Q——单孔装药量，g；

W——最小抵抗线，m；

a——炮眼间距，m；

b——炮眼排距，m；

B——爆破体的宽度或厚度，m；

H——爆破体的破坏高度，m；

l——炮眼深度，m；

K——单位用药量系数，g/m³，可由经验得到。楼房拆除爆破承重墙单位用药量系数见表 10-1。

6. 炮孔布置

在楼房拆除爆破中，炮孔主要布设在承重构件：墙、梁、柱上。

(1) 墙体的炮孔布置。墙体一般都是面积大而厚度薄，多采用水平炮孔，孔的形状通常有两种形式：梅花形和矩形。炮孔的排数由爆破切口高度 h 所决定。

表 10-1　单位用药量系数表

名称	厚度 cm	抵抗线 W/cm	单位体积用药量系数 K/(g/m³)		单位体积耗药量/(g/m³)	综合公式中系数 K_A/(g/m²)	综合公式中系数 K_V/(g/m³)
			单面临空	双面临空	$\Sigma Q/\Sigma V$	多排、双面临空	多排、双面临空
浆砌砖墙	24	12	1300～1400	1150～1250	1050～1250	74～80	490～530
	37	18.5	1000～1200	850～950	800～950	62～69	410～460
	50	25	750～950	630～750	600～7000	53～62	345～410
	62	31	580～710	520～620	500～600	49～58	310～370
	75	37.5	440～580	400～500	350～450	34～43	270～340

(2) 梁和柱的布孔方法。对截面较小的梁柱构件，抵抗线一般只是它厚度的一半，通常布置一排孔。实际布孔时，在中心线两侧交错布孔，可以避免钻孔一边歪，并避开中间有钢筋出现的钻孔困难问题。

(3) 板墙的布孔方法。对于大而薄的钢筋混凝土板或墙，通常有垂直板(墙)和水平顺

板(墙)面两种布孔方法：垂直布孔就是与砖墙表面垂直钻孔，水平布孔沿着板(墙)横断面的中心线。

7. 起爆网路设计

《爆破安全规程》规定，拆除爆破应采用电力起爆网路或导爆管起爆网路，不允许使用火雷管起爆，不允许用导爆索网路，可以在孔内用导爆索串联几个药包组成药串。一般在1000个炮孔以下，可以采用电力起爆法；对于1000个炮孔以上规模较大的爆破，采用导爆管起爆网路最适宜。导爆管起爆网路有两种方法：导爆管簇联接力起爆法与导爆管网格式闭合网路。其中，导爆管网格式闭合网路经实践证明，是最安全、最可靠的起爆方法。采用这种起爆方法，在楼房分区、分片延时间隔爆破中，把每区(片)连接成一个独立的导爆管网格式闭合网路，能保证安全、准爆，并能按照设计的倒塌方向实现分区、分片倒塌。

延时间隔的选择：上述主要叙述的是采用三角形或梯形切口的爆破方法。对于砖混结构的楼房，由于浆砌砖墙的抗剪强度低，没有塑性铰的形成问题，而且屋盖、楼板、梁和墙之间连接较差，爆破后，在重力作用下，墙体受剪破坏，很快倾倒塌落，所以，相邻分段(区)之间的延时间隔要取短一些，一般取50～20ms之间。如果间隔时间过长，就会出现各段甚至各个构件各自倾倒坍塌，以致造成部分房屋和墙体仍然屹立或未按预定塌落范围倾倒的不利情况；对于框架结构的楼房，由于钢筋混凝土构件形成塑性铰和解体都需要一定的时间，因此，各分段(区)之间的延时间隔要取长一些，一般可取50～2000ms。

采用切口时，靠承重构件之间的时间差，来形成重力偏心矩而引起建筑物解体，必须充分了解结构构件的特点以及它们彼此之间的联系情况，准确计算出分段之间构件塌落的时间，才能选择合理的延时时间，保证偏心切口的形成。建(构)筑物拆除爆破中合理的起爆网路的设计和准确实施的施工技术是保证爆破成功的关键所在。

拆除爆破必须十分重视起爆网路的设计，要遵循以下设计原则。

1) 安全可靠

建(构)筑物拆除爆破，一般情况下所处的环境条件较为复杂，对周围人员、建(构)筑物、交通乃至正常市政秩序影响很大。确保拆除爆破安全准爆，是衡量爆破成败的一个起码的、也是重要的标志。

起爆网路的安全和可靠性：首先要保证整个爆区的所有药包按照设计要求准确、全部起爆；其次要保证在网路施工阶段的安全，杜绝在网路施工阶段出现早爆、误爆事故。因此，拆除爆破应选择准爆率高、能有效克服环境因素的起爆网路。

2) 保证效果

选择合理的起爆时差、控制各爆破部位的起爆顺序，是保证建(构)筑物按设计要求倾倒或塌落、在复杂环境中控制爆破塌散范围的主要措施之一；同时，减少拆除爆破震动和塌落震动对周围设施的影响往往要求对拆除爆破起爆网路设计中的延时间隔、齐爆药量与建(构)筑物的分批塌落冲量进行合理安排。起爆网路的设计要满足拆除爆破的塌落效果和安全效果的要求。

3) 操作简单、便于检查

在城市建(构)筑物拆除爆破中，一般每次起爆的药包数量较大，达数千甚至上万个，药包位置分散且变化繁复，加上环境条件的限制，实施爆破作业时间比较短，因此应采用操作简单、网路清晰、便于检查的起爆网路，缩短网路连接时间，加强网路的检查，有利于确保安全准爆。

电雷管起爆网路即通常所称的电力起爆网路，简称电爆网路，是拆除爆破中最常用的起爆网路之一。电爆网路的最大特点就是可以用仪表对网路进行测试，检查网路的施工质量，从而保证网路的准确性和可靠性，这是其他起爆网路所达不到的。另外，电爆网路可以实现远距离起爆、控制起爆时间、调整起爆参数、实现分段延时起爆。电爆网路的缺点主要是在各种环境电流的干扰下，如杂散电、静电、射频电、雷电等，存在着早爆、误爆的危险；其次，在药包数量比较多的拆除爆破中，采用电爆网路，对网路的设计和施工有较高的要求，网路连接比较复杂；有些人过分依赖电爆网路可以测试的特点，对网路施工技术和起爆电源注意程度不够，也容易影响电爆网路施工中的准确性和可靠性。

近年来，导爆管起爆网路已在建筑物拆除爆破中得到了越来越广泛的应用。由于该种起爆网路无法像电雷管起爆网路那样，能够用仪表对网路施工质量和传爆起爆性能进行检测，因此，对其准爆率或可靠度应进行事先质量检查和定量评估。

10.4 拆除爆破施工与安全防护

实现拆除爆破的安全有效，要做到精心设计、精心施工与科学管理。一项拆除爆破工程要想取得理想的效果，除了要有正确的爆破方案、精心的爆破设计以外，精心的施工也是关键。精心施工包括严格按设计要求准确施工，同时考虑到建(构)筑物拆除爆破的特点，将在施工过程中发现的有关建(构)筑物结构变化、施工质量和材质性质等具体问题准确、及时反馈到设计中去。爆破工程技术人员参与施工，是拆除爆破工程能否取得良好效果的一个重要保证。

10.4.1 拆除爆破的施工技术

拆除爆破的施工技术包括3个阶段：施工准备阶段、施工阶段和爆破实施阶段。施工准备阶段主要指施工现场准备、人员组织、机具材料准备和制定施工组织设计；施工阶段指按施工组织设计的施工方法、施工顺序和施工进度，以及安全保障体系、质量检查体系、设计反馈体系；精心施工的内容在建(构)筑物拆除爆破中指预处理、钻孔和防护阶段；爆破实施阶段包括爆破实施指挥系统的组成、装药和堵塞、爆破网路连接、防护、安全警戒、起爆、爆后检查、事故处理以及爆破总结等。

1. 钻孔

采用钻孔方法进行建(构)筑物拆除爆破的炮孔主要有垂直孔、倾斜孔和水平孔3种。为了防止测量或设计中可能出现的偏差，在布孔时应校核最小抵抗线和构件的实际尺寸，尤其在梁、柱上布孔或布置边孔时，应注意设计和实际抵抗线之间的差异，并进行药量调整。在建筑物爆破中，大量的炮孔深度不大，对炮孔位置、深度的要求比较高。钻孔的允许误差很小。在钻孔结束后，应对钻孔逐孔检查，检查的内容为：炮孔位置、深度、倾角等是否符合设计；有无堵孔、乱孔现象，对不符合设计要求，可能严重影响爆破效果的应进行修正或重新钻孔。

2. 装药

爆破实施阶段中装药、堵塞、防护和起爆网路连接是拆除爆破施工技术中非常重要的作业程序，拆除爆破从这时开始进入“临战状态”。除部分从事防护的人员外，在这时进入施工现场的应是经过培训的爆破作业人员，包括工程技术人员和爆破员。从进入爆破器材起，施工现场就应设置警戒区，全天候配备安全警戒人员。

装药方式可分为耦合装药和不耦合装药。耦合装药即密实装药。当炮孔深度 $L>1.5W$ 时，宜采用分层(间隔)装药结构。

装药操作要点：装药前，要仔细检查炮孔，清除孔内的积水、杂物，核对炮孔位置和深度。由于拆除爆破药包数量多、规格多，故装药必须按设计编号进行，药包与炮孔要对号入座，严防装错。药包要安放到位，尤其注意分层药包的安装。装药时要将电雷管的脚线或导爆管的引线顺直，并轻轻拉紧，使它贴在炮孔一侧，这样可以避免脚线产生死弯而造成芯线折断，另一方面也可避免炮棍捣坏脚线绝缘层或损伤导爆管。

填塞操作要点：①药卷安放后立即进行填塞，填塞前应用炮棍将药卷轻抵到位；②填塞时要注意填塞料的干湿度，保证填塞严实以免发生冲炮；填塞料中不得含有石块；③分层间隔装药注意间隔填塞段的位置和填塞长度，保证间隔药包到位；④填塞中应注意保护电雷管脚线、导爆管起爆网路。

3. 网路连接

1）电爆网路的敷设与连接

网路连接前，应对网路中使用的电雷管逐个进行检查，包括外观检查，电阻检查与电雷管挑选。同一爆破网路中使用的电雷管应用同厂同型号产品。网路连接中的注意事项：线头要处理，连接要牢靠；敷设平顺留富余，防水绝缘要搞好；测量及时要正确，按照设计有次序。

拆除爆破的每个药包，应按爆破设计要求计量准确，并按药包重量、雷管段别、药包个数分类编组放置。应设专人负责登记及办理领取手续；应设专人监督检查装药作业。拆除爆破的特点是炮孔多、药包多、单孔药量少，大型工程分段起爆，曾经发生过装药完成后发现雷管段位装错的事件，起爆时间因而被迫拖后。

2）导爆管起爆网路的连接

导爆管起爆网路的敷设应严格按设计进行。网路敷设应从离起爆点最远处开始，逐步向起爆点后退进行。导爆管网路中的四通时，接头中要干净、无毛刺、无泥土、无水珠。插接时要插满，导爆管要插接到位。若导爆管插进后比较松，则应使用铁箍或胶布固定。

知识链接

导爆管起爆需注意事项

(1) 导爆管网路中不得有死结，装在孔内的导爆管不得有接头。用于同一工作面的导爆管必须是同厂同批号产品。

(2) 孔外传爆管之间应留有足够的间距。导爆管网路采用雷管起爆时，应采取措施，防止雷管的聚能穴切断导爆管而引起拒爆。导爆管应均匀地敷设在雷管周围，防止秒延期雷管的气孔烧坏导爆管。

(3) 在有矿尘或气体爆炸危险的矿井中爆破，禁止使用导爆管起爆。

(4) 雷雨季节宜使用非电起爆方法起爆。

(5) 导爆管起爆网路应采用搭接、水手结等连接方法。搭接时，两根导爆索重叠的长度不得小于15cm，捆绑应牢固。支线与主线传播方向的夹角不得大于90°。

10.4.2 拆除爆破主要危害分析

爆破工作属于高危险性行业。爆破工程最重要的是保障安全，防止早爆、拒爆。

1. 早爆

1) 早爆产生的主要原因

爆破作业中的早爆往往造成重大恶性事故。早爆是拆除爆破中危害最大、最严重的爆破事故。往往在拆除爆破作业过程中，起爆准备工作尚未完成，工作人员还没有撤离到安全地点，装药已获得了非正常的点火能而提前爆炸。这种现象的发生将带来无法弥补的巨大损失。引起早爆的原因很多，特别是由于外界电磁干扰而流入电雷管或电爆网路中的外来电流强度达到某一值时，就可能引起电雷管的早爆。拆除爆破工程往往位于城镇、厂矿复杂环境中，对外界电干扰带来的不安全因素要引起重视。

(1) 雷电造成的早爆事故。为了防止雷电引起的早爆，还可以采取的措施如：在雷雨季节，采用非电起爆系统；在露天爆区不得不采用电力起爆系统时，应在区内设立避雷针系统；在雷雨季节，应尽量缩短爆破网路连接的时间，并在网路连接完成后尽快起爆。雷管的导线未连接成网路时，其安全度相对要大一些。

小知识

在电爆网路敷设过程中，如果受到爆区周围外来电场的干扰，存在着早爆的危险，其中影响最大、最多的是雷电。在爆破作业中遇到雷电时处置不当，就会造成财产损失和人员伤亡事故的。其中在深圳地区，由雷电引起的早爆现象尤为严重，1992—2000年，几乎每年都有雷击早爆案例发生，且造成人员伤亡。其中深圳市盐田在1992年进行的一次硐室爆破中，雷电引起某药室2.28t炸药早爆，酿成死亡15人的恶性事故。

(2) 电磁波、高压电及射频电引起的早爆。当拆除物附近有电力设施，有可能产生杂散电流时，应对爆区内的杂散电流和射频电强度进行检测。若电流强度超过安全允许值，应采用抗杂散电流电雷管。

(3) 静电引起的早爆。炸药在生产、加工和输送过程中，当炸药颗粒间、炸药与空气或其他电介质摩擦时，遇到适当条件就会放电产生电火花。因此，在爆破物品的生产、储存、运输和使用过程中，必须防止静电产生和减少电荷积聚。

电爆网路的连接必须在爆破区域装药堵塞全部完成和无关人员全部撤至安全地点之后，由爆破工程技术人员和爆破员进行连接。连接中应注意以下事项。

(1) 电爆网路的连接要严格按照设计进行，不得任意更改。

(2) 接头要牢靠、平顺、不得虚接；接头处的线头要新鲜，不得有锈蚀，以防造成接头电阻过大；两线的接点应错开 10cm 以上；接头要绝缘良好，特别要防止尖锐的线端刺透出绝缘层。

(3) 导线敷设时应防止损坏绝缘层，防止接头位置与金属导体或水接触；敷设应留有10%～25%的富余长度，防止连线时导线拉得过紧，甚至拉断的事故。

(4) 连线作业应先从爆破工作面的最远端开始，逐段向起爆点后退进行。

(5) 在连线过程中应根据设计计算的电阻值逐段进行网路导通检测，以检查网路各段的质量，及时发现问题并排除故障；在爆破主线与起爆电源或起爆器连接之前，必须测量全线路的总电阻值，实测总电阻值与实际计算值的误差不得大于±5%，否则禁止连接。

(6) 检测必须采用爆破专用仪表。

2. 拒爆

在爆破过程中，炮眼装药未能被引爆的现象称为拒爆。拒爆通常有 3 种情况：①全拒爆，雷管未爆，因而炸药也未爆；②半爆，雷管爆炸了，但炸药未被引爆；③残爆，雷管爆炸后只引爆了部分炸药，剩余部分未被引爆。当导爆管折断或漏气、电雷管失效或脚线被拉断，都会造成全拒爆；炸药过期、受潮、感度降低，或雷管起爆能不足等原因，都会引起半爆；起爆能不足，炸药未能达到稳定爆轰，或因不耦合装药产生管道效应，造成炮眼中的装药在爆轰过程中熄灭，致使炮眼内留下部分未爆的残药从而形成残爆。

拒爆的预防措施：首先应该对储存的爆破材料定期检查，爆破前选用合格的炸药和雷管以及其他起爆器材。在爆破施工过程中，要清理好炮眼中的积水。在装药和堵塞时，必须仔细检查，注意每一个环节，防止损坏起爆药包和破坏起爆网路。

拒爆是爆破作业中经常遇到的一种爆破事故，拒爆本身不会造成伤害，但二次处理的危险性很大。因此，必须认真按照爆破安全规程操作，尽量避免拒爆。

正确地设计拆除爆破方案，是保证工程顺利进行的有效途径。如果爆破方案选择不当，或者爆破设计出现差错，将会造成意料不到的损失。因此，优化爆破设计方案是拆除爆破成功的根本保障。拆除爆破方案包括爆破方法、爆破参数的确定和爆破器材的选用、起爆网络的敷设、组织施工方案等。

每一过程都要缜密考虑、认真设计，确保从源头上杜绝事故的发生。在爆破方案设计过程中要了解拆除爆破的目的、熟悉周围的环境、收集建筑物或构筑物设计和施工的资料、分析其结构特点，对其周围环境进行勘察和评估，并引入安全评估机制。未经安全评估的爆破设计，任何单位不得审批或实施。同时，根据爆破对象的结构特点、爆破技术的要求、周围环境对爆破对象的影响，制定出合理、科学的爆破方案。爆破方案主要包括优化爆破参数、确定爆破倒塌方式、设定爆体与保护对象之间的安全距离、采取安全防护措施及组织施工管理方案。

拆除爆破是一项不允许出丝毫差错、高风险的工作，严密可靠的拆除爆破方案是确保拆除爆破工作顺利完成、爆破时不危及周边人员和建筑安全的核心。因此，设计方案时，要严格按照拆除爆破设计的各项规章制度进行，同时，还要按照谁签字谁负责的原则，责任落实到个人。在实施爆破作业前，要组织有关高级技术人员对方案进行复审。只有这样，才能确保拆除爆破方案的科学性和可行性。爆破工程的特殊性决定了整个行业必须以安全为第一要务。科学的施工管理和严格的过程监控对拆除爆破的施工安全有着极其重要的意义，甚至决定了拆除爆破的成败。由于拆除爆破涉及面广、人员多、工序多，有时交叉作业，因此，有组织的施工管理和严格的过程监控是保证拆除爆破顺利完成的重要一环。

对于每一个工序，必须贯彻“安全第一，预防为主”的方针，要实时地进行安全检查和监督管理，及时发现并处理安全隐患，适时修正爆破方案以确保整个工序安全、顺利地进行。为了把管理落实到位，要建立一套完整的奖惩制度，使管理措施得到更好的实施。

10.4.3 可靠有效的安全防护措施

安全防护既包括预处理阶段的防护，又包括设计、施工过程中的防护，它是拆除爆破作业中必不可少的环节，可靠到位的安全防护，对拆除爆破的安全起着极其重要的作用。

在拆除爆破中，防护的对象主要是爆破飞石和爆破震动。炸药的爆炸能量一部分用于破碎介质，多余的能量以气体膨胀的形式强烈地喷向大气并推动附近的碎块运动，从而产生飞石。产生飞石的原因很多，主要有炮孔堵塞长度不够或堵塞质量不好、抵抗线偏小、单耗过大、被爆介质不均匀等。

防护的方式主要有主动防护和被动防护。主动防护是指设计和施工时，采用合理的爆破参数，优化爆破方案，控制堵塞质量。被动防护是指在被保护体上直接覆盖或遮挡的防护。一般来说，防护材料可选用草袋、荆笆、竹笆、铁丝网、尼龙、帆布等弹性较好的材料。爆破震动的防护一般只能采取主动防护，如采用多段延时爆破、合理选取爆破参数和单耗、采用低爆速炸药和不耦合装药结构以及采用预裂爆破技术。无论采用哪种防护措施，都必须按照爆破方案由专人负责、专人管理、专人验收，才能使防护工作做到位。一般情况下可采取联合防护措施，以确保万无一失。

10.4.4 突发事件处理预案

对于风险较大的拆除爆破行业，制定突发事件处理预案是十分必要的。造成突发事件的原因有主观、客观两个方面。主观原因主要包括方案设计有偏差、施工不细致和不周密、过程管理和监控不到位等；客观原因主要有爆破对象的资料不完整、结构有变化且无法准确估计等。因此，应根据不同的突发事件制定相应的突发事件处理预案。

对于建筑物、构筑物爆破倒塌方向偏离设计范围的突发事件，主要是准备好掘土机，以便做到及时清理、疏通道路。对于爆破后爆体不倒情况，应根据爆体的实际状况实施二次爆破或机械拆除。对于高层建筑物坍塌时飞溅物造成人员伤亡事故，应配备医疗救护装置。由于任何突发事件都有可能造成人员伤亡和财产的损失，因此拆除爆破时，都需要配备医疗装置和财产损失赔偿方案，以防万一。

拆除爆破是一项高风险作业，只有切实执行各项爆破安全法规，通过科学严密可靠的设计方案、有组织的施工管理和严格的过程监控、有效到位的防护措施、实时的安全管理和检查，才能保证拆除爆破安全、顺利地完成并解决由此带来的一系列安全问题。

10.4.5 拆除爆破安全管理

爆破安全管理包括设计与施工单位资格审核、爆破器材管理、安全施工管理、爆破实施过程的组织与管理、爆后检查等内容，是爆破安全技术具体的贯彻与实施。爆破安全技术体现在爆破设计中，只有通过科学的组织管理才能贯穿到每一个施工环节中。所以，必须做到精心设计、精心施工、精心组织、依法科学管理，才能保证爆破工程的高效、快捷、安全、可靠。

拆除爆破工程首先必须满足技术可行、安全可靠两个基本条件。保证这两个条件的具体措施是对承担设计与施工的单位进行资格审查与论证。《爆破安全规程》(GB 6722—2011)根据拆除物的地理位置、周围环境、规模、难度和炸药用量，将拆除工程分为A、B、C、D共4级，并规定了不同等级承担设计与施工单位的资格。

1. 爆破安全评估

《爆破安全规程》规定，A级、B级、C级拆除爆破和对安全影响较大的D级爆破工程，都应进行安全评估。

爆破安全评估的内容应包括以下几部分。

(1) 爆破作业单位主要设计和施工人员的资质是否符合规定。

(2) 爆破作业项目的等级是否符合规定。

(3) 设计所依据资料的完整性和可靠性。

(4) 设计选择方案的可行性。

(5) 设计方法和设计参数的合理性。

(6) 起爆网路的准爆性。

(7) 存在有害效应及可能影响的范围是否全面。

(8) 保证工程环境安全措施的可靠性。

(9) 对可能发生事故的预防对策和事故应急预案是否适当。

经安全评估通过的爆破设计，施工时不得任意更改。经安全评估否定的爆破设计，应重新设计，重新评估。施工中如发现实际情况与评估时提交的资料不符，并对安全有较大影响时，应补充必要的爆破对象和环境的勘查及测绘工作，及时修改原设计，重大修改部分应重新上报评估。

2. 施工组织与管理

施工组织设计是施工技术中的一个重要组成部分。对于小型的拆除爆破任务，一般应在工程开始之前做出施工计划安排，包括钻孔机具、人员安排及施工进度，建立爆破组和安全警戒组，提出材料计划及安全防护措施，拟定爆破时间及爆破实施要求等，以确保整个爆破工作有计划、有组织地进行。对于大中型拆除爆破工程，则应在施工准备阶段由参加爆破工程施工的技术人员，根据爆破设计说明书制定详细的施工组织设计、编制施工组织计划书，以加强施工管理、提高工程经济效益、保证施工安全。

对较大规模的拆除爆破工程，应组织项目经理部。项目经理部由项目负责人、爆破设计师、施工技术负责人、安全负责人和领工员等组成，爆破设计师应由具备该拆除爆破等级资质的爆破工程技术人员担任。小规模的拆除爆破工程也应具备爆破工程技术人员和领工员。根据工程量和施工进度的要求安排钻孔机械、预处理机械和相应的配件、材料等。

在拆除爆破施工前，为了确保施工安全，应对施工现场有较为详细的了解，主要包括：调查了解施工工地及其周围环境情况；了解爆区周围的居民情况；按照现场条件，对所提供的拆除爆破的技术资料及图纸进行校核，包括几何尺寸、材质等。同时还应注意有无影响爆破安全效果的因素，如梁柱四周临空面的情况等。拆除爆破工程应采用封闭式施工，将施工地段围挡，设置明显的工作标志和警戒标志；在临近交通要道和人行通道的方位和地段，应设置防护屏障。

3. 爆破安全监理

爆破安全监理制已在我国工程建设项目中全面推行，它对提高项目管理水平、实现工程建设目标、维护合同双方的权益有着重要的作用。《爆破安全规程》规定：对A级拆除爆破工程以及有关部门认定重要或重点拆除爆破工程，应由工程监理单位实施爆破安全监理。承担爆破安全监理的人员应持有安全作业证。

爆破安全监理的主要内容有以下几方面。

(1) 检查施工单位申报爆破作业的程序，对不符合批准程序的爆破工程，有权停止其爆破作业，并向业主和有关部门报告。

(2) 监督施工企业按设计施工；审验从事爆破作业人员的资格，制止无证人员从事爆破作业；发现不适合继续从事爆破作业的，督促施工单位收回其安全作业证。

(3) 监督施工单位不得使用过期、变质或未经批准在工程中应用的爆破器材，监督检查爆破器材的使用和领取、清退制度。

(4) 监督、检查施工单位执行爆破安全规程的情况，发现违章作业和违章指挥，有权停止其爆破作业，并向业主和有关部门报告。

FIDIC 方法

近几年来，我国已有一些爆破工程项目试行安全监理取得了较好的效果。为了和国际接轨，爆破安全监理应努力按照FIDIC方法的基本程序和精神开展工作，FIDIC是国际咨询工程师联合会(Federation Internationale Des Ingenieurs Conseils)的法文缩写，FIDIC方法是在国际惯例的基础上形成的对工程项目实施管理的方法，有一整套完整的程序和严谨的标准合同条件，它的通用条款可以通过具体项目的专有条款加以修正。FIDIC方法有其适用范围，不可能对任何情况下的任何项目都适用，但这一方法的基本精神都是长期以来项目管理的结晶，具有普遍的指导意义。

FIDIC合同条件通用条件的绝大部分条款都涉及监理工程师的职责，针对爆破安全监理，按其精神列举一些主要职权如下。

(1) 向承包商发布信息和指令，如开工令等。

(2) 要求承包商制定详尽的施工组织计划和安全防护措施，并予以审批。

(3) 审验爆破作业人员的资格，发现不适合从事爆破作业的，督促承包商辞退。

(4) 审验承包商报送的爆破器材样品，批准或拒收材料；监督检查承包商爆破器材的使用情况。

(5) 对工程的每道工序进行开工审批及完工验收，上道工序不合格，下道工序不得开工。

(6) 监视工地，对重要工序，如装药、连接起爆网路等旁站监督。

(7) 命令暂停施工。

(8) 证明承包商的违约行为。

监理工程师应坚持按合同与规范办事的原则，监理工程师要争取地方和部门(如公安部门)有关领导的支持和帮助，除了必要的制约外，还需要更多的协调，做到严格监理和热情服务相结合，指导和培训相结合，贯彻科学、公正、客观、依法的原则，使彼此的风险尽量减少。

4. 安全管理的意义

拆除爆破事故具有双重性，一方面造成了大量人力、物力资源的浪费，同时也给人类带来一些有益的作用：①是反面教员的作用，事故向人们形象地展示破坏的恶果，教人们必须按照安全生产规律办事；②是人类计划外的科学实验，一个系统发生了事故，说明该系统环节存在故障，从而以事故形式弥补了设计时想做而未做的试验；③给人类留下宝贵的信息资源。

安全管理有狭义和广义之分。狭义的安全管理是指企业为了控制工伤事故所实施的管理，本书所述主要为狭义的安全管理。广义安全的管理则是为了控制企业的工伤事故所实施的社会管理和企业管理。

一般说来，任何生产系统都包括 3 部分，同样，拆除爆破工程的劳动场所包括从事职业劳动的劳动者(爆破人员)，劳动工具，即设备、设施、机械、器具等(炸药、雷管、钻孔机具、防护材料等)，劳动环境和建(构)筑物(拆除爆破施工场地周围人员及设施、气象条件、杂散电砌等)，概括起来就是劳动现场的人、机、环境。安全管理就是要规范人的安全行为，使之适应劳动过程的安全要求；规范物的安全状态，使之不损害劳动者的安全与健康；规范环境的安全状态，使之适于劳动者的正常活动。总之，安全管理就是通过对人、机、环境的规范，使劳动环境形成一个协调、有序的整体。

要想使企业的所有劳动现场都能保障劳动者的安全与健康，就要求各个部门从不同角度对劳动现场的危险因素实施有效地控制。因此，安全管理不仅仅是安全管理部门的事，也不仅涉及生产部门，每一个部门、每一个人都有安全管理职责，而这些职责概括起来就是安全管理的基本内容(安全行政管理、安全法制管理、安全技术管理、安全环境管理等)。

10.5 工程实例

以高耸建筑物和楼房等低重心建筑物为例，介绍 2 个工程实例。

10.5.1 复杂环境下钢筋混凝土烟囱拆除爆破

1. 工程概况

某市焦化公司钢筋混凝土烟囱进行拆除。由于此烟囱高度高，周围环境复杂，结构坚固，拆除工期紧迫、任务重，人工和机械都很难完成，故选用定向爆破方法进行拆除。

该钢筋混凝土烟囱高 60m，底部直径 6.5m，烟囱底部外壁厚度 500mm，内衬厚度 240mm，空气间隔 100mm，距地面是高 1.5m 有一直径 7.0m 的钢筋混凝土圈梁。周围环境复杂：烟囱东侧 4m 处有正在使用的工房；烟囱东北侧有一仓库；烟囱西侧 0.7m 处有空中管道(距离地面约为 2m)，空中管道西侧 5m 处有一需要继续使用的炼焦炉；烟囱南侧 40m 处为输煤廊道；烟囱北侧为较为开阔的空地，但距烟囱 10m 处有浅埋地下管道。

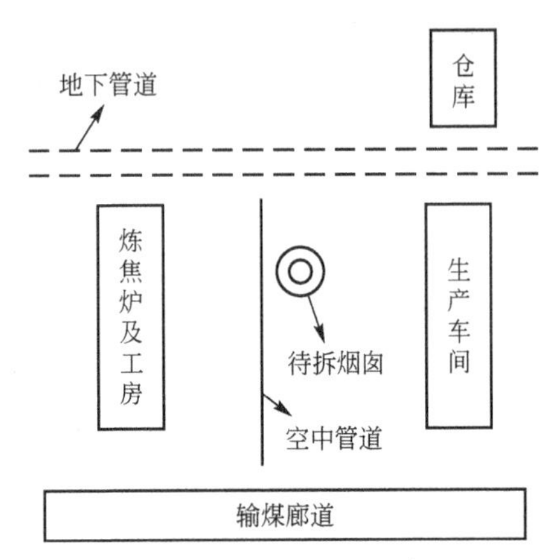

图 10-2　环境平面示意图

图 10-2 为该烟囱环境平面示意图。

2. 爆破方案及设计原则

根据爆破现场周围环境的实际情况，只有烟囱北侧有较为开阔的空地，其他方向均不具备烟囱倒塌的条件。考虑到该烟囱西侧 0.7m 处有空中管道，故选择向北偏东定向倾倒的爆破方案。由于该烟囱周围环境复杂、倾倒角度较小，必须开定向窗和预处理，保证倾倒方向的准确性。爆破时，采取相应安全措施，尽量减小对周围建筑物和设施的损坏。

3. 爆破设计

1）爆破切口及定向窗

为确保烟囱按设计方向倒塌，本次爆破采用正梯形切口，并采用人工用风镐、爆破相结合的方法开凿定向窗，定向窗为正三角形，边长 1m。为了便于施工，在圈梁上方约 0.5m 处开始钻孔。

爆破切口参数如下：爆破切口高度 $h=3.5\times\delta$，式中 δ 为切口处外壁厚，取 1.8m；爆破切口底边长度 $L_{下}=0.6\times\pi D$，式中 D 为切口处烟囱的直径，取 11.2m；爆破切口顶边长度 $L_{上}=7.6$m。

2）爆破参数

炮孔深度 1：$l=0.70\times\delta=0.70\times0.5=0.35$(m)。

炮孔间距 a：$a=0.75\times\delta=0.75\times0.5=0.375$(m)，取 0.4m。

炮孔排距 b：$b=0.8\times a=0.8\times0.4=0.32$(m)，取 0.35m，爆破切口范围内共布置 6 排，共 116 个炮孔。

单孔装药量 q：$q=kab\delta$，式中，k 为单位耗药量，取 $700\text{g}\cdot\text{m}^{-3}$，所以 $q=49$g，取 50g。

3）爆破器材与网络

为确保起爆可靠性，每孔放置两枚毫秒非电雷管，雷管段位以设计的中心线左右对称分别为 1、3、5、7 段，用四通连接成复式网络。本次爆破用乳化炸药，共计 5.8kg。

4）安全措施

为确保爆破成功，并防止爆破对烟囱周围的建筑物、管线、设备等造成损坏，采取以下安全技术与管理措施。

(1) 定向窗、内衬的预处理：在爆破以前，人工用风镐、爆破相结合的方法开定向窗口和爆破切口范围内的内衬预处理工作。

(2) 为保护烟囱倒塌方向上，浅埋于地下的电气管路，首先在管沟上方覆盖钢板，并用在钢板上铺设约 0.5m 厚土层，以缓冲烟囱倒塌时的冲击作用。

(3) 爆破作业人员和施工人员必须严格按照爆破方案执行，并且认真做好钻孔、装药、堵塞、连线、防护等工作，确保安全。

5）爆破安全校核

目前常用修正的萨道夫斯基公式来计算拆除爆破时产生的震动。

$$V=KK_1\left(\frac{Q^{1/3}}{R}\right)^{\alpha}$$

式中，V——质点振动速度，$cm\cdot s^{-1}$；

K——与传播介质有关的系数，$K=100\sim150$；

K_1——修正系数，$K_1=0.25\sim1.0$；

Q——最大段起爆药量，kg；

R——测点与爆破点之间的距离，m；

α——衰减系数，$\alpha=1.5\sim1.8$。

根据《爆破安全规程》(GB 6722—2011)规定，对此类建筑物，爆破时地面质点产生垂直振动速度应控制在$V\leqslant3.0cm\cdot s^{-1}$。本次爆破中，最大段起爆药量$Q=1.6kg$，离烟囱最近的建筑物约为4m，取$K=7.06$，将$Q=1.6kg$，$R=4m$，$\alpha=2.2$代入上式中，计算得$V=2.17cm\cdot s^{-1}<3.0cm\cdot s^{-1}$，所以，由于炸药爆炸产生的震动不会对周围建筑物造成影响。

4. 爆破效果

由于采取了良好的减震措施和防护措施，烟囱倒塌的触地震动和爆破飞石未对周围建筑物、管线、设备等造成危害；爆破参数选择合理，安全措施得当，烟囱按爆破设计方向倒塌，周围建筑物及烟囱周围地下、空中的管线等都完好无损，爆破取得了成功。

10.5.2 哈尔滨龙海大厦拆除爆破

1. 工程概况

龙海大厦位于哈尔滨市中山路与新乡里街交汇处，香安街北侧。该楼四周建有围墙，西侧距围墙15m，距中山路高架桥和黑龙江省医院门诊楼分别为52m和95m，南侧距香安街27m，北侧距新乡里街12m，东北方向18m为7层居民楼，东侧100m处为香顺街。在围墙外侧有燃气管线、电力电缆管线、供水管线、排水管线及供热管线，周边环境比较复杂。

2. 楼房结构特点

待拆除楼房是一幢框架剪力墙结构的高层建筑，地上16层，地下2层。主楼沿长度方向具有呈直线加弧形的外形，长53.7m、宽18.3m、高60m。承重立柱主要分布在二、三、四爆区，截面尺寸不等，为边长0.80～1.35m的正方形。楼的中央有四个电梯间和一个楼梯间，而楼东部有一个电梯间和一个楼梯间，所有电梯间及楼梯间均为剪力墙结构，剪力墙厚度有0.4m和0.3m两种，主楼东西两侧外墙均为厚0.4m的剪力墙。楼房的结构如图10-3所示。

3. 爆破方案

根据该楼周围环境、楼房结构特点，为保护大楼周边居民楼、在建办公楼及各类设施、地下管线的安全，经过分析，沿PQ将大楼预先切割为A、B两部分。然后在两部分的1楼和2楼、4楼和5楼、9楼和10楼分别形成3个爆破切口，依靠爆破高度差和起爆时间差形成倾覆力矩，使其A部分向东南方向空地折叠倒塌，使西部B部分向南方向折

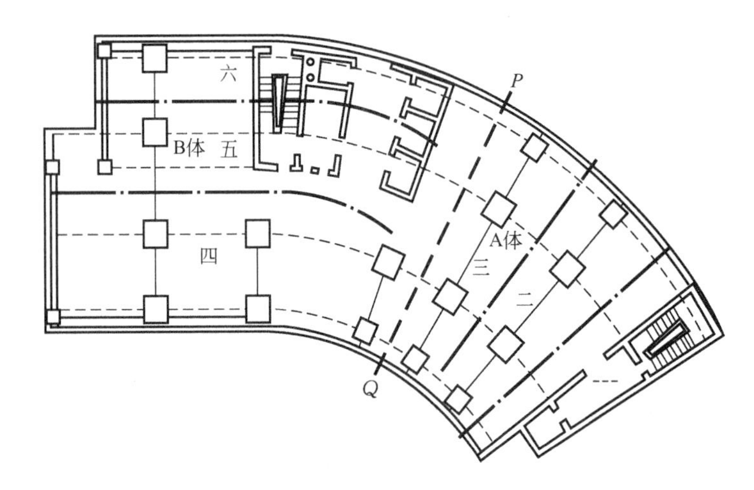

图 10－3　楼房结构图

叠倒塌。采用延期技术使A部分爆破与B部分爆破前后间隔一定时间，使A、B两部分爆破时先行分开，避免同时起爆可能发生的相互影响。

高层框架楼定向拆除爆破倾倒的震动主要有爆破震动、后坐破坏震动和倾倒塌落震动3种。爆破震动强度主要与爆破装药量相关，主要通过合理地选择炸药，正确地选取单位炸药消耗量，采用合理地延期时间来减少爆破震动。倾倒塌落震动能量最大，其水平径向的震动速度分量非常显著，主要通过延缓塌落时间，敷设缓冲垫层，挖掘减振沟降低塌落震动。

(1) 利用等能原理，合理地选择炸药种类、正确地选取单耗和装药结构等能原理就是尽量使炸药爆炸产生的能量与破碎周围介质所需的最低能量相等。通常采用合理地选择炸药种类、正确地选取单耗和装药结构来实现。尽量选择低爆速的炸药是减少震动的有力措施，因此选用乳化炸药。正确地选取单位炸药消耗量是减少震动的关键，根据爆破部位设计的破坏程度，取单位炸药消耗量 $K=1.0\sim2.0(\mathrm{kg/m^3})$，由底层到高层单耗依次减少。装药结构采用不连续装药，中间采用导爆索连接，使装药尽量在空间上均匀分布。

(2) 利用能量均分原理，优化爆破参数，采用合理的延期技术。优化爆破参数，采用多打孔、少装药的方法，使能量在空间上均衡分布，避免能量集中，减小爆破震动。

采用合理的分段延期技术，减小单次起爆药量，使炸药的能量在空间上均匀分布，有利于控制爆破震动。在总体设计方案中，在上下方向上，上部分切口先响；在前后排之间，前排先响，后排按顺序爆破，形成倾倒切口，产生足够的倾覆力矩。起爆网络上，采用孔内半秒差雷管、孔外毫秒延期雷管构成的混合起爆网路。

根据楼房结构特点以及周围环境，采用以下技术措施来进一步控制。

(1) 整个结构物通过划分爆区和爆段，爆破后的倒塌过程中不断削减大厦的重力势能，减小塌落物触地时的能量，降低塌落震动的强度。

(2) 在建筑物坍塌范围内，用建筑垃圾敷设，通过垫层减振材料吸收落地冲量。

(3) 减振沟是降低爆破塌落震动的重要措施。为确保周围建筑及管线安全，在围墙内开挖减震沟，其断面为2.5m×3.5m。

本 章 小 结

本章系统地介绍了拆除爆破技术的基本原理和知识。拆除爆破一般分为 3 种方式：钻孔爆破、水压爆破和外部爆破。根据拆除对象的不同采取不同的爆破方式。拆除爆破的基本原理是：利用炸药爆炸的能量破坏爆破对象的局部承重构件，使之失去承载能力，建筑物在自身重力作用下失稳倾倒坍塌。拆除爆破参数直接影响到爆破效果和爆破安全，是一个非常重要的问题，其中重要的参数包括爆破切口尺寸、最小抵抗线、炮孔参数、药量计算、起爆网路设计等。一项爆破工程要取得预期的效果，除了正确的爆破方案、准确的爆破设计外，精心的施工也是关键的一步。在施工过程中发现的问题，需及时反馈到设计中。爆破工作是一项危险性很高的工作，贯穿于整个爆破工程中最重要的是安全，要做好安全管理工作，防止早爆、拒爆。

习　　题

一、名词解释

爆破切口高度，最小抵抗线，炮孔参数，早爆，拒爆，起爆网路

二、填空题

1. 拆除爆破一般有 3 种方式__________、__________和__________。
2. 拆除爆破的施工技术，包括 3 个阶段__________、__________和__________。
3. 安全防护，既包括__________防护，又包括__________的防护。
4. 爆破安全规程规定，应采用__________或__________网路，不允许使用__________，不允许用导爆索网路，可以在孔内用导爆索串联几个药包组成药串。
5. 拆除爆破必须十分重视起爆网路的设计，起爆网路设计要遵循以下的设计原则__________、__________和__________。

三、简答题

1. 简述拆除爆破技术的基本原理，以及相比传统拆除技术的优势、劣势。
2. 简述根据不同拆除对象，如何选择爆破拆除方案？并简要阐述不同的爆破方式。
3. 简述爆破切口尺寸、最小抵抗线、炮孔参数、药量计算的计算公式。
4. 简述起爆网络设计需要遵循的设计原则。
5. 简述爆破施工的 3 个阶段。
6. 简述早爆、拒爆的主要原因，以及防范措施。
7. 简述拆除爆破安全管理的主要内容，及其重要意义。

第11章 爆破安全技术

爆破工作是一项危险性非常高的工作，因此安全问题显得尤为重要，爆破安全技术已成为爆破技术研究中一门独立的课题。目前虽然有关爆破安全的相关规范已经比较成熟，但是爆破事故仍然偶有发生。本章通过对典型事故的分析以及有关爆破的安全规定的介绍，从实际出发介绍了爆破安全技术的基本知识。爆破安全问题除了缜密的考虑、细心的准备，更需要准确的计算，特别是安全距离的计算。爆破技术在煤炭行业中广泛应用，煤矿中的爆破与拆除爆破有明显的不同并且危险性更大，因此本章第4节系统地介绍煤矿爆破安全技术。同时妥善的管理爆破器材是防患于未然，避免事故，保证社会稳定的又一重要条件。

教学目标

(1) 熟悉爆破安全技术的基本知识。
(2) 掌握安全距离的计算。
(3) 了解煤矿爆破安全技术和爆破器材的安全管理。

教学要求

知识要点	能力要求	相关知识
安全规范	熟悉	爆破施工流程
安全距离计算	掌握	经验参数
煤矿爆破安全	了解	煤炭开采爆破技术
器材管理	了解	相关规定

引例

神华宁煤集团大峰矿爆破事故

国家关于爆破工程的安全规定是相当严格的，但是由于种种原因，仍然有爆破事故发生。2008年10月16日18时10分许，神华宁煤集团大峰矿羊齿采区技改露天剥离工程进行中深孔岩石爆破时发生爆破事故(图11-1)。此次爆破由广东某爆破工程公司承担的，该爆破工程公司在施工现场设置了30多个爆破孔，使用炸药量超过2t，爆炸时产生的空气冲击波冲破了原先设定的200m封闭警戒线，最远抛石超过1km，造成16人死亡，46人受伤，其中重伤12人。2009年10月14日18时20分，神华宁煤业集团大峰矿羊齿采区基建工程A区段再次发生一起重大炸药爆炸事故，造成14人死亡、2人重伤、5人轻伤。该事故是同一个单位一年以来又一次发生的同类事故，影响极其恶劣，损失极其惨重，教训十分深刻。

图 11-1 “10·16”大峰矿技改工程重大爆破事故

11.1 爆破事故预防与安全管理

爆破事故通常都是由于爆破灾害引发的。爆破灾害主要是飞石、地震和有毒气体。相应地，爆破事故也集中在这 3 个方面。下面是几起典型事故。

2004 年 8 月，乌鲁木齐某公司在进行爆破作业时，因爆破造成岩体垮落，致使 3 名员工被巨石掩埋，造成死亡。这起重大安全责任事故直接经济损失达 100 余万元。经过 1 个多月的调查取证，确认为责任事故，是因为违反爆破安全操作规程，对发现的事故隐患未及时排除造成。

2007 年 6 月，涟源市一煤矿井下发生一起爆破事故，造成 1 人死亡，直接经济损失约 53.54 万元。原因是两矿同时越界开采，未按规定留设矿井安全保护煤柱，在即将贯通的情况下，仍继续采用危及相邻煤矿生产安全的爆破危险方法进行掘进，事故当班第二次炮时，未能通知邻近煤矿撤人，致使一名工人被爆破冲击波和爆破物伤害，当场死亡。

2008 年 1 月 31 日，中铁某公司在一铁路客运专线爆破施工中发生伤害事故，造成 1 人死亡。经初步调查，当日，该单位在进行潜孔钻爆破施工时，由于爆破员有事离岗，非爆破员装药并进行爆破，药量控制不当，导致当日爆破产生大量飞石，将在离爆破点 100 余米处进行警戒的人员头部砸中，当场死亡。

11.1.1 爆破事故的预防措施

上述血的教训告诉人们，必须采取强有力的预防措施，确保安全。

(1) 严格按照爆破操作规程进行施工，爆破作业人员必须由经过爆破专业培训并取得爆破从业资格的人员实施。根据爆破前编制的爆破施工组织设计上确定的具体爆破方法、爆破顺序、装药量、点火或连线方法、警戒安全措施等组织方案实施爆破。在爆破过程中，必须撤离与爆破无关的人员，严格遵守爆破作业的安全操作规程和安全操作细则。

(2) 装药、充填。装药前必须对炮孔进行清理和验收。使用竹、木棍装药，禁止用铁棍装药。在装药时，禁止烟火、禁止明火照明。在扩壶爆破时，每次扩壶装药的时间间隔必须大于 15min，预防炮眼温度太高导致早爆。除裸露爆破外，任何爆破都必须进行药室充填，堵塞前应对装药质量进行检查，并用木槽、竹筒或其他材料保护电爆缆线，堵塞要小心，不得破坏起爆网路和线路。隧道内各工种交叉作业，施工机械较多，故放炮次数宜尽量减少，放炮时间应有明确规定，为减少爆破药包受潮引起“盲炮”，放炮距装药时间不宜过长。

(3) 设立警戒线。爆破前必须同时发出声响和视觉信号，使危险区内的人员都能清楚地听到和看到；在重要地段爆破时，应在危险区的边界设置岗哨，撤走危险区内所有人、畜；孔桩爆破时，应在爆破孔桩口用竹笆或模板覆盖，并加压沙袋，以防止爆破飞石飞出地面。

小知识

不同爆破方式有不同的避炮距离，在掘进全岩直巷迎头爆破，避炮距离不小于 150m，在掘进全岩转弯迎头爆破，避炮距离不小于 120m；在掘进煤巷、半煤巷直巷迎头爆破，避炮距离不小于 120m；在掘进煤巷、半煤巷转弯迎头爆破，避炮距离不小于 90m；在掘进全岩上山迎头爆破，避炮距离不小于 150m，且人员要在躲避洞内；采煤工作面爆破，避炮距离不小于 50m。

(4) 点火、连线、起爆。

① 采用导火索起爆，应不少于二人进行，而且必须用导火索或专用点火器材点火，严禁明火点炮。单个点火时，一个人连续点火的根数不得超过 5 根，导火索的长度应保证点完导火索后，人员能撤至安全地点，但不得短于 1.2m。如一人点炮超过 5 根或多人点炮时，应先点燃计时导火索，计时导火索的长度不得超过该次被点导火索中最短导火索长度的 1/3，当计时导火索燃烧完毕，无论导火索点完与否，所有爆破工作人员必须撤离工作里。

② 为防止点炮时发生照明中断，爆破工应随身携带手电筒，严禁用明火照明。

③ 用点雷管起爆时，电雷管必须逐个导通，用于同一爆破网络的电雷管应为同厂同批号。爆破主线与爆破电源连接之前必须测全线路的总电阻值，总电阻值与实际计算值的误差必须小于±5%，否则禁止连接。大型爆破必须采用复式起爆线路。

④ 采用电雷管爆破时，必须按国家现行《爆破安全规程》(GB 6722—2011)的有关规定进行，并加强洞内电源的管理，防止漏电引爆。装药时可用投光灯、矿灯照明；起爆主导线宜悬空架设，距各种导电体的间距必须大于 1m，雷雨天气应停止爆破作业。

(5) 爆破检查。爆破后必须经过 15min 通风排烟后，检查人员方可进入工作面，再确认爆破地点安全与否，检查有无“盲炮”及可疑现象；有无残余炸药或雷管；顶板两帮有无松动石块；支护有无损坏与变形。在妥善处理并确认无误后，经爆破指挥班长同意，发出解除警戒信号后，其他工作人员方可进入爆破地点工作。

(6) 盲炮处理。盲炮包括瞎炮和残炮，发现盲炮和怀疑有盲炮，应立即报告并及时处理。若不能及时处理应设置明显的标志，并采取相应的安全措施，禁止掏出或拉出起爆药包，严禁打残眼。盲炮处理应由原施工人员参加处理。处理主要有下列方法。

① 经检查确认炮孔的起爆线路完好和漏接、漏点造成的拒爆，可重新进行起爆。

② 打平行眼装药起爆。对于浅眼爆破，平行眼应在距盲炮炮孔不小于0.6m外另行打眼爆破(当炮眼不深时，也可用裸露药包爆破)，深孔爆破平行眼距盲炮孔不得小于10倍炮孔直径。

③ 用木制、竹制或其他不发火的材料制成的工具，轻轻地将炮孔内大部分填塞物掏出，用聚能药包诱爆。

④ 若所用炸药为非抗水硝铵类炸药，可取出部分填塞物，向孔内灌水，使炸药失效。

⑤ 对于大爆破，应找出线头接上电源重新起爆或者沿导硐小心掏取堵塞物，取出起爆体，用水灌浸药室，使炸药失效，然后清除。

11.1.2 爆破器材的安全管理

爆破器材属于危险品，必须进行严格管理。施工现场建立符合国家有关标准的炸药库，建立爆破器材集中收发制度，由现场负责人签字领料，按工作量发料；每天下班前进行爆破器材进行清点，施工现场当天没有使用完的爆破器材应及时上交炸药库保管，做到集中发料、统一制作、统一收回、集中保管、严格登记手续，避免爆破器材流入社会。

11.2 爆破作业安全规定示例

为了保证施工区人员、设备的安全，保证工程建设顺利进行，防止爆破事故的发生，规范爆破施工，特制定本规定。

11.2.1 爆破施工依据

(1)《爆破安全规程》(GB 6722—2011)。

(2)《现代水利水电工程爆破》。

(3)《新编爆破工程实施技术大全》。

(4)《爆炸危险场所安全规定》。

(5) 施工组织设计方案等。

11.2.2 适用范围

本制度适用于××工程的露天爆破施工。

11.2.3 一般规定

1. 管理制度和职责范围

(1) 各施工单位建立爆破施工安全管理机构，隶属于本单位安全部门，并由主管安全生产的项目经理负责；成员由主管爆破施工负责人、爆破工程技术人员、爆破人员及火工品仓库管理人员组成。

(2) 从事爆破工作的人员必须符合爆破安全规程相关规定的要求。

① 从事爆破工施工的主要人员，应经过爆破安全技术培训考试合格并取得相应的作业证书。

② 爆破员及火工品仓库管理人员应由爆破技术人员或经验丰富的爆破人员担任。

③ 爆破员应是从事过一年以上与爆破作业有关工作的、按爆破员培训大纲的要求，进行过培训并考试合格的人员。

④ 必须由经验丰富的爆破员或爆破工程技术人员担任负责爆破安全施工的安全员。

(3) 爆破施工主要负责人的职责。

① 主持制定爆破工程的全面工作计划，并负责实施。

② 组织爆破业务、爆破安全的培训工作和审查、考核爆破工作人员与火工品管理人员。

③ 监督本单位爆破工作人员执行安全规章制度情况。

④ 组织领导爆破工程的设计、施工及总结工作，并制定爆破施工安全操作细则及相应的管理条例。

⑤ 参加本单位爆破事故的调查和处理。

(4) 爆破工程技术人员的职责。

① 负责爆破工程的设计和总结，指导施工。

② 制定爆破安全的技术措施，检查实施情况。

③ 负责制定盲炮处理的技术措施，进行盲炮处理的技术指导。

④ 参加爆破事故的调查和处理。

(5) 火工品管理人员的职责。

① 负责制定火工品仓库管理细则。

② 督促检查爆破火工品发放员的工作。

③ 及时上报质量可疑及过期的火工产品。

④ 督促检查库区安全情况、消防设施和防雷装置，发现问题，及时处理。

⑤ 火工品发放员负责炸药和雷管的验收、发放、退库、统计，对无“爆破员作业证”的人员有权拒绝发给火工品。

⑥ 应随时接受当地公安部门的检查及整改意见。

(6) 爆破员的职责。

① 保管所领取的火工品，不得遗失或转交他人，不准擅自销毁或挪作他用。

② 按照爆破指令单和爆破设计规定进行爆破作业。

③ 爆破后检查工作面，发现盲炮和其他不安全因素应及时上报或处理。

④ 未及时进行爆破施工时，负责装药后、爆破前爆破现场的看护工作。

(7) 负责爆破施工安全员的职责。

① 负责本单位火工品购买、运输、储存和使用过程中的安全管理。

② 督促爆破员、火工品管理人员及其他作业人员按照本规程和安全操作细则的要求进行作业，制止违章指挥和违章作业，纠正错误的操作方法。

③经常检查爆破工作面，发现隐患应及时上报或处理。

④ 经常检查本单位火工品仓库安全设施的完好情况及火工品安全使用、搬运制度的

实施情况。

⑤ 有权制止无爆破员安全作业证的人员进行爆破工作。

⑥ 检查火工品的现场使用情况和剩余火工品的及时退库情况。

2. 爆破统一规定时间

根据《爆破安全规程》相关要求，结合××工程施工实际情况，统一规定爆破时间段，避免安全事故发生。

(1) 一般规定每天有3次爆破时间段：第一次为7:00～7:30，第二次为12:00～12:30，第三次为18:30～19:00。

(2) 特殊情况下可递交紧急爆破申请单(内容与爆破申请单基本相同)，爆破时间经协调后做统一安排。

3. 爆破前的准备工作

(1) 在爆破施工前，应通告全体施工人员和附近居民，告知警戒范围、警戒标志和声响信号的意义，以及发出信号的方法和时间。

(2) 爆破工作开始前，必须确定警戒区的边界，并设置明显的标志。确定警戒区的边界是根据《爆破安全规程》安全距离的计算或查表结果，取其最大值，一般以飞石危险边界为最大；必须结合地形地物条件来调整警戒范围，此范围不得小于设计规定的危险边界；在边界上设置的标志，可根据现场条件选用，如红旗、带彩带的栏杆或用警戒牌标明“爆破危险区，严禁入内”字样。

(3) 每次进行爆破施工的单位都应提前向监理部报送爆破申请单，申请单中应说明爆破时间、部位、总装药量、单响装药量、警戒范围和采取的安全措施，得到监理批准后方可进行爆破作业。

(4) 每次进行爆破施工前都应进行爆破设计，爆破设计报告作为爆破施工作业申请单的附件一同报送监理部。

(5) 施工单位在进行爆破施工前，应制定爆破施工安全事故紧急预案。

(6) 火工品拉运至爆破现场，应堆放在安全、可靠的地方，避免靠近道路及作业机械附近，并应有专人看管。

4. 爆破警戒工作规定

1) 爆破警戒器材

在坝区使用一个爆破警戒器材统一发出爆破信号，爆破警戒器材由专人负责，到规定的爆破时间时(如需要进行爆破施工)，由负责爆破警戒器材人员拉响爆破警戒信号。

2) 爆破警戒信号

爆破前必须统一由发出音响和视觉信号，使危险区内的人员都能清楚地听到和看到。

(1) 预告信号。在爆破前30min拉响，所有与爆破无关人员及机械应立即撤到危险区以外，或撤至指定的安全地点，向警戒区边界派出警戒人员。

预告信号所示：长声30s(停5s)、长声30s(停5s)、长声30s。

(2) 准备信号。检查确认人员、设备全部撤离爆破警戒区。

准备信号所示：在预告信号结束后20min发出，间隔鸣一长、一短重复三次，时间为长声20s、短声10s(停5s，重复三次)。

(3) 起爆信号。具备安全起爆条件时，方准发出起爆信号，根据这个信号准许爆破员起爆。

起爆信号所示：在准备信号结束后10min发出，连续三短声，时间为10s(停5s，连续三次)。

(4) 解除警戒信号。未发出解除警戒信号前，警戒人员应坚守岗位，除经批准的爆破人员以外，任何人不准进入警戒区，爆破人员经检查确认安全后，爆破施工负责人发出解除警戒指令后，方准发出解除警戒信号。

解除警戒信号所示：一长声(60s)。

3) 爆破警戒范围

爆破警戒预告信号发出后，爆破施工单位安排人员进行各路段的警戒工作，根据爆破安全相关规定的爆破安全距离来确定警戒范围。

两家以上爆破单位同时进行爆破作业时，应按监理确定的各自负责警戒范围安排警戒人员。

5. 爆破后的安全检查和处理

1) 爆破后的安全检查

(1)爆破后经过5～15min(根据钻孔、装药情况而定)后才允许有经验的爆破员进入爆破作业地点。

(2) 爆破员进入作业地点应进行必要的检查，检查内容如下。

① 边坡有无危石、滚石，边坡是否稳定，有无滑坡的危险。

② 有无盲炮。

③ 爆破的作业面是否稳定。

④ 已支护好的边坡是否破坏。

(3) 经检查确认爆破作业面安全后，经爆破施工负责人同意，方准重新开始作业。

2) 对检查发现的不安全因素进行处理

(1) 发现盲炮或怀疑有盲炮，应立即报告，并采取必要的安全措施。

(2) 处理盲炮时，无关人员不得在场，并应在危险区边界设警戒，危险区内禁止进行其他作业。

(3) 禁止直接拉出未起爆的火工品(雷管、炸药卷等)。

(4) 电力起爆网路发生盲炮时，须立即切断电源，并及时将爆破网路短路。

(5) 盲炮处理后，应仔细检查爆破作业面，收集残余的火工品(收集的残余火工品可直接销毁或采取其他有效措施)。

(6) 未判明爆破作业面有无残留的火工品前，应采取防范措施。

(7) 每次处理盲炮，必须由处理者填写登记卡片，说明产生的原因、处理的方法和结果、预防措施。

11.2.4 爆破施工后的总结

(1) 每次爆破后，爆破员应填写爆破记录。

(2) 爆破工程结束后，爆破工程技术人员应提交爆破总结，爆破总结应包括以下几方面。

① 设计方案、参数、评述，提出改进设计的意见。

② 施工概况、爆破效果及安全分析，提出施工中的不安全因素和隐患以及防范办法，提出改善施工工艺的措施。

③ 经验和教训。

(3) 其他规定。

(1) 本规定未涉及的爆破施工技术方面的规定应严格按照相关规范规程规定执行。

(2) 本规定从20××年×月×日起开始执行。

爆破施工作业申请单

爆破施工作业申请单　No.：

申请单位

爆破时间

爆破部位

(桩号、高程)

总装药量

单响装药量

爆破员名单

警戒人员名单

警戒范围

附件 《爆破设计报告》

施工单位爆破施工负责人

监理工程师

11.3 爆破安全距离计算

11.3.1 地震效应确定的爆破安全距离

对爆破安全规程规定的峰值振动速度计算公式变形，可以得到安全距离公式

$$V=kk'\left(\frac{Q^{\frac{1}{3}}}{R}\right)^{\alpha} \tag{11-1}$$

式中，V——地面振动速度，cm/s；

Q——炸药量，kg；齐发爆破为总药量；延迟爆破为最大一段药量；

R——观测点到爆源的距离，m；

k，k'，α——与爆破点至计算保护对象的地形、地质条件有关的系数和衰减指数，可通过现场实验测定，或按经验值选取：$k=175\sim230$；$k'=0.25\sim1$；$\alpha=1.5\sim1.8$。

11.3.2 爆破飞石

飞石是拆除爆破中最主要的灾害因素之一。在爆破工程事故统计中，爆破飞石伤害危害最大，事故率最高。它不仅造成建筑物、地面设施的损害，而且威胁居民生命财产安全。因此必须严格控制。

可以使用下面两个公式对飞石危害进行估算

$$V_0=20\left(\frac{\sqrt[3]{Q}}{W}\right)^2 \tag{11-2}$$

$$S_{max}\leqslant\frac{V_0^2}{g} \tag{11-3}$$

式中，V_0——飞石初速，m/s；

Q——炸药量，kg；

W——最小抵抗线，m；

S_{max}——飞石最远距离，m。

不同类型的爆破，飞石灾害的影响不同。例如，钢筋混凝土爆破，由于要使混凝土挣脱钢筋的束缚，需要使混凝土获得大得多的质点运动速度，因而飞石比较严重。飞石产生的原因是多方面的，目前采用的公式只是考虑了装药量或单耗以及抵抗线等几个主要因素。对飞石灾害的控制，主要还应具体分析可能产生过远飞石的原因，从根本上消除或减少飞石。

飞石产生的主要原因有以下几个。

(1) 事先对被爆体的情况了解不明，如介质中的断层、裂隙、强度和结构等情况不了解，装药钻孔计算错误，造成高压的爆生气体从薄弱的地方冲出，夹杂碎块形成飞石飞向较远的地方。基础的施工接缝或堵塞不好的炮孔空口，往往是飞石冲出的主要通道，要避免使药包位于施工接缝处，严格做好炮孔堵塞。

(2) 设计失误。如选取的参数不当，最小抵抗线过小或药量过大，往往是造成过远飞石的主要原因。所以，除了正确布孔及严格计算药量外，装药前，应校核各药包的实际最小抵抗线，若与设计不符，最小抵抗线发生变化，应相应修正药量。

(3) 施工马虎、偷工减料、草率行事也会造成飞散物的危害。如钻孔过深或过浅，钻孔角度偏差，致使最小抵抗线变小或方向改变；填塞物不符合要求，堵塞长度不够，误装药等，也会引起飞石。

控制爆破产生飞散物的主要措施如下。

(1) 设计合理，炮孔位置等测量验收合格，是控制飞散物的基础工作。装药前应认真校核各药包的最小抵抗线，如有变化，必须修正装药量，不得超装药量。

(2) 保证填塞质量，不但要保证填塞长度，而且应保证填塞密实，填塞物中避免夹杂碎石。尤其是建(构)筑物爆破，由于抵抗线小、填塞长度短，更要加强填塞质量，必要时可使用快硬水泥填塞。

(3) 应根据环境复杂情况和结构状况，分别对爆破体采取不同等级的覆盖防护、近体防护和保护性防护措施，以严格控制飞散物。

(4) 对于高耸建筑物定向拆除爆破，应当特别注意爆破体定向倾倒冲砸地面而引起的碎石飞溅，其碎石可能是爆破体的碎石块，也可能是地面上的砖石碎渣。对于高耸建筑物定向拆除爆破，除做好覆盖防护外，必须做好地面缓冲垫的设计，并适当加大对人员的安全警戒距离，必要时，可在重点保护方向和飞散物抛出主要方向上设立屏障，其材料可用木板、荆笆或铁丝网，屏障的高度和长度应能完全挡住飞散碎块。

为防爆破飞石需要进行覆盖防护，设置阻波墙、躲避硐等防止空气冲击波和噪声，为减少地震波的危害，可采用预裂爆破、毫秒延时爆破及开挖减震沟等措施。

小知识

统计资料表明，在我国由于爆破飞石造成的人员伤亡、建筑物损坏事故已经占整个爆破事故的15%～20%，根据我国矿山事故的统计，露天爆破飞石伤人事故占整个爆破事故的27%。因此有针对性地开展爆破飞石的预防和干预措施，对防止爆破事故的发生保障人们的生命财产安全具有十分重要的意义。

11.3.3 空气冲击波

冲击波是炸药爆炸时的一种外部效应。冲击波具有较高的能量，在靠近爆源一定距离范围内，它能够引起爆炸材料的殉爆。它对人员也具有很强的杀伤力，对建筑物、构筑物、设备也可造成破坏。在拆除爆破中，无论是钻孔爆破、外部爆破还是水压爆破，空气冲击波将在一定范围内对建(构)筑物和人员造成不同程度的危害。

《爆破安全规程》规定：露天裸露爆破大块时，一次爆破的炸药量不得大于20kg，并应按式(11-4)～式(11-6)确定空气冲击波对人员、建(构)筑物的安全允许距离

$$R_k=25Q^{1/3} \quad (\text{掩体内人员}) \tag{11-4}$$

$$R_k=60Q^{1/3} \quad (\text{其他作业人员}) \tag{11-5}$$

$$R_k=55Q^{1/3} \quad (\text{建筑物、构筑物}) \tag{11-6}$$

式中，R_k——空气冲击波的最小允许距离，m；

Q——一次爆破的炸药量，kg，秒延时爆破取最大分段药量计算，毫秒延时爆破按一次爆破的总药量计算。

对于建筑物拆除爆破，不允许采用裸露爆破，也不允许采用孔外导爆索网路。一般空气冲击波的主要范围小于个别飞散物，可以采取的措施，如做好爆破部位的覆盖防护、合理确定爆破参数、保证合理的填塞长度和填塞质量、选择毫秒延时起爆方式等，以减少空气冲击波的破坏作用。对大面积建筑物在坍塌过程中压缩空气形成气浪裹挟地面渣土对周边环境的影响，可以采取如下措施将爆破碎渣在爆前清扫干净，门窗用荆(竹)笆遮挡等。

11.4 煤矿爆破安全技术

针对煤矿井巷工程及煤炭开采，中小型煤矿企业基本上采用钻眼爆破法。即使大型煤矿，钻眼爆破法仍然是破碎岩石的主要手段。煤矿爆破普遍存在的问题是安全隐患多、事故多。新中国成立以来，煤矿爆破方面的事故突出表现在2个方面：①放炮引起瓦斯、煤尘爆炸；②放炮崩人。

知识链接

2006年12月，国家安全生产监督总局通报处理的11起特别重大事故中，7起煤矿事故中的4起与放炮有关。放炮引起事故的死亡人数达到301人，占7起事故死亡总人数的74.5%。同时放炮崩人死亡人数占全国煤矿生产事故死亡总人数的3.35%。因此，搞好煤矿爆破事故的预防与治理越来越成为煤炭企业的突出问题。

11.4.1 爆破事故的原因分析

1. 爆炸材料问题

目前煤矿使用的爆炸材料主要是煤矿许用型电雷管和炸药。

(1) 雷管问题：①雷管质量不合格造成电阻过大或不稳定，甚至断路，导致通电不良或不导通；②储存或使用中，引爆药头受潮、变质等，致使雷管起爆敏感度急剧下降而无法起爆；③混用了不同雷管，因其电阻值差异较大，易造成瞎炮。

(2) 炸药问题：①使用受潮、硬化变质的炸药，导致药卷不爆；②使用普通硝铵炸药时，炮眼间距过小，而雷管起爆时差选用过大，易造成瞎炮；③在潮湿和有水的作业条件下，使用了非抗水型炸药，或使用抗水型炸药而未套防水套或防水套漏水失效，以及药卷之间有煤粉、岩粉，造成药卷不衔接、密接，导致炸药拒爆。

2. 操作工艺问题

(1) 爆破网路中接线虚连，造成接头电阻增加影响导通，使起爆雷管的发火冲能过小而产生拒爆。爆破网路部分接线漏连，形成断路。

(2) 网路中裸露接头或破损处与外界导体、潮湿物体接触造成漏电，导致雷管不爆。

(3) 装药和装填炮泥，用炮棍送药用力过大，炸药被压实，使其敏感度降低。

(4) 雷管脚线被捣断、绝缘皮被捣坏或裸露接头互相接触，造成断路或漏电使雷管不爆。

(5) 引药中雷管位置放置不合理或装药时引药雷管脱离了原来的位置。

(6) 爆破网路连接的雷管数目超过发爆器的起爆能力。

3. 发爆电源问题

发爆器电能不足，使局部网路中的电流小于雷管的准爆电流，造成雷管拒爆。

11.4.2 预防措施

(1) 完善煤矿爆炸材料及爆破管理制度，明确爆破材料从入矿到处理瞎炮整个过程的执行程序、各部门人员的责任和处罚办法。

(2) 爆破材料库严把电雷管的测阻和质量关，除认真检查电雷管脚线绝缘层质量外，还要对电雷管的阻值逐一进行测试并分类。

(3) 根据工作面煤岩情况，及时调整炮眼布置。岩巷炮眼间距应大于300mm，段别相差2段以上的电雷管不允许装进相邻炮眼，杜绝一次装药分次放炮，防止先起爆炮孔产生的冲击波压死后面未起爆炮孔。

(4) 加强对放炮相关人员的爆破安全知识培训。请电雷管生产厂家的技术人员对放炮员和区队班组长进行培训，各队指定炸药运输人员和连线工，连线工必须持证上岗，推行标准化程序放炮。

(5) 在下山掘进的工作面和零星放炮地点使用阻燃胶带，以便快速发现瞎炮。

1. 瞎炮的预防与处理

放炮以后，完全拒爆的炮眼称为瞎炮(也称为拒爆)，瞎炮中往往也有未爆破的电雷管。采掘工作中产生瞎炮，不但降低爆破效果、增加爆破材料的消耗量，更主要的是威胁矿工的安全。因此，防止瞎炮应该作为爆破技术的主要任务，最大限度地消灭瞎炮。产生瞎炮的主要原因有：①电雷管受潮或质量不好造成非正常爆炸；②炸药变质，起爆感度急剧下降；③电爆网路的敷设不合理，使电流分配不均，达不到电雷管的最小准爆电流值；④起爆器发生故障，输出电能下降。

以上任何一方面的原因都有可能造成瞎炮。出现瞎炮时，要认真分析，找出原因。对于瞎炮要以防为主、处理为辅。预防瞎炮的措施是：①放炮工具应经常保持良好的性能，放爆母线和发爆器要进行班班领交，集中检修，不合格的放炮工具不准发放和使用；②爆破网路的连接一定要按照爆破作业规程执行。连接后要测定网路全电阻，此值与计算值的误差在10%以内才认为合格；③装药时注意不要把电雷管脚线捣断或捣破绝缘层；④做好现场爆破材料的管理工作，爆破材料存放在干燥无滴水的安全地点，平时不准打开箱子或撕掉炸药外皮。在雨季要加强库房通风干燥且尽量减少库存；⑤不同类型、不同厂、不同生产日期的爆破材料不得一起使用，变质或严重硬化的炸药不准使用。出现瞎炮后，必须按照《煤矿安全规程》的有关规定处理。

2. 空炮、残炮、缓炮的预防与处理

1) 放空炮

放空炮也叫放炮打筒，是由于装药爆炸后的爆炸气体难以克服岩石抵抗而沿炮眼口喷出的现象。它消耗了炸药，收不到预期的效果，还可能引起瓦斯爆炸。放空炮通常与炮泥的充填质量和炮眼起炮顺序等因素有关。合理的起炮顺序是创造自由面和提高爆破效果的必要条件。由于没有创造应该创造的自由面，使得爆破抵抗过大，爆炸能量只有沿着炮眼口方向释放，造成空炮。

2) 残爆、爆燃

残爆是指炮眼的炸药由于某种原因爆轰中断而残留下一部分炸药未爆，爆燃就是炸药的爆轰中断而衰减成为燃烧的现象。造成残爆和爆燃的原因如下。

(1) 装药时采用了盖药、或垫药的装药结构(图11-2)。

(2) 炮眼内留有煤、岩粉，或者由于装药时操作的原因，使炮眼内的装药受到阻隔或分离，当间距大于炸药的殉爆距离时，药卷之间便不能正常传播。

(3) 装药时用力过大，药卷被捣实，从而使药卷的密度增加，有可能出现爆燃或拒爆。

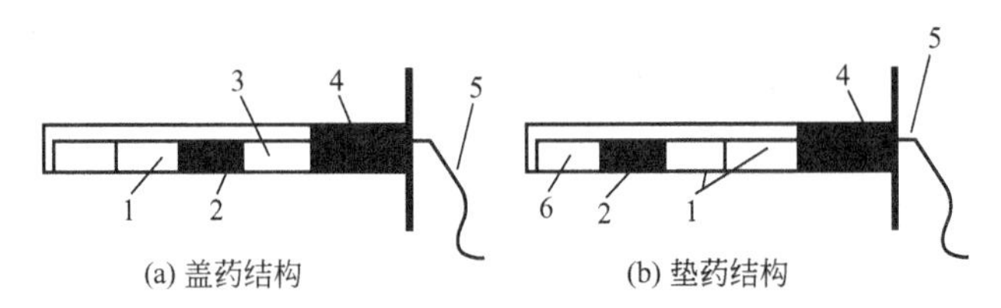

图 11-2　装药结构图

1—药卷；2—引药；3—盖药；
4—炮泥；5—电雷管脚线；6—垫药

(4) 在深孔小直径爆破中，由于沟槽效应而将爆轰方向末端的未爆炸药“压死”，造成息爆。

(5) 炸药质量不好，或在炮眼内受潮。

(6) 由于电雷管起爆能不足，在爆轰的一开始炸药就不能稳定爆轰，易导致爆轰中断而产生爆燃或残爆。

3) 缓爆及预防

缓爆是在爆破过程中，有时出现网路通电以后炸药延期一段时间才爆炸的现象。正常情况下，炸药的爆炸过程是瞬间完成的，但在电雷管起爆能不足、炸药变质、装药密度过大或小等情况下，不能立即起爆。由此可见，放炮后如果炸药没有爆炸，不能立即进入工作面查找原因，也不能单方面认为是电爆网路的问题。因为缓爆现象的延期爆炸时间可能长达几分钟、十几分钟，所以放炮后，如果长时间不爆炸，才能进入工作面查找原因，根据情况进行处理。

11.5 爆破器材的安全管理

爆破器材管理主要是指对炸药、雷管、导火索的安全保管和安全使用等方面的管理。近年来，随着我国经济的迅猛发展，城乡建设进入高潮，石料和矿产需求量迅速上升，爆破器材的使用量也相应大幅度增加。爆破器材作为一种危险物品，属公安机关管制、国家计划调配的物资，如果合理合法地用于建设事业和能源的开发，就能造福人类；如果管理不善或被犯罪分子利用，就可能引发爆炸事故或发生爆炸案件，危害人民群众的生命和财产安全。针对爆破器材本身具有的危害性特点，必须对爆破器材加强管理，杜绝事故隐患。

11.5.1　爆破器材管理存在的问题

(1) 爆破器材使用单位分散且内部组织管理机构不健全。我国使用爆破器材的单位大多是乡镇企业、工程队、个体的矿山、石场等，点多面广。其中除规模较大的工程和采矿点有较好的组织管理机构、人员较固定外，其他使用单位大都是由当地农民在农闲时间组织起来，取得有关部门的许可后从事爆破开采作业，这些使用单位内部没有组织管理机构，从业人员不固定，组织纪律性较差。

(2) 爆破器材使用单位的爆破器材储存仓库不符合要求或无专门的爆破器材储存仓库。目前，除一些规模较大的工程、采矿单位有专门的爆破器材储存仓库外，一些小型工程和采矿点的爆破器材仓库要么不符合要求，要么没有专门的储存仓库，极易造成爆炸器材的被盗、丢失和爆炸事故。

(3) 爆炸器材使用人员的文化素质低，安全意识差，法制观念淡薄。爆炸器材从业人员大都是农民，他们虽然有一定的爆炸操作技术，但文化程度普遍低下，且普遍存在对爆炸器材使用、保管过程中应注意的安全专业知识欠缺的现象。许多人凭经验作业，只知其一，不知其二，往往致使不幸事件发生。

11.5.2 加强爆炸器材管理的对策

强化爆炸器材管理必须要抓好以下几方面。

(1) 抓队伍建设，一是抓公安机关内部管理队伍建设。鉴于爆炸器材管理具有较强的专业性和现场检查任务繁重的特点，派出所应协同政工部门选派一名具有较强责任心和吃苦耐劳精神的民警，经专业培训后长期稳定地从事民爆管理工作。二是抓“四大员”建设。首先，要把好进人关。爆炸器材从业人员必须责任心强、身体健康、熟悉爆破器材性能、操作规程和安全常识，并具有一定文化程度。其次，要抓好对从业人员的法制、安全知识等的培训工作。县、市、区公安(分)局治安部门要定期召集全县的爆破员、安全员、保管员、押运员进行安全和法制培训，克服从业人员麻痹心理、增强法制观念，提高忧患意识。第三，建立严格的考察制度。公安机关要定期对从业人员的家庭、工作情况、平时思想表现等进行有针对性的考察，及时发现治安隐患，对一些不适合从事涉爆工作的人员及时清理出“四大员”队伍。

(2) 划分爆破器材使用单位的安全片组，建立爆破器材中心储存仓库，实行专人保管，严格爆破器材的日领用制度。爆破器材作为一种危险物品，其储存仓库是否规范、符合要求相当重要。鉴于当前部分使用单位储存仓库不符合规范或无储存仓库的实际，可把每个派出所辖区内的爆炸器材使用单位按地理位置划分为若干个安全片组，一般以每十个左右爆炸器材使用单位为一个安全片组，在片组内推选一位责任心强、政治可靠、具有初中以上文化程度、熟悉爆炸器材性能的人为安全片组长。然后由安全片组内使用单位共同出资或安全片组长个人投资修建一座较规范的爆炸器材中心储存库，由安全片组长兼任仓库的保管员。公安机关收回每个使用单位的《爆炸器材购买证》(保留原发的《爆炸器材使用许可证》)，统一发给安全片组一个《爆炸器材购买证》，由安全片组长经审批后统一到县爆炸器材经销仓库购买爆炸器材，存放在中心储存库内，并建立中心储存库的日夜值班看守制度和发放爆炸器材的登记台账制度。安全片组内的爆炸器材使用单位需要使用爆炸器材时，由该单位的爆破员和安全员共同前往中心储存库领取当天所需用量的爆炸器材，并在登记台账上登记，由领取人签名。每天收工后，如有剩余爆炸器材，由爆破员和安全员退回仓库，并做好登记。

(3) 抓爆炸器材使用现场管理，建立爆破现场铁皮箱存放爆炸器材制度。为防止使用单位和个人在现场操作过程中随意乱放爆炸器材情况的出现，规定每个爆破现场应配备一只带锁的炸药箱和一只带锁的雷管箱，两只箱的钥匙分别由爆破员和安全员掌握。爆破员和安全员每天领取到当日所需的爆炸器材后，要及时地将其存放在铁皮箱内，上锁保存。

爆破员、安全员和使用单位负责人相互监督，每次使用爆炸器材进行作业时，必须由爆破员和安全员同时到场，才能取出爆炸器材，做好各项安全工作后再进行爆破作业。这样，既确保了爆破作业的安全，又能防止爆炸器材在现场流失。

(4) 加强日常检查管理，依法从严打击利用爆破器材进行的违法犯罪活动。建立爆破器材中心储存库和爆炸器材使用现场铁皮箱制度后，公安机关要紧紧抓住中心库房管理和使用现场管理这两个环节。加强对中心储存库的管理，即经常检查其是否落实值班看守制度；爆炸器材有无发放给公安机关指定以外的人员；使用单位领用的爆破器材是否超过当天所需用量；爆炸器材购进数和登记台账上的发放数是否一致；保管员向使用单位收取的保管费是否过高等。加强对使用现场的管理，经常检查爆破员、安全员之间是否相互监督，是否用铁皮箱存放爆炸器材；使用单位是否把爆炸器材交给无证人员从事爆破作业；爆破作业是否违反安全规程等。通过经常性检查，及时发现事故隐患和治安苗头，对非法持有、私藏、包括因管理不善造成爆破器材流散社会或被犯罪分子利用的有关单位，要依法予以吊证、取缔甚至追究刑事责任的处罚，杜绝涉爆案件和事故的发生。

爆破运输车

爆破运输车又名爆破器材运输车、炸药运输车、雷管运输车、防爆车、民爆车、烟花爆竹运输车。它是根据国家有关部委对爆破器材运输的规范和用户的要求而研制生产的，产品符合有关部门关于《爆破器材运输车安全技术条件》的要求，具有厢体强度高、防火阻燃、防雨、防止静电火花、烟火报警和防盗报警等主要功能。如今，爆破器材运输车已经脱离原来的平板运输，而改为厢式运输。厢体为双层金属骨架结构，外部为冷轧钢板，内壁采用铝合金板蒙面，夹层为隔热阻燃材料填充。设置对开门，如需安装抗暴容器则增开侧门，侧壁设有防雨功能自然通风窗口，以使厢内外空气流动，厢体内部做防静电处理，厢体底部与厢内前部铺有阻燃导静电胶板，并与底盘等电位连接，通过车辆后端的导静电装置与大地相连，可防止静电火花的产生和车辆静电及时释放，提高车辆的安全性。厢体内部前面和侧面装有固定拉环，与捆绑带使用捆绑货物以避免移动，保证安全。同时该车还设有感烟报警器和防盗报警器等。

本章小结

本章通过对实际事故案例的分析，详细地总结了爆破事故预防措施，介绍了某单位的爆破作业的安全规定实例，比较全面地阐述了实际爆破工作的安全要求，其中详细介绍了包括爆破工程技术人员、火品管理人员、爆破员等专业工作人员的主要职责，爆破前的准备工作，爆破时的警戒工作，爆破后的安全检查工作，总结工作。爆破安全距离的计算是爆破安全技术中重要的工作。爆破安全距离主要通过地震效应、爆破飞石、空气冲击波 3 个方面计算。爆破技术在煤炭开采过程中应用广泛。鉴于煤矿的特殊工作环境，爆破工作的安全问题显得更为突出。本章分析了煤矿事故的主要原因，给出了预防措施。爆破器材的安全管理无论是对爆破工作还是对社会稳定都是有很大影响，因此对爆破器材的安全管理是一个不容忽视的问题。

习　　题

一、名词解释

爆破事故，空气冲击波，爆破器材管理，缓爆，放空炮，残爆，爆燃

二、填空题

1. 爆破事故通常都是由于爆破灾害引发，爆破灾害主要是________、________和________。
2. 爆破安全距离计算需要考虑________、________和________3方面。
3. 新中国成立以来，煤矿爆破方面的事故突出表现在2个方面________和________。
4. 爆破事故中爆破材料问题分为________和________。

三、简答题

1. 简述一般情况下爆破事故的预防措施。
2. 简述爆破警戒工作中各种信号的具体含义。
3. 爆破工作后的安全检查和处理的主要内容和注意事项是什么？
4. 简述爆破安全距离不同的计算方法。
5. 煤矿爆破事故的主要原因有哪些？
6. 简述爆破中发生瞎炮、空炮、残炮、缓炮的预防与处理方法。
7. 爆破器材管理工作需要注意什么？

参考文献

[1] 奚长顺. 影响2号岩石粉状铵梯炸药爆速的因素分析 [J]. 爆破器材，1995，24(2)：6—7.
[2] 汪旭光. 乳化炸药 [M]. 2版. 北京：冶金工业出版社，2008.
[3] 张正宇，等. 塑料导爆管起爆系统理论与实践 [M]. 北京：中国水利水电出版社，2009.
[4] 吕春绪，等. 工业炸药 [M]. 北京：兵器工业出版社，1994.
[5] [日] 木村真. 爆破术语手册 [M]. 王中黔，刘殿中，译. 北京：煤炭工业出版社，1991.
[6] 黄文尧，等. 炸药化学与制造 [M]. 北京：冶金工业出版社，2009.
[7] 舒远杰，霍冀川. 炸药学概论 [M]. 北京：化学工业出版社，2011.
[8] 吕春绪. 我国工业炸药现状与发展 [J]. 爆破器材，1995，24(4)：5—9.
[9] Carlos Lopez Jimeno，Emilio Lopez Jimeno，Francisco Javier Ayala Carcedo. Drilling And Blasting of Rocks [M]. U. K.：Taylor & Francis Group，1995.
[10] 国防科学技术工业委员会. 民用爆破器材工程设计安全规范 [M]. 北京：中国华侨出版社，2007.
[11] 吕淑然. 矿山爆破与安全知识问答 [M]. 北京：化学工业出版社，2008.
[12] 王文龙. 钻眼爆破 [M]. 北京：煤炭工业出版社，1984.
[13] 娄德兰. 导爆管起爆技术 [M]. 北京：中国铁道出版社，1995.
[14] 夏兆铭. 耐温高强度塑料导爆管和30段高精度毫秒导爆管雷管 [J]. 爆破器材，1992，21(1)：21—24.
[15] 李谷贻，廖先葵. YY—11型导爆管 [J]. 矿冶工程，1992，12(2)：19—21.
[16] 杨桐，胡学先. 无起爆药雷管的发火可靠度 [J]. 爆破器材，1994，23(6)：21—24.
[17] 冯长根. 热爆炸理论 [M]. 北京：科学出版社，1988.
[18] 杨年华. 条形药包爆破现状与展望 [J]. 爆炸与冲击，1994，14(3)：242—248.
[19] 戴俊. 爆破工程 [M]. 北京：机械工业出版社，2005.
[20] 马乃耀，等. 爆破施工技术 [M]. 北京：中国铁道出版社，1986.
[21] 吴立，等. 凿岩爆破工程 [M]. 北京：中国地质大学出版社，2005.
[22] 高金石，张奇. 爆破理论与爆破优化 [M]. 西安：西安地图出版社，1993.
[23] 张云鹏. 爆破工程 [M]. 北京：冶金工业出版社，2011.
[24] 崔云龙，等. 简明建井工程手册 [M]. 北京：煤炭工业出版社，2003.
[25] 刘殿中，等. 工程爆破实用手册 [M]. 2版. 北京：冶金工业出版社，2003.
[26] 周传波，等. 岩石深孔爆破技术新进展 [M]. 北京：中国地质大学出版社，2005.
[27] 齐景岳，等. 隧道爆破现代技术 [M]. 北京：中国铁道出版社，1995.
[28] 杨新安，等. 铁路隧道 [M]. 北京：中国铁道出版社，2011.
[29] 陈豪雄，殷杰. 铁路隧道 [M]. 北京：中国铁道出版社，1995.
[30] 铁道部第二工程局. 隧道(铁路工程施工技术手册) [M]. 北京：中国铁道出版社，1999.
[31] 卿光全. 铁路瓦斯隧道爆破施工技术 [J]. 爆破，1993，10(4)：12—14.
[32] 杨军，等. 现代爆破技术 [M]. 北京：北京理工大学出版社，2004.
[33] 张志呈，等. 爆破原理与设计 [M]. 重庆：重庆大学出版社，1992.
[34] 张继春. 工程控制爆破 [M]. 成都：西南交通大学出版社，2001.
[35] 袁绍国，等. 控制爆破理论与实践 [M]. 天津：天津大学出版社，2007.
[36] 张应立. 工程实用爆破技术 [M]. 北京：冶金工业出版社，2005.
[37] 王毅刚. 药壶爆破法在砂岩矿山中的应用 [J]. 爆破，1999，16(2)：43—46.

[38] 王海亮．工程爆破［M］．北京：中国铁道出版社，2008.
[39] 翁春林，等．工程爆破［M］．2版．北京：冶金工业出版社，2008.
[40] 何广沂．大量石方松动控制爆破新技术［M］．北京：中国铁道出版社，1995.
[41] 王玉杰．爆破工程［M］．武汉：武汉理工业大学出版社，2007.
[42] 工崇革．建筑力学［M］．武汉：华中科技大学出版社，2008.